青海省柴达木南北缘大型超大型金矿深部资源预测研究
青海省柴达木周缘大型超大型金矿深部探测技术创新工程技术研究中心 资助

滩间山金矿

TANJIANSHAN JINKUANG

王 斌 李 健 王显真 等著

图书在版编目(CIP)数据

滩间山金矿/王斌,李健,王显真著.—武汉:中国地质大学出版社,2024.11.—ISBN 978-7-5625-6035-7

Ⅰ.P618.51

中国国家版本馆 CIP 数据核字第 2024BA5543 号

滩间山金矿 王 斌 李 健 王显真 **等著**

责任编辑:舒立霞 叶友志 选题策划:段 勇 张 旭 责任校对:宋巧娥

出版发行:中国地质大学出版社(武汉市洪山区鲁磨路 388 号) 邮编:430074

电 话:(027)67883511 传 真:(027)67883580 E-mail:cbb@cug.edu.cn

经 销:全国新华书店 http://cugp.cug.edu.cn

开本:880mm×1230mm 1/16 字数:555 千字 印张:17.5

版次:2024 年 11 月第 1 版 印次:2024 年 11 月第 1 次印刷

印刷:湖北睿智印务有限公司

ISBN 978-7-5625-6035-7 定价:298.00 元

序

青海省是我国矿产资源大省，截至目前已发现各类矿产 139 种，其中有 59 种居全国前十位。金矿是青海省优势矿种之一，也是重点进行勘查的矿种，金矿找矿所取得的丰硕成果，有力支撑了青海省工业经济建设。自 20 世纪 80 年代末滩间山金矿(点)的发现，拉开了该矿区勘查开发一体化成功运行的序幕。近年来，攻深找盲的找矿重大突破，彰显了几代滩间山金矿地质工作者不懈探索的科学精神。作者通过多年矿区实践研究，不断总结成矿规律，使得资源量不断扩大，认识得以提升。现将这些成果以论著形式呈现给读者，内容主要涵盖以下 3 个方面：

(1)通过对滩间山金矿 6 个典型矿床的详细特征描述，深入剖析其找矿规律，找矿模式得以清晰勾勒，并构建了找矿标志。这一成果不仅提升了我们对滩间山金矿床的认识，还为未来的勘查工作提供了重要参考。

(2)滩间山金矿资源储量丰富，为我国重要的金矿之一，它见证了我国金矿选矿工艺不断完善及经济技术指标的提升。此外，该项目的推进还为当地创造了众多就业机会，助力提高了居民生活水平，彰显了其经济社会价值。

(3)在当下社会，绿色勘查技术已逐渐成为地质勘探领域的核心发展趋势。在滩间山金矿的勘探过程中，我们成功构建了一套完备的绿色勘查技术体系，不仅提升了勘探效率，同时对地质勘探行业的可持续发展起到了积极的推动作用。这一创新举措，旨在给读者留下深刻印象，引领行业迈向绿色、可持续发展的未来。

总体而言，作者对滩间山金矿，尤其是近 10 年的勘查成果与研究进行了全面的总结和理论升华。书中既有扎实的工作基础，也对滩间山成矿作用进行了有益的探讨。在此基础上，提出了金矿成矿机理与成矿模式，为今后深入滩间山金矿的找矿工作提供了有力的技术支撑。同时，也为我国柴达木盆地北缘金矿的进一步勘查提供了新的思路。

值此专著出版之际，我衷心祝贺各位作者，并对长期在滩间山金矿从事不懈探索与研究的地质工作者表达崇高的敬意！

青海学者
李四光野外奖获得者
俄罗斯自然科学院外籍院士
2024 年 1 月 1 日

前言》》》

滩间山金矿位于青海省海西州大柴旦镇西北约 75km 处。矿区内地质勘查工作始于 20 世纪 50 年代，主要是开展以黑色金属铁、锰矿为主的多金属矿的勘查评价工作；1988—1992 年在开展区域地质调查异常查证时，首次发现了滩间山（金龙沟）岩金矿点，拉开了滩间山地区岩金找矿的序幕，其后相继发现并评价了金龙沟、青龙沟、细晶沟、红柳沟、胜利沟金矿床及青山金铅矿床。

金矿处于柴北缘结合带之滩间山岩浆弧及柴北缘蛇绿混杂岩带的结合部位，具有复合叠加造山带的特征，经历了大陆裂谷体制和板块构造体制俯冲造山、碰撞造山及碰撞期后陆内造山作用，形成有不同成因、不同期次、不同变质程度的变质岩石的复合体。成矿有关的地层主要有古元古界达肯大坂岩群、中元古界万洞沟群、奥陶系滩间山群，地层总体呈北北西向展布，不同时代的地层多以同构造线方向的断层相隔呈断块彼此镶嵌。岩浆侵入活动强烈，侵入活动期次有四堡期、加里东期、海西期、印支期和燕山期，其中加里东晚期—海西中期是区内造山型金矿的重要成矿期。金矿床类型以构造蚀变岩型为主，其次为热液石英脉型。构造蚀变岩型金矿床在空间分布上整体呈带、带内有区、区内相对集中且规模大的特点。

矿山推行绿色勘查及开发，制定了相应的措施，对生态环境的破坏范围及程度降到了最低，实现了较好的绿色勘查效果。近几年提出的“专题研究引领确定靶区＋空气反循环钻探探索＋小角度机械钻探＋孔内岩芯定向设备恢复厚覆盖区深部岩性原始产状”的技术方法组合在矿区取得了较好的找矿成果。

本书立意反映滩间山金矿独特的成矿地质背景、控矿因素、找矿标志以及高原矿山绿色勘查技术方法等。全书共分为六章。第一章由王斌、张春才、王雷、杜生鹏、陈苏龙、赵志飞编写，第二章由王斌、魏占浩编写，第三章由王斌、李鹏、张政治、王显真、李健、刘延和、李波、解统鹏、李培庚编写，第四章由李健、王斌编写，第五章由王显真编写，第六章由王斌、李玉莲编写。插图由滕晓燕、谈晓樱、郭伟、朵德英、冶福强、安国诚、刘存善、湛守智、陈建林、祁贞明负责绘制。全书统稿由谢海林、王斌负责。

本书的出版得到了青海省科学技术厅、青海省地质矿产勘查开发局的大力支持。地勘单位、矿山野外工作人员通过常年寒窗坚守以及严谨的工作作风为本书采集了可靠的第一手资料；青海省地质矿产勘查开发局潘彤总工程师多年来悉心指导滩间山金矿勘查、科研等工作，同时薛春纪、范宏瑞、曾庆栋、蒋少涌、王根厚等专家学者也在本次研究及专著编写方面给予了热心指导，在此一并表示感谢！

著　者

2024 年 4 月

目　录

第一章　绪　言

第一节　自然交通地理

滩间山金矿位于柴北缘成矿带，该带是青海省重要的 Au-Pb-Zn-Ti-Mn-Fe-Cr-Cu-W-稀有-煤-石棉-滑石-硫铁矿-石灰岩-大理岩成矿带。该带位于青藏高原北部，主体在青海省境内，茫崖市以西和阿尔金山索尔库里至拉配泉地段延入新疆，丁字口至花海子延入甘肃。在阿尔金山南一带呈近东西向，长约 275km，宽 8～35km；由丁字口至沙柳河段呈北西向展布，长约 600km，宽 6～100km。

金矿位于大柴旦镇北西，行政区划隶属海西蒙古族藏族自治州大柴旦行政委员会管辖。敦(煌)-格(尔木)公路 215 线在测区北东侧通过，自 215 线大柴旦镇向北行驶 90km 处下便道向西行驶 10km 即可到达，南东距青藏铁路的锡铁山火车站约 165km，北西距兰新铁路的柳园火车站约 370km，外部交通较为便利(图 1-1)。研究区内已修建简易道路，交通条件良好。

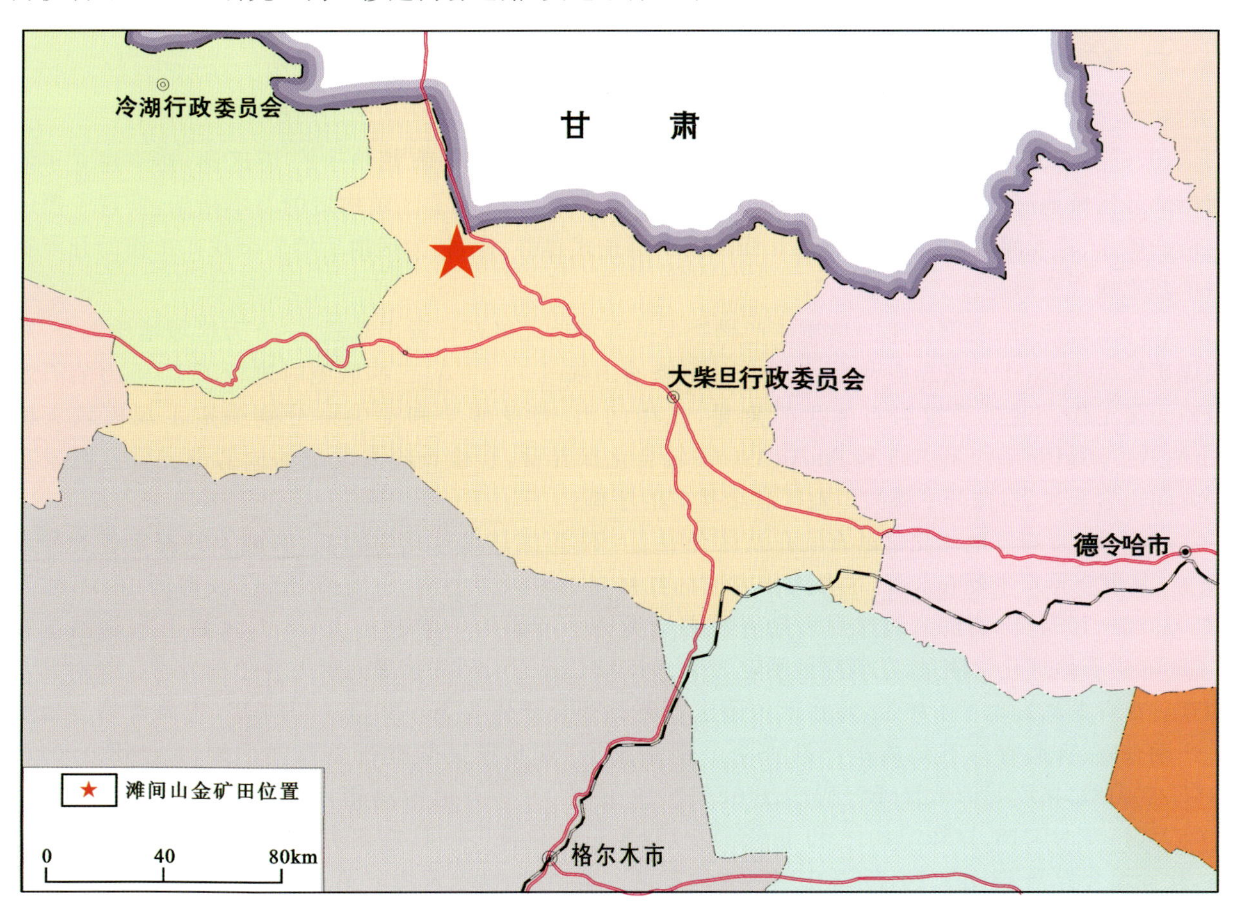

图 1-1　滩间山金矿位置示意图

金矿地处柴达木盆地北缘-赛什腾山东段，地形切割剧烈，山势陡峻。除山间盆地及冲沟中被第四系覆盖外，其余地区基岩裸露。海拔3200～3900m，最大高差可达700m，平均高差400m。区内除嗽唠河从矿区东约5km处流过外，各沟谷均为干沟，仅夏季下雨时有短暂洪水，但很快就渗入地下而消失。嗽唠河为常年性流水，流量28 737m³/d，呈弱碱性，水质较差，但尚可饮用，可作为生产用水的水源。区内为典型大陆性高原型气候，属内陆干旱气候区。气候干燥寒冷，冬长夏短，多风少雨，四季不分明，日照时间长，太阳辐射强，昼夜温差大。根据大柴旦气象站2005—2017年资料，研究区多年平均降水量107mm，主要集中在7、8两月。多年平均蒸发量达1 741.9mm。最高月平均气温17.1℃(7月)，最低月平均气温－11.2℃(1月)，极端最高气温45.6℃，极端最低气温－33.8℃。最低气温多出现在12月至翌年2月，年平均气温3.4℃。区内风沙较大，春季最大风力8.9级，秋季最大风力8级，各月主要以西风、西北风向为主。每年11月至翌年2月为冰冻期。

第二节　矿床勘查、科研简史及开发利用情况

滩间山金矿矿产地质勘查工作始于20世纪50年代，主要开展以黑色金属铁、锰矿为主的多金属矿的勘查评价工作，发现并评价了青龙滩硫铁矿床；自20世纪90年代起转入了岩金矿找矿的序列，其间先后发现并评价了金龙沟金矿、青龙沟金矿、细晶沟金矿、红柳沟金矿、胜利沟金矿、青山金铅矿，并发现了一批金矿(化)点。

一、矿床勘查工作简述

1976—1980年，青海省第一区域地质调查队完成J-46-ⅩⅦ(马海幅)1∶20万区调，初步建立了滩间山地区区域地层层序，对岩浆岩的时代及期次进行了划分，确定了区域构造的基本格架，发现了黑山沟铬铁矿点、青龙滩北多金属矿点；柴北缘滩间山群正式建群、命名，为区内后续岩金找矿工作的开展提供了基础地质资料。

1988—1992年，青海省第一地质矿产勘查大队开展柴北缘赛什腾山东段1∶5万区域地质调查，高泉煤矿幅(J-46-57-D)、宗马海湖幅(J-46-69-B)、嗽唠山幅(J-46-70-A)三幅联测时进行了1∶5万岩石及重砂测量工作。通过系统岩石原生晕测量，在滩间山、青龙滩北和中尖山分别圈定了规模较大的AuAgAs6、AgPb4、AuAgAs3和AuAgAsCu2综合化探异常，在检查前人发现的放射性异常点时发现了滩间山岩金矿点，拉开了滩间山地区岩金找矿的序幕。

1994年，青海省地球化学勘查院在该区开展1∶20万区域地球化学扫面，区域上共圈定各类异常14处，其中金异常主要有3处，主要为研究区的红柳沟AS40、万洞沟-青龙滩AS41及滩间山AS44异常。1993—1994年，青海省地球物理勘查院在青龙滩—万洞沟一带进行1∶5万水系沉积物测量和1∶5000岩石地球化学测量，在研究区圈定5个Au、Ag、As、Cu、Pb、Ni等元素综合化探异常。经对异常检查后在青龙沟发现了Ⅰ矿带，并在带内圈定石英脉型金矿体3条。2011—2013年，青海省第三地质矿产勘查院、青海省第五地质矿产勘查院分别完成了“青海省大柴旦行委滩间山地区J46E010017、J46E010018、J46E011018、J46E011019、J46E012019五幅1∶5万地面高精度磁法测量”“青海柴北缘1∶5万(J46E010018、J46E011018和J46E011019)等三幅化探”项目，在研究区内共圈定57处地磁异常、化探综合异常43处。2017—2018年，青海省第一地质勘查院、青海省第三地质勘查院开展了“青海省大柴旦行委滩间山地区1∶2.5万地球化学测量”和“青海省大柴旦行委达肯大坂地区1∶2.5万地球化学测量”工作，在胜利沟—滩间山地区圈定108处综合异常。以上研究工作的开展为研究区找金矿工

作提供了丰富的地球物理、地球化学依据。

1990—2022年，青海省第五地质矿产勘查大队、青海省第一地质矿产勘查大队、青海省第一地质勘查院先后在滩间山金矿金龙沟矿区、青龙沟矿区、细晶沟矿区等开展了地质找矿工作。在金龙沟矿区内累计圈定金矿体104条，平均品位5.48×10^{-6}；在青龙沟矿区3300m以上圈定金矿体93条，平均品位6.15×10^{-6}；在3300m以下圈定金矿体73条，平均品位4.68×10^{-6}；在细晶沟矿区共圈出金矿体91条，平均品位4.12×10^{-6}（李文革等，2014；刘延和等，2019；王显真等，2020；王显真等，2022；李健等，2023）。

1996—2000年，青海省第一地质矿产勘查大队针对结绿素金异常进行Ⅱ级查证时发现了红柳沟金矿床，共圈定金矿体29条，平均品位4.23×10^{-6}，矿床规模为小型。

2005—2023年，山东黄金西部地质矿产勘查有限公司对Ⅳ8南端和Ⅳ12异常区进行普查，圈定金矿体37条，其中有9条金矿体与铅矿共生，铅矿体10条。

2012—2013年，青海省第五地质矿产勘查院在青山地区开展1∶5万水系综合异常查证工作时发现了青山金矿化点，并于2014—2019年间对青山金矿化点分别开展了预查和普查评价工作，矿床规模达中型。

二、科研工作简述

1992—1994年，西安地质学院与青海省第一地质矿产勘查大队完成了《青海省柴达木北缘滩间山岩金矿成矿特征与控矿因素研究》报告，首次明确提出本区的碳质糜棱片岩为构造成因，属韧性剪切的产物；查明了两种方向韧性剪切带的展布、各自特点、先后关系、演化特征以及对矿体展布和产状的控制；查明了矿床基本特征，恢复了金矿主要围岩——万洞沟群中碳质糜棱岩的原岩，并查明了其热水沉积成因；查明了矿石类型、矿石结构、矿石矿物特征；查明了金的主要赋存状态、成色和粒度；探讨了矿床成因，提出了滩间山金矿床成矿模式。

1994—1996年，沈阳地质矿产研究所与青海省第一地质矿产勘查大队完成了《青海省大柴旦滩间山—万洞沟地区金矿控矿条件及远景评价》报告，综合论证了滩间山金矿田与岩浆期矿化叠加的密切关系；指出了沉积变质期、变形变质期、岩浆热液期和表生氧化期4个成矿富集作用；确定了3个赋矿有利层位及若干个有利控矿构造部位和区段。

2000—2001年，中国地质科学院矿产资源研究所完成了《柴达木盆地北缘成矿地质环境及金多金属矿产预测》《柴北缘—东昆仑地区的造山型金矿床》研究报告，提出青龙沟等金矿床为受构造控制与岩浆流体成矿的观点，认为柴北缘金矿有两组成矿年龄：一是晚加里东期；二是晚海西期—印支期。前期为发生于中地壳顶部—上地壳底部的金矿化，后期则是形成于较浅层次（1.2～5.7km）的金矿体侵位。

2011年，李世金完成了《祁连造山带地球动力学演化与内生金属矿产成矿作用研究》博士论文，系统地研究、总结了祁连成矿带成矿动力学演化和滩间山金矿控矿构造样式，提出金龙沟金矿变质核杂岩成矿理论。

2014—2015年，青海省第一地质矿产勘查院联合吉林大学开展了省级青海省大柴旦镇滩间山地区金矿整装勘查区找矿部署研究工作，对区内金龙沟金矿成矿物质来源、成矿时代、控矿构造特征等进行了总结，提出滩间山地区金矿是由海西期变质核杂岩控矿的观点。

2016—2018年，中国地质调查局西安地质调查中心、青海省第一地质勘查院开展了"青海省锡铁山地区1∶5万J46E009018、J46E010018、J46E011018、J46E017024、J46E018024五幅专项矿产地质调查"工作，通过本次工作发现金龙沟处北西向韧性剪切带向北西存在断续延伸，韧性剪切带主要分布于万洞沟地层中，认为滩间山金矿受控于该韧性剪切带。

2016—2018年中国地质调查局发展研究中心（国土资源部矿产勘查技术指导中心）、青海省第一地质勘查院开展了“青海青龙沟—绿梁山—锡铁山铅锌矿整装勘查区矿产调查与找矿预测”工作，建立了金龙沟金矿成矿地质体、成矿构造、成矿结构面、成矿作用特征标志的找矿预测模型及成矿模式。

2021—2023年，青海省第一地质勘查院联合中国地质大学（北京）等单位开展了“青海省柴达木南北缘大型超大型金矿深部资源预测研究”项目，提出柴达木南、北缘地区的大规模金成矿事件分别对应于原特提斯洋及古特提斯洋的碰撞造山、碰撞后造山伸展背景，碰撞造山过程所形成的构造缝合带及相关的脆韧性变形带和次级断裂-裂隙系统是控制矿带和矿体产出的关键因素，揭示出滩间山金矿先后经历早—中泥盆世、早石炭世、早—中二叠世、早白垩世4期构造-岩浆活动过程。早石炭世和早—中二叠世岩浆活动与金成矿关系密切，多期岩浆-热液叠加可能是滩间山金成矿的关键。认为柴达木南北缘金成矿系统具有区域复合造山作用下的独特成矿模式，是早古生代—早中生代区域大洋关闭与碰撞造山及造山后伸展过程中构造-岩浆-成矿共同耦合作用的产物。

三、矿山开发利用情况

滩间山金矿各主要矿床自发现以来，大规模开发利用主要集中在滩间山金矿青龙沟、金龙沟矿区，目前由大柴旦矿业有限公司负责开发。红柳沟矿区开发利用始于1997年，截止于2003年，开采方式为露天开采，采矿方法为分层崩落采矿法，准采标高为3100～2800m，选矿方法为野外现场堆浸喷淋提金法。细晶沟矿区仅在早期对地表氧化矿进行了局部开采。青山、胜利沟金矿区及青龙滩硫铁矿区均未开发利用。

（一）矿山建设情况

青海大柴旦矿业有限公司是一家集采矿、选矿、冶炼及产品销售为一体的企业，矿山于1993年开始筹建日处理100t金矿石的选矿厂，1995年建成投产，选冶工艺流程为原矿浮选—精矿焙烧—焙砂氰化浸出提金工艺。1998年对选厂进行扩建，扩建后选厂处理能力为150t/d，焙烧炉处理能力为20t/d；2005年5月矿山开工建设年处理100万t金矿石的选矿厂，以碳氰法工艺处理氧化矿，并通过浮选/焙烧流程来处理原生矿，矿山建设实际投资8300余万美元，矿山服务年限约12年，2006年11月试车投产，2007年2月正式进入商业营运，最终产品为合质金。2008年开始二期焙烧工程的施工建设，总投资2.85亿元，二期焙烧工程的建设是在原有一期日处理2400t金矿石的基础上，再扩建日处理20t的含硫金精矿的生产能力，2009年建成后二期生产规模为480t/d，全年按330d运行，年处理金矿石16万t；二期焙烧工程建成后矿山选厂合质金年产量10万盎司（约3.5t），副产品硫酸约为12万t，三氧化二砷1650t/a（后因工艺改进此产品停产）。

（二）滩间山金矿选矿工艺流程及经济技术指标

滩间山金矿开发利用始于1992年，1992—1994年主要是对金龙沟矿区的地表氧化矿采用地表堆浸的提金工艺进行开发，堆浸的金回收率约48%；1995年矿山根据选矿试验指标及推荐选矿工艺流程，筹建建成了选矿厂，1995—2002年选厂采用的选冶工艺为浮选—精矿焙烧—氰化浸出提金工艺，其间选矿回收率为83%；2006年新选厂建成，选矿工艺仍采用浮选—精矿焙烧—氰化浸出提金工艺，并在原提金工艺的基础上增加了焙烧再磨、焙烧尾气脱硫、硫酸转化、全泥氰化尾矿、除氰等工艺流程（图1-2），针对金龙沟矿区矿石中高硫、高砷、高碳的特点，选厂采用原矿浮选—精矿焙烧—焙砂氰化浸出的提金工艺，浮选精矿（或精矿氰化浸渣）经700℃、4h焙烧后，砷、硫、碳的脱除率分别为99.71%、89.72%、92.67%，可见焙烧除砷、硫、碳效果十分明显；而针对青龙沟矿区矿石中硫、砷、碳含量不高的特点，则采用原矿浮选—精矿氰化—精矿浸渣焙烧—焙砂氰化浸出的提金工艺。选厂生产至今，采用原矿浮选—精矿焙烧（或精矿氰化—精矿浸渣焙烧）—焙砂氰化浸出的提金工艺后，净回收率达82.12%（表1-1），几乎达到选矿试验理想值，选矿工艺较为先进。

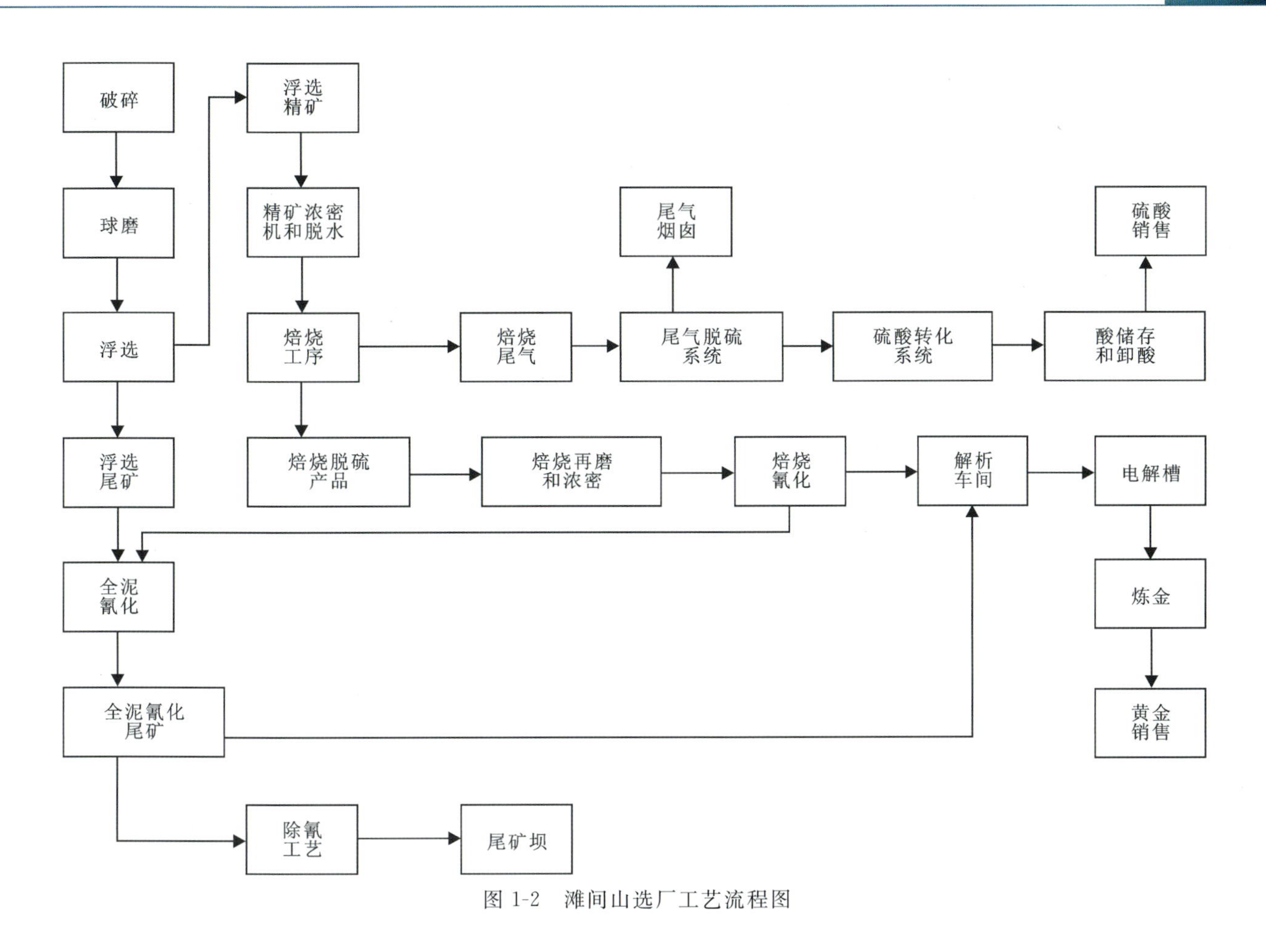

图 1-2 滩间山选厂工艺流程图

表 1-1 青海大柴旦矿业有限公司矿山金矿选矿工艺流程实际指标统计表

项目	单位	实达工艺指标
入选金品位 Plant head Au grade	$\times10^{-6}$	4.13
浮选尾矿固体品位 Flot Tail Solid	$\times10^{-6}$	0.7
浮选回收率 Flot Recovery Rate(Plant feed)	%	84.49
焙烧硫氧化率 S Oxidation at Roaster	%	99.98
焙烧砷氧化率 As Oxidation at Roaster	%	15.84
焙烧碳氧化率 C Oxidation at Roaster	%	96.34
焙砂氰化回收率 CCIL Recovery Rate(CCIL feed)	%	90.29
尾矿氰化回收率 WOCIL Recovery Rate(WOCIL feed)	%	24.97
系统总回收率 Overall Circuit Recovery	%	82.12

第三节 国内外构造蚀变岩型金矿研究现状

人类研究和利用金矿的历史悠久，自 Agricola(1495—1555)按矿床形态及位置提出矿床分类方案，直至 1913 年林格仑提出矿床系统归类方案，关于金矿床分类的研究已持续了几百年。矿床分类经历了由形态分类到简单成因分类，再到复杂成因分类几个阶段（李景春等，2019），直至中国金矿床工业类型的提出。基于不同分类标准，国内外学者曾提出上百种分类方案。

1976—1977 年，山东第六地质队在胶东金矿区域成矿条件研究的基础上，以焦家、新城等典型矿床的研究成果为实例编写了《山东焦家式破碎带蚀变岩型金矿地质特征》研究报告，初步建立起焦家式金矿的成矿模式。1977 年第二届全国金矿会议上“焦家式”金矿作为我国的一种矿床类型被正式确立。由此破碎带蚀变岩型金矿这一概念及其成矿模式在业内得到广泛引用。《矿产资源工业要求参考手册》（万会等，2021）中列举的中国金矿床 11 种工业类型中将其定名为“蚀变破碎岩型”。有研究者提出其总体属造山型范畴（Zhou and Lu，2000；Goldfarb et al.，2001；Qiu et al.，2002；Chen et al.，2005；Groves et al.，2015；Belousov et al.，2016）。造山型金矿的概念在国内外研究领域运用得更为广泛。

造山型金矿资源储量占据世界金资源量的 30％以上（Weatherley and Henley，2013），是全球金资源勘查的重要金矿类型（Goldfarb et al.，2015；王庆飞等，2019；Wang et al.，2022），具有形成时代广、成矿深度跨度大等特点，其成矿作用和成矿规律一直都是成矿学研究的热点之一。

一、构造蚀变岩型金矿基本特点

随着研究的深入，许多伸展背景形成的金矿，如胶东金矿集区（ Deng et al.，2020a、b、c；范宏瑞等，2021）、小秦岭金矿集区（Li et al.，2020；王庆飞等，2020）、喜马拉雅造山带的布主金矿、马扎拉金锑矿和明赛金矿等（ Zhai et al.，2014； Zhang et al.，2020；王庆飞等，2020；Deng et al.，2022a），与经典造山型金矿具有诸多相似的成矿特征，因此一些学者将造山型金矿的定义范畴拓宽至伸展背景（Goldfarb et al.，2019；Deng et al.，2020b；Wang et al.，2020；杨林等，2023）。由此构造蚀变岩型金矿定义可延伸为产于区域上不同时代变质地体中，在时间和空间上与增生造山或碰撞造山或伸展环境密切相关，形成于汇聚板块边界上的受到韧-脆性断裂控制的脉型和浸染型金矿床系列（Groves et al.，1998，2005；Kerrich et al.，2000；Goldfarb et al.，2001；陈衍景，2007；Goldfarb et al.，2015；王庆飞等，2019；杨林等，2023）。

Groves 等（1998）、Kerrich 等（2000）、Cline（2001）的研究资料显示，该类矿床存在以下特征：①形成于汇聚板块边缘各类环境的增生地体中，伴随着俯冲和碰撞造山运动；②在空间上严格受构造系统的控制，且金矿的分布格局和矿体的定位及矿体的空间组合样式与造山作用有关，不同级序构造对矿带、矿区和矿床有多级控制作用；③矿石金属矿物为低硫型，毒砂是变质沉积围岩中的最主要硫化物；黄铁矿和磁黄铁矿是变质火山岩中最主要的硫化物；④一般产在变质程度较低的低绿片岩相地体中，典型围岩蚀变类型为碳酸盐化、绢云母化、硫化类、矽卡岩组合。

二、构造蚀变岩型金矿研究方法

（一）构造蚀变岩型金矿流体包裹体

流体包裹体是唯一保留在矿物里的古成矿流体，对其的研究是矿床成因研究的重要手段之一（池国祥和赖健清，2009）。构造蚀变岩型金矿是由构造作用控制形成的一种热液金矿。其流体包裹体特征为高温度、高压力、高酸性、大量的含气包裹体、丰富的流体包裹体类型等，多为含 H_2O-CO_2 低盐度包裹体。通过对流体包裹体的研究，可划分成矿阶段、测定矿床成因、推断矿源层以及成矿热液流动方向等，

在国内外金矿床研究中得到了广泛应用。

（二）同位素测年和示踪

同位素测年和示踪研究是解决金矿床成因问题的两个重要手段，对于探讨矿物质来源、成矿作用机理和建立成矿模式，进而指导找矿都是不可缺少的证据和地球化学参数（毛德宝，1993）。

从目前常用的金矿成矿年代学测定方法来看，主要有 U-Pb 法、Rb-Sr 法、Sm-Nd 法、Re-Os 法和 K-Ar/Ar-Ar 法。其中，U-Pb 法适用于与岩浆岩活动密切相关的金矿床；Rb-Sr 法和 Sm-Nd 法适用于年代范围较为宽泛，且成矿结束后形成封闭体系的金矿床；Re-Os 法广泛应用于含有辉钼矿的与岩浆活动相关的金矿床；而构造蚀变岩型金矿测年多采用 K-Ar/Ar-Ar 法。

（三）成矿体系和成矿模式

通过对成矿流体与成矿物质的“源、运、储”等关键问题的研究，明确构造蚀变岩型金矿的成矿物质来源、成矿流体迁移过程和金的富集机制，有助于深刻理解该类型矿床的成因和成矿过程，为成矿找矿勘查提供科学依据和理论指导（马盈和蒋少涌，2022）。

此外，借鉴前人对区域矿床式、典型矿床的研究成果，利用成熟的成矿模式，结合研究目标区的实际特点，完善和改进已有成矿模式对指导实际找矿工作也有着重要意义。

（四）三维地质模型研究

随着计算机技术以及大数据时代的来临，利用计算机技术，定量数值模拟可通过地质信息仿真构建几何模型，建立矿区构造格架，综合多类地质信息，通过地质调研并结合趋势面、非线性分形等方法技术，将整个成矿体系由传统的二维空间定性刻画向三维空间定量可视化拓展，目前，也成为研究构造蚀变岩型金矿的一种先进的方法手段，在国内外得到广泛推广。

三、国内外构造蚀变岩（造山）型金矿分布特征

根据相关学者研究成果，将全球受构造控制的金矿床划分为挤压体制和伸展体制两类控矿构造样式，同时根据挤压体制的深度进一步细化为深成、中成和浅成的造山型金矿的构造控矿样式（图 1-3）。该类金矿床在时间和空间上与增生造山或碰撞造山密切相关，多形成于板块边缘，并受韧-脆性断裂构造控制。

其中，挤压环境下浅成造山型金矿与构造蚀变岩型金矿成矿特征基本对应。该类矿床通常发育在次绿片岩相带中，受区域深大断裂控制流体运移，次级断裂控制流体就位成矿，成矿深度不大于 6km，成矿温度 150～300℃，以脆性变形为主。矿体呈板状或透镜状，以蚀变岩型矿化为主，蚀变带宽数十米至几千米，蚀变类型主要为绢云母-碳酸盐-硫化物（黄铁矿、毒砂）等。

而伸展环境下通过构造再活化形成的造山型金矿在国内广泛分布，包含中国胶东矿集区、小秦岭矿集区、青海东昆仑-柴北缘矿集区、西秦岭的大桥金矿等。

随着华北板块和华南板块依次向古欧亚板块的拼合，各造山带及相应的成矿带的形成随时代呈有规律的分布。前人按照中国构造蚀变岩型金矿分布在全国范围内划分为江南造山带志留纪成矿带（王学明等，2000；Zhu and Peng，2015）、阿尔泰-天山二叠纪成矿带（Zhang et al.，2003，2012）、华北克拉通北缘三叠纪—侏罗纪成矿带（毛景文等，2005；陈衍景等，2009）、特提斯造山带二叠纪—侏罗纪成矿带（Deng et al.，2010，2014）、华南板块晚三叠世—侏罗纪成矿带（毛景文等，2004）、华北克拉通东南缘白

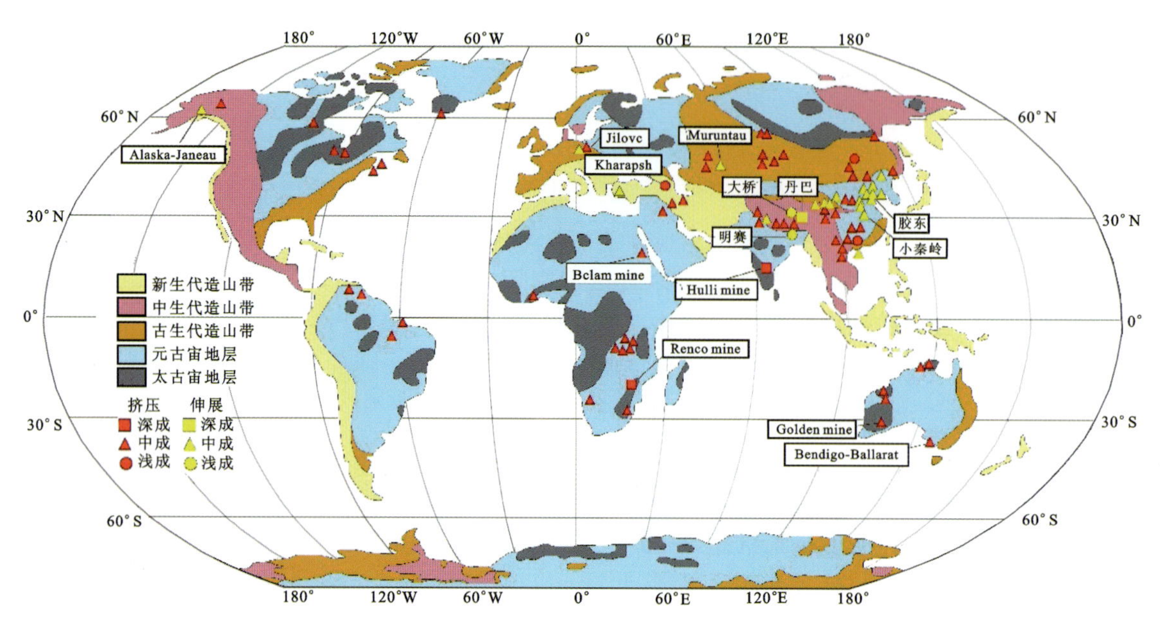

图 1-3　全球造山型金矿分布图(据杨林等,2023)

垩纪成矿带(陈衍景等,2004)、青藏高原及周缘古近纪成矿带(Hou et al.,2007;Li et al.,2007;Hou and Cook,2009;Jiang et al.,2009;邓军等,2011;Sun et al.,2017)等七大成矿带(图 1-4)。

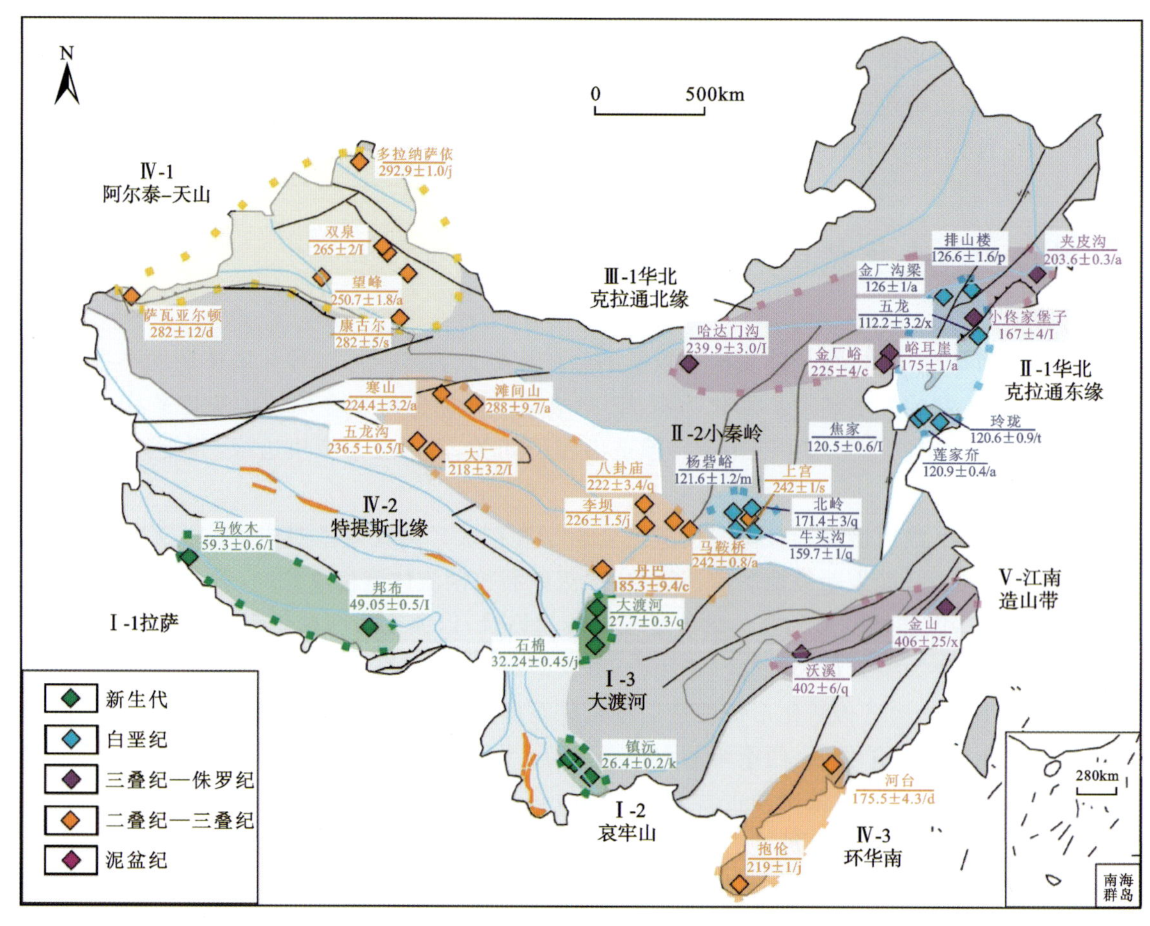

图 1-4　中国造山型金矿及成矿带分布图(据王庆飞等,2019)

四、省内柴北缘金矿研究现状

对于目前柴北缘已发现的金及多金属金属矿床(点)，前人进行过许多研究工作。金矿成矿类型主要有构造破碎蚀变岩型、石英脉型和砾岩型，代表性矿床有野骆驼泉金矿(丰成友等，2002；段建华等，2011)、千枚岭金矿点(康高峰，2009)、三角顶金矿(王春涛等，2015)、胜利沟-红灯沟金矿(王春涛等，2015；李欢和奚小双，2010；阳明和王柘，2013；王伟等，2014；郭旻，2015)、红柳沟金矿(吴正寿等，2001；宋生春，2006)、青龙沟金矿(林文山等，2006)、滩间山金矿(于凤池等，1994，1998；崔艳合等，2000；张德全等，2001，2007；鞠崎等，2009；Chen et al.，2014；王旭阳等，2015；陈树旺等，1996；国家辉等，1998)、青山金矿(赖华亮等，2020)、尕日力根金矿(童海奎等，2021)。空间上已知矿床(点)多数产于赛什腾山-锡铁山柴北缘结合带及其北侧的滩间山岩浆弧带中，极少见于宗务隆山裂陷盆地和全吉地块中。

在大量基础地质矿产调研和成矿事实及勘查评价开发的基础上，前人对柴北缘典型金矿床成矿规律进行了相应总结。造山型金矿方面，张德全等对柴北缘—东昆仑地区造山型金矿床成矿规律进行了总结(张德全等，2001，2007)，认为柴北缘造山型金矿产于汇聚板块边缘、靠近深大断裂部位，严格受深断裂、大型剪切带、褶皱和断裂裂隙三级构造系统控制，成矿年龄分为与造山过程有关的晚加里东期(425～400Ma)和晚海西期—印支期(296～200Ma)两个阶段。前期与碰撞有关热事件形成含金流体，在中—上地壳(15.4～7.3km)之间形成金矿化；后期构造性质转换，含金流体在浅部(1.2～5.7km)沉淀形成金矿体，具有多期次和复合叠加的特点；王福德等(2018)认为青海金矿可分为破碎蚀变岩型、矽卡岩型、海相火山岩型、砂矿型和叠加型等。柴北缘金矿主要形成于晚古生代，区域深大断裂控制着矿带展布，次级构造分别控制了矿区、矿产、矿体的产出和展布，构造-地层-岩浆-变质作用共同组成主要控矿要素，金矿具有成矿多来源、多阶段的特点；与金有关的控矿构造研究方面，赖绍聪等(1993)首次厘定了柴北缘韧性剪切带，从苏干湖经赛什腾山—锡铁山到都兰沙柳河全长600km，宽20～30km，以糜棱岩带为代表，强弱变形交替出现；丰成友等(2002)分析了野骆驼泉金矿韧性剪切带构造演化对金成矿的制约关系，剪切带具有早期韧性—中期脆韧性—晚期脆性的特征；黄银宝和丁春梅(2003)以构造-流体耦合成矿解释宽沟-红旗沟韧性剪切带与金矿的关系；李欢和奚小双(2010)分析了红灯沟金矿韧性剪切带构造分布与构造形式特征，认为剪切带多期次叠加成矿。

另外，潘彤(2017)对青海成矿单元进行了划分，柴北缘成矿带属于一级秦祁昆成矿域二级柴达木盆地成矿省，具体划分为欧龙布鲁克-乌兰及赛什腾山-阿尔茨托山两个成矿亚带；丰成友等(2012)系统总结了柴达木周缘4个地质构造演化旋回、6种金属矿床成因类型、5个成矿系列；潘彤(2019)将青海矿床初步划分为33个成矿系列、91个亚系列、60个矿床式；同时出版了大量的科研专著(刘增铁等，2005，2008；韩生福等，2012；李文渊等，2012；张雪亭等，2007)。

第四节 滩间山金矿研究内容及工作量

此次研究主要依托青海省科技计划项目"青海省柴达木南北缘大型超大型金矿深部资源预测研究(项目编号2021-SF-155)"，以及青海省大柴旦矿业有限公司委托青海省第一地质勘查院实施的"青海省大柴旦镇细晶沟金矿详查""青海省大柴旦镇金龙沟金矿详查""青海省大柴旦镇青龙沟金矿详查""青海省大柴旦镇青山金矿普查"及"青海青龙沟-绿梁山-锡铁山铅锌矿整装勘查区矿产调查与找矿预测""青海省滩间山地区金矿整装勘查区找矿部署研究"等矿产、科研项目，针对滩间山金矿成矿时代、成矿过

程、矿区构造与金成矿的关系等地质问题，以以往金矿野外勘查及研究为基础，通过对滩间山金矿床开展野外系统调查、测试数据分析及综合研究等工作，建立了"滩间山"金矿地质模型。

一、研究内容和技术路线

（一）研究内容

围绕滩间山金矿，针对制约找矿突破的关键科学问题，主要开展以下3个方面内容研究：

（1）金成矿地质特征观测。重点选择金龙沟、青龙沟、细晶沟典型金矿床，认识金矿体地质产状及其与围岩关系，围岩蚀变类型与平面-垂向分带特征及其与金矿化叠生关系，矿石类型、结构与构造特征，矿石和脉石矿物组成，成矿期次和成矿阶段；综合分析滩间山金矿范围内不同金矿化类型的共/伴生组合式样和空间（平面和垂向）变化趋势。

（2）金矿断裂构造与变形构造测量和解析。明确金矿所在区域尺度关键构造部位的构造几何学和运动学特征、变形期次、宏观和微观变形特征及构造意义、不同构造位置变形特征差异及叠加改造关系；明确矿区范围内金矿体构造控矿样式、矿体与断裂和变形构造空间关系、断裂及褶皱构造运动学特征测量、分期配套及古应力场反演，不同矿化样式的金矿体与断裂及变形构造的关联关系等。

（3）金矿成矿系统时空-物质综合研究。以成矿系统"源-运-聚"过程理论和矿产预测方法为指导，从金矿化基本特征及其成矿关系切入，按照"区域成矿背景→构造控矿规律→热液成矿过程→区域成矿模式"，揭示研究区金成矿的时空-成因关系、"源-运-聚"精细成矿过程与矿床成因，建立区域成矿模式，为研究区深部找矿勘查部署提供理论依据。

（二）技术路线

针对关键问题，本研究将主要开展金成矿作用、成矿规律及找矿技术方法研究等综合研究。通过野外地质调研与构造观测获取原始资料；通过多尺度显微观测、高精度同位素年代学、地球化学实验等技术手段提取关键成矿信息，综合分析区域成矿背景、研究区金成矿的时空-成因关系、成矿过程和矿床成因；通过建立成矿模式，提出找矿勘查标志组合，开展深部找矿方向研究。具体工作方法包括：

（1）野外地质调研与显微观测。针对滩间山地区，进行详细野外地质调查与观察，确定含矿建造类型及与其他地质体相互关系，识别金成矿相关的岩浆岩组合及其原生与次生构造特征等；对已有钻孔岩芯进行二次编录，认识研究区金矿化空间上的矿物组合及蚀变变化；采用光学显微镜、场发射扫描电镜、电子探针等技术，确定金矿石类型、结构与构造特征及其与金矿化关系，矿石和脉石矿物组成，Au热液成矿的期次和成矿阶段，查明Au的组构变化、载金矿物的类型。

（2）高精度同位素年代学方法。针对金矿范围内的典型岩脉（成矿前、成矿期及成矿后），开展LA-ICP-MS锆石U-Pb测年与主微量和锆石Hf同位素组成研究，认识岩浆侵位时代及岩浆源区，厘清岩脉与金成矿时空关系；联合与热液成矿相关的副矿物（磷灰石和金红石；成矿期与成矿后）LA-ICP-MS U-Pb定年，认识金矿岩浆侵位-热液蚀变-金成矿时间序列；以成矿期和成矿阶段研究为基础，开展扫描电镜-能谱-电子探针联合观测，认识可见金赋存状态、载金矿物成分、可见金与载金矿物关系。综合分析矿区范围内金矿化空间-时间-物质演变规律，结合前人研究成果，分别建立两个金矿成矿系统时空-物质结构地质模型。

（3）地球化学实验方法。针对研究区成矿相关的岩体和岩脉，采用全岩主微量示踪岩浆源区及其构造背景，并结合与区域构造演化对比认识区域成矿背景；利用LA-MC-ICP-MS对不同成矿期次/阶段载

金硫化物（黄铁矿、毒砂等）原位微量元素及S同位素的分析，认识成矿流体性质，进行金成矿过程研究；开展成矿期热液副矿物主量成分分析和微区原位微量元素点分析及面扫描分析，揭示Au成矿的时空-成因关系、“源-运-聚”精细成矿过程与矿床成因。

二、完成的主要实物工作量

在矿区研究过程中，紧密结合青海省第一地质勘查院承担的金龙沟、青龙沟、细晶沟等矿产勘查项目，开展了金矿含矿建造研究并采集了系列研究测试样品。完成工作量见表1-2。

表1-2 滩间山金矿完成工作量表

工作内容		单位	完成工作量
野外调查	岩芯观测与编录	km	6.3
	野外照片	张	500
室内数据分析	扫描电镜观测与能谱分析	h	25
	电子探针分析	h	15
	岩矿石标本	块	216
	主量元素分析样品	件	25
	微量元素分析样品	件	25
	稀土元素分析样品	件	25
	硫化物微量元素分析样品	点	215
	硫化物硫同位素分析样品	点	68
	锆石Hf同位素分析样品	点	127
	锆石U-Pb测年样品	点	257
	副矿物U-Pb测年样品	点	221
	显微镜下拍照	张	340

三、取得的主要成果

在前人工作的基础上，本次研究通过资料综合整理、野外调查及室内研究工作，取得了以下认识和成果：

（1）提出滩间山金矿大规模金成矿事件分别对应于原特提斯洋及古特提斯洋的碰撞造山、碰撞后造山伸展背景，碰撞造山过程所形成的构造缝合带及相关的脆韧性变形带和次级断裂-裂隙系统是控制矿带和矿体产出的关键因素。

柴北缘金矿床成矿时代跨度较大，存在至少4期金成矿事件，主要集中于早—中泥盆世（383.9±0.8Ma～410.3±5.8Ma），早石炭世（344±2.2Ma～359.9±1.7Ma），早—中二叠世（268.9±4.0Ma～289.6±6.0Ma），早白垩世（127.4±0.6Ma～133.8±4.2Ma）。结合区域构造演化，认为柴北缘地区的大规模金成矿事件分别对应于原特提斯洋及古特提斯洋的碰撞造山、碰撞后造山伸展背景，相关构造-

岩浆事件成为金成矿大爆发的重要地质环境。区域尺度上，伴随碰撞造山过程所形成的构造边界及相关深大断裂带是该地区众多金矿床的空间展布与产出的一级控矿构造，这些一级构造带附近或其旁侧的脆性至韧性变形带成为矿集区或矿床尺度上的二级控矿构造，次级脆性至韧性变形带所派生的断裂-裂隙系统则主要是矿体尺度上的三级控矿构造。

(2)揭示出滩间山金矿先后经历早—中泥盆世、早石炭世、早—中二叠世、早白垩世4期构造-岩浆活动过程；早石炭世和早—中二叠世岩浆活动与金成矿关系密切，多期岩浆-热液叠加可能是滩间山金成矿的关键。

滩间山金矿所处的柴北缘造山带经历了复杂的区域构造演化，造就了区域上多期多阶段岩浆活动。其中，柴北缘造山带进入碰撞后造山阶段形成的碰撞后岩浆岩与滩间山金矿内金矿化的形成关系密切。获得青龙沟金矿床中含矿细晶闪长岩锆石LA-ICP-MS U-Pb年龄为383.9±0.8Ma、金龙沟金矿床中与金矿化关系密切的花岗斑岩的锆石LA-ICP-MS U-Pb年龄为356.0±2.8Ma～359.9±1.7Ma，以及金龙沟金矿中发育浸染状黄铁矿化的霏细斑岩的锆石LA-ICP-MS U-Pb年龄为127.4±0.6Ma，指示了矿区内金矿化的形成与多期次岩浆活动密切相关。同时，载金矿物矿相学的研究表明，金矿化的形成是多期热液叠加所导致的。青龙沟和金龙沟金矿床中黄铁矿和毒砂等主要的载金矿物具有多世代的特征，具体表现为黄铁矿/毒砂环带、晶体粒度不一、晶体晶形差别较大等特征。其中，青龙沟与金矿化关系密切的黄铁矿/毒砂世代可以分为脉状黄铁矿状金矿化和微细粒—细粒黄铁矿/毒砂状金矿化两种形式。脉状黄铁矿状金矿化相对于微细粒—细粒黄铁矿/毒砂状金矿化较早形成，其中的自然金/银金矿颗粒大(2～50μm)，主要以包裹体金/裂隙金的形式分布在黄铁矿和晶形差的热液金红石中；微细粒—细粒黄铁矿/毒砂状金矿化中的自然金/银金矿粒度小(<20μm)，主要与微细粒—细粒的黄铁矿和毒砂共生。

(3)认为柴北缘金成矿系统具有区域复合造山作用下的独特成矿模式，是早古生代—早中生代区域大洋关闭与碰撞造山及造山后伸展过程中构造-岩浆-成矿共同耦合作用的产物，并在此基础上建立了滩间山金矿田成矿模式图。

伴随早古生代原特提斯洋、晚古生代—早中生代古特提斯洋的俯冲关闭、碰撞造山以及造山后伸展，柴北缘地区经历了显著的复合造山作用，并形成了独特且复杂的金成矿系统。柴达木南北缘金成矿系统在区域同碰撞挤压向后碰撞走滑伸展的应力体制转变过程中，发生了大规模壳幔混合作用与岩浆侵入活动，为金成矿的爆发提供了重要的成矿物质来源与热动力条件。同时，伴随发生了不同层次、不同性质的变质变形作用，深层次韧性剪切作用及相关深熔作用往往会导致矿源层中Au元素的活化，形成大量含金热液流体并沿剪切带上升、运移，为金的预富集及最终成矿奠定了基础；浅地壳脆性变形事件导致先存构造薄弱带的复活并形成一系列脆性断层破碎带及次级破裂，不仅能够驱使成矿流体沿脆-韧性变形带向地壳浅部运移，也为矿体就位与矿石沉淀提供了重要场所。

(4)对金龙沟采坑内含金黄铁绢英岩中的石英做流体-包裹体研究，显示低盐度、低密度特征，成矿压力介于15.42～35.50MPa之间，主成矿深度介于2～2.3km之间，确定了矿床成因类型为中浅成、中温热液脉型金矿床。

(5)在滩间山金矿田首次运用广域电磁、重力测量及构造叠加晕技术，对青龙沟金矿区深部矿带、矿体开展成矿预测工作，圈定深部找矿靶区7处，通过后续钻孔验证成功发现青龙沟深部第二成矿富集空间，建立了“广域电磁、重力测量精确定位＋构造叠加晕深部预测＋机械岩芯钻探深部验证”勘查方法体系。

(6)通过绿色勘查技术方法研究，在滩间山金矿田浅覆盖区及深部找矿工作中分别总结提出了“专题研究引领确定靶区＋空气反循环钻探探索＋小角度机械钻探验证＋孔内岩芯定向设备恢复厚覆盖区深部岩性原始产状”“成矿模式＋三维模型＋物探组合方法＋机械岩芯钻(ML)”的绿色勘查方法组合。

该技术方法组合不仅在研究区广泛应用，同时对柴北缘寻找深部盲矿体具有很好的指导作用，取得了较好的经济效益和生态效益。

滩间山金矿选厂自1992年建成以来，选矿工艺不断提升，金回收率从48%提升至82.12%，采用的“原矿浮选—精矿焙烧（或精矿氰化—精矿浸渣焙烧）—焙砂氰化浸出提金”工艺，几乎达到选矿试验理想值，选矿工艺较为先进。

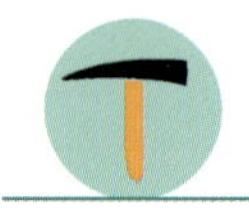

第二章　滩间山金矿成矿地质背景

滩间山金矿范围西起胜利沟、东至嗷唠河一带，包括金龙沟、青龙沟、细晶沟、红柳沟、胜利沟等大、中、小型金矿床。金矿位于青藏高原的北部，地处青、甘两省交界部位青海境内。

第一节　地　层

滩间山金矿位于柴达木盆地北缘赛什腾山中东段滩间山一带，出露的地层系统总体呈北北西向展布，不同时代的地层多以同构造线方向的断层相隔呈断块彼此镶嵌。依据《中国区域地质志·青海志》（祁生胜等，2024）的划分方案，矿区出露地层均属秦祁昆地层大区，东昆仑-柴达木地层分区，主体隶属柴北缘地层分区，北部涉及全吉地块地层区，南部为柴达木盆地地层分区。各地层单元所处的大地构造环境及地层区各不相同，反映在岩性组成、生物组合、沉积环境及矿产的赋存均有差异。现将柴北缘地层分区自老而新分述（图2-1）。

一、前寒武纪

（一）古元古界达肯大坂岩群（Pt_1D）

该套地层在滩间山金矿集中分布于青山、嗷唠河两岸、嗷唠山地区，北西向展布，为一套有层无序的深变质岩系，遭受区域动力热流变质作用和混合岩化作用。与早奥陶世蛇绿岩呈构造片理（或断层）接触，被晚泥盆世、晚三叠世侵入岩侵蚀，被下—中三叠统隆务河组砂砾岩不整合，嗷唠河北西地区由逆掩推覆-撕裂滑动构造形成推覆体（飞来峰）。

依据变质程度划分为达肯大坂岩群片麻岩岩组（Pt_1Da）和片岩岩组（Pt_1Db）。片麻岩岩组为黑云-夕线石角闪斜长片麻岩、黑云石英片岩夹斜长角闪片岩变质岩石组合。片岩岩组为泥方解-绿泥-黑云石英片岩夹片麻岩、大理岩变质岩石组合。两岩组之间呈断层接触。

1. 片麻岩岩组（Pt_1Da）

浅灰色黑云斜长片麻岩、夕线石角闪斜长片麻岩、石榴黑云石英片岩、含夕线石黑云斜长片岩夹斜长角闪片岩、大理岩，原岩建造为基性火山岩-黏土岩建造，属高角闪岩相，中压相系，控制假厚度大于1 922.12m。

2. 片岩岩组（Pt_1Db）

浅灰色泥方解片岩、绿泥片岩、黑云石英片岩、混合岩化斜长片麻岩夹角闪斜长片麻岩、透辉钾长斜长变粒岩、变安山岩、透辉石大理岩，原岩建造为富铝半黏土质-黏土岩建造，控制假厚度大于2 228.08m。属高绿片岩相，中压相系。

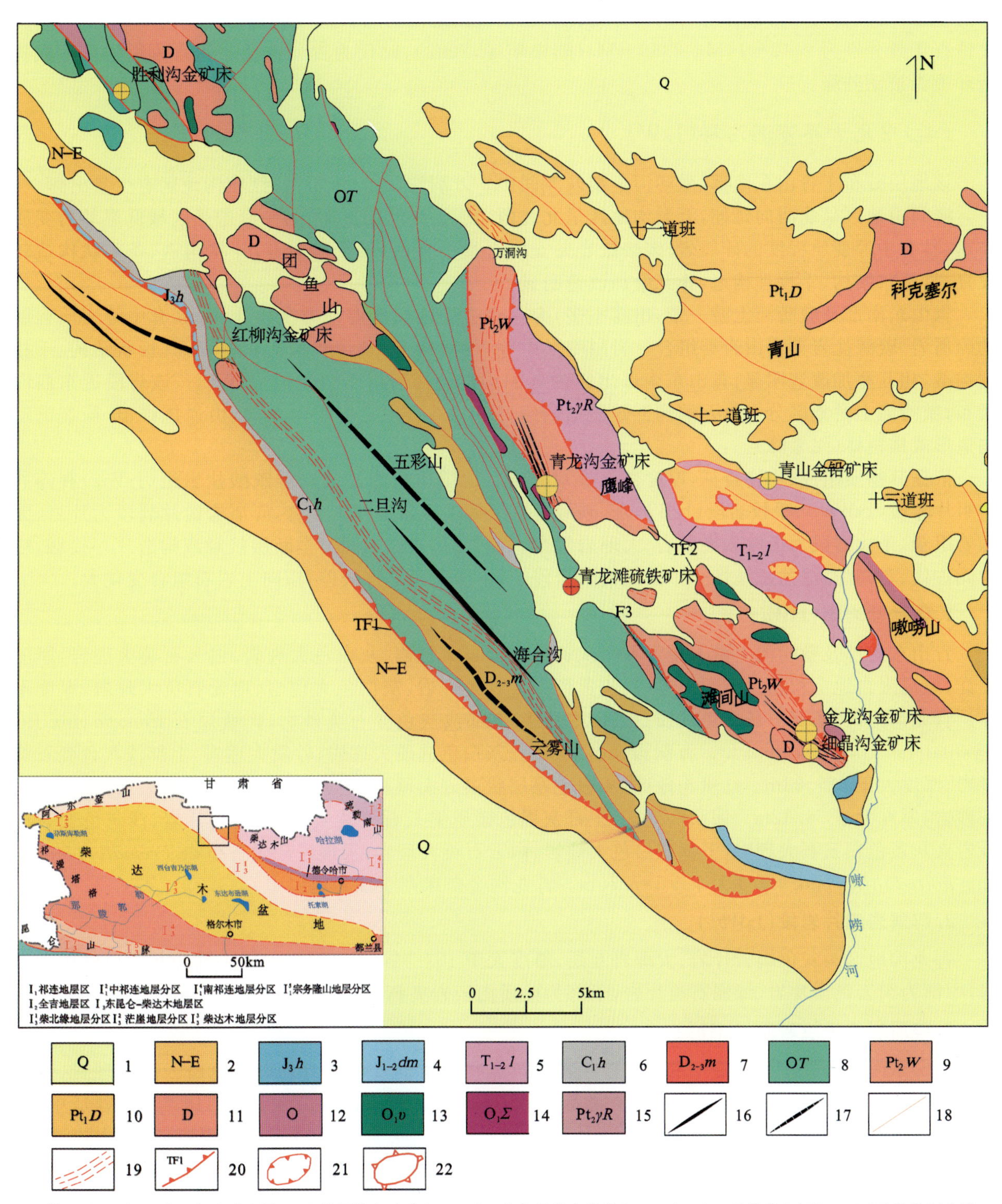

1.第四系；2.新近系—古近系地层；3.上侏罗统红水沟组；4.下—中侏罗统大煤沟组；5.下—中三叠统隆务河组；6.下石炭统怀头塔拉组；7.中—上泥盆统牦牛山组；8.奥陶系滩间山群；9.中元古界万洞沟群；10.古元古界达肯大坂岩群；11.泥盆纪中酸性侵入岩；12.奥陶纪中酸性侵入岩；13.奥陶纪基性岩；14.奥陶纪超基性岩；15.古元古代环斑花岗岩；16.背斜构造；17.向斜构造；18.断裂构造；19.韧性剪切带；20.推覆构造；21.飞来峰；22.构造窗。

图 2-1　滩间山金矿区域地质简图

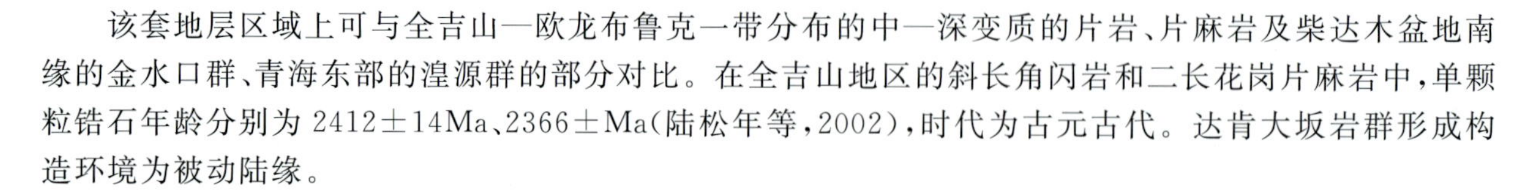

该套地层区域上可与全吉山—欧龙布鲁克一带分布的中—深变质的片岩、片麻岩及柴达木盆地南缘的金水口群、青海东部的湟源群的部分对比。在全吉山地区的斜长角闪岩和二长花岗片麻岩中，单颗粒锆石年龄分别为2412±14Ma、2366±Ma(陆松年等，2002)，时代为古元古代。达肯大坂岩群形成构造环境为被动陆缘。

(二)中元古界万洞沟群(JxW)

该地层分布于青山东南部、嗷唠河上游及滩间山—万洞沟一带，玉石沟、红旗沟地区有少量出露。

滩间山地区呈北西向延伸，万洞沟地区呈北北西向或近南北向展布，为一套遭受区域低温动力变质作用、具有中等变质程度的碎屑岩-碳酸盐岩夹安山岩类组合；岩层变形中等，片状构造、条带状构造较发育，具板状结构、千枚理构造，相互叠加改造明显。

青山东南部及嗷唠河上游一带，出露不多，为一套遭受区域低温动力变质作用，具有中等变质程度的碎屑岩-碳酸盐岩夹安山岩类组合。岩层变形中等，片状构造、条带状构造较发育，具板状结构、千枚理构造，相互叠加改造明显；青山东南部出露为万洞沟群碎屑岩组千枚岩段($JxWb^2$)，该岩段近东西向展布；嗷唠河上游地区分布为万洞沟群碳酸盐岩组(JxWa)，岩层走向近南北向，由逆掩推覆-撕裂滑动构造形成推覆体(飞来峰)。

依据其物质组成、生物特征、厚度变化等划分岩石地层单位为万洞沟群碳酸盐岩组(JxWa)和碎屑岩组片岩段($JxWb^1$)、千枚岩段($JxWb^2$)。碳酸盐岩组为大理岩夹片岩组合，碎屑岩组片岩段为片岩、大理岩组合，千枚岩段为千枚岩夹砂岩、大理岩组合。各岩组、岩段之间多呈断层接触或构造片理接触，被中元古代、奥陶纪、泥盆纪基性—中酸性侵入岩侵蚀，平面上延展性较差，横向上岩石组合变化大。

1. 碳酸盐岩组(JxWa)

青山东南部及嗷唠河上游一带为一套灰黄色白云石大理岩、灰白色大理岩、白云石英大理岩，厚度不详，属局限台地沉积相。滩间山地区：灰黄色白云石大理岩、灰白色大理岩、白云石英大理岩，厚度不详。青龙沟地区：灰黄—灰白色硅质、砂质大理岩，上部浅灰色变石英砂岩，产叠层石 *Conophyton* f.，*Gymnosolen* f.，*Jurusania* f.。万洞沟地区：灰黄—灰白色硅质大理岩、砂质大理岩，上部浅灰色变石英砂岩，厚度大于621.83m。红旗沟地区：灰白色厚层状白云大理岩、灰黄色硅质微晶大理岩，局部夹少量细砂岩，厚度大于56.92m。回头沟地区：上部灰黑色碳质绢云石英片岩、绢云斜长片岩、浅灰色变石英砂岩夹灰黄色白云石大理岩，下部灰白色大理岩、白云石英大理岩，大理岩产微古植物 *Trematosphaeridum holtedahlii* Tim.，厚度大于1 187.75m。青龙沟金矿床产于该套地层中。

2. 碎屑岩组片岩段($JxWb^1$)

青龙沟地区为灰色绢云片岩、大理岩互层，厚度大于163.55m。万洞沟地区上部为灰黑色硅质白云岩，中部为绢云钙质片岩、绿泥石英片岩，下部为硅质白云岩夹钙质绿泥片岩，厚度大于327.42m。

3. 碎屑岩组千枚岩段($JxWb^2$)

青山东南部及嗷唠河上游一带为一套深灰色斑点状碳质绢云千枚岩夹青灰色白云质大理岩、变安山岩、泥灰岩，顶部绢云绿泥石英片岩，厚度大于320.60m。大柴旦镇青山金铅锌矿床产于该建造中，隶属滨远沉积相。滩间山地区为深灰色斑点状碳质绢云千枚岩夹青灰色白云质大理岩、变安山岩、泥灰岩，顶部绢云绿泥石英片岩，厚度大于320.60m；大理岩产微古植物 *Granomarqinata* sp.，*Zonosphaeridium* sp.。青龙沟—万洞沟地区为灰黑色斑点状碳质绢云母千枚岩夹变细粒石英砂岩、绢云石英片岩、大理岩，厚度大于406.91m。玉石沟地区为灰黑色碳质绢云千枚岩夹变透镜状细砂岩，厚度大于1 187.75m。金龙沟金矿床、细金沟金矿床产于该套地层中。

该群岩石组合特征、受变质程度、原始沉积环境及物源属性、叠层石与微古植物产出属种及组合与柴南缘都兰县冰沟群、东昆仑南坡万保沟群、中祁连刚察县花石山群相似。在滩间山北坡万洞沟群底部的铷锶同位素获得1022±64Ma的年龄(于凤池等，1994)。综合分析时代归属中元古代。万洞沟群形成大地构造环境为被动大陆边缘，为远滨相-局限台地相沉积建造相。

二、寒武纪—泥盆纪

(一)奥陶系滩间山群(OT)

该套地层是滩间山金矿分布最广、岩石组合众多且较为复杂的一套以变碎屑岩-中基性火山岩为主的沉积建造组合。沿滩间山山脊—云雾山山脊—万洞沟—白头沟—胜利沟一带山脊北坡分布,呈北西向展布。遭受了绿片岩相-低角闪岩相变质和多期变形作用,岩层变形较强烈,线型褶皱、劈理化、片理化发育。与中元古界万洞沟群、早奥陶世蛇绿岩呈断层接触或构造片理接触,被中奥陶世及其后期侵入的中—中酸性花岗岩侵蚀,被上泥盆统牦牛山组不整合。

按其岩石与岩相组合差异,依据层序中不同层位岩性特征划分为下碎屑岩组绿片岩段(OTa^1)、下碎屑岩组砂岩灰岩段(OTa^2)、下火山岩组(OTb)、砾岩组(OTc)、玄武安山岩组(OTd)和砂岩组(OTe)。各岩组、岩段之间多为断层接触,部分为整合接触。

1. 下碎屑岩组绿片岩段(OTa^1)

云雾山地区:灰绿色绿泥黑云绿帘石英、钙质绿泥片岩夹薄层结晶灰岩,厚度大于681.58m。

万洞沟地区:灰绿色绿泥片岩夹大理岩,产植物化石 *Baltisphaeridium* sp., *Ammonidinm*? *Waldronesis*.,厚度大于681.58m。其中产电石灰岩和锰矿。

2. 下碎屑岩组砂岩灰岩段(OTa^2)

滩间山地区:灰黄色、灰绿色中细粒石英砂岩夹青灰色碎屑灰岩、砂质板岩,厚度大于502.29m。

云雾山地区:灰白色薄层大理岩、结晶灰岩、变不等粒长石石英砂岩、钙质绿泥片岩;顶部安山质凝灰岩,产化石 *Agetolies* cf. *micabilis* Sokolor,*A. clmulcitabulaius* Lim,*Palacophyllum* sp. nov.,厚度大于901.81m。

万洞沟地区:灰黄色大理岩、石英大理岩,结晶灰岩夹绢云绿泥石英片岩,厚度大于224.55m。其中产冰洲石及金、铜、锰、钴、镍等矿产。

3. 下火山岩组(OTb)

滩间山地区:灰绿色变安山岩、变安山质凝灰岩夹变流纹质凝灰岩,下部有较厚的变英安岩,厚度大于979.33m。

云雾山地区:上部为绢云母石英片岩夹绿泥石英片岩,中部为变安山岩夹绢云母石英片岩、变安山质火山角砾熔岩,下部为变安山质凝灰岩,底部为方解绿帘绢云片岩;厚度大于2 035.15m。

万洞沟地区:上部为灰绿色变安山质凝灰岩夹中粒长石砂岩,中部为灰绿色蚀变角闪安山岩,下部为蚀变安山岩、英安岩夹大理岩,厚度为1 005.90m。

环山—黑山地区:灰绿色变安山岩、沉安山质集块岩、沉安山质火山角砾岩、沉凝灰岩夹大理岩透镜,厚度为1 370.93m。

其中产铜、铁金、铅、锰等矿产。

4. 砾岩组(OTc)

滩间山地区:土黄色复成分片状砾岩,厚度大于52.33m。

云雾山地区:上部为灰黄色中细粒长石石英砂岩夹安山质火山角砾岩、安山岩,下部为灰黄色含砾砂岩、中细粒长石石英砂岩夹片状砾岩;厚度大于427.08m。

万洞沟地区:灰黄色复成分砾岩、片状砾岩夹变安山质凝灰岩、砂岩,厚度大于375.80m。

环山地区:灰色、灰褐色砾岩,厚度不详。

其中产金、铜矿产。

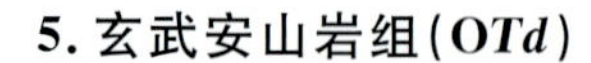

5. 玄武安山岩组(*OTd*)

滩间山地区：灰紫色变安山质熔结集块岩、杏仁状安山岩，厚度大于180.02m。

云雾山地区：灰绿色变安山岩、杏仁状安山岩，厚度大于120.87m。

万洞沟地区：上部为灰绿色杏仁状安山岩，中下部为灰绿色变安山质凝灰岩夹安山质火山角砾岩，厚度大于375.80m。

6. 砂岩组(*OTe*)

云雾山地区：灰色中细粒长石石英砂岩，厚度大于321.90m。

万洞沟地区：上部为灰黄色长石石英砂岩，中下部为灰绿色中细粒长石砂岩，厚度大于643.20m。

黑山地区：以灰色变细砂岩为主，顶部为黑云母长石角岩，底部为砾岩，厚度大于438.59m。

5个岩组局部地段接触关系清楚，层序稳定。据1∶5万嗷唠山幅地质图(青海省第一地质矿产勘查大队，1993)记载，在滩间山地区滩间山群下碎屑岩组的灰岩夹层中产珊瑚 *Agetolites* cf. *gracilis*、*Catanipora suborata*，*Favosites* sp. 等，时代为奥陶纪。在中酸性火山岩中锆石U-Pb年龄为486±13Ma。在柴北缘地层分区，滩间山群比寒武系阿斯扎群变质浅，前者仅达绿片岩相，后者达绿帘角闪岩相，成岩时代前者应晚于后者。滩间山群有中—上泥盆统牦牛山组不整合覆盖。因此，将滩间山群的时代置于奥陶纪。

(二)中—上泥盆统牦牛山组($D_{2-3}m$)

牦牛山组分布于云雾山脊两侧、胜利沟、彩虹沟、五彩山等地区，呈北西向展布，下伏与奥陶系滩间山群呈角度整合接触，被下石炭统怀头他拉组不整合，为一套板内裂陷盆地河流相粗碎屑岩夹火山岩沉积岩石组合。

牦牛山组划分为下砾岩段($D_{2-3}m^1$)、砂岩段($D_{2-3}m^2$)、上砾岩段($D_{2-3}m^3$)，下砾岩段为砾岩、砂岩沉积岩石组合，砂岩段为砂岩夹火山岩沉积岩石组合，上砾岩段为砾岩夹砂岩沉积岩石组合。各岩段之间为连续沉积。

1. 下砾岩段($D_{2-3}m^1$)

云雾山北坡：紫灰色中细砾岩、含砾长石石英粗砂岩，厚度不详。

小宝沟地区：紫灰色中细砾岩、含砾长石石英粗砂岩，厚度大于438.59m。

2. 砂岩段($D_{2-3}m^2$)

云雾山南东伊克呼图森地区：上部为紫红色、灰绿色岩屑长石砂岩含砾粗砂岩、中细砾岩；中下部为灰绿色、灰白色中细粒长石砂岩、凝灰质粉砂岩夹变安山岩、粉砂岩，底部为砾岩；厚度大于1 700.48m。

云雾山脊两侧：上部为灰黄色岩屑长石砂岩、不等粒长石砂岩、长石石英砂岩夹粉砂岩、页岩；下部为灰绿色变安山质凝灰岩、变安山岩、长石石英砂岩、含砾不等粒长石岩屑砂岩、杂色砾岩，厚度大于537.61m。

胜利沟地区：灰黄色长石石英砂岩，局部夹砾岩，厚度大于105.12m。

3. 上砾岩段($D_{2-3}m^3$)

云雾山地区：灰绿色复成分砾岩夹不等粒长石砂岩，厚度大于307.17m。

五彩山地区：上部为灰黄色细粒长石石英砂岩，中部为灰紫色中细粒复成分砾岩，下部为灰紫色中粗粒复成分砾岩，厚度大于179.21m，产植物化石 *Leptophloeum yhombicum* Dawson.。

牦牛山组不整合于奥陶系滩间山群之上，有下石炭统阿木尼克组不整合覆盖。在下部碎屑岩中产植物 *Leptophloeum rhombicum*，*Sublepidodendron* sp.，*Lepldodendropsis* sp.；孢粉 *Colamospora* sp.，*Cyclogranisporites* sp.，*Apiculiretusispora* sp.。青海省地质调查院(2014)在1∶25万大柴旦幅、德令哈幅区调工作时，在牦牛山组英安岩中进行锆石U-Pb(LA-ICP-MS)测年，获得390±1.8Ma年龄值；青海省第三地质矿产勘查院在1∶5万阿木尼克地区四幅区域地质调查中，在牦牛山组英安岩、流纹岩中

分别获得 374.8±3.1Ma、385.8±6.1Ma、369.2±3.3Ma、392.4±3.3Ma(LA-ICP-MS)年龄值。综合考虑古植物的时代和同位素年龄值，将牦牛山组的时代置于中—晚泥盆世。

三、中生代—新生代

(一)下石炭统怀头他拉组(C_1h)

金矿内出露较少，分布于云雾山脊南坡、五彩山等地区，为一套上叠盆地广海陆盆-盆地相碎屑岩、碳酸盐岩岩石组合。岩层呈北西向展布，多呈条带断块状产出。

怀头他拉组进一步划分为砂砾岩段(C_1h^1)和灰岩段(C_1h^2)。砂砾岩段为砾岩、砂岩夹灰岩沉积岩石组合，灰岩段为灰岩、砂岩沉积岩石组合。区内仅出露怀头他拉组灰岩段。

灰岩段：位于云雾山脊南坡、五彩沟地区。青灰色生物灰岩夹浅褐色泥灰岩、灰白色长石石英砂岩，产腕足 *Gigantoproductus giganteus*(Martin)，珊瑚 *Yuanophyllum*，*Kueichophyllum* sp.，厚度大于159.38m。

该地层从构造部位、岩性、岩相和生物群上，完全可以与柴北缘欧龙布鲁克山下石炭统怀头他拉组对比，同时也相当于贵州独山—大塘一带下石炭统大塘组和摆佐组。故将该套地层时代归属早石炭世。

(二)下—中三叠统隆务河组($T_{1-2}l$)

出露在嗷唠河北西及独尖山北缘山前地区，呈北西向展布，隶属柴北缘地层分区滩间山地层小区。独尖山地区不整合于中元古代环斑花岗岩之上，为一套上叠弧后前陆盆地河相砂岩夹砾岩、煤线沉积岩石组合，岩石地层单位为前人划分的下—中三叠统隆务河组砂岩段($T_{1-2}l^b$)。

嗷唠河地区为一套上叠弧后前陆盆地河相碎屑岩沉积岩石组合，不整合于古元古界达肯大坂岩群、晚泥盆世中酸性侵入岩之上，被晚三叠世正长花岗岩侵蚀；在嗷唠河地区受推覆构造作用，其中分布有达肯大坂岩群和万洞沟群形成的推覆体(飞来峰)构造。

隆务河组划分为砾岩段($T_{1-2}l^a$)和砂岩段($T_{1-2}l^b$)。砾岩段为砾岩沉积岩石组合，砂岩段为砂岩夹砾岩、煤线沉积岩石组合。岩段之间为连续沉积。

1. 砾岩段($T_{1-2}l^a$)

独尖山地区：灰白色长石石英砂岩、含砾粗砂岩，厚度大于50m。在嗷唠河北西地区(隶属宗务隆山-夏河甘加地层分区)上部为灰绿色细粒石英砂岩，中部为灰绿色中砾岩夹含砾粗砂岩，下部为中细粒砂岩；夹煤线，产植物化石 *Cladophlebis* sp.，*Neocalamiteis* sp.，厚度大于1 525.17m。

嗷唠河北西部地区出露少，为一套灰色、灰绿色中砾岩夹含砾砂岩，厚度不详。与砂岩段($T_{1-2}l^b$)构成背斜构造。

2. 砂岩段($T_{1-2}l^b$)

该段仅分布在嗷唠河北西地区。上部为灰绿色细粒石英砂岩，中部为灰绿色中砾岩夹含砾粗砂岩，下部为中细粒砂岩，夹煤线，产植物化石 *Cladophlebis* sp.，*Neocalamiteis* sp.，厚度大于1 525.17m。大柴旦镇路乐河煤矿(点)产于该套地层中。

所含植物 *Neocalamites* sp.，*Cladophlebis* sp.为三叠纪早中期常见分子。1975年地质五队编制1∶50万柴北缘地质图时，将该套地层与北祁连陆相三叠纪地层对比划分为未分三叠系。本次修编综合分析，将其时代归属早—中三叠世。隆务河组隶属辫状河沉积相环境，形成大地构造环境为弧后前陆盆地。

(三)下—中侏罗统大煤沟组($J_{1-2}dm$)

出露不多，分布于高泉煤矿、五彩山及长提煤矿地区，为一套山间断陷盆地三角洲平原相页岩、砂岩夹煤线沉积岩石组合。

高泉煤矿地区与奥陶系滩间山群呈断层接触。出露一套黄褐—灰黑色碳质粉砂岩及结核、煤层、煤线，产植物化石 *Cladophlebis whitbyensis*，*Podozamites lanceolatus*，厚度为 29.91m。

五彩山地区黄褐色粉砂岩，顶部含煤线夹黏土页岩、碳质页岩，厚度大于 78.68m。

区域上岩性横向变化不大，层序清楚。该岩组含丰富的植物化石 *Equisetites ferganensis*，*Pityophyllum longifolium*，*Equisetites* cf. *multidentatus*，*Coniopteris hymeno-phylloides*，*Podozamites* sp.，属早—中侏罗世的常见分子。

（四）上侏罗统红水沟组（J_3h）

该组仅分布在五彩山地区，为一套山间断陷盆地曲流河相粉砂岩、泥岩夹砂岩沉积岩石组合，岩石地层单位为上侏罗统红水沟组。与下—中侏罗统大煤沟组、始新统—古新统路乐河组呈断层接触，与下白垩统犬牙沟组连续整合沉积接触。岩石组合较为简单，为一套浅紫色泥岩、粉砂质泥岩夹长石石英砂岩，厚度大于 133.38m。

区域上与茫崖镇红水沟组剖面（正层型剖面）岩性相似，可以对比，且产丰富的晚侏罗世早—中期介形类动物化石群。

（五）下白垩统犬牙沟组（K_1q）

区内出露零星，仅分布在五彩山地区，为一套山间压陷盆地曲流河相砂岩夹砾岩、泥岩沉积岩石组合，岩石地层单位为下白垩统犬牙沟组。整合于上侏罗统红水沟组之上，与始新统—古新统路乐河组呈断层接触。岩性简单，主要为淡红色细粒长石石英砂岩夹红棕色泥岩，厚度大于 56.10m。

以河流沉积为主，少量为滨湖沉积，所以水深较浅，为淡水，中性，水温为暖水，氧化环境，处于湿热气候带。未有古生物作为时代依据，根据接触关系和区域岩性对比，确定为早白垩世。

（六）始新统—古新统路乐河组（$E_{1\text{-}2}l$）

该组分布于五彩山等地区，为一套山间压陷盆地冲积扇相复成分砂砾岩沉积岩石组合，岩石地层单位为始新统—古新统路乐河组。不整合于大煤沟组之上，与上覆干柴沟组砂砾岩段整合接触，被下更新统七个泉组不整合。含古近纪介形生物群 *Ilyocypris* sp.，*Condoniella* sp.，*Candona* sp.，*Cyclocypris* sp.，与上覆干柴沟组生物群十分相似。

（七）渐新统—中新统干柴沟组（E_3N_1g）

该组集中分布于五彩山一带，为一套山间压陷盆地淡水湖相碎屑岩沉积建造。与下伏路乐河组整合接触，上覆连续沉积油砂山组。

干柴沟组划分为砂砾岩段（$E_3N_1g^1$）和粉砂岩段（$E_3N_1g^2$）。砂砾岩段为砾岩夹粉砂岩、泥岩沉积岩石组合，粉砂岩段为粉砂岩、泥岩夹石膏沉积岩石组合。岩段之间为连续沉积。

砂砾岩段（$E_3N_1g^1$）：浅紫色复成分砾岩夹长石砂岩，厚度为 282.5m。

粉砂岩段（$E_3N_1g^2$）：上部为浅棕色长石石英砂岩与粉砂岩互层，中下部为灰黄色长石砂岩夹泥岩，产介形类 *Mediocgpris candonaeformis*（Strant），*Eucyprislenghuensis Nana*，厚度大于 239.93m。

这套地层为板内稳定条件下的湖泊沉积体系，淡水湖相，滨湖-浅湖亚相，其下部有河流相或山麓洪积相，主要岩性为灰白色、紫红色厚层状粉砂岩夹长石石英砂岩、长石砂岩及少量泥岩、不纯灰岩，下部夹砾岩，厚度为 1985m，上部粒度较下部细，产介形虫、螺、芦苇等化石，其中介形虫有 *Mediocypris candonaeformis*，*Candona* sp. 等，为渐新世、中新世常见分子。

（八）上新统油砂山组（N_2y）

该组分布于五彩山及红柳沟南部地区，为一套山间压陷盆地湖泊三角洲相砂岩、砾岩沉积岩石组

合，岩石地层单位为上新统油砂山组。整合于干柴沟组之上，与上覆狮子沟组连续沉积。五彩山地区：土黄色细砾岩、中细砾岩，偶夹含砾长石砂岩。红柳沟南部地区：上部为浅灰色中细砾岩，中部为浅灰色中粗粒砾岩，下部为土黄色中粗砾岩夹中细砾岩、含砾长石砂岩、细砂岩，厚度大于1 123.21m。

(九)上新统狮子沟组(N_2s)

该组分布于红柳沟南部及云雾山西南缘山前洼地，为一套山间压陷盆地淡水湖相砾岩夹砂岩沉积岩石组合，岩石地层单位为上新统狮子沟组。整合于油砂山组之上。红柳沟南部地区：土黄色细砾岩、含砂细砾岩。云雾山西南缘山前洼地：上部为土黄色砂岩、细砾岩，下部为土黄色细砾岩，厚度大于732.63m。

该套地层前人研究程度较低，均未获得较准确的年代资料。1∶25万布喀达坂峰幅相当地层中获得电子自旋共振测年年龄为4.5Ma。根据岩性组合特征与区域资料对比，将该套地层形成时代归属上新世。

(十)下更新统七个泉组(Qp_1q)

该组分布于五彩山及云雾山西南缘山前地区，为一套山间压陷盆地网状河相砾岩、砂岩建造沉积岩石组合，岩石地层单位为下更新统七个泉组。不整合于狮子沟组之上。五彩山及云雾山西南缘山前地区：上部为灰色含砾砂岩、细砾岩，下部为灰色复成分砾岩，厚度为45.16m。

(十一)第四系

研究区内第四纪沉积分布较为广泛，集中出露于滩间山山脊两侧山前平滩，为陆相松散沉积(堆积)物，成因类型复杂，有残积物堆积、冰川堆积、冰碛物、湖积-化学沉积、沼泽-化学沉积、沼泽堆积、化学沉积、洪积、洪冲积、冲洪积、冲积及风积。冲积、洪积、风积主要分布于山前、河谷地带；残积物堆积、冰川堆积分布于山区，湖积-化学沉积、沼泽-化学沉积、沼泽堆积、化学沉积分布于山前盆地洼地。第四系成因类型划分和特征见表2-1。

表2-1 第四系成因类型划分和特征表

地质时代	成因类型	代号	沉积物组合
全新世	风积	Qh^{eol}	黄褐色风成砂及沙丘、砂垄。厚10～50m
	冲积	Qh^{al}	季节性河床、河漫滩低级阶地砾石层及砂砾层，厚度大于10m
	洪积	Qh^{pl}	现代河床、河漫滩、山前洪积扇及低阶地砂砾石堆积，厚度大于10m
	冲洪积	Qh^{apl}	砂土砾石层
	化学沉积	Qh^{ch}	含钾镁盐的粉砂、黏土及白—黄褐色石盐夹淤泥层，厚10～50m
	沼泽堆积	Qh^{f}	淤泥亚砂土
	沼泽-化学沉积	$Qh^{fl\text{-}ch}$	沼泽淤泥与化学沉积，含盐、芒硝、石膏、钾盐
	湖积-化学沉积	$Qh^{l\text{-}ch}$	含石膏粉砂、黏土、含粉砂淤泥与含砂石盐、含芒硝石盐及含钾镁盐粉砂石盐
晚更新世	洪积	Qp_3^{pl}	山前及阶地洪积砂砾石层
	洪冲积	Qp_3^{pal}	山前洪扇台地洪积层，由砂、砾石层及含砂盐壳组成，厚10～150m
	冰川堆积	Qp_3^{gl}	漂砾、泥砂砾石层
	残积物堆积	Qp_3^{el}	残留冲洪积砾岩及紫红色粉砂岩层
中更新世	冰碛物	Qp_2^{gl}	泥砾和亚砂土，地貌上呈大小不均匀的长条状垄岗地形，厚度大于30m

第二节　侵入岩

矿区内的岩浆侵入活动强烈，侵入活动期次有四堡期、加里东期、海西期、印支期和燕山期(表 2-2)。侵入岩主要形成于中元古代、奥陶纪、泥盆纪、二叠纪、三叠纪、侏罗纪，其中中元古代、三叠纪、侏罗纪侵入岩分布相对较少，奥陶纪侵入岩出露相对广泛。中元古代出露的侵入岩主要为环斑花岗岩，奥陶纪出露的侵入岩以超基性中酸性类为主，三叠纪出露的侵入岩则以酸性花岗岩类为主。参考《中国区域地质志·青海志》(祈生胜等，2024)的划分方案，矿区的构造岩浆岩带隶属柴北缘构造岩浆岩带(Ⅰ-4)，滩间山构造岩浆岩亚带(Ⅰ-4-2)和柴北缘构造岩浆岩亚带(Ⅰ-4-3)，其中柴北缘构造岩浆岩亚带中岩浆侵入活动形成的侵入岩在研究区出露不多。

表 2-2　滩间山金矿侵入岩一览表

时代			岩石类型	代号	同位素年龄(Ma)/测试方法	构造属性
代	纪	世				
中生代	侏罗纪	中侏罗世	闪长玢岩	$J_2\delta\mu$	173.68/U-Pb	后造山
	三叠纪	晚三叠世	正长花岗岩	$T_3\xi\gamma$	229.5±8.5/K-Ar	
			二长花岗岩	$T_3\eta\gamma$		
晚古生代	二叠纪	中二叠世	斑状二长花岗岩	$P_2\pi\eta\gamma$	271.2±1.5/U-Pb	活动陆缘
			二长花岗岩	$P_2\eta\gamma$		
			石英闪长玢岩	$P_2\delta o\mu$	274.6/K-Ar	
	泥盆纪	晚泥盆世	石英闪长岩	$D_3\delta o$		后造山
			闪长玢岩	$D_3\delta\mu$		
			闪长岩	$D_3\delta$		
	泥盆纪	中泥盆世	斜长花岗斑岩	$D_2\gamma\delta\pi$	394.4±6/U-Pb	
			二长花岗岩	$D_2\eta\gamma$		
			花岗闪长岩	$D_2\gamma\delta$		
			英云闪长岩	$D_2\gamma\delta o$	390.2±16.2/Rb-Sr	
			石英闪长岩	$D_2\delta o$		
			闪长玢岩	$D_2\delta\mu$		
			闪长岩	$D_2\delta$		
早古生代	奥陶纪	晚奥陶世	二长花岗岩	$O_3\eta\gamma$		活动陆缘
			花岗闪长岩	$O_3\gamma\delta$	444.5±9.2/U-Pb	
			黑云角闪花岗闪长岩	$O_3\gamma\delta\beta$		
			英云闪长岩	$O_3\gamma\delta o$		
			石英闪长岩	$O_3\delta o$		

续表 2-2

时代			岩石类型	代号	同位素年龄(Ma)/测试方法	构造属性
代	纪	世				
早古生代	奥陶纪	中奥陶世	花岗闪长斑岩	$O_2\gamma\delta\pi$	463.7±3.2、467±3/U-Pb	活动陆缘
			花岗闪长岩	$O_2\gamma\delta$		
			石英闪长岩	$O_2\delta o$		
			闪长玢岩	$O_2\delta\mu$		
			闪长岩	$O_2\delta$		
		早奥陶世	辉绿玢岩	$O_1\beta\mu$		洋岛
			辉长玢岩	$O_1\nu\mu$		
			辉长岩	$O_1\nu$	496.3±6.2/U-Pb	
			辉石玢岩	$O_1\psi\mu$		
			辉石岩	$O_1\psi\iota$		
			角闪石岩	$O_1\psi o$		
			橄辉岩	$O_1\sigma\psi$		
			辉橄岩	$O_1\psi\sigma$		
			强蚀变橄榄岩、辉橄岩、橄辉岩、辉石岩、透闪石滑石岩	$O_1\Sigma$		
中元古代			环斑花岗岩	$Pt_2\gamma R$	1776±33/U-Pb 1763±53/U-Pb 1758±29/SHRIMP 1 793.9±6.4/U-Pb 1773±3.7/U-Pb	裂谷

一、元古宙侵入岩浆活动

古元古代环斑花岗岩：为一套大陆裂谷环境形成的偏铝质高钾钙碱性-钾玄岩系列环斑花岗岩组合，岩石类型单一，为肉红色环斑花岗岩($Pt_2\gamma R$)。集中分布于鹰峰一带，平面形态呈豆荚状，北西-南东向展布，长 12.5km，最宽处大于 2.5km，侵入于中元古界万洞沟群(Jx*W*)的大理岩及片岩、千枚岩中，内接触带岩石具同化混染，且含较多的围岩捕虏体，岩体边部暗色矿物增高，斑晶小且量少形成细粒边，围岩具混合岩化及硅化。被早奥陶世辉长岩、中奥陶世闪长岩、晚三叠世二长花岗岩超动侵入，其上被隆务河组($T_{1\text{-}2}l$)砂砾岩不整合。

环斑花岗岩中 SiO_2 含量 66.31%～67.73%，Al_2O_3 含量 14.43%～15.21%，岩石为 SiO_2 次饱和的次过铝岩石；FeO_T、CaO、MgO 为中高含量，TiO_2 含量 0.58%～0.68%，K_2O 含量(4.92%～6.02%)大于 Na_2O 含量(3.00%～3.96%)。属亚碱性-偏铝质高钾-钙碱性-钾玄岩系列岩石(图 2-2、图 2-3)。

侵入岩(体)为壳幔混合的环斑花岗岩组合，呈大型岩株产出，岩石环斑结构发育。侵入岩(体)边部岩石基质为中细粒，岩脉发育；侵入岩(体)中部岩石基质为中粗粒，岩脉不发育，岩石自蚀变强。属深成相。侵入岩(体)有围岩残留顶盖分布，内接触带发育围岩包体，接触带具有磁铁矿化现象。侵入岩(体)

剥蚀程度浅。在 R_1-R_2 图解中(图 2-4),样品点投影于同碰撞环境和造山晚期的环境之间,中元古代环斑花岗岩形成于大陆裂谷环境。

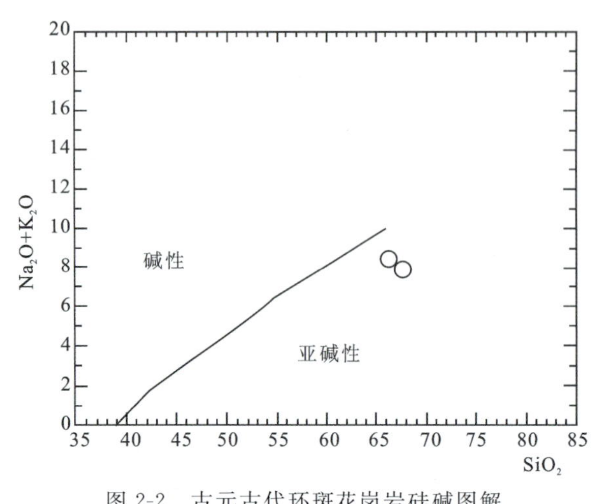

图 2-2　古元古代环斑花岗岩硅碱图解

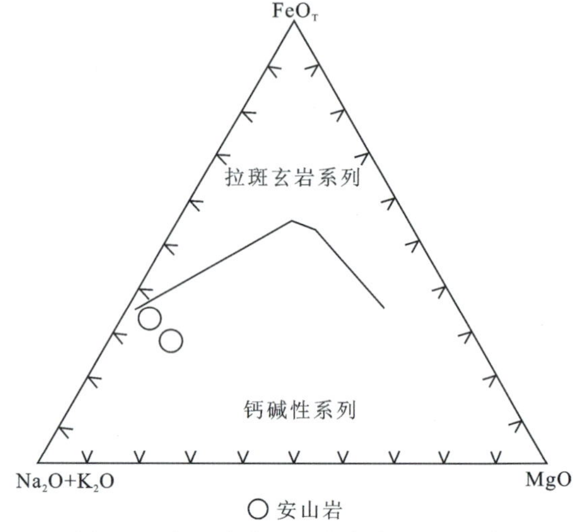

图 2-3　古元古代环斑花岗岩 AFM 图解

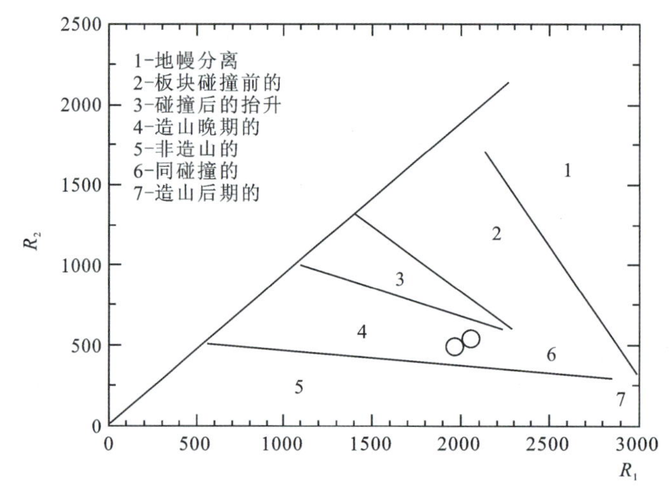

图 2-4　古元古代环斑花岗岩 R_1-R_2 图解(据杜生鹏等,2017)

环斑花岗岩中获得 TIMS U-Pb 上交点年龄为 1776±33Ma(肖庆辉等,2003)、1763±53Ma(陆松年等,2006),SHRIMP 年龄 1758±29Ma(卢欣祥等,2004),LA-MC-ICP-MS 锆石 U-Pb 年龄 1793.9±6.4Ma(Chen et al.,2013)、1773±3.7Ma(余吉远等,2021),确定侵入时代为古元古代。

二、早古生代侵入岩浆活动

(一)早奥陶世超基性—基性岩

为一套早奥陶世洋岛环境形成的拉斑玄武岩系列的超基性—基性岩浆岩组合,锆石 U-Pb 测年法在辉长岩体内获得了 496.3±6.2Ma 的年龄(青海省地质调查院,2015),确定侵入时代为早奥陶世。分布在胜利沟口、彩虹沟、橄榄沟、黑山沟、黑山、青龙山、嗷唠河、滩间山、万洞沟等地区。岩石类型有强蚀变橄榄岩、透闪石滑石岩($O_1\Sigma$)、辉橄岩($O_1\psi\sigma$)、橄辉岩($O_1\sigma\psi$)、角闪石岩($O_1\psi o$)、辉石岩($O_1\psi\iota$)、辉石玢岩($O_1\psi\mu$)、辉长岩($O_1\nu$)、辉长玢岩($O_1\nu\mu$)、辉绿玢岩($O_1\beta\mu$)等。超基性岩(体)多冷侵位于古元古界达肯大坂岩群、中元古界万洞沟群及奥陶系滩间山群中，辉长岩侵入古元古界达肯大坂岩群、中元古界万洞沟群及奥陶系滩间山群中，被晚奥陶世侵入岩、中二叠世侵入岩、晚三叠世侵入岩超动侵入。

胜利沟口辉长岩侵入于奥陶系滩间山群下火山岩组（O*Tb*）中，被晚奥陶世花岗闪长岩超动侵入，呈孤立残块和条带近东西向展布，长大于2.3km，宽1～1.7km。滩间山南坡的辉长岩（体）呈岩株状产出，平面形态为条带状、似椭圆状，北西向展布，侵入于中元古界万洞沟群和奥陶系滩间山群中，侵入界线清楚。橄榄沟一带的超基性侵入岩沿滩间山断裂分布，呈北西向条带状断续出露，岩石类型主要为辉橄岩。黑山沟沟口的超基性岩由5条透镜状脉体组成，岩石类型以橄榄岩、辉橄岩为主，少量纯橄岩；延伸走向北西（335°）-南东向，断续长2.7km，宽25m；辉橄岩侵入于奥陶系滩间山群下碎屑岩组（OTa^1）片岩中，内接触带见冷凝边，宽5～10cm。青龙山南地区为辉石角闪石岩，沿北西（320°）-南东向展布，长1km，呈脉状侵入于滩间山群下碎屑岩组（OTa^1）片岩中。嗷唠河地区由3条大小不等的透镜状、脉状强蚀变超基性岩组成，蚀变岩石为透闪石滑石岩。黑山地区的中细粒辉长岩侵入于古元古界达肯大坂岩群片岩片麻岩及奥陶系滩间山群火山岩地层中，又被晚奥陶世花岗闪长岩侵入，内接触带具冷凝边，且混染含火山岩的捕虏体，围岩安山岩类具强弱不一的蚀变；岩石中有白钨矿化，并含磁铁矿。滩间山（北）辉长岩体（群），由6个长条状或圆形的小岩株组成，总体呈北西（315°）-南东向展布，断续延伸长4.5km；侵入于中元古界万洞沟群碎屑岩组（$JxWb^2$）千枚岩、片岩、硅质白云岩及奥陶系滩间山群下碎屑岩组（OTa^1）大理岩中，见大理岩残留顶盖或捕虏体。

辉橄岩、橄辉岩、强蚀变超基性岩等岩石 TiO_2 含量远低于活动大陆边缘及岛弧区火山岩的含量，分别为0.83%和0.58%～0.85%（Pearce，1982），属 SiO_2、Al_2O_3 不饱和的亚（钙）碱性岩岩类。辉长岩：SiO_2 含量47.30%～54.83%（40.32%，SiO_2 略显不饱和），岩石 Al_2O_3（13.35%～19.01%）过饱和，个别岩石偏低，为9.34%，显示贫铝特征；大部分岩石富 MgO（4.12%～11.51%），高 CaO（5.42%～13.88%）、Fe_2O_3（1.51%～11.70%）、FeO（3.94%～11.97%），中低 K_2O（0.17%～3.20%）、Na_2O（0.66%～4.84%），TiO_2 大多小于1（0.37%～0.75%），部分大于1（为1.33%～2.16%）。辉长岩 TiO_2 含量接近或略高于活动大陆边缘及岛弧区火山岩的含量，分别为0.83%和0.58%～0.85%（Pearce，1982），属中低钾 SiO_2 饱和、Al_2O_3 过饱和的亚（钙）碱性岩岩类（图2-5、图2-6）。

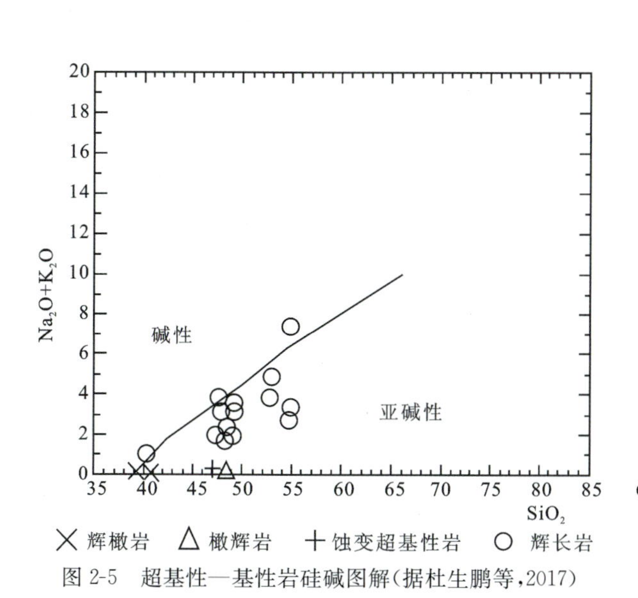

图2-5 超基性—基性岩硅碱图解（据杜生鹏等，2017）

TiO_2
OrT
MORB
IAT
CAB
MnO*10
P_2O_5*10

CAB:钙碱性玄武岩；OIA:痒岛碱性玄武岩；MORB:洋中脊玄武岩；OrT:洋岛拉斑玄武岩；IAT:岛弧拉斑玄武岩

╳ 辉橄岩 △ 橄辉岩 ＋ 蚀变超基性岩 ○ 辉长岩

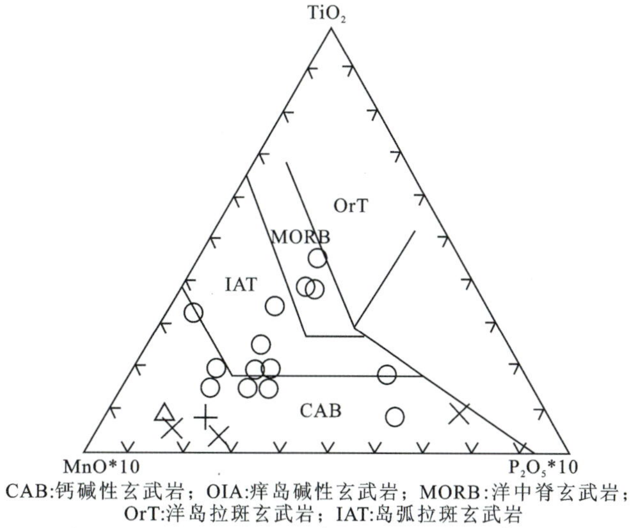

图2-6 超基性—基性岩 Ti-Mn-P 图解（据杜生鹏等，2017）

（二）中奥陶世侵入岩

为一套中奥陶世活动大陆边缘弧环境形成的偏铝质花岗岩类组合，属偏铝质钙碱性系列岩石。出露岩石类型以闪长（玢）岩、石英闪长岩及花岗闪长岩类为主，侵入于中元古界万洞沟群（Jx*W*）、奥陶系滩间山群(*OT*),超动侵入于中元古代环斑花岗岩和早奥陶世蛇绿岩中,被晚奥陶世侵入岩、中泥盆世侵入岩、晚三叠世侵入岩超动侵入;花岗闪长岩中有同位素测年 465.4±3.5Ma/(SHRIMP)U-Pb;吉林大学地球科学学院在黄绿山和万洞沟北花岗闪长斑岩中分别获得同位素年龄 463.7±3.2Ma、467±3Ma/SHRIMP U-Pb。该系列侵入岩时代为中奥陶世(Xu et al.,2022)。

侵入岩主要分布在五彩山、万洞沟、独尖山、黄绿山、青龙沟及细晶沟等地区,岩石组合为闪长岩($O_2\delta$)-闪长玢岩($O_2\delta\mu$)-石英闪长岩($O_2\delta o$)-花岗闪长岩($O_2\gamma\delta$)-花岗闪长斑岩($O_2\gamma\delta\pi$)。

五彩山地区侵入岩(体)呈小型岩株,呈椭圆状、不规则状椭圆状,岩石类型以闪长岩为主,被晚奥陶世花岗闪长岩超动侵入。黄绿山地区出露少量闪长岩,呈条带状侵入于中元古界万洞沟群碳酸盐岩组(Jx*Wa*)中,侵入界线基本清楚。万洞沟、独尖山、黄绿山、青龙沟地区侵入岩(体)呈小型岩株,平面形态为条带状、不规则带状、不规则椭圆状,大多沿北西向、北北西向展布,部分北西西向延伸;万洞沟东的闪长岩(体),近北北东向展布,延伸长约 900m,宽 400m,分布面积约 0.18km^2,呈似菱形,岩石发育片状构造;岩石类型有闪长岩、闪长玢岩、花岗闪长岩,其中以闪长岩出露最多,花岗闪长岩其次,闪长玢岩出露少,青龙滩东南闪长岩与闪长玢岩之间呈涌动接触;侵入于中元古界万洞沟群碳酸盐岩组(Jx*Wa*)、碎屑岩组(Jx*Wb*)、奥陶系滩间山群下碎屑岩组(*OTa*)、下火山岩组(*OTb*)中,侵入界线清楚,界面呈波状弯曲不平,总体外倾,倾角中等,外接触带具不甚明显硅化、弱角岩化蚀变;超动侵入于中元古代环斑花岗岩、早奥陶世辉长岩中,大部分超动界线清楚。

据青海省第一地质勘查院与吉林大学地球科学学院在黄绿山花岗闪长斑岩中采集样品分析结果显示,岩石的 SiO_2 含量为 73.80%~74.37%;Na_2O 含量为 5.08%~5.75%,K_2O 含量为 0.67%~1.73%,全碱含量介于 5.75%~6.78%之间;Al_2O_3 含量为 11.59%~13.69%,铝饱和指数 A/CNK 为 0.84~1.24。岩石稀土总量在(44.01~67.27)×10^{-6}之间,LREE 强烈富集,HREE 极度亏损,轻重稀土元素显示分馏明显。Eu/Eu^* 值为 0.94~1.09,具有弱 Eu 负异常。微量元素表现出了富集大离子亲石元素(如 K、Ba、Rb)和活泼的不相容元素(如 Th、U)的特征,相对亏损高场强元素(如 Nb、Ta、P、Ti)。

侵入岩(体)多呈岩株产出,相互之间脉动或涌动接触关系大部分基本清楚;内接触带岩石同化混染较明显,围岩包体多呈棱角状。侵入岩(体)属中深成相,中等剥蚀程度。岩石显示中低 K、Ca 的特点,特征矿物以黑云母为主,含或含少量角闪石矿物,副矿物以锆石、磷灰石为主,花岗闪长岩中含暗色闪长质包体。岩石属下地壳物质熔融形成的偏铝质-中低钾的钙碱性系列花岗岩类。结合区域地质背景,确定侵入岩构造环境应属活动大陆边缘弧。

(三)晚奥陶世侵入岩

为一套晚奥陶世活动大陆边缘弧环境形成的石英闪长岩($O_3\delta o$)、英云闪长岩($O_3\gamma\delta o$)、花岗闪长岩类($O_3\gamma\delta$、$O_3\gamma\delta\beta$)及二长花岗岩($O_3\eta\gamma$)岩石组合,属偏铝-过铝质钙碱性系列岩石。红柳沟、胜利沟、团鱼山地区等地区有少量分布。侵入于奥陶系滩间山群下碎屑岩组(*OTa*)和下火山岩组(*OTb*)中,被中—上泥盆统牦牛山组($D_{2\text{-}3}m$)不整合,超动侵入于早奥陶世辉长岩和早奥陶世侵入岩,被中泥盆世、晚三叠世侵入岩超动。据 1∶25 万丁字口幅建造构造图研究(青海省地质调查院,2009),花岗闪长岩中有同位素 SHRIMP U-Pb 测年年龄 444.5±9.2Ma,时代确定为晚奥陶世。

红柳沟地区二长花岗岩被花岗闪长岩脉动侵入。侵入岩(体)侵入于奥陶系滩间山群下火山岩组(*OTb*)安山岩、凝灰岩中,侵入界线清楚,侵入界面呈锯齿状、波状弯曲不平,总体外倾,倾角中等,东进沟西内倾。倾角 56°,内接触带岩石混染明显,发育火山岩捕虏体及火山岩残留顶盖;外接触带围岩蚀变强烈,具有角岩化、角闪石化、硅化、绿帘石化等蚀变,局部有星点状黄铁矿化。超动侵入于早奥陶世辉长岩和中奥陶世中酸性侵入岩,与辉长岩超动侵入界线清楚,界面外倾。胜利沟地区与晚三叠世二长花岗岩超动界线清楚,超动界面总体倾向于晚奥陶世花岗闪长岩一侧,倾角 68°~75°,局部倾向于晚三叠世二长花岗岩，倾角陡，为81°。彩虹沟北部被中—上泥盆统牦牛山组不整合。

英云闪长岩、花岗闪长岩中 SiO_2 含量62.05%～70.91%，Al_2O_3 含量13.60%～17.97%，岩石为 SiO_2 饱和的过铝岩石；FeO_T、CaO、MgO为中低含量，TiO_2 含量0.03%～0.36%，K_2O 含量(1.08%～2.74%)小于 Na_2O 含量(3.05%～6.66%)。二长花岗岩中 SiO_2 含量65.88%～69.66%，Al_2O_3 含量14.15%～14.43%，岩石为 SiO_2 饱和的次过铝岩石；FeO_T、CaO、MgO为中低含量，TiO_2 含量0.20%～0.32%，K_2O 含量(1.51%～2.52%)小于 Na_2O 含量(3.10%～4.62%)。属偏铝—弱过铝质低钾钙碱性系列岩石(图2-7、图2-8)。

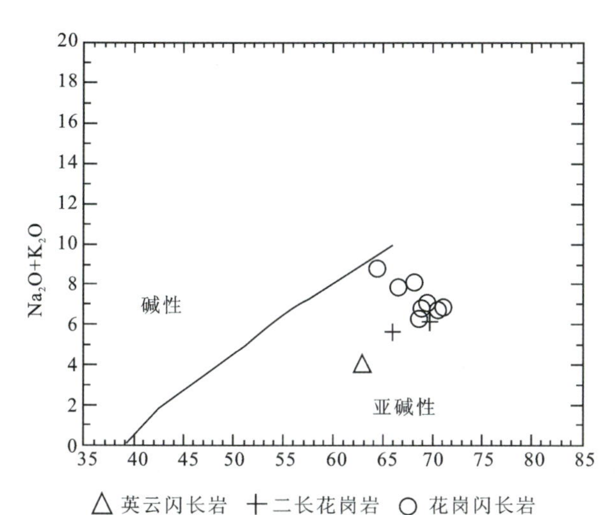

图2-7　晚奥陶世侵入岩硅碱图解(据杜生鹏等，2017)

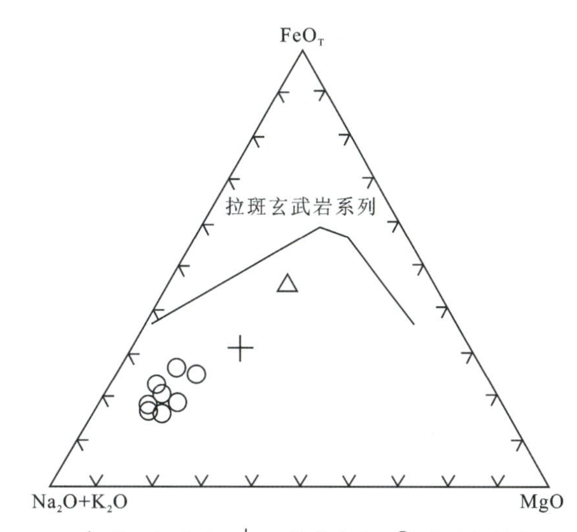

图2-8　晚奥陶世侵入岩AFM图解(据杜生鹏等，2017)

英云闪长岩、花岗闪长岩、二长花岗岩中稀土总量∑REE为 98.49×10^{-6}～171.11×10^{-6}，轻稀土LREE为 64.98×10^{-6}～145.05×10^{-6}，重稀土HREE为 13.98×10^{-6}～42.12×10^{-6}，La/Sm值4.19～17.36，岩石轻重稀土分馏明显，为轻稀土富集型；δEu值绝大多数小于1，在0.63～0.93之间，铕弱—中等亏损。La、Nd、Gd、Tb、Lu在各类岩石中均显正异常。其特征总体显示岩石物质来源于中下地壳物质的熔融(图2-9)。

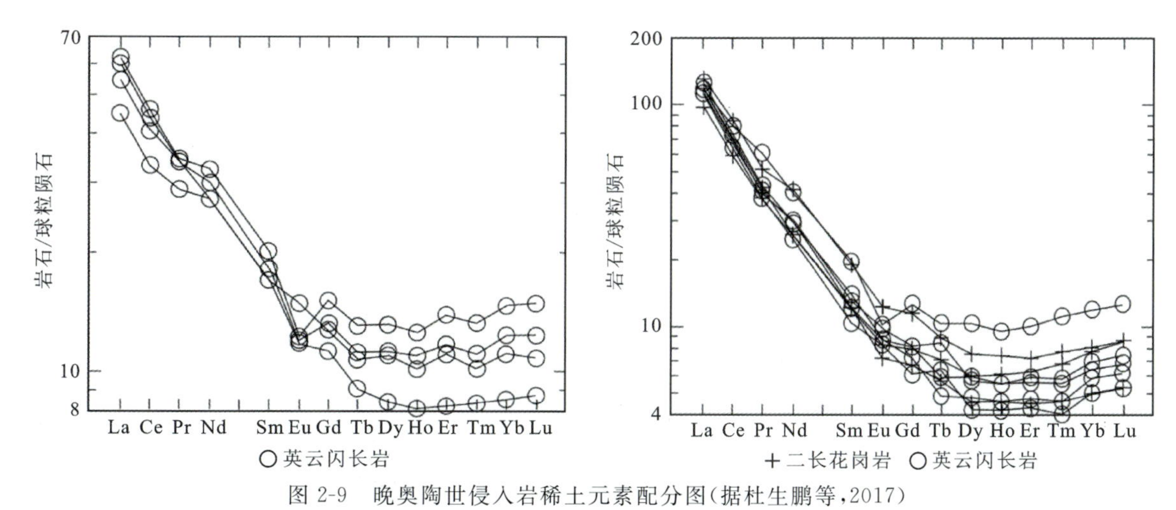

图2-9　晚奥陶世侵入岩稀土元素配分图(据杜生鹏等，2017)

岩石明显显示中低K、Ca的特点，特征矿物以黑云母、角闪石为主，副矿物以锆石、磷灰石为主，岩石总体定向组构不发育，不含暗色闪长质包裹体或长英质微粒包裹体。岩石属下地壳物质熔融形成的偏铝—过铝质低钾的钙碱性系列花岗岩类。在 R_1-R_2 图解中(图2-10)，样品点投影在板块碰撞前的—同碰撞的—造山晚期的区域，结合区域地质背景，侵入岩构造环境属活动大陆边缘弧。

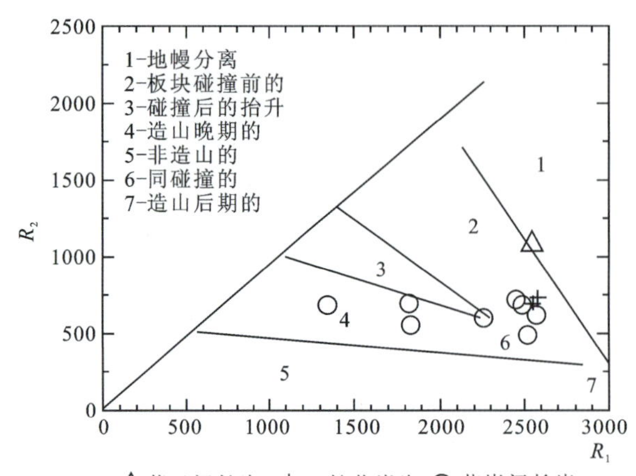

图 2-10 晚奥陶世侵入岩 R_1-R_2 图解(据杜生鹏等,2017)

三、晚古生代侵入岩浆活动

(一)中泥盆世侵入岩

为一套中奥陶世后造山环境形成的偏铝质花岗岩类组合,属偏铝质钙碱性系列岩石。侵入岩(体)岩石组合为闪长岩($D_2\delta$)+闪长玢岩($D_2\delta\mu$)+石英闪长岩($D_2\delta o$)+英云闪长岩($D_2\gamma\delta o$)+花岗闪长岩($D_2\gamma\delta$)+二长花岗岩($D_2\eta\gamma$)+花岗闪长斑岩($D_2\gamma\delta\pi$)。侵入岩(体)较集中分布于嗷唠山地区,万洞沟、滩间山、细晶沟等地区零星出露。侵入于古元古界达肯大坂岩群片岩岩组(Pt_1Db)、奥陶系滩间山群(OT)中,被下—中三叠统隆务河组不整合;超动侵入于早奥陶世辉长岩、中奥陶世侵入岩、晚奥陶世侵入岩中,被晚三叠世侵入岩超动侵入。1∶25 万鱼卡幅建造构造图研究(青海省地质调查院,2009),石英闪长岩中有同位素 SHRIMP U-Pb 测年年龄 372.1±2.6Ma;英云闪长岩中获得有同位素 Rb-Sr 测年年龄 390.2±16.22 Ma(张德全,2010),侵入岩时代为中泥盆世;花岗闪长斑岩中有同位素 SHRIMP U-Pb测年年龄 394.4±6.0 Ma(李世金,2011),该系列侵入岩时代为中泥盆世。

嗷唠山地区,总体走向为北西(320°~335°)-南东向,长 12km,宽(300~1800m)平均 1km 左右;侵入于古元古界达肯大坂岩群的片岩、片麻岩中,侵入界线清楚,侵入界面呈波状锯齿状弯曲不平,总体外倾,倾角较陡;内接触带中有片岩、片麻岩、大理岩捕虏体及暗色矿物包体,岩石同化混染强;外接触带围岩混合岩化较强,局部地段沿接触面可见冷凝边特征。被后期晚三叠世正长花岗岩超动侵入,二者超动侵入界线清楚,超动界面倾向石英闪长岩一侧,倾角中等。

胜利沟—独龙沟—滩间山地区,侵入岩(体)呈带状北西向零星展布,侵入于奥陶系滩间山群下火山岩组(OTb),侵入界线清楚,界面呈波状弯曲,多内倾,倾角 70°;与早奥陶世辉长岩超动界线大部分清楚,界面总体内倾,倾角 65°;与晚奥陶世花岗闪长岩超动侵入界线清楚,界面内倾,倾角 59°。

万洞沟地区侵入岩(体)呈不规则条带状,北北西向展布,部分展布方向为近南北向,侵入于中元古界万洞沟群碳酸盐岩组($JxWa$)、奥陶系滩间山群下碎屑岩组砂岩灰岩段(OTa^2)、下火山岩组(OTb)中,侵入界线部分基本清楚,内接触带见基性火山岩包裹体;超动侵入于中奥陶世闪长岩中。

细晶沟地区侵入岩(体)呈不规则状、不规则带状,总体北西向展布,侵入于中元古界万洞沟群碎屑岩组千枚岩段($JxWb^2$)中,侵入界线清楚,界面呈锯齿状弯曲不平,总体外倾,倾角较陡,局部近直立,内接触带岩石混染现象明显,外接触带具角岩化、帘石化、绿泥石化、硅化蚀变,细晶沟金矿床产于该外接触带中;超动侵入于中奥陶世闪长岩、闪长玢岩中,其超动侵入界线清楚。

闪长岩中SiO_2含量53.31%～53.68%，Al_2O_3含量16.60%～18.14%，岩石为SiO_2饱和的高过铝岩石；FeO_T、CaO、MgO为中高含量，TiO_2含量0.61%～0.81%，K_2O含量(2.08%～3.54%)略小于Na_2O含量(3.16%～3.80%)。石英闪长岩中SiO_2含量53.20%～54.14%，Al_2O_3含量17.31%～18.25%，岩石为SiO_2弱饱和的高过铝岩石；FeO_T、CaO、MgO为中高含量，TiO_2含量0.45%～1.12%，K_2O含量(1.02%～1.71%)小于Na_2O含量(2.79%～3.44%)。英云闪长岩、花岗闪长岩及二长花岗岩中SiO_2含量63.58%～65.11%，Al_2O_3含量15.16%～15.92%，岩石为SiO_2次饱和的过铝岩石；FeO_T、CaO、MgO为中高含量，TiO_2含量0.38%～0.56%，K_2O含量(1.77%～2.10%)小于Na_2O含量(4.20%～4.45%)。该套侵入岩属偏铝质钙碱性系列岩石(图2-11、图2-12)。

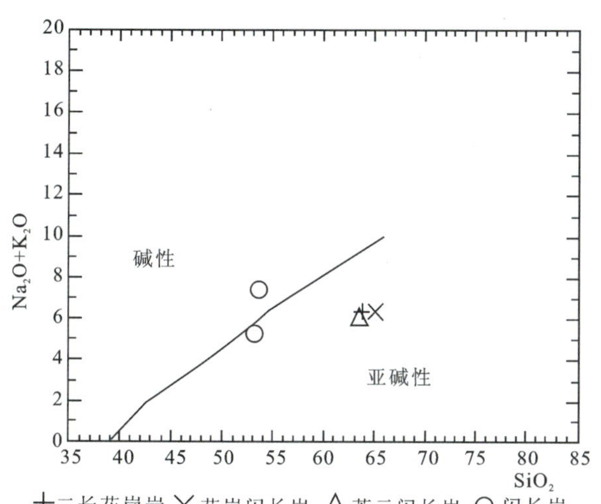

图2-11　中泥盆世侵入岩硅碱图解(据杜生鹏等，2017)

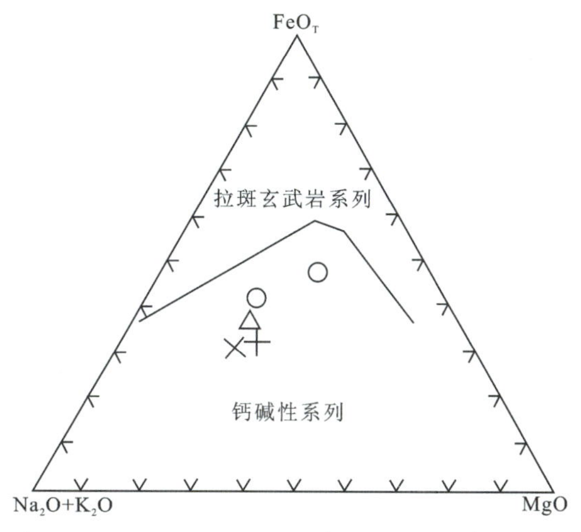

图2-12　中泥盆世侵入岩AFM图解(据杜生鹏等，2017)

花岗闪长斑岩中SiO_2含量66.96%～78.76%，Al_2O_3含量10.58%～15.60%，岩石为SiO_2饱和的低钾弱过铝岩石；FeO_T、CaO、MgO等含量低，TiO_2含量0.18%～0.25%，K_2O含量(0.60%～2.07%)小于Na_2O含量(4.50%～6.08%)。属亚碱性-偏铝-过铝质钙碱性系列岩石(图2-13、图2-14)。

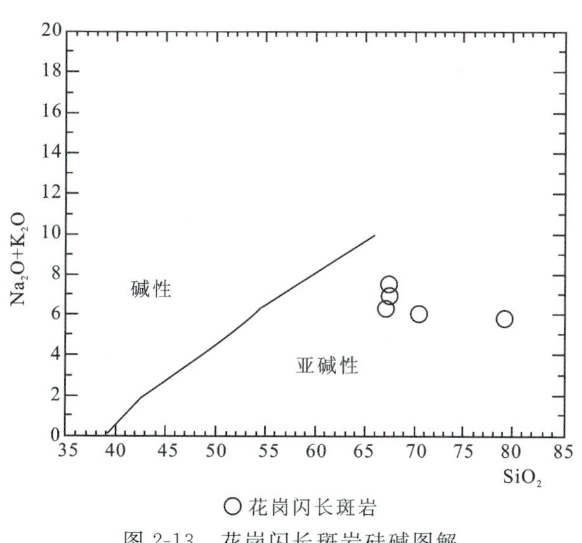

图2-13　花岗闪长斑岩硅碱图解

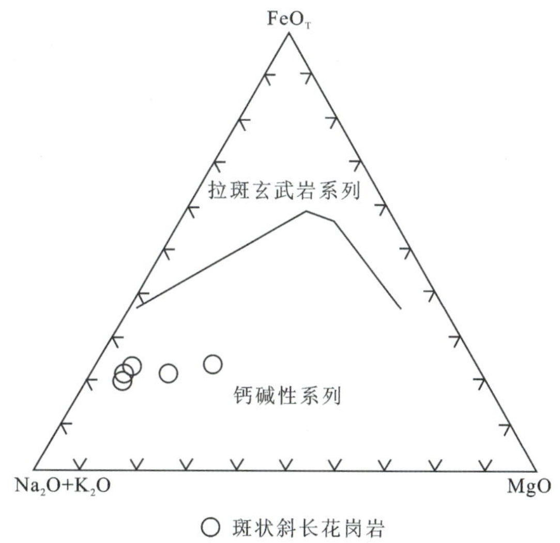

图2-14　花岗闪长斑岩AFM图解

英云闪长岩、花岗闪长岩、二长花岗岩中稀土总量∑REE为102.30×10^{-6}～130.13×10^{-6}，轻稀土LREE为87.24×10^{-6}～120.72×10^{-6}，重稀土HREE为8.08×10^{-6}～17.98×10^{-6}，La/Sm值7.10～12.19，岩石轻重稀土分馏较明显，为轻稀土富集型；δEu值0.88～0.98，均小于1，铕大多弱亏损。La、Nd、Gd、Tb、Lu在各类岩石中均显正异常。其特征总体显示岩石物质来源于下地壳物质的熔融，具有

壳幔混合的特征(图 2-15)。

侵入岩(体)与围岩侵入界线清楚,内接触带围岩包体发育;岩石中矿物颗粒分布均匀,无定向组构,石英闪长岩中发育同源包裹体分布。侵入岩(体)为中深成侵入相,遭受中浅程度剥蚀。岩石明显显示中低 K、高 Ca 的特点,特征矿物为角闪石、黑云母,斜长石矿物绢云母化、绿帘石化明显。花岗闪长斑岩中特征矿物见少量白云母,斜长石矿物具钾化现象,有似条纹长石存在,绢云母化、绿帘石化明显。岩石属中下地壳物质熔融形成的过铝质-低钾-钙碱性系列花岗岩类。R_1-R_2 图解中(图 2-16),样品点投影在板块碰撞前的地质特征,确定侵入岩构造环境为后造山环境。

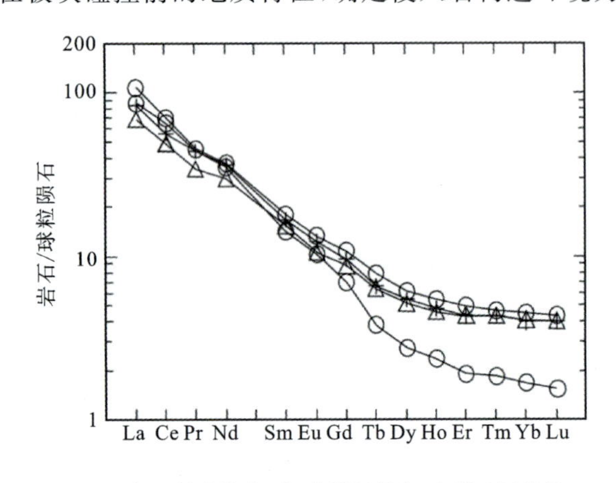

图 2-15　中泥盆世侵入岩稀土元素配分图
(据杜生鹏等,2017)

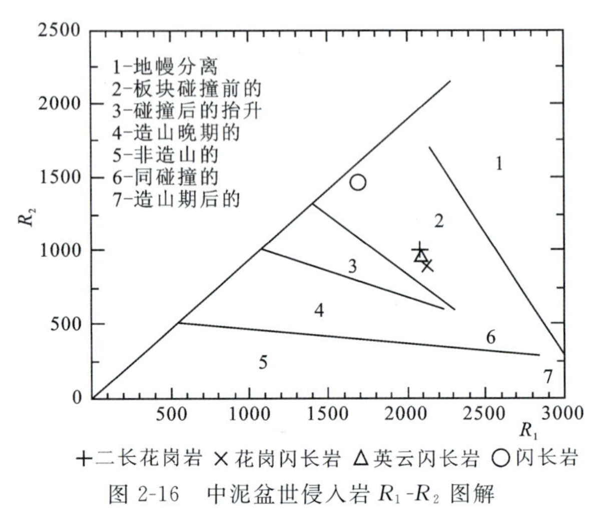

图 2-16　中泥盆世侵入岩 R_1-R_2 图解
(据杜生鹏等,2017)

(二)中二叠世侵入岩

为一套中二叠世后活动大陆边缘弧环境形成的二长花岗岩-斑状二长花岗岩组合,属偏铝质-弱过铝质钙碱性系列岩石。侵入岩(体)集中分布于赛升腾山地区,构造岩浆岩带位置属柴北缘构造岩浆岩亚带,岩石组合为二长花岗岩($P_2\eta\gamma$)-斑状二长花岗岩($P_2\pi\eta\gamma$)。

侵入岩(体)呈小型复式岩基,平面形态为不规则状、似椭圆状,北北西-南南东向展布。侵入于古元古界达肯大坂岩群片麻岩中,侵入界线清楚,界面呈锯齿状、波状弯曲不平,总体外倾,倾角中等;内接触带具冷凝边,发育围岩包裹体,局部岩石具混染特征;外接触带围岩具硅化、角岩化蚀变,蚀变带宽3～20m不等,围岩中分布有侵入岩相关性不规则状细晶岩脉。超动侵入于早奥陶世辉长岩中,超动界线基本清楚。据 1∶25 万丁字口幅建造构造图研究(青海省地质调查院,2009),斑状二长花岗斑岩中有同位素 SHRIMP U-Pb 测年年龄 271.2±1.5Ma,侵入岩时代为中二叠世。

四、中生代侵入岩浆活动

(一)晚三叠世侵入岩

为一套晚三叠世后造山环境形成的过铝-偏碱-钙碱性系列岩石。岩石组合为二长花岗岩($T_3\eta\gamma$)+正长花岗岩($T_3\xi\gamma$)。

侵入岩(体)分布于胜利沟、黑山、青山—嗷唠山地区,在万洞沟、独尖山地区有零星分布,侵入于古元古界达肯大坂岩群片岩-片麻岩、中元古界万洞沟群碳酸盐岩组、奥陶系滩间山群及下—中三叠统隆务河组中,超动侵入于中元古代侵入岩、早泥盆世辉长岩、中—晚奥陶世侵入岩、中泥盆世侵入岩、晚泥

盆世侵入岩中，据 1∶5 万嗷唠山幅区域地质调查(青海省第五地质勘查大队，1993)，正长花岗岩中有同位素 K-Ar 测年年龄 229.5±8.5Ma，侵入岩时代为晚三叠世。

胜利沟地区侵入于奥陶系滩间山群下火山岩组中，侵入界线清楚，界面呈锯齿状、波状弯曲不平，总体外倾，倾角中等；内接触带具冷凝边，发育围岩包裹体，局部岩石具混染特征；外接触带围岩具硅化、角岩化蚀变，围岩中分布有侵入岩相关性不规则状细晶岩脉；超动侵入于早奥陶世辉长岩和晚奥陶世花岗闪长岩中，大部分超动界线基本清楚，超动界面倾向于早期侵入岩(体)一侧，与晚奥陶世花岗闪长岩界面倾角 68°。

黑山地区侵入岩(体)呈不规则状小型岩株，北西西向展布，岩石类型单一，为二长花岗岩；超动侵入于早泥盆世辉长岩、中泥盆世英云闪长岩中，超动界线基本清楚，早期侵入岩中发育细晶二长花岗岩脉，脉体呈枝杈状，宽 5～30cm 不等，延伸长大于 5m。

青山—嗷唠山地区，侵入岩(体)呈不规则椭圆状岩株，出露岩石类型主要为正长花岗岩，侵入于古元古界达肯大坂岩群片岩-片麻岩、下—中三叠统隆务河组中，其侵入界线基本清楚，侵入界面总体外倾，倾角中等，内接触带发育片岩、片麻岩、变砂岩包裹体，外接触带具硅化(发育在片麻岩、片岩地段)、角岩化(发育在砂岩地段)蚀变，蚀变带宽 0.3～5m 不等；超动侵入于晚泥盆世石英闪长岩中，其超动侵入界线基本清楚。

万洞沟地区分布少量正长花岗岩，呈脉状侵入于中元古界万洞沟群碳酸盐岩组(Jx*Wa*)中；在独尖山北部呈脉状的二长花岗岩，超动侵入于中元古代鹰峰环斑花岗岩中，超动界线清楚，环斑花岗岩中发育不规则状细晶二长花岗岩脉。

二长花岗岩中 SiO_2 含量 67.42%～70.72%，Al_2O_3 含量 13.56%～15.12%，岩石为 SiO_2 过饱和的过铝岩石；FeO_T、CaO、MgO 为中低含量，TiO_2 含量 0.23%～0.27%，K_2O 含量(1.79%～2.32%)小于 Na_2O 含量(4.08%～4.86%)。岩石属过铝-偏碱-钙碱性系列岩石(图 2-17、图 2-18)。

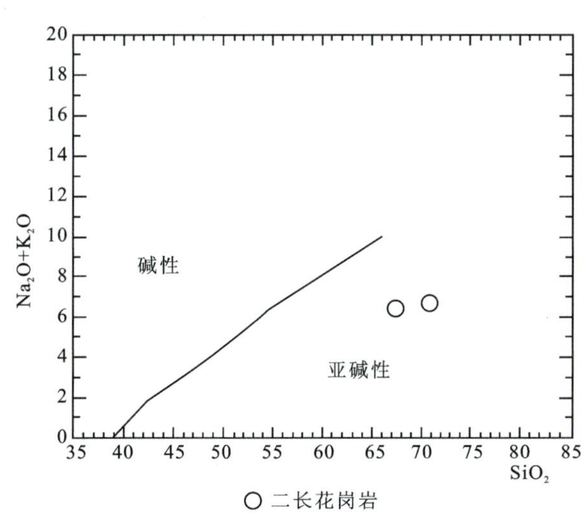

图 2-17 二长花岗岩硅碱图解(据杜生鹏等，2017)

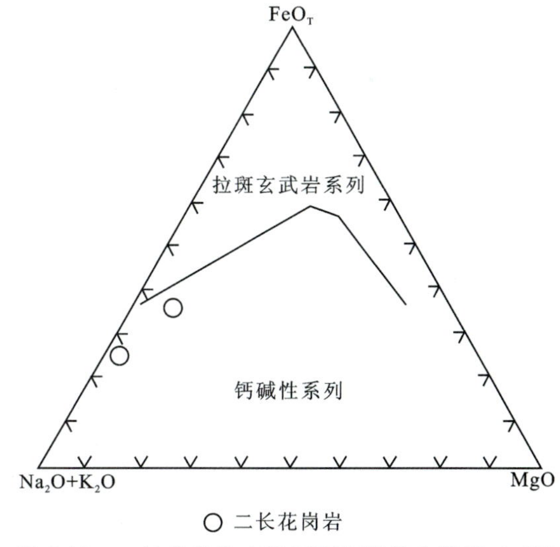

图 2-18 二长花岗岩 AFM 图解(据杜生鹏等，2017)

正长花岗岩中 SiO_2 含量 70.47%～73.77%，Al_2O_3 含量 12.95%～15.10%，岩石为 SiO_2 过饱和的过铝岩石；FeO_T、CaO、MgO 为中低含量，TiO_2 含量 0.12%～0.42%，K_2O 含量(3.51%～4.25%)略大于 Na_2O 含量(3.77%～3.88%)。岩石属过铝-偏碱-钙碱性系列岩石(图 2-19、图 2-20)。

二长花岗岩中稀土总量∑REE 为 165.63×10^{-6}，轻稀土 LREE 为 133.75×10^{-6}，重稀土 HREE 为 31.88×10^{-6}，La/Sm 值 9.55，岩石轻重稀土分馏明显，为轻稀土富集型；δEu 值 0.66，小于 1，铕中强亏损。La、Nd、Gd、Tb、Lu 在各类岩石中均显正异常。其特征显示岩石物质来源于上地壳物质的重熔(图 2-21)。

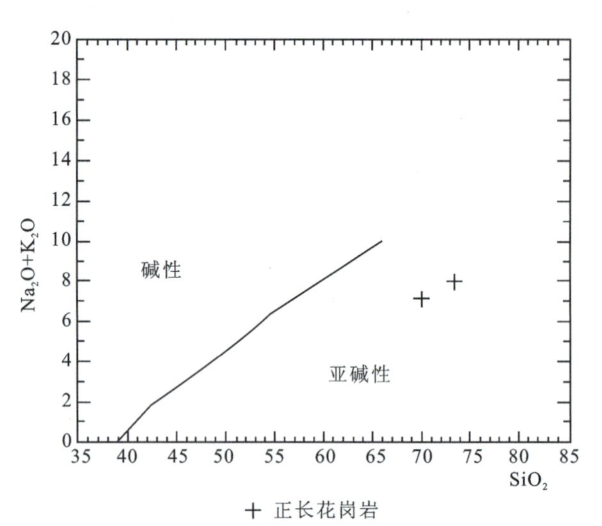

图 2-19　正长花岗岩硅碱图解(据杜生鹏等,2017)

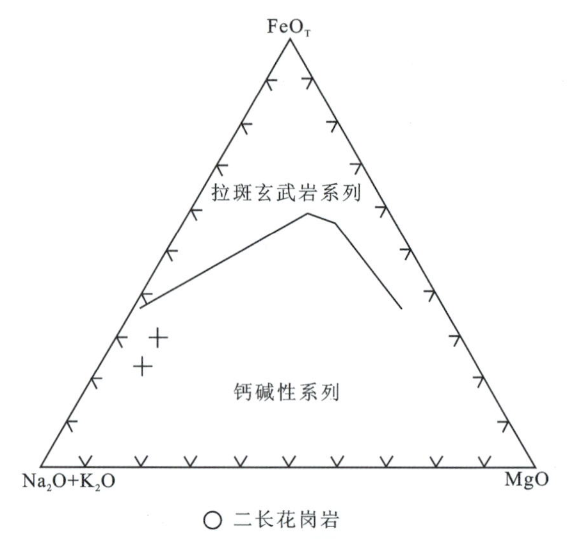

图 2-20　正长花岗岩 AFM 图解(据杜生鹏等,2017)

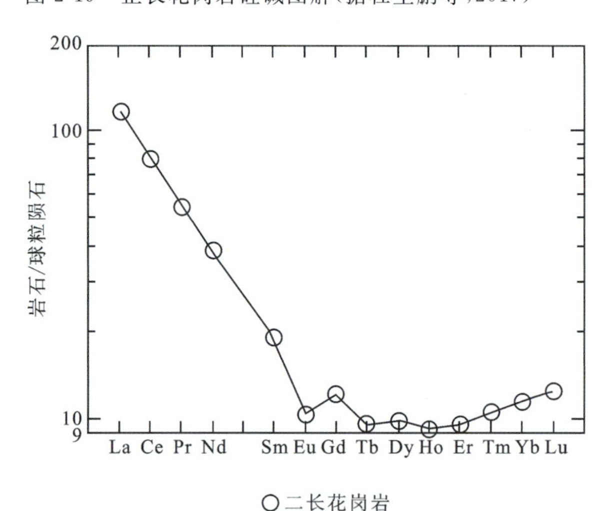

图 2-21　二长花岗岩稀土元素配分图(据杜生鹏等,2017)

侵入岩(体)与围岩侵入界线清楚,内接触带围岩包裹体发育;与早期侵入岩超动界线基本清楚;岩石中矿物颗粒分布均匀,无定向组构特征,未见同源包裹体分布。侵入岩(体)为中深成侵入相,遭受浅剥蚀。岩石明显显示中低 Fe、Ca、Mg 的特点,特征矿物见白云母、黑云母;斜长石矿物具绢云母化,形成净边结构;黑云母绿泥石化明显。岩石属上地壳物质重熔形成的过铝-偏碱-钙碱性系列花岗岩类。在 R_1-R_2 图解中(图 2-22、图 2-23),样品点投影在同碰撞的区域和造山期后的附近,结合区域地质背景,确定侵入岩构造环境为后造山环境。

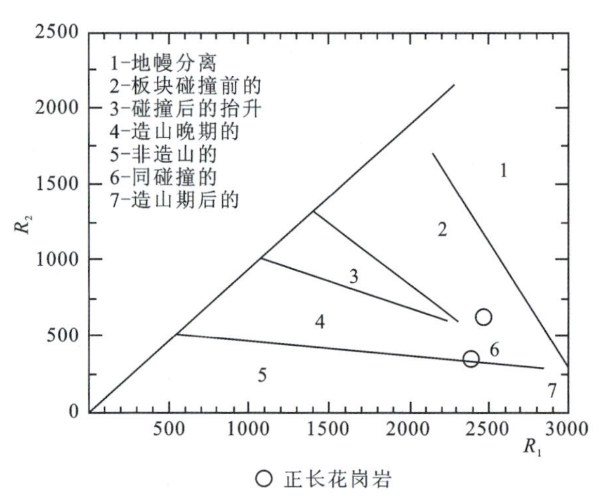

图 2-22　二长花岗岩 R_1-R_2 图解(据杜生鹏等,2017)

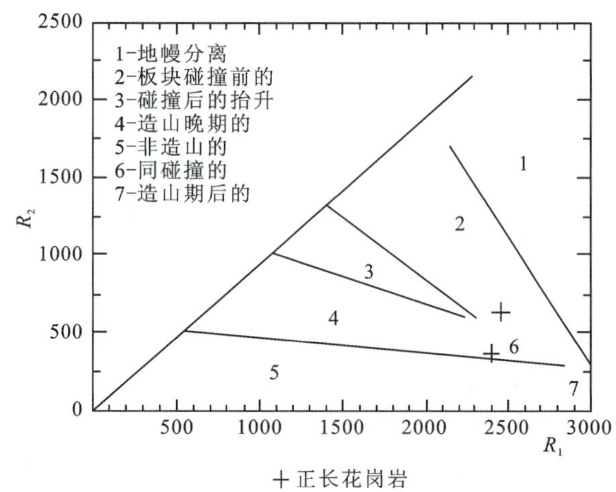

图 2-23　正长花岗岩 R_1-R_2 图解(据杜生鹏等,2017)

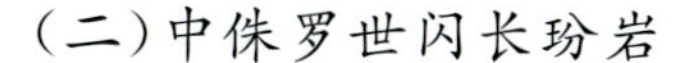

（二）中侏罗世闪长玢岩

为一套中侏罗世后造山环境形成的偏铝质花岗岩类组合，属偏铝质钙碱性系列岩石。出露岩石类型单一，以闪长玢岩为主，侵入于中元古界万洞沟群碳酸盐岩组（Jx*Wa*）、碎屑岩组千枚岩段（JxWb^2），超动侵入于晚泥盆世花岗闪长斑岩中。2016 年青海省第一地质勘查院、吉林大学地球科学学院在细晶沟闪长玢岩中获得有同位素 U-Pb 测年年龄173.68Ma，侵入岩时代确定为中侏罗世。

侵入岩主要分布于细晶沟地区，呈小型岩株或脉状、岩墙状产出，总体北西向展布。一般宽 20m，长数十米至百余米。细晶沟沟口一带，出露的侵入岩体长 350m，宽 110m，走向呈弧形弯曲延伸。侵入岩（体）侵入于中元古界万洞沟群碳酸盐岩组（Jx*Wa*）和碎屑岩组千枚岩段（JxWb^2）中，侵入界线清楚，界面呈锯齿状弯曲不平，外倾，倾角中等，内接触带发育围岩包体；超动侵入于晚泥盆世花岗闪长斑岩中。

闪长玢岩属钙碱性、准铝质-过铝质 S 型花岗岩，轻稀土富集，重稀土亏损，铕具明显的负异常，富集 Ba、Rb、U、Pb、Th 等大离子亲石元素，亏损 Ta、Ni、Ti 等高场强元素，Nb/Ta＝12.34～16.48，Zr/Hf 比值 34.6～37.6，铅同位素初始比值$(^{206}Pb/^{204}Pb)_t$＝14.506～19.003，$(^{207}Pb/^{204}Pb)_t$＝15.107～15.583，$(^{208}Pb/^{204}Pb)_t$＝34.455～38.872，铅同位素构造模式图和环境判别图中（图 2-24），所有铅同位素值都投点于上地壳与地幔之间，表明有一定的幔源成分。

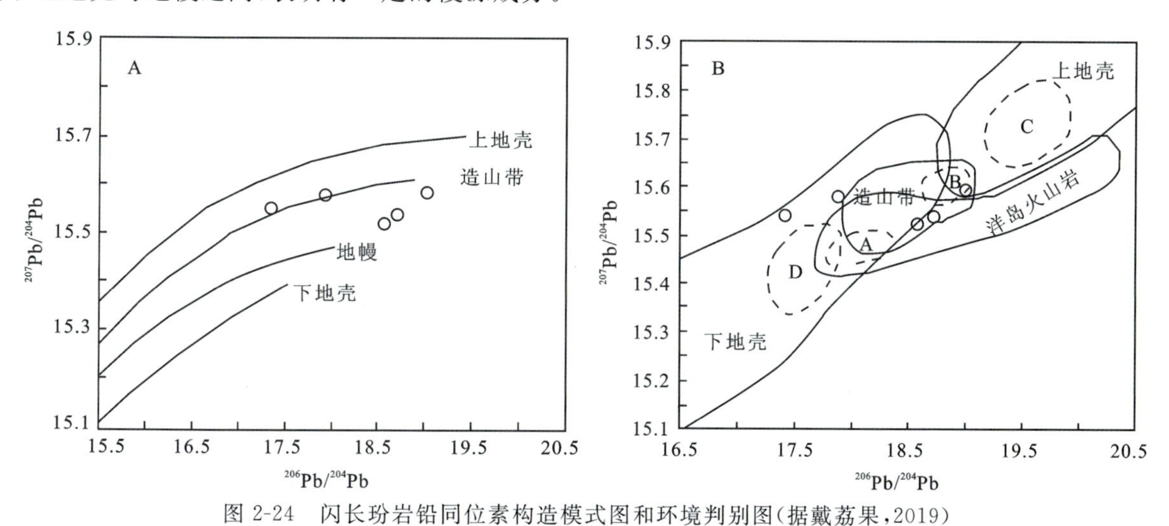

图 2-24　闪长玢岩铅同位素构造模式图和环境判别图（据戴荔果，2019）

五、岩脉

矿区内岩脉类型众多，从基性岩脉到酸性岩脉均有出露，时间上具多期次性。受区域构造应力作用和侵入岩影响，岩脉按成因类型可分为与侵入岩相关的岩脉和区域性岩脉两大类。

侵入岩相关岩脉：与各期次侵入岩（体）关系密切，多分布于侵入岩（体）外接触带中，呈脉状、不规则状等，规模一般，脉岩宽一般几十厘米至数米或数十米，长数十米至数百米；其岩脉类型与相关侵入岩（体）岩石类型基本一致，岩脉类型主要有闪长岩脉、石英闪长岩脉、英云闪长岩脉、花岗闪长岩脉、二长花岗岩脉、二长花岗斑岩脉、正长花岗岩脉等。

区域性岩脉类型有辉绿（玢）岩脉、闪长玢岩脉、花岗斑岩脉、细晶花岗岩脉、伟晶岩脉、长英质岩脉、方解石脉、石英脉、碳酸盐岩脉、煌斑岩脉、云斜煌斑岩脉等。

第三节　火山岩

区内的火山岩岩浆活动期次最早要追溯到吕梁期，经历了四堡期、加里东期及海西期。其中加里东期火山岩浆喷发活动形成的火山岩分布最广，海西期火山岩岩浆活动形成的火山岩分布相对较少，吕梁期及四堡期火山岩岩浆活动形成的火山岩分布局限且具强蚀变，呈夹层或透镜体产出。

一、古元古代火山岩

古元古代被动陆缘中基性或酸性熔岩、火山碎屑岩，分布于嗷唠山地区，呈透镜状、似层状产出，火山岩岩浆活动期次可能为吕梁期，形成的火山岩原岩多已遭受较深的区域动力热流变质，中基性熔岩已变质为斜长角闪岩，其原岩结构、构造无法恢复，熔岩的似层状、透镜状及断续的条带状与围岩片麻理产状一致，通过其分布特征和未见穿切其顶底层的事实，认为原岩为基性火山岩类（玄武岩、细碧岩），属裂隙式溢溢产物。赋存地层为古元古界达肯大坂岩群片麻岩组（Pt_1*Da*）、片岩组（Pt_1*Db*）。岩石类型见有中基性或酸性熔岩、火山碎屑岩。据 1∶25 万丁字口幅建造构造研究（青海省地质调查院，2009），该套地层黑云斜长片麻岩中采有锆石 U-Pb 法测定年龄值为 2205Ma，火山岩形成时代归属古元古代。

二、中元古代火山岩

中元古代陆缘弧火山岩：赋存地层为中元古界万洞沟群碳酸盐岩组（Jx*Wb*），呈夹层产出，岩石类型为绿泥斜长片岩，原岩为变安山质凝灰岩。据 1∶25 万丁字口幅建造构造研究（青海省地质调查院，2009），滩间山北坡万洞沟群底部采有两个铷锶同位素年龄样，年龄分别为 1022±64Ma 和 556±45Ma，综合分析时代归属中元古代。

三、奥陶纪火山岩

火山岩对应地层为滩间山群下火山岩组（O*Tb*）和上火山岩组（O*Td*），在滩间山群下碎屑岩组（O*Ta*）中分布有少量呈夹层产出的安山岩、安山质凝灰岩等。火山岩呈狭长纺锤状、条带状分布于胜利沟口—嗷唠河下游地区，沿 140°～320°方向展布，出露长约 45km，最宽处 13.5km。被早奥陶世辉长岩、中奥陶世闪长岩类、晚奥陶世花岗闪长岩、晚泥盆世石英闪长岩、花岗闪长斑岩类及晚三叠世正长花岗岩侵入；万洞沟一带与万洞沟群碳酸盐岩角度不整合接触；被中—上泥盆统牦牛山组不整合；和其他时代地层呈断层接触。两个火山岩岩组与滩间山群其他岩组接触关系清楚，层序稳定，下火山岩组碳酸盐岩中产珊瑚：*Syringopora* sp.。根据该套火山沉积岩系地层岩石组合特征，区域上可与柴达木西南缘滩间山群相对比。据 1∶25 万鱼卡幅建造构造研究（青海省地质调查院，2009），该套地层火山岩中获得同位素年龄值有 464.6Ma（Rb-Sr 等时线）、462Ma（Rb-Sr 等时线）、486±13Ma（U-Pb）等，时代归属奥陶纪。

奥陶纪岛弧碎屑岩夹火山岩：相当于奥陶系滩间山群下碎屑岩组（O*Ta*），为滨海-浅海相沉积的碎屑岩夹安山质凝灰岩岩石组合的钙碱性系列的 SiO_2 饱和岩石，火山岩主要岩石类型有安山岩、安山质

凝灰岩等，均呈夹层产出。海合沟为绢云绿泥片岩夹安山质凝灰岩，为片岩、大理岩、安山质凝灰岩夹安山岩建造，岩石地层单位隶属滩间山群下碎屑岩组绿片岩段(OTa^1)；万洞沟为石灰岩夹安山岩、凝灰岩、绿片岩，为砂岩灰岩夹安山质凝灰岩建造，岩石地层单位隶属滩间山群下碎屑岩组砂岩灰岩段(OTa^2)。

奥陶纪岛弧玄武岩、安山岩夹集块岩：相当于奥陶系滩间山群上火山岩组(OTd)，为一套浅海-半深海相中基性火山熔岩及火山碎屑岩岩石组合的火山岩，钙碱性系列的 SiO_2 饱和岩石。出露于滩间山—万洞沟南山一带，构成枕状玄武岩建造，玄武岩-安山岩岩石组合。岩石类型为灰紫色、灰绿色蚀变安山岩、杏仁状安山岩与玄武安山岩互层夹安山质熔岩集块岩、安山质火山角砾岩、凝灰岩等。

玄武岩中 SiO_2 含量 48.20%，Al_2O_3 含量 15.35%，FeO_T、CaO、MgO 显高含量，TiO_2 含量 0.91%，K_2O 含量 0.20%小于 Na_2O 含量 2.22%。安山岩 SiO_2 含量 50.67%～69.84%，Al_2O_3 含量 13.94%～17.22%，FeO_T、CaO、MgO 中高含量，TiO_2 含量 0.25%～1.23%，K_2O 含量(0.25%～1.65%)小于 Na_2O 含量(3.34%～4.96%)。安山岩属中低钾偏碱钙碱性系列岩系，玄武岩具有拉斑玄武岩系列特征(图 2-25、图 2-26)。

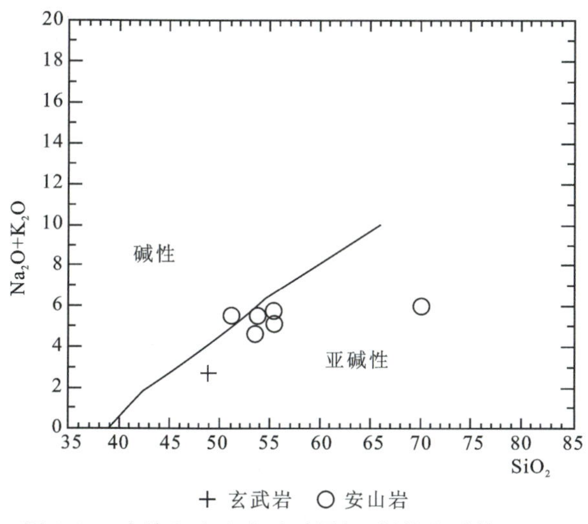

图 2-25　奥陶纪火山岩硅碱图解(据杜生鹏等，2017)

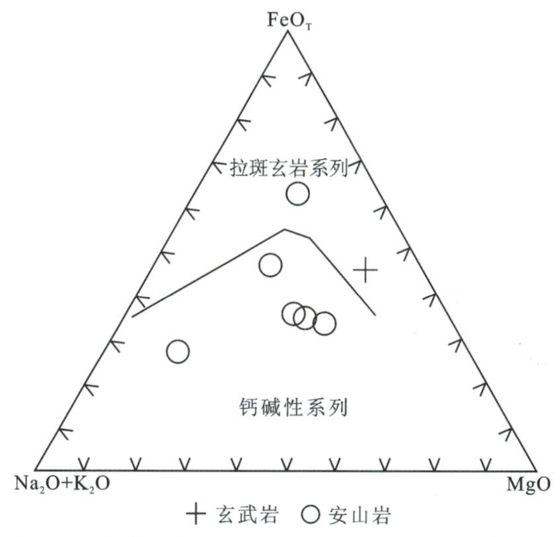

图 2-26　奥陶纪火山岩 AFM 图解(据杜生鹏等，2017)

四、晚泥盆世火山岩

晚泥盆世的火山喷发活动一般，为以一套陆相火山喷发为主的安山岩、凝灰岩建造。火山岩呈狭长带状，主要分布于长堤煤矿、云雾山南东、红柳沟等地区，延伸方向为 135°～315°，为一套板内稳定环境下的复成分砂砾岩建造夹火山沉积盆地环境形成的陆相火山岩。其下部碎屑岩中产植物化石 *Leptophloeum rhombicum*，时代为晚泥盆世。

晚泥盆世火山沉积盆地磨拉石夹陆相火山岩：对应岩石地层单位相当于中—上泥盆统牦牛山组(D_3m)，岩石地层单位隶属牦牛山组砂岩段($D_{2\text{-}3}m^2$)；下部为砂岩夹砾岩、页岩、安山岩建造，分布于滩间山南、伊克呼图森—云雾山北坡、彩虹沟、团鱼山等地区，岩石组合为砂岩夹粉砂岩、砾岩、泥质页岩、安山岩、白云岩及大理岩、底砾岩；上部为砾岩夹砂岩、安山岩建造，岩石地层单位对应牦牛山组砾岩段，主体见于云雾山一带，岩石组合为砾岩，局部夹长石石英砂岩、变玄武岩、变安山岩、变安山质沉凝灰岩、安山质火山角砾岩。

安山岩中 SiO_2 含量 48.00%～54.34%，Al_2O_3 含量 16.05%～16.39%，FeO_T、CaO、MgO 中高含量，TiO_2 含量 0.79%～0.98%，K_2O 含量(0.75%～1.34%)小于 Na_2O 含量(5.24%～5.30%)。岩石属中低钾钙碱性系列岩系(图 2-27、图 2-28)。

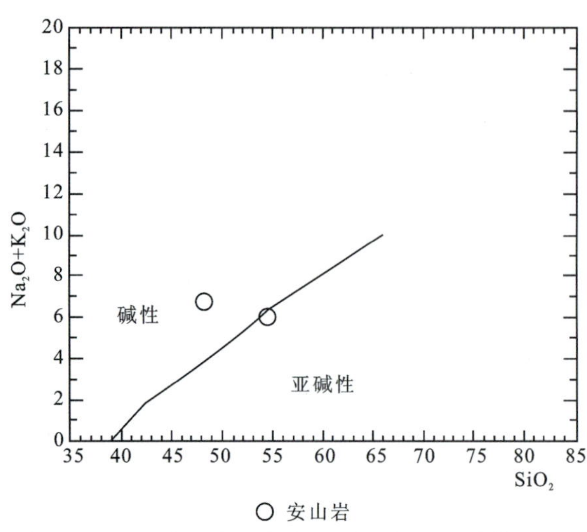

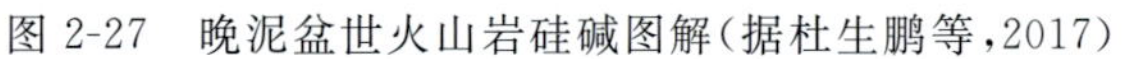

图 2-27 晚泥盆世火山岩硅碱图解(据杜生鹏等,2017)

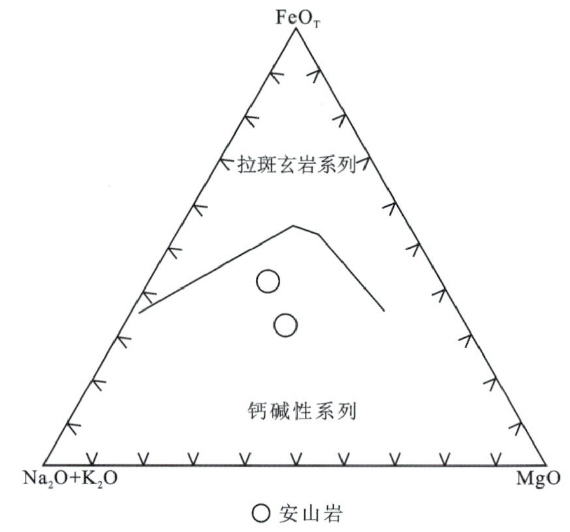

图 2-28 晚泥盆世火山岩 AFM 图解(据杜生鹏等,2017)

第四节 变质岩

滩间山金矿作为柴北缘造山带的一部分,具有复合叠加造山带的特征,经历了大陆裂谷体制和板块构造体制俯冲造山、碰撞造山及碰撞期后陆内造山作用,形成有不同成因、不同期次、不同变质程度的变质岩石的复合体。变质作用类型以区域动力热流变质作用为主,动力变质作用和接触变质作用次之,而且以动力变质作用叠加改造明显为特点。作为造山带变质岩的主体区域变质岩,依据其变质作用特征,区内的变质岩可综合划分为吕梁期区域动力热流变质作用形成的结晶基底变质岩系、中元古代晚期的区域低温动力变质作用形成低绿片岩相变质岩、加里东期区域低温动力变质作用形成的低绿片岩相变质岩系和海西期—印支期区域低温动力变质作用形成的低绿片岩相浅变质岩系。

一、区域动力热流变质作用

区内的区域动力热流变质作用形成有达肯大坂岩群(Pt_1D)高绿片岩相-高角闪岩相变质岩石组合,隶属滩间山古元古代变质地带。

达肯大坂岩群(Pt_1D)变质岩石组合:下部(Pt_1Da)变质岩石类型为黑云-硅线石角闪斜长片麻岩、黑云石英片岩夹斜长角闪片岩变质岩石类型,岩性为浅灰色黑云斜长片麻岩、硅线石角闪斜长片麻岩、石榴黑云石英片岩、含硅线石黑云斜长片岩夹斜长角闪片岩、大理岩;原岩建造为基性火山岩-黏土岩建造组合,变质矿物组合为 Pl-Qz-Hb-Bi;Pl-Kf-Qz-Bi-Hb,属高角闪岩相,中压相系。上部(Pt_1Db)变质岩石类型为泥方解-绿泥-黑云石英片岩夹片麻岩、大理岩等,岩性为浅灰色泥方解片岩、绿泥片岩、黑云石英片岩、混合岩化斜长片麻岩夹角闪斜长片麻岩、透辉钾长斜长变粒岩、变安山岩、透辉石大理岩;原岩建造为富铝半黏土质-黏土岩建造组合,变质矿物组合为 Pl-Hb-Gr-Prx;Mu-Bi-Pl-Qz-Gr-Sil;Ky-Prx-Ep-Hb;Gr-Bi-Mu-Qz-Pl,属高绿片岩相,中压相系。岩层应力变形强烈,透入型流劈理、拉伸线理、石榴石变斑晶的不对称压力影,长石等矿物的"σ"型旋转碎斑系、不对称的剪切褶皱、S-C组构、线型褶皱、条纹状—藕节状石香肠、片理、片麻理发育,岩石多具鳞片粒状变晶结构,变质特征矿物主要有矽线石、堇青石、石榴石、黑云母、普通角闪石等。为吕梁期区域动力热流变质作用的产物,大地构造相为被动陆缘。

二、区域低温动力变质作用

区域低温动力变质作用发育广泛，所形成的变质岩类型众多且复杂，不同的地质体中变质不均匀现象明显，变质相以低绿片岩相为主，受变质地质体有蓟县系万洞沟群(JxW)、奥陶系滩间山群(OT)、中—上泥盆统牦牛山组($D_{2-3}m$)、下石炭统怀头他拉组(C_1h)、下—中三叠统隆务河组($T_{1-2}l$)，所形成变质岩主要有变质碎屑岩、变质火山岩、变质碳酸盐岩。按变质作用特点及变质期可分为四堡期、加里东期区域低温动力作用形成的低绿片岩相变质岩系和海西期、印支期区域低温动力作用形成的低绿片岩相浅变质岩系。

(一)四堡期区域低温动力作用

四堡期区域低温动力作用主要受变质地层为蓟县系万洞沟群(JxW)，所形成的变质岩中等变质程度，构造变质变形中等，片状构造、条带状构造较发育，具板状结构、千枚理构造，相互叠加改造明显。万洞沟群由万洞沟群碎屑岩组(JxWb)的片岩-千枚岩夹变砂岩、大理岩变质岩石构造组合和碳酸盐岩组(JxWa)的大理岩夹片岩变质岩石组成。以区域低温动力变质变形为主，所形成的变质岩主要有碳质绢云千枚岩、碳质大理岩、白云质大理岩、变安山岩、变细砂、绢云绿泥石英片岩、绢云钙质片岩、碳质片岩、钙质绿泥片岩、硅质白云岩等，岩石中出现绢云母、绿泥石、绿帘石、黝帘石、钠长石等变质矿物组合，变质程度为低绿片岩相，低压相系，为中元古代晚期的区域低温动力变质作用形成，属陆缘裂谷相的局限台地亚相、远滨亚相。

(二)加里东期区域低温动力作用

加里东期区域低温动力变质作用主要受变质地层为奥陶系滩间山群(OT)，所形成的变质岩中变质程度较轻，但构造变质变形较为强烈，相互叠加改造较为明显。滩间山群由滩间山群下碎屑岩组(OTa)的片岩-大理岩-变砂岩变质岩石组合、下火山岩组(OTb)的变安山岩-变英安岩-变凝灰岩变质岩石组合、砾岩组(OTc)的变砾岩夹变火山岩变质岩石组合、上火山岩组(OTd)的变火山碎屑岩-变安山岩变质岩石组合和上碎屑岩组(OTe)的变砂岩变质岩石组合组成，加里东早期以区域低温动力变质变形为主。下碎屑岩组(OTa)形成的变质岩主要有绿泥黑云绿帘石英、钙质绿泥片岩、硅质板岩、千枚岩结晶灰岩、大理岩、变砂岩、变安山质凝灰岩等；下火山岩组(OTb)形成的变质岩主要有变安山岩、变英安岩、变安山质凝灰岩、变流纹质凝灰岩、变安山质火山角砾熔岩、绢云母石英片岩、绿泥石英片岩、变沉安山质集块岩及沉安山质火山角砾岩等；砾岩组(OTc)形成的变质岩主要为片状砾岩、变含砾砂岩、变砂岩夹安山质火山角砾岩、变安山岩、变安山质凝灰岩；上火山岩组(OTd)形成的变质岩主要有变杏仁状安山岩、变安山质凝灰岩、变安山质火山角砾岩、变安山质熔结集块岩；上碎屑岩组(OTe)形成的变质岩主要有变长石石英砂岩、变长石砂岩夹片状砾岩。岩石变质矿物组合有绢云母、绿泥石、绿帘石、黝帘石、钠长石、阳起石、方解石、石英。岩层变形较强烈，线型褶皱、劈理化、片理化发育，为低绿片岩相，低—中压相系。属加里东期区域低温动力变质作用的产物，大地构造相为岩浆弧相的火山弧亚相。

(三)海西期区域低温动力作用

海西期区域低温动力变质作用涉及地层有中-上泥盆统牦牛山组($D_{2-3}m$)、下石炭统怀头他拉组(C_1h)。牦牛山组($D_{2-3}m$)由下砾岩段($D_{2-3}m^1$)的变砾岩-变砂岩变质岩石组合、砂岩段($D_{2-3}m^2$)的变砂岩夹变火山岩变质岩石组合和上砾岩段($D_{2-3}m^3$)的变砾岩夹变砂岩变质岩石组合组成；形成的变质岩石主要有变粗粒复成分砾岩、变细砾岩、变含砾粗砂岩、变不等粒—中细粒—粉砂岩、变安山质凝灰岩、变安山岩。下石炭统怀头他拉组(C_1h)由砂砾岩段(C_1h^1)的变砂岩-变砾岩变质岩石组合和灰岩段(C_1h^2)的变灰岩-变砂岩变质岩石组合组成;形成的变质岩石主要有变生物碎屑灰岩、变砾屑灰岩、结晶灰岩、变砂岩、变砾岩。岩石变质程度普遍轻微,岩石中基本层序清楚,褶皱平缓,原岩组构特征完整保留。为低绿片岩相、低压相系变质程度,属海西期区域低温动力变质作用的产物,大地构造相为陆表海盆地相的碎屑岩-碳酸盐岩陆表海亚相和断陷盆地相。

(四)印支期区域低温动力作用

印支期区域低温动力变质作用涉及地层主要为下-中三叠统隆务河组($T_{1-2}l$),由砾岩段($T_{1-2}l^a$)变砾岩-含砾砂岩轻变质变质岩石组合和砂岩段($T_{1-2}l^b$)变砂岩夹变砾岩及煤线轻变质变质岩石组合组成。变质岩石类型有中细粒变砂岩、变细砂岩、变含砾砂岩、变含砾粗砂岩、变砾岩及煤线。岩石变质较轻,新生矿物主要为砂岩杂基中的黏土质和胶结物。为低绿片岩相,低压相系变质程度,属印支期区域低温动力变质作用的产物,大地构造相为陆表海盆地相的碎屑岩陆表海辫状河相和弧后前陆盆地相。

三、动力变质作用

滩间山古元古代变质地带中的动力变质作用及变质岩极其发育,变质期次以加里东期为主,形成的韧性动力变质岩类型丰富而复杂,且叠加改造明显,对矿产的形成、富集控制作用明显为特点。海西期—印支期形成陆内冲断作用下发生动力变质作用,该期变形以表部构造层次脆性形变为特征。

(一)加里东期韧性动力变质作用

加里东期在柴北缘地区主期变形以发育逆冲型韧性剪切带为特征,该期韧性动力变质作用发育在柴北缘逆冲-走滑构造带(CBNZ)中的古元古界达肯大坂岩群(Pt_1D)、蓟县系万洞沟群(JxW)、奥陶系滩间山群(OT)、早奥陶世蛇绿混杂岩和中晚奥陶世中酸性侵入岩中,所形成的动力变质岩以超糜棱岩、糜棱岩、千糜岩、初糜棱岩等为主。

古元古界达肯大坂岩群(Pt_1D)形成深部构造层次的韧性剪切带,岩石大多经受了不同程度的糜棱岩化作用,石榴石变斑晶的不对称压力影、长石等矿物的“σ”型旋转碎斑系、不对称的剪切褶皱、“A”型褶皱、S-C组构、长石和石英的错列、石英C轴组构、透入型流劈理等发育,蓝晶石、矽线石、石榴石、黑云母、钠长石等变质矿物在超糜棱岩石、糜棱岩石中发育。显微构造中拉伸线理由拉长的石英颗粒及石榴石压力影组成,由蓝晶石构成的拉伸线尤为显著,并具有明显的旋转应变;细小的石榴石定向排列成分异层,并且发生褶皱;角闪石围绕斜长石排列,并具S-C构造;生长有细小的石榴石变斑晶的褶皱霹雳发育;石英矿物均发生了塑性变形。所有这些组构都是在逆冲型韧性剪切作用下形成的,也就是说变形作用与变质作用基本上是同时进行的,变质矿物共生组合有 Ky±Sta±Sil±Gr±Mu±Bi±Pl±Qz、Gr±Bi(褐棕色)±Cord±Mu±Qz、Bi(棕红色)Gr±Amp±Pl±Ep、Amp±Gr±An±Qz、Mu±Bi±Chl±Ab±Qz。变质环境具有高绿片岩相特征。

奥陶系滩间山群(OT)中表现为岩石均透入性糜棱岩化,宏观上变形不均匀现象明显,具有强、弱变形带平行相间产出特点,强变形带中早期面理被新生糜棱面理广泛而强烈置换,岩石中条纹条带状构造、片状构造、片麻状构造、眼球状构造发育,反映韧性形变的不协调剪切脉褶、长英质透镜状、香肠状变质分异脉体、矿物拉伸线理、“σ”型碎斑、S-C组构等构造群组合常见。显微构造中矿物变形组构发育,其中斜长石以碎裂作用为主,变形多呈眼球状,并具部分塑性应变;石英双峰式构造较明显,在动态重结

晶的基础上发生静态重结晶，形成多晶条带，波状、块状、带状消光明显，“云母鱼”构造、“σ”型碎斑等显微构造常见，新生变质矿物有斜长石、黑云母、石英、阳起石、白云母、绿泥石、绿帘石、绢云母等，变质矿物共生组合有 Pl±Mu±Bi±Chl±Qz±Cal、Bi±Mu±Qz、Ep±Chl±Qz、Ep±Ab±Qz、Ser±Chl±Cal、Ser±Qz。变质作用程度为低绿片岩相，浅部构造层次特征明显。该剪切带为构造蚀变岩型金矿及多金属矿的控矿、容矿构造，沿剪切带产有滩间山金矿金龙沟矿区、青龙沟金矿床、红柳沟金矿床、胜利沟金矿点、路通沟金矿化点及回头沟银铜铅矿点等，宏观运动学标志显示具韧性右行剪切性质，为加里东期柴北缘逆冲-走滑发生的浅层次韧性动力变质作用的产物。

（二）海西期—印支期脆性动力变质作用

海西期—印支期形成陆内冲断作用下发生动力变质作用，该期变形以表部构造层次脆性形变为特征。古元古界达肯大坂岩群（Pt_1D）中形成走向北西脆性逆冲断层及中-短轴背形、向形构造，变质岩石类型为构造（断层）角砾岩，构造角砾的胶结物中有隐晶质玉髓，方解石矿物重结晶形成。奥陶系滩间山群（OT）中形成挤压片理构造，表现为片理构造透入性、间隔性改造先期韧性剪切面理，岩石均破碎形成透镜状，韧性剪切带遭到破坏，造成空间展布的不连续，陆内冲断作用下脆性形变，形成走向北西逆冲断层和以构造片理为主变形面的短轴背形、向形构造，挤压破劈理等构造，破碎带中具构造角砾岩、碎裂岩，动力变质岩石中出现方解石、绢云母。中—上泥盆统牦牛山组（$D_{2\text{-}3}m$）、下石炭统怀头他拉组（C_1h）中以发育北西向脆性逆冲断层及挤压破劈理为特征，动力变质岩主要为断层角砾岩、碎裂岩、断层泥，构造岩中出现方解石、绢云母及少量绿泥石，变质程度为低绿片岩相。下—中三叠统隆务河组（$T_{1\text{-}2}l$）中构造变形简单，主要为北西向脆性逆冲断层及挤压破劈理、宽缓短轴背斜、折劈构造，沿断裂发育构造角砾岩、碎裂岩。

四、热接触变质作用

滩间山古元古代变质地带中的侵入岩浆活动以加里东期最为强烈，形成的超基性—基性、中酸性侵入岩发育，海西期、印支期侵入岩浆活动相对较弱，形成的中酸性侵入岩分布一般。加里东期形成超基性—基性、中酸性侵入岩出露众多，但其形成的热接触变质作用不甚明显，其原因可能是热接触变质作用多发生于加里东期，热接触变质带及变质岩受后期构造强烈改造，而使其面貌发生了变化造成，所形成的热接触变质岩不甚发育。出露的接触变质岩局限分布在泥盆纪、三叠纪中酸性侵入岩外接触带，岩石类型主要有角岩、角岩化岩石、矽卡岩、硅化岩石等。

第五节　构　造

依据《中国区域地质志 · 青海志》（祈生胜等，2024），滩间山金矿处于柴北缘造山带之滩间山岩浆弧及柴北缘蛇绿混杂岩带的结合部位，以发育大型逆冲型韧性剪切带为特征。

柴北缘结合带总体上为一向北凸出的弧形构造相带，该单元为柴北缘洋盆的洋壳俯冲消减，弧-弧、弧-陆、陆-陆碰撞形成的不同时代、不同构造环境、不同变质程度和不同变形样式的各类岩石组合体及构造地层，地层构造局部有序整体无序。相内普遍有被肢解的蛇绿岩和巨大的韧性剪切带。依据造山带洋-陆构造体制和盆山构造体制时空结构转换过程的特定大地构造环境可进一步划分出滩间山岩浆弧和柴北缘蛇绿混杂岩带两个三级构造单元（图 2-29，表 2-3）。

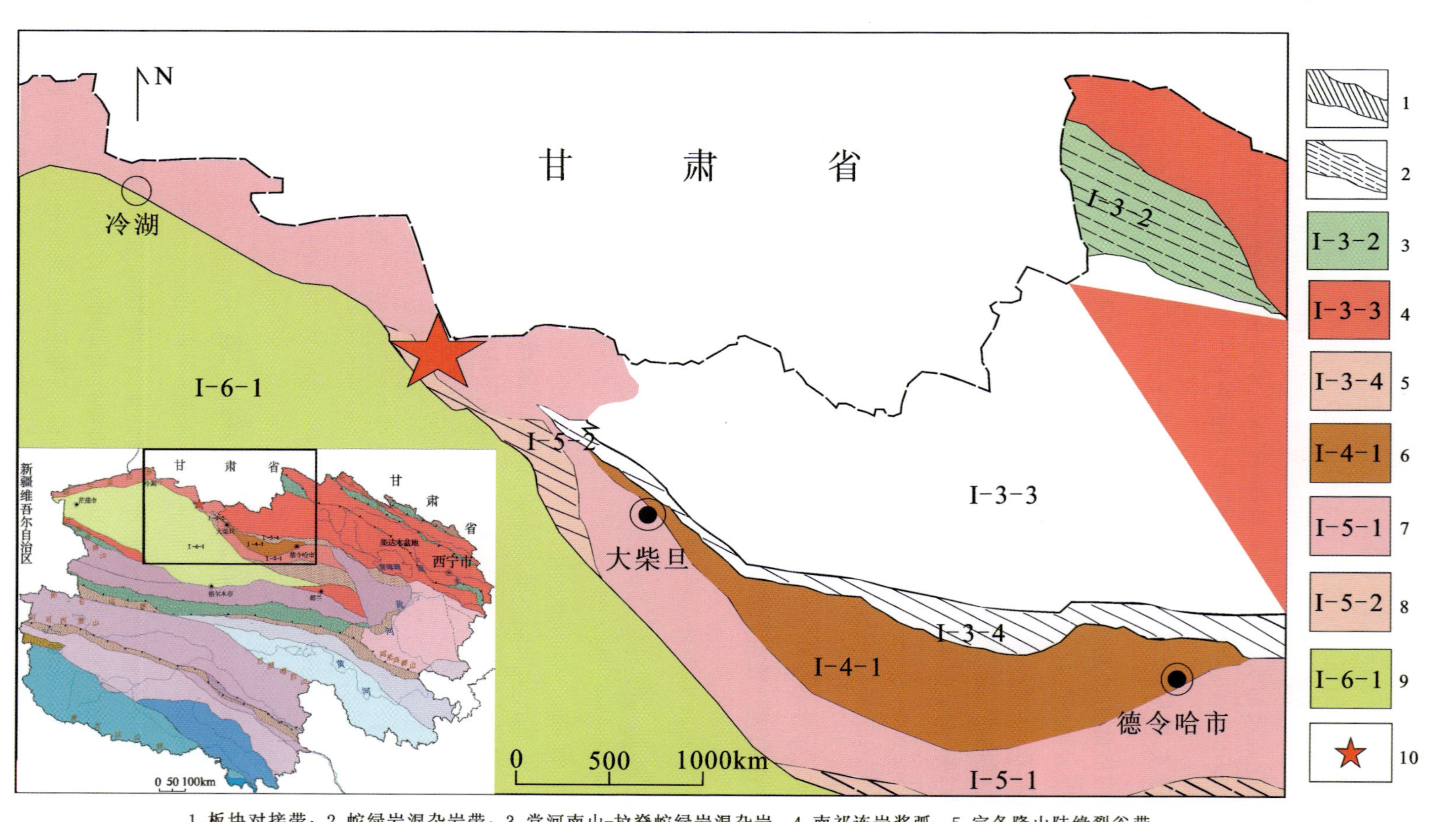

1.板块对接带；2.蛇绿岩混杂岩带；3.党河南山-拉脊蛇绿岩混杂岩；4.南祁连岩浆弧；5.宗务隆山陆缘裂谷带；6.欧龙布鲁克被动陆缘；7.滩间山岩浆弧；8.柴北缘蛇绿混杂岩带；9.柴达木新生代断陷盆地；10.滩间山金矿位置。

图2-29 滩间山金矿位置及大地构造单元划分图

表 2-3　滩间山金矿构造单元划分表

一级	二级	三级	四级
秦祁昆造山系(Ⅰ)	柴北缘造山带(Ⅰ-5)	Ⅰ-5-1 滩间山岩浆弧	
		Ⅰ-5-2 柴北缘蛇绿混杂岩带	Ⅰ-5-3-1 绿梁山-哈莉哈德(沙柳河)蛇绿岩(∈-O)
			Ⅰ-5-3-2 赛什腾山-沙柳河增生杂岩(∈-O)
			Ⅰ-5-3-3 苏干湖-沙柳河火山弧(∈-O)

一、构造单元特征

(一)滩间山岩浆弧(O)

滩间山岩浆弧位于全吉地块的南缘,南界为柴北缘蛇绿混杂岩带,西端被阿尔金走滑断裂所截。沿俄博梁、滩间山、阿木尼克山、牦牛山一带分布,总体为一向北凸出的弧形条带。该岩浆弧是受早古生代柴北缘洋盆向北俯冲制约,奠基于全吉地块南缘的一个岩浆弧带。

地球物理特征:重力场表现为重力梯级带、重力高和重力低组合出现,重力梯级带主要分布在阿尔金一带,呈北西走向,在冷湖附近转向北西向,重力梯度值约 $1.75\times10^{-5}\text{m}\cdot\text{s}^{-2}/\text{km}$,重力高出现在阿木尼克以南和乌兰一带,重力场值为$(-420\sim-390)\times10^{-5}\text{m}\cdot\text{s}^{-2}$,重力低出现在德令哈盆地一带,重力场值为$(-440\sim-425)\times10^{-5}\text{m}\cdot\text{s}^{-2}$,重力场的这种变化反映了断裂构造的存在和结晶基底的起伏状态;磁场在平静场背景(磁场值为−150～−10nT)中出现局部高磁异常,呈串珠状、带状或块状顺着滩间山岩浆弧带展布,磁场值在10～100nT之间变化,这些高磁异常可能与沿断裂带侵入的中酸性岩体有关,负磁场可能与磁场反转有关,反映了古洋壳俯冲阶段的磁场特征。

奥陶纪火山岩:呈北西西向沿冷湖—绿梁山北坡—全吉一带断续分布,系滩间山岩浆弧,也是厘定该构造单元的主要依据之一。涉及的地层单位主要为滩间山群下火山岩组和玄武安山岩组。下火山岩组为一套安山岩、英安岩、流纹岩组合,SiO_2 在62.37%～75.05%之间,为钙碱性系列;玄武安山岩组为一套玄武安山岩、安山岩、玄武质集块岩组合,属钙碱性系列。在锡铁山地区滩间山群获得中酸性火山岩锆石U-Pb年龄为486±13Ma(李怀坤等,1999),在托莫尔日特滩间山火山岩Rb-Sr等时线年龄为450±4Ma(韩英善等,2000),在采石沟地区侵位于滩间山群的闪长岩中获得单颗粒锆石U-Pb年龄397～442Ma,时代厘定为奥陶纪。岩石稀土总量偏低,无明显的铕异常,微量元素显示大离子亲石元素Rb、Sr、Ba略富集,高场强元素Th、Hf、Ta富集,Nb、Zr、Ti、La弱亏损,总体特征与岛弧玄武岩相似,形成于弧-陆主碰撞作用的岛弧构造环境。其中滩间山群下碎屑岩组、砾岩组和砂岩组与其相伴出露,下碎屑岩组为一套石英砂岩、砂质板岩夹结晶灰岩组合,为滨浅海环境;砾岩组和砂岩组为一套砾岩、含砾粗砂岩夹石英砂岩、粉砂岩组合,为滨浅海环境,属于弧后前陆盆地环境。

奥陶纪侵入岩:分布在滩间山金矿、赛什腾山、生格一带,侵入于中元古界万洞沟群和中元古代鹰峰环斑花岗岩中,与滩间山群呈断层接触,中—上泥盆统牦牛山组角度不整合其上,以岩基为主,少量岩株,岩石组合为 $\gamma\delta+\delta o+\delta+\nu+\psi\nu$。二长花岗岩年龄为473Ma/U-Pb,花岗闪长岩年龄为445～465Ma/U-Pb。SiO_2含量在45.35%～68.30%之间,属于准铝质钙碱性系列岩石,稀土总量低,在$(37.91\sim135.50)\times10^{-6}$之间,无明显Eu异常,微量元素中Nb、P、Ti亏损和Th、K、Zr富集,形成于俯冲环境。总体上靠海沟北侧分布,指示柴北缘的洋壳向北俯冲的极性。

泥盆纪侵入岩:分布于阿卡托、大通沟南山、绿梁山东部大渔滩—胜利口一带,丁子口一带亦有少量分布,呈不规则长条形岩株状产出,与古元古界达肯大坂岩群和中志留世侵入体呈侵入接触,与奥陶系滩间山群呈断层接触，上新统油沙山组角度不整合其上。岩石组合为$\xi\gamma+\eta\gamma+\gamma\delta+\delta o+\delta$。花岗岩年龄为398～411Ma/U-Pb，形成时代为早泥盆世。属偏铝质中高钾钙碱性系列，壳幔混合源型，形成于汇聚重组构造阶段，碰撞构造期。

（二）柴北缘蛇绿混杂岩带（∈—O）

该带主体沿赛什腾山—绿梁山—锡铁山—扎布萨尕秀—沙柳河一带呈北西西向分布，东延被哇洪山-温泉断裂截切，北与滩间山岩浆弧为邻，南以柴北缘-夏日哈断裂为界与柴达木地块分开。包括洋壳残片、俯冲增生楔、火山岛弧、高压—超高压变质带，并伴有中新元古代碰撞型花岗岩及被肢解的韧性剪切带。根据岩石组合及形成环境的不同，将柴北缘蛇绿混杂岩划分为基性火山岩组合（$\in O_c^{\wedge\beta}$）、硅质岩组合（$\in O_c^{\wedge si}$）、碎屑岩组合（$\in O_c^{\wedge d}$）、中酸性火山岩组合（$\in O_c^{\wedge\zeta}$）和蛇绿岩组合。

地球物理特征：重力场北西段显示为重力梯级带，重力梯度值约$1.25\times10^{-5}m\cdot s^{-2}/km$，东南段显示为重力高，重力场值为$(-420\sim-400)\times10^{-5}m\cdot s^{-2}$，重力梯级带反映了断裂带的存在，重力高反映了基底相对隆起的特点；磁场总体表现为高磁场区，在北西段磁异常呈北北西向带状分布，磁场值为10～75nT，东南段磁异常呈近东西向串珠状、带状展布，磁场值在10～300nT之间变化。磁场的这种变化与该区蛇绿混杂岩有关。

可进一步划分为3个四级构造单元（Ⅰ-5-3-1绿梁山-哈莉哈德（沙柳河）蛇绿岩、Ⅰ-5-3-2赛什腾山-沙柳河增生杂岩、Ⅰ-5-3-3苏干湖-沙柳河火山弧）和4个上叠盆地（阿木尼克山-牦牛山断陷盆地、牦牛山南坡海陆交互陆表海和碳酸盐岩陆表海、清水沟断陷盆地、全集河压陷盆地），其中绿梁山-哈莉哈德（沙柳河）蛇绿岩四级构造单元位于研究区南部。

绿梁山-哈莉哈德（沙柳河）蛇绿岩：蛇绿岩分布于石棉矿黑石山一带。主要由蛇纹石化橄榄岩、蛇纹石化二辉橄榄岩、辉石橄榄岩、辉长岩、斜长花岗岩、辉绿岩岩墙、（块状）枕状玄武岩组成，均呈构造岩块产出，与围岩滩间山群、沙柳河岩组及达肯大坂岩群均呈断层接触，后期的构造作用导致了蛇绿岩的肢解、迁移和侵位。蛇绿岩组分的超镁铁质岩SiO_2含量小于40%，低钛富镁贫碱低铝，重稀土明显亏损，轻稀土分馏程度较低，显示弱铕正异常或弱铕负异常；辉长岩具有富Al、Ca贫Fe、Ti的特征，常量元素与洋脊玄武岩的平均成分相近，稀土曲线呈平坦型，分馏程度较低，显示铕正异常，具有幔源分异产物特征，稀土曲线由下至上，正铕异常逐渐减弱，这是岩浆分异斜长石堆晶的结果。微量元素Nb、Ce、Zr、Hf、Ti、Sm、Yb等多数明显亏损，与过渡型洋脊玄武岩相似。综上所述，根据蛇绿岩地球化学特点及其产出部位，其形成于弧后拉张环境，应属于与消减作用有关的SSZ型蛇绿岩。

二、区域边界断裂特征

涉及滩间山金矿的区域二级边界断裂为柴北缘-夏日哈断裂，该断裂为柴北缘造山带南界的主边界断裂，西始茫崖，向东经冷湖镇、锡铁山南，东端与昆北断裂相交止于夏日哈。省内大部分呈隐伏状态，走向先南东经冷湖镇后走向转为南东东，断续长约812km。断裂西南侧基岩露头较差，被柴达木盆地第四系覆盖，北东侧基岩露头较好，构造线为北西-南东向。另外，东段为古元古界达肯大坂岩群和金水口岩群的分界，东昆仑和柴北缘的海西期、加里东期的岩浆岩带在断裂附近汇合。该组断裂带明显将东西向断裂错断并引起其走向发生变化。从其对印支期花岗岩有着明显的控制作用来看，可能产生于印支早期，具多期活动特征。

滩间山地区的从属次级断裂主要有嗷唠山垭口-滩间山北东缘山前（隐伏）断裂、青山-嗷唠山南西缘山前（隐伏）断裂、三角顶-胜利沟-独龙沟-滩间山（隐伏）断裂和宗马海湖（隐伏）断裂。

（一）嗷唠山垭口-滩间山北东缘山前（隐伏）断裂

为南祁连岩浆弧与滩间山岩浆弧分界断裂，主断裂沿滩间山北东缘山前一线隐伏展布（约 60km）；在嗷唠山垭口地区其北倾逆冲断层特征明显，长约 10km，走向 313°，北西端被近东西向断层所截切，具反“S”形形态特点；断层面呈舒缓波状，向北东倾斜，倾角 62°～74°，为压扭性的逆冲断层，断层破碎带附近花岗岩脉、石英岩脉较发育，多沿与断层相伴生的张性破裂面充填，其脉岩具压碎特征；断层破碎带宽 2～30m，为灰黑色断层泥、断层角砾岩和挤压透镜体，挤压片理发育，带内岩石糜棱岩化、绢云母化、绿泥石化显著。具多期活动性。

（二）三角顶-胜利沟-独龙沟-滩间山（隐伏）断裂

为滩间山逆冲型韧性剪切亚带和柴北缘逆冲型韧性剪切亚带分界断裂，沿西挺沟、三角顶、胜利沟、团鱼山、独龙沟、彩虹沟、滩间山一带展布，在滩间山、彩虹沟、团鱼山北、西挺沟等地区被第四纪砂砾石层覆盖，呈隐伏状态。沿断裂带涉及地层有万洞沟群、滩间山群下碎屑岩组砂岩灰岩段和早奥陶世角闪石岩，断裂沿 320°延伸，西北段倾向北东，倾角 57°；南东段倾向南西，倾角 57°～60°。独龙沟地区涉及地层有滩间山群下火山岩组、牦牛山组砂岩段及早奥陶世辉长岩。彩虹沟—滩间山地区涉及地层有万洞沟群、滩间山群、牦牛山组砂岩段及早奥陶世辉橄岩，出露断层约 15km，走向北西-南东向，倾向近南—南西、倾角 45°～75°，为压扭性逆冲断层。

三、大型变形构造特征

滩间山金矿涉及的大型变形构造为柴北缘大型逆冲型韧性剪切构造带，主要沿嗷唠山、滩间山、云雾山—万洞沟—长白山—环山—赛什腾山脉—黑石山一带分布，北与南祁连岩浆弧构造带相邻；南以红柳沟-云雾山推覆构造为界，与柴达木地块相接，其空间上主要包含了滩间山岩浆弧构造带。区域上该大型变形构造带总体北倾，倾角 46°～70°不等。长度大于 600km，宽度 8～30km 不等，深度切割岩石圈，卷入的地质体主要有古元古代被动陆缘火山-沉积岩系，长城纪陆棚碎屑岩，寒武纪—奥陶纪火山岛弧火山-沉积岩系，晚泥盆世断陷盆地火山-沉积岩系，早古生代高压—超高压榴辉岩，中—新元古代古同碰撞岩浆杂岩，晚寒武世—奥陶纪超基—基性岩，岩石大多经受了不同程度的糜棱岩化作用。构造层次为深部，为挤压型平行组合形式，运动方式为逆冲走滑，挤压剪切性质。韧性断层附近发育断层角砾岩、碎裂岩等。变形方式以滑移、攀升、扩散、挤压为主，机械分异次之，表现为新生增强面理、线理和岩石粒度减小，构造形迹为糜棱面理、拉伸线理，不协调褶皱、鞘褶皱。区域及 1∶25 鱼卡幅建造构造图研究资料（青海省地质调查院，2019）显示，寒武纪末（$\in_3$）—奥陶纪（O）洋盆向北俯冲，逆冲型韧性剪切带形成；志留纪—早泥盆世洋盆消亡，碰撞造山，右行走滑型韧性剪切带形成。该构造带形成于汇聚重组构造演化阶段，其中逆冲构造形成于陆缘弧盆系演化构造期；走滑构造形成于陆缘弧-陆或陆-陆碰撞构造期。依据其分布空间，变质变形特征该大型变形构造带可进一步划分出滩间山逆冲型韧性剪切亚带和柴北缘逆冲型韧性剪切亚带。

（一）滩间山逆冲型韧性剪切亚带

为柴北缘大型逆冲型韧性剪切构造带的主体，分布于宽沟—红旗沟—万洞沟—青龙沟—滩间山一带，区域上延伸长度 90～110km，宽 5～10km 不等，其变形构造特征在滩间山、红旗沟、红灯沟、鑫沟等地段较为清楚，糜棱岩及糜棱岩化岩石发育，部分地段岩石变形构造特征不甚明显。总体走向北北西—北西向，倾向北东东—北东，倾角 42°～80°不等，在滩间山、万洞沟地区部分地段倾向南西，倾角 45°～73°。区内卷入地质体主体为达肯大坂岩群被动陆缘火山-沉积岩系，万洞沟群活动陆缘沉积岩系，滩间

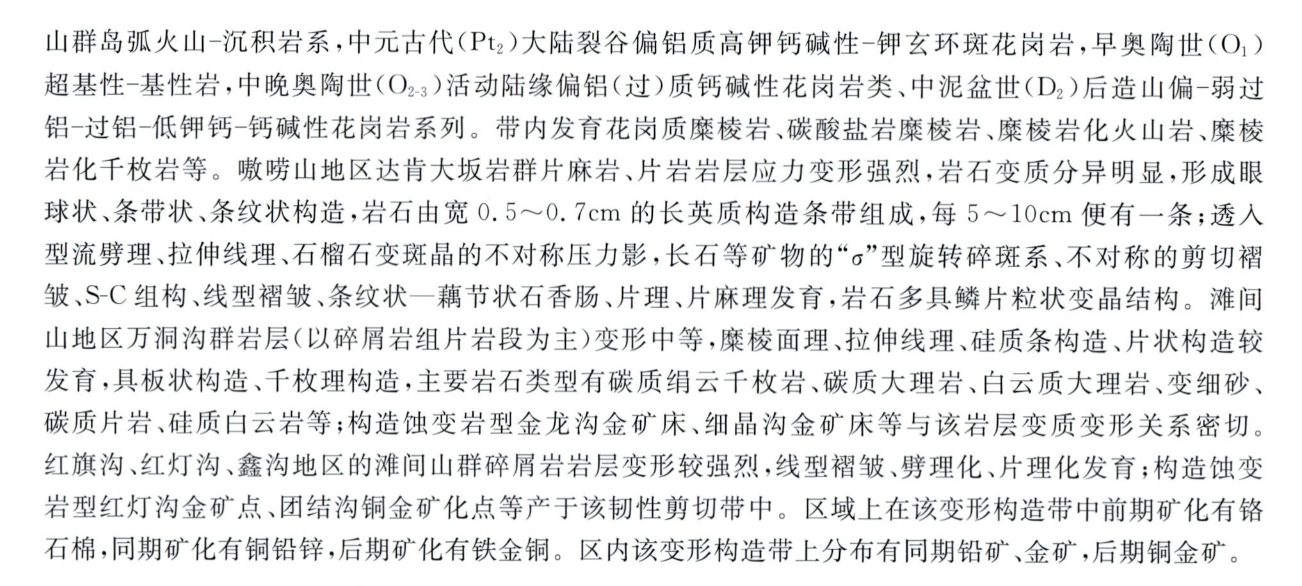

山群岛弧火山-沉积岩系，中元古代(Pt_2)大陆裂谷偏铝质高钾钙碱性-钾玄环斑花岗岩，早奥陶世(O_1)超基性-基性岩，中晚奥陶世(O_{2-3})活动陆缘偏铝(过)质钙碱性花岗岩类、中泥盆世(D_2)后造山偏-弱过铝-过铝-低钾钙-钙碱性花岗岩系列。带内发育花岗质糜棱岩、碳酸盐岩糜棱岩、糜棱岩化火山岩、糜棱岩化千枚岩等。嗷唠山地区达肯大坂岩群片麻岩、片岩岩层应力变形强烈，岩石变质分异明显，形成眼球状、条带状、条纹状构造，岩石由宽 0.5～0.7cm 的长英质构造条带组成，每 5～10cm 便有一条；透入型流劈理、拉伸线理、石榴石变斑晶的不对称压力影，长石等矿物的"σ"型旋转碎斑系、不对称的剪切褶皱、S-C 组构、线型褶皱、条纹状—藕节状石香肠、片理、片麻理发育，岩石多具鳞片粒状变晶结构。滩间山地区万洞沟群岩层(以碎屑岩组片岩段为主)变形中等，糜棱面理、拉伸线理、硅质条构造、片状构造较发育，具板状构造、千枚理构造，主要岩石类型有碳质绢云千枚岩、碳质大理岩、白云质大理岩、变细砂、碳质片岩、硅质白云岩等；构造蚀变岩型金龙沟金矿床、细晶沟金矿床等与该岩层变质变形关系密切。红旗沟、红灯沟、鑫沟地区的滩间山群碎屑岩岩层变形较强烈，线型褶皱、劈理化、片理化发育；构造蚀变岩型红灯沟金矿点、团结沟铜金矿化点等产于该韧性剪切带中。区域上在该变形构造带中前期矿化有铬石棉，同期矿化有铜铅锌，后期矿化有铁金铜。区内该变形构造带上分布有同期铅矿、金矿，后期铜金矿。

(二)柴北缘逆冲型韧性剪切亚带

分布于云雾山—团鱼山—赛什腾山南坡一带，该亚带北缘与滩间山逆冲型韧性剪切亚带相接，南西被侏罗系—第四系类磨拉石含煤、膏盐、泥灰岩复陆屑沉积组合覆盖，断续延伸长约 35km，宽度为0.1～4.5km，对应构造单元为滩间山岩浆弧。云雾山东南、二旦沟、红柳沟、秦川沟地区变形构造特征清楚，糜棱岩及糜棱岩化岩石发育。总体走向北西，倾向北东，倾角 36°～78°，云雾山东南部走向北北西，倾向南西，倾角 60°，红柳沟地区走向北北西，倾角 52°～71°。卷入地质体主体为达肯大坂岩被动陆缘火山-沉积岩系、滩间山群岛弧火山-沉积岩系和早奥陶世(O_1)拉斑玄武岩系列基性辉长岩、晚奥陶世(O_3)活动陆缘花岗闪长岩。赛什腾山—秦川沟地区的达肯大坂岩群岩层应力变形强烈，透入型流劈理、拉伸线理、不对称压力影，"σ"型旋转碎斑、S-C 组构、线型褶皱、条纹状—藕节状石香肠及片理、片麻理发育。该变形构造带分布有后期铜金矿。

四、主要构造形迹特征

滩间山地区在早古生代经历了强烈的拉张，断裂深切地幔，并形成了北西向的地堑式裂陷带，加里东晚期裂陷槽闭合，地层褶皱造山，形成一系列北西向褶皱、韧性剪切带及压扭性逆冲断层。研究区的构造运动具有继承性和多期性的特点。对区内地层、岩浆活动、变质作用及矿产分布有着明显的控制作用。纵观全区构造，断裂和褶皱均较发育，且发育宽沟-红旗沟、万洞沟-青龙沟-滩间山韧性剪切带。区内主要由北西向、北东向和近东西向 3 组构造组成研究区的构造格架，区域构造线总体方向为北西-南东向(图 2-30)。

(一)背向斜构造

滩间山金矿涉及 3 个复式向斜构造和 1 个简单背向斜构造，分别是滩间山复向斜、青龙沟复向斜、彩虹沟复向斜和结绿素-长堤背向斜。

1.滩间山复向斜

分布于联合沟沟口经滩间山北坡、金龙沟至试金沟。向斜轴向为北西-南东向，走向长度约 12km，轴向 305°，轴面倾向南东。核部由万洞沟群碳酸盐岩组组成；两翼由万洞沟群碎屑岩组组成。因断裂的破坏和花岗闪长斑岩的侵位，向斜南翼出露零星。自北西向南东，向斜形态由窄变宽，地层产状由陡变缓。在金龙沟西侧部位，中间褶皱隆起，形成次一级的背斜和两侧次一级向斜，两个次一级向斜分别控制着金龙沟金矿床和细晶沟金矿床的就位。

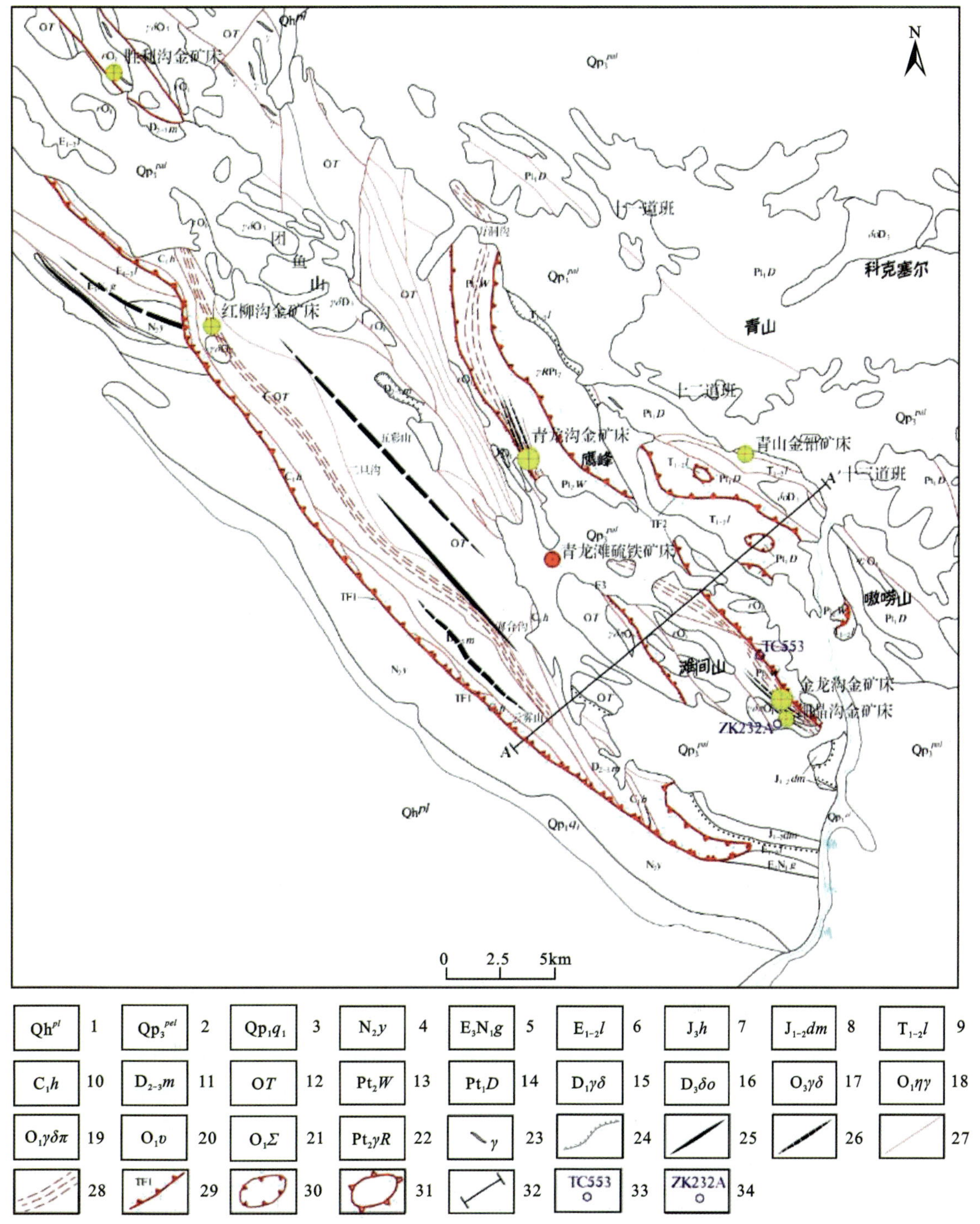

1. 全新世冲积；2. 晚更新世洪冲积物；3. 下更新统七个泉组；4. 上新统油砂山组；5. 中新统—渐新统干柴沟组；6. 始新统—古新统路乐河组；7. 上侏罗统红水沟组；8. 下—中侏罗统大煤沟组；9. 下—中三叠统隆务河组；10. 下石炭统怀头塔拉组；11. 中—上泥盆统牦牛山组；12. 奥陶系滩间山群；13. 中元古界万洞沟群；14. 古元古界达肯大坂岩群；15. 晚泥盆世花岗闪长岩；16. 中泥盆世石英闪长岩；17. 中泥盆世英云闪长岩；18. 早奥陶世二长花岗岩；19. 中泥盆世花岗闪长斑岩；20. 早奥陶世辉长岩；21. 早奥陶世超基性岩；22. 中元古代环斑花岗岩；23. 花岗岩脉；24. 角度不整合；25. 背斜构造；26. 向斜构造；27. 断裂构造；28. 韧性剪切带；29. 推覆断层；30. 飞来峰；31. 构造窗；32. 剖面位置；33. 探槽位置及变化；34. 钻孔位置及变化。

图 2-30　滩间山金矿构造纲要图

2. 青龙沟复向斜

分布于万洞沟经黑山至青龙滩一带。由两个次级向斜和核部次级背斜组成。走向长度约11km，轴向330°，轴面倾向北东，为一倒转向斜，走向上北西段向北东弯曲，南东段向南东弯曲，呈"S"形。核部由万洞沟群碳酸盐岩组组成；两翼由万洞沟群碎屑岩组组成。两翼产状相同，倾向为北东，倾角70°。地层出露齐全，褶皱形态完整。南西翼的大理岩受辉长岩、闪长岩的顺层侵入吞噬，多呈残片状、长条状的捕虏体。从万洞沟群上岩组的出露形态观察，向斜北西狭窄，南东宽阔，在青龙沟沟口处形成青龙山褶皱隆起，次级背斜翼部的层间构造破碎蚀变带控制着青龙沟金矿床的就位。构成青龙沟复向斜的次级背向斜构造中比较完整的为青龙沟向斜和青龙沟背斜。

1)青龙沟向斜

分布于青龙沟下游，位于青龙沟复向斜东南段核部的西侧。出露长度约2.8km，轴向330°，轴面倾向北东，为一倒转向斜。向斜核部由万洞沟群碳酸盐岩组组成，两翼由万洞沟群碎屑岩岩组组成。北东翼和南西翼产状相同，倾向北东，倾角70°左右。西矿区中的各金矿体均沿向斜南西翼的层间构造破碎蚀变带分布，并严格受其控制。

2)青龙沟背斜

分布于青龙沟下游，位于青龙沟复向斜核部的东南段。走向长度为2.3km，两端被第四系覆盖，轴面产状55°∠70°。褶皱呈紧闭形，向南东倾伏，枢纽产状155°∠25°。褶皱形态较完整。北东翼较缓，产状93°∠42°；南西翼较陡，产状252°∠68°。背斜核部由万洞沟群碳酸盐岩组组成，并发育更次一级的褶曲；两翼由万洞沟群碎屑岩岩组组成。该背斜构成青龙沟复向斜青龙山褶皱隆起的主体，轴线分别向北西、南东倾伏，其翼部层间构造破碎蚀变带发育，具金矿化。

3. 彩虹沟复向斜

分布于团鱼山—彩虹沟—二旦沟—云雾山一带，轴线长大于30km，是古类裂谷火山-沉积建造造山回返的产物。两翼地层为滩间山群，核部为牦牛山组，东北部与青龙沟复背斜以断裂分割。由于断层破坏及第三纪(古近纪+新近纪)、第四纪地层覆盖，其南东部残缺不全。由彩虹沟向斜、二旦沟向斜两个次级向斜构成。

1)彩虹沟向斜

向斜轴部位于团鱼山—滩间山南大滩一带。轴线走向北西-南东向；两翼产状：南西翼向北东倾，倾角48°～67°；北东翼向南西西倾，倾角55°～84°；南缓北陡。核部地层为泥盆系牦牛山组，两翼地层为奥陶系滩间山群。由于后期构造活动，致使向斜构造被破坏，形态不完整。两翼地层不对称，其南西翼只见滩间山群下碎屑岩组和下火山岩组，而北东翼出露地层为滩间山群，其各岩组出露较全。向斜构造的北东翼有加里东期超基性岩、辉长岩、闪长岩侵入。与轴线延伸一致。南西翼基本无岩体侵入。

2)二旦沟向斜

该向斜位于彩虹沟向斜南西翼，为次一级向斜构造，轴部位于二旦沟—火烧泉一带，全长7km。轴线走向北西-南东向；两翼产状：南西翼倾向北东，倾角54°～89°；北东翼倾向南西，倾角44°～72°。向斜构造主要由滩间山群下火山岩组组成。

4. 结绿素-长堤背向斜

1)结绿素向斜

为第三纪地层经喜马拉雅运动挤压变形而成，位于结绿素沟，自红柳沟向东被滩间山大型推覆构造逆掩冲断，戛止于红柳沟，残存向斜向西延伸长约5km，总体北西-南东走向，红柳沟一带转为北西西向，向斜向西仰起、向东倾伏，北东翼倾向190°、倾角59°，南翼倾向35°、倾角55°，为对称褶皱。核部为油沙山组，两翼为干柴沟组、路乐河组。

2)红柳沟-长堤背斜

背斜西端紧靠结绿素向斜南侧起始于红柳沟，形态紧闭，向东被滩间山大型推覆构造逆掩冲断，仅保留其南翼，再向东至南大滩东到嗷唠河一带，为第四纪晚更新世洪冲积物所覆盖，背斜出露完整，为对称褶皱，总体轴向北西-南东向，轴面近直立，两翼为干柴沟组，核部为路乐河组，局部见路乐河组下伏侏罗系大煤沟组。

（二）韧性剪切带

矿区范围发育有3条大型韧性剪切带，即宽沟-红旗沟韧性剪切带、万洞沟-青龙沟-滩间山韧性剪切带、红柳沟-二旦沟-海合沟韧性剪切带，可能为中—晚泥盆世陆内碰撞造山深部韧性变形的产物，现分述如下。

1. 宽沟-红旗沟韧性剪切带

展布于宽沟—团结沟—红旗沟一带滩间山群b岩组中，其北西端于宽沟口一带为第四系覆盖，南东延至公路沟，延伸长大于17km，宽0.3～1.35km，总体呈北西宽、南东窄且分支的特征，倾向230°～260°，倾角40°～60°。剪切带总体呈舒缓波状延伸，带内变形强度不一，向两侧呈逐渐过渡关系，微构造显示右行剪切性质。剪切带由滑石菱镁片岩、绢云钙质石英片岩、绿泥钙质片岩、千糜岩、糜棱岩、糜棱岩化类岩石及碎斑岩类岩石组成；北西段有3条100～500m的密集脉石英带，部分含金，且金与铜相关性好。带内石香肠构造、石英拉杆、a褶皱、鞘褶皱、拉伸线理等塑性变形构造较为普遍，沿剪切带有超基性岩脉、中酸性岩脉（墙）及铁碳酸盐脉侵入。

2. 万洞沟-青龙沟-滩间山韧性剪切带

发育于万洞沟—青龙沟—滩间山主峰北绝壁沟一带万洞沟群碎屑岩组碳质千枚岩及碳酸盐岩钙质砂岩、薄层状白云石大理岩中，延伸长约30km，宽0.2～0.7km不等，总体与区域构造线方向协调一致，走向上具膨大狭缩、呈宽缓反“S”形舒缓波状延伸之右行变形特征，倾向北东40°～80°，倾角较陡，65°～80°，局部直立。剪切带主要由糜棱岩、千糜岩、超糜棱岩组成，鞘褶皱、石英拉杆、石香肠等典型塑性变形构造极少见，后期脆性断裂叠加其上，右行剪张充填脉裂隙普遍发育，充填脉主要为石英脉、方解石脉，脉宽在1～5mm，延伸长3～10cm不等，脉体见有雁行式斜列特征，沿剪切带有闪长玢岩脉、花岗岩脉侵入。

3. 红柳沟-二旦沟-海合沟韧性剪切带

发育于红柳沟—二旦沟—海合沟一带滩间山群中，延伸长约23km，宽0.3～0.8km不等，与区域构造线协调一致，呈舒缓波状延伸特征，整体倾向北东40°，倾角较陡，60°～75°。剪切带主要由糜棱岩、糜棱岩化岩石组成。二旦沟—海合沟地区滩间山群碎屑岩中线型褶皱、劈理化发育，火山岩组中片理化明显；红柳沟地区晚奥陶世二长花岗岩中矿物颗粒定向，具半透入型流劈理，可见“σ”型旋转碎斑，局部形成花岗质糜棱岩，滩间山群绿片岩中发育拉伸线理，局部见有鞘褶皱，沿剪切带有基性岩墙、花岗岩脉、石英脉侵入。

（三）推覆构造

20世纪90年代1∶5万尺度区域地质调查时就提出滩间山地区嗷唠河上游嗷唠山欧绕高力烽火台一带存在推覆构造，形成飞来峰，峰体为万洞沟群碳酸盐岩黄褐色白云石大理岩，下伏原地地质体为下—中三叠统隆务河组砂岩段紫红色中薄层状长石杂砂岩、深灰色厚层状复成分砾岩，推覆面向北西内倾，倾角较缓，末端仰起变陡。

2019年以来，经青藏高原第二次科学考察任务八子专题“稀贵金属（金、镍、钴、铬铁矿、铂族元素）科学考察与远景评估”项目现场考察，发现滩间山地区推覆构造不仅仅局限于嗷唠河上游审经陶海一带，而是发生于西起团鱼山西—红柳沟一线、东以审经陶海-小红柳沟-长堤煤矿为界、南以红柳沟—海合沟脑—云雾山一线老山基岩与第三纪地层分界断层为推覆前锋的广大区域范围，至少有两个大型推覆构造面。

1. 红柳沟-海合沟脑-云雾山-长堤推覆面

编号 TF1，红柳沟西侧三叠纪结绿素背向斜遭受推覆截切戛至于此，而形成近南北向推覆面西界，过红柳沟向东推覆面转为南东走向，至长堤一带推覆体呈半岛式飞来峰残耸于第三纪地层之上，推覆面北东 40°陡倾，倾角 65°～80°，局部倾向反转为南西倾向，推覆面见有 10～50m 范围不等的不同时代透镜状地质体无序混杂堆积带显示出推覆前锋的基本特征。2018 年在南大滩北细晶沟施工的钻孔中揭露到该推覆面（图版Ⅰ-1），该孔 375.3m 以浅为海西期石英闪长玢岩、花岗斑岩、万洞沟群碎屑岩组碳质千枚岩，其下部为灰色、灰褐色复成分砾岩、含砾砂岩，通过区域资料对比认为属下—中侏罗统大煤沟组下部岩性组合，从钻孔轴心夹角测算，该处推覆面倾角 50°左右，向东仰起出露于无名沟口和尾矿库之间第四系覆盖区，从图版Ⅰ-1 可以看出该推覆面上见有推覆体石英闪长玢岩质“旋斑”，指示上盘逆冲性质。该推覆面下伏原位地体为下—中侏罗统大煤沟组、古—始新统路乐河组、上新统干柴沟组、油沙山组，推覆体为滩间山群、牦牛山组、怀头塔拉组、万洞沟群碎屑岩组碳酸盐岩组及加里东、海西、印支、燕山各期侵入岩。

2. 鹰峰-爬龙沟-绝壁沟-审经陶海-青山推覆面

编号 TF2，出露于鹰峰—爬龙沟—绝壁沟—审经陶海—青山一带，由于风化、流水剥蚀，推覆面断续分布。西端独尖山至鹰峰形成以中元古代更长环斑花岗岩为主体的推覆体，推覆于中元古界万洞沟群碎屑岩组碳质千枚岩之上；爬龙沟—绝壁沟一带中元古界万洞沟群碳酸盐岩组白云石大理岩为推覆体，其下伏地体为奥陶系滩间山群，推覆面向北缓倾，倾角 30°～35°，爬龙沟沟口残山边部以往 TC323 槽探工程中揭露到推覆面，其上部为白云石大理岩、下部为土黄色含砾粉砂质泥岩，独树沟辉长岩推断为原地地体；崂崂山欧绕高力烽火台及其北、东两侧形成 3 个以万洞沟群碳酸盐岩组白云石大理岩为推覆体的飞来峰构造，下伏为三叠系隆务河组紫红色砂岩、灰色复成分砾岩；触麦腾呼图西侧飞来峰呈椭圆形，长轴近东西向，长 1km，宽 0.8km，面积约 0.8km^2，其推覆体为达肯大坂岩群黑云斜长片麻岩夹绿泥（绢云）石英斜长片岩，片麻理走向北北西，北东东倾向，倾角大于 60°，下伏下—中三叠统隆务河组灰色、灰绿色厚层状复成分砾岩，推覆面近水平，与青山南推覆面遥相对应；青山南西构造窗（图 2-30）长轴北西南东向，长0.8km，宽 0.3km，面积 0.24km^2，推覆环状断裂面内倾，其内地势低洼，岩性为下—中三叠统隆务河组灰色、灰绿色厚层状复成分砾岩，四周地势较高，岩性为达肯大坂岩群黑云斜长片麻岩夹绿泥（绢云）石英斜长片岩。各段推覆面，包括飞来峰、构造窗，为同一次推覆产生的同一推覆面经剥蚀而残存的不同推覆构造形迹。

综合判断，推覆构造形成于上新世之后，喜马拉雅运动使青藏高原北缘强烈崛起造山，自北向南向柴达木地块方向推覆成盆，而盆地向再生造山带楔入造山，属盆山耦合的产物，推覆方向自北向南，推覆距离约 5km；金龙沟、青龙沟金矿，乃至整个金矿区，均为成矿后整体遭推覆移位至此；推覆面整体呈铲型，前锋陡立，深部变缓，可能存在多条叠瓦状次级配套断裂，推覆体中部厚度推断为 1.5～2km（图 2-31）。

（四）断裂构造

滩间山金矿内断裂构造发育，以北西走向、北北西走向断裂分布最广，多以断层束形式产出；近南北走向、北东走向断裂分布一般。

1. 马海大坂断层束

位于哈拉伊曲律至嗷唠山口北东一带，由 3 条大断裂组成，走向北北西-南南东。北西段和南东段均被第四系覆盖，长 10～12km，发育于达肯大坂岩群中。断层面两条南西倾，南西侧 1 条北东倾，倾角 65°～84°。断层破碎带宽几米至 10 余米，发育有灰黑色断层泥、断层角砾岩、挤压透镜体和片理，并有闪长岩脉侵入。断层性质为挤压逆断层。

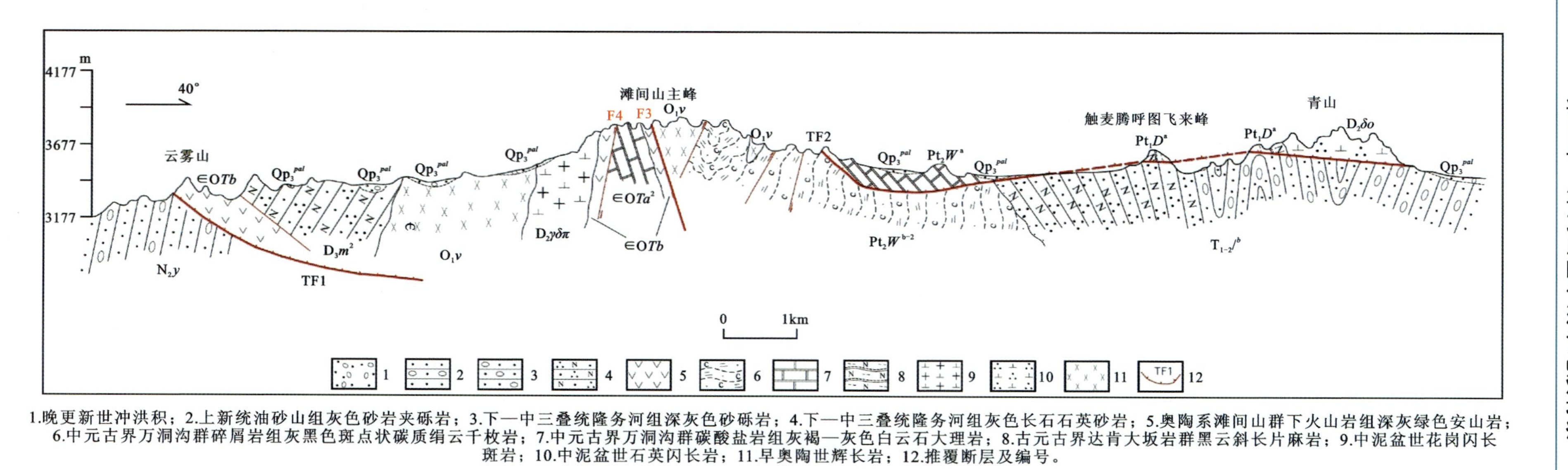

1.晚更新世冲洪积；2.上新统油砂山组灰色砂岩夹砾岩；3.下—中三叠统隆务河组深灰色砂砾岩；4.下—中三叠统隆务河组灰色长石石英砂岩；5.奥陶系滩间山群下火山岩组深灰绿色安山岩；6.中元古界万洞沟群碎屑岩组灰黑色斑点状碳质绢云千枚岩；7.中元古界万洞沟群碳酸盐岩组灰褐—灰色白云石大理岩；8.古元古界达肯大坂岩群黑云斜长片麻岩；9.中泥盆世花岗闪长斑岩；10.中泥盆世石英闪长岩；11.早奥陶世辉长岩；12.推覆断层及编号。

图2-31　云雾山-滩间山主峰-青山推覆构造剖面图

2. 嗷唠山断层束

位于敦格公路以南青山—嗷唠山一带，长 15km，走向 313°，北西端被近东西向断层截切。断层面舒缓波状，北东倾向，倾角 60°，为压扭性逆断层，该断层束主要产于达肯大坂岩群中，与嗷唠山垭口向斜轴平行，认为可能是向斜构造同期构造运动的产物。断层束穿切海西期石英闪长岩和印支期花岗岩，显示多期活动特征。断层破碎带宽几米至 30 余米，由灰黑色断层泥、断层角砾岩和挤压透镜体组成，带内岩石发育糜棱岩化、绢云母化、绿泥石化。近破碎带两侧发育花岗岩脉、石英脉，多沿与断层相伴生的张性破裂面充填，脉岩具压碎特征。

3. 小紫山-青龙山断层束

位于青龙滩北东，青龙山—小紫山一带。呈向西凸出的弧形，走向由北东向变为北西向，呈北西-南东向延伸，规模大，延伸远，断层长 10 余千米，沿走向有分支复合现象。断层面多倾向南西，倾角 55°～70°，少数断层面倾向北东，倾角 60°左右。地貌上多显示为沟谷、山垭等负地形，构造形迹主要表现为挤压破碎带、片理化带、断层面、角砾岩带、构造透镜体等，表现为多期活动的特征。从主次构造关系分析，其运动特征主要以"左行"为主，断距一般较大，可达几米至数十米。断层面走向上呈舒缓波状，断层带及其附近产状紊乱，岩石破碎，具压扭性质。

4. 公路沟-中尖山断层束

位于公路沟—中尖山—黄绿山—滩间山南坡一带，断层长度不一。在走向上具有分支复合现象，断层面产状变化大，有些向北东倾，有些向南西倾，倾角 55°～78°。以压扭性逆冲断层为主，主要发育于滩间山群(*OT*)中。

5. 五彩山-海合沟-云雾山断层束

位于彩虹沟南西五彩山—海合沟—云雾山一带，最长 26km。在五彩山一带，断层走向为北西向，呈反"S"形。向南东呈舒缓波状，并具有分支复合现象，断层面总体倾向北东，部分地段倾向北东东或南西向，倾角 50°～70°。其性质为压扭性逆冲断层。主要发育于滩间山群火山岩岩组(*OTb*)中，局部在石炭纪和泥盆纪地层中。

6. 北东向断层

主要分布在万洞沟，小紫山，云雾山一带，主要为平推断层，错开北西向断层，为后期构造作用之产物。该组断裂一般规模较小，呈北东-南西向延伸，断层面倾向南东或北西，倾角 50°～70°，性质多属压扭性，构造形迹为挤压破碎带或断层面、充填岩脉等，多为层间断裂带或层间剥离滑动带，其活动方式以"右行"为主，从其构造带的复杂程度及断面上发育的多组擦痕分析，该组断裂也有多期活动的特征。

(五)片麻理、片理、劈理构造

构造形迹主要为露头尺度的片麻理、片理、劈理等变形面。其中达肯大坂岩群岩石普遍受到多期较强烈多层次的变质变形作用叠加，岩石中原始层理 S0 多被 Sn 面理多次置换，原始沉积构造、原岩特征多无保留，层序关系、原生叠复关系不复存在。

1. 片麻理构造

集中分布于古元古界达肯大坂岩群变质岩系中，为区域性构造片麻理，表现为岩石中片麻状构造发育，并伴生有条带状构造，韧性剪切带及其附近发育眼球状构造。片麻理方向与区域构造单元展布方向近一致，岩石中含少量碎斑，似眼球状，成分主要为长英质岩石，其中暗色矿物具定向排列，形成明显的片麻理。托赖岩群部分片麻岩岩石中含有酒红色的石榴石，晶型受变质变形较为破碎，大小不等，分布不均匀。

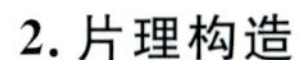

2. 片理构造

主要发育在达肯大坂岩群变质岩系、中元古界万洞沟群、奥陶系滩间山群，中—上泥盆统牦牛山组中也有片理化特征显示。达肯大坂岩群中，主要为区域性构造片理，表现为岩石中片状构造及条带状、条纹状构造发育，片状矿物定向性明显，石英等矿物颗粒普遍压扁拉长，岩石中糜棱岩化现象明显；万洞沟群中岩层变形中等，片状构造、条带状构造较发育，具板状结构、千枚理构造；在滩间山群中，构造片理构成碎屑岩组与火山岩组之间的分界构造，多呈北东向带状展布，沿构造片理化带岩石较破碎，多呈透镜状，透镜体长轴沿片理走向定向性明显，局部地段具一定的韧性形变现象，主要表现为碎屑岩组砾岩段中的砾石具有拉长、压扁特征；中—上泥盆统牦牛山组中片状构造表现形式主要为顺层片理化，局部片理化较明显，岩石具有碎裂岩化特征。

3. 劈理构造

主要发育在脆性断层破碎带两侧及褶皱构造翼部，呈宽窄不一带状展布，劈理化带中，岩石较破碎，多呈棱角状碎块、透镜状，透镜体沿长轴方向定向性较明显，劈理化带宽在0.1～2m之间，其走向总体与断层走向基本一致，局部与断层走向具5°～30°夹角。在褶皱翼部受岩石能干性影响，砂岩、泥岩等顺层透入性劈理化，偶见折劈构造，原始沉积构造特征部分已被彻底改造。

五、地质演化

柴北缘地区经历了古元古代陆块形成、中元古代末—新元古代成熟大洋、早古生代弧-盆系、晚古生代陆内造山等多个不同地质构造演化阶段和构造体制的转化。复杂的构造演化过程造就了柴北缘成矿带矿床类型多样的成矿地质条件。在不同时期的地质构造演化阶段和不同的构造体制及部位，柴北缘成矿带内有不同矿种、不同类型的矿产形成(Mclennan et al.，1985；Dong et al.，2021)。由该区已有研究成果可知，柴达木北缘为欧龙布鲁克陆块和柴达木陆块碰撞拼贴区域。其间存在一条柴北缘高压—超高压变质带(Yang et al.，2002；Song et al.，2006；Zhang et al.，2008；张贵宾等，2012)。柴北缘地区在历史时期并存有一个古洋盆，在经过漫长的洋壳扩张—俯冲消减—洋盆闭合—陆陆碰撞发展后，最终形成现今夹持于欧龙布鲁克陆块和柴达木陆块之间的结合带。该结合带是一个典型的俯冲碰撞型造山带，主要经历了以下几个阶段的动力学演化和成矿过程(图2-32)。

(一)古元古代陆块阶段

区域上最早地质记录为古元古界达肯大坂岩群，是古老的结晶基底，1∶5万托莫尔日特幅区调报告获得的模式年龄为2431Ma(Sm-Nd)(青海省地质矿产勘查研究院，1998)。暗示古元古代地区可能由太古宙壳幔物质添加向壳幔分离过渡(祁生胜等，2019)，可能经历了陆核形成后的陆壳增长过程，并被北东向左行韧性剪切带所改造，并沿着这些韧性剪切带发生大规模的左行拆离。据张德全(2000)研究认为区内该阶段是华北古陆南缘的活动带。由欧龙布鲁克、柴达木陆块的古元古界同一性表明：在古元古代，柴达木陆块和欧龙布鲁克地块等应是一个统一的稳定陆台，即为华北古陆台。这个元古宙古陆，是柴北缘显生宙造山带的基底。中新元古代发生古陆裂解形成了柴北缘地区的柴达木和欧龙布鲁克陆块；陆能松(2007)等研究认为：该阶段主要为欧龙布鲁克和柴达木两个陆块的单独存在，不为同一整体，分布于前始特提斯洋中，认为上述两陆块基地岩系在构造热事件和地球化学组成上均显示了与扬子大陆块的亲缘性，主要通过中新太古代—古元古代间的裂解和拉张作用形成，在此阶段相当长时间内上述两陆块间未发现明显的洋壳俯冲迹象。

上述不同的研究结果和不同认识尚需进一步探讨，但有一点至少可以说明，滩间山金矿区内及周边，截至目前尚未发现该阶段的成矿作用和线索，说明该阶段成矿作用在该区表现不明显或较弱。

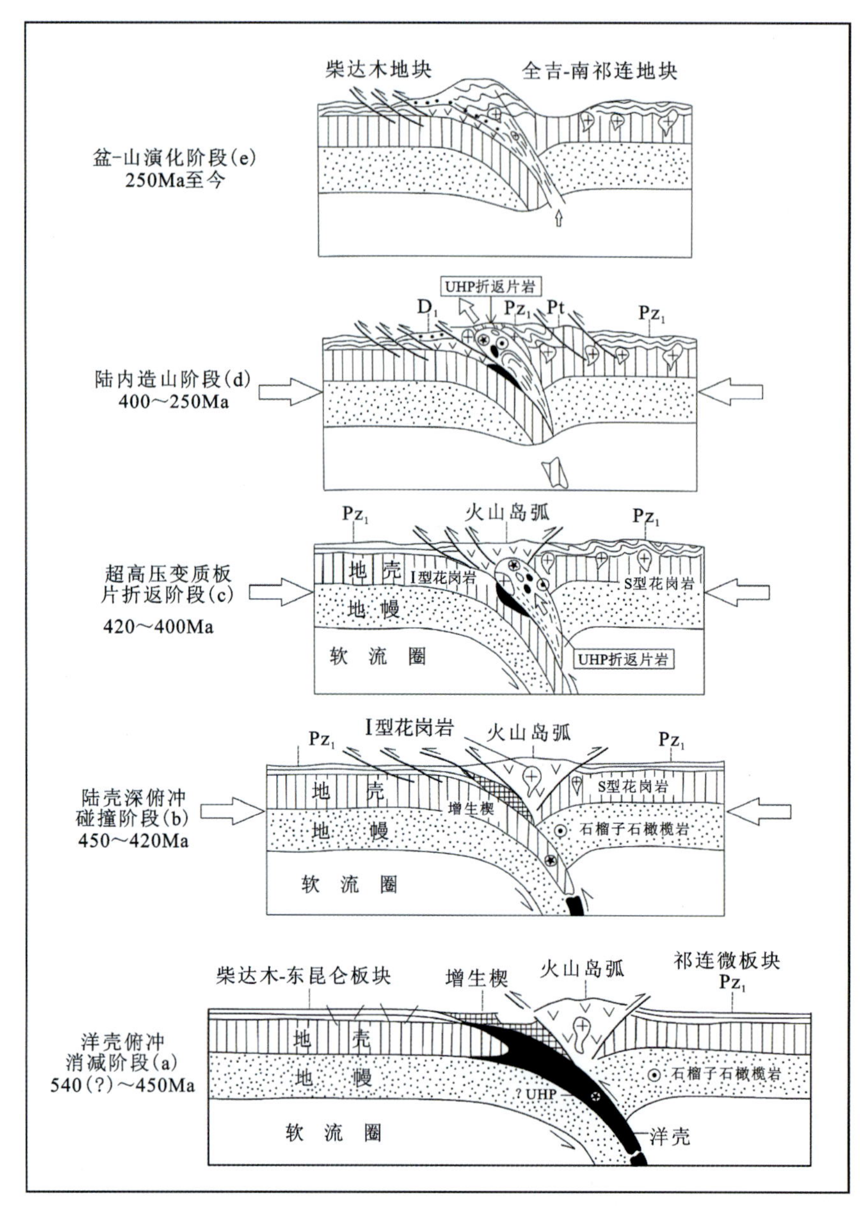

图 2-32 柴北缘构造演化图

(二)中元古代末—新元古代成熟大洋阶段

中元古代早中期，逐渐刚性的克拉通沿结晶基底中先存的北西西向(区域上还有北东向)弱化带裂解离散，初始裂解作用物质记录包含了鹰峰环斑花岗岩组合(1763±53Ma)和同时期的滨浅海被动大陆边缘沉积的万洞沟群。矿区范围缺失新元古代地质事件记录，区域上表现为青白口纪为汇聚重组阶段，1000～800Ma 的晋宁运动(省内称全吉运动)使较早期形成一些裂谷和一些有限洋盆闭合，包括省区在内的古中国大陆可能成为罗迪尼亚超级大陆的组成部分。张德全等(2000)认为：新元古代晚期，稳定的华北古陆台开始裂解，地壳发展进入以拉伸作用为主的新阶段。在此阶段相当长的时期，柴北缘洋处于扩张发展阶段，其与相邻陆块间尚未发现任何洋壳俯冲的迹象，表现为被动陆缘，其间在区内形成万洞沟群海相类复理石沉积建造。

(三)早古生代洋壳俯冲消减阶段

对该阶段的地质发展特征，不同的研究者的认识是趋于相同的。基本可以总结为：至早古生代末该

区整个构造演化进入重要的转折期，区内大洋向相邻欧龙布鲁克和柴达木陆块发生双向俯冲，两陆块边缘演化为活动陆缘，并形成了相应弧盆体系和构造-岩浆-成矿作用。

早寒武世末，罗迪尼亚超大陆已处于裂解离散状态，代表裂解事件的岩石记录在区域上保存有全吉地块上南华系—震旦系全吉群沉积序列及其大陆玄武岩系列（738±28Ma）。中、晚寒武世处于裂解离散阶段，区内地质记录以滩间山群上碎屑岩组-陆源碎屑浊积岩组合为代表。晚寒武世—奥陶纪裂解达到鼎盛时期，形成了极为复杂的、弥散性的、多级别的地块-洋盆（或弧后洋盆）间列体系的多地块洋陆格局，该区可能处在汇聚阶段的弧后小洋盆中，地质记录有早奥陶世SSZ型蛇绿混杂岩，这些弧后洋盆可能是叠加于早期扩张作用之上的一种后期构造效应（李荣社等，2008）。晚寒武世—奥陶纪裂解鼎盛洋盆形成的同时或稍后，各洋盆的洋壳与相邻的陆壳之间发生了拆离，大规模的俯冲消减，步入了汇聚重组（洋-陆转换）构造阶段弧盆系构造期，区内记录的地质事件有滩间山-柴北缘滩间山群上火山岩组（*OTb*）中的弧火山岩、前陆盆地沉积的滩间山群砾岩组、上火山岩组、上碎屑岩组及中—晚奥陶世活动陆缘弧配置的偏铝-过铝质钙碱性花岗岩类组合建造；区域上锡铁山钻孔资料揭示的滩间山群为双峰式火山岩，可能也是该构造期裂解事件的岩石记录。

1. 洋壳俯冲消减阶段[540(?)～450Ma]

青海省第一地质勘查院2017年开展的"青海省滩间山地区金矿整装勘查区找矿部署研究"，通过对区内黄绿山花岗闪长斑岩体进行年龄测定、岩石地球化学特征分析和构造环境分析后认为，区内该阶段存在与洋壳俯冲有关的岛弧火山岩和弧花岗岩。认为：在535Ma时，柴北缘洋洋壳俯冲作用过程中形成了高压—超高压变质带，产生大规模岛弧火山岩并伴随大量花岗岩浆活动，其间形成了区内黄绿山、万洞沟（花岗闪长斑岩）等一系列弧花岗岩和岛弧火山岩。在柴达木盆地北缘绿梁山蛇绿岩（535±2Ma）中低TiO_2辉长岩的发现，可能说明在535±2Ma的始寒武世洋陆俯冲就已开始。张贵宾等（2012）研究认为：沙柳河地区变质辉长岩锆石具有岩浆震荡生长环带特征的核部年龄范围为544～480Ma，加权平均年龄为516±8Ma，为此洋壳的持续时间提供了时间限定。蛇绿岩组合的变质年龄约为450Ma，表明450Ma之前存在过持续。阿木尼克515.9±2.4Ma高镁闪长岩组合的发现则可说明早寒武世中期初始弧或弧后初始扩张已开始，赛什腾北坡的碱性玄武岩＋埃达克质英安岩（514.2Ma）也是一个确凿的证据（王秉璋等，2022）。旺尕岛弧形辉长岩的时代为522～468Ma，也为早古生代洋盆的存在提供了限定（朱小辉等，2010）。滩间山群的岛弧岩浆岩的形成时间约为514Ma，说明有同时代的洋壳俯冲发生。因此，540(?)～450Ma柴北缘为一增生型造山带，发育大量岩浆弧及大洋向南俯冲作用相关的盆地，并形成了弧后、弧前等多种类型的蛇绿岩，整体为一规模巨大、结构复杂的弧盆区。

2. 陆壳深俯冲碰撞阶段(450～420Ma)

进入志留纪洋盆闭合，俯冲洋壳拖曳陆壳继续深俯冲，上述两陆块逐步接近靠拢，在俯冲陆壳前缘形成了区域性的一系列韧性剪切构造带和超高压变质带，同时形成一些具碰撞性质的花岗岩，如区域上的柴达木山花岗岩SHRIMP U-Pb年龄为446Ma(吴才来等，2001)。志留纪—泥盆纪处于碰撞造山过程，确定大陆初始碰撞的时代大约在440Ma(宋述光等，2015)，早志留世晚期—晚志留世为碰撞-大陆深俯冲阶段，在绿梁山、锡铁山及都兰等地广泛发育由俯冲洋壳部分熔融并侵位于超高压地质体的同碰撞期埃达克质岩浆（Song et al.，2014；Yu et al.，2021），并形成长达数百千米的柴北缘沙柳河含柯石英榴辉岩A型高压—超高压带，代表大陆俯冲的榴辉岩形成于435～419Ma（陈丹玲等，2007；宋述光等，2011）。区域上早期就位的元古宙榴辉岩原岩与围岩以"原地"的关系作为一个整体被俯冲下去（Zhang et al.，2004）。柴北缘大陆碰撞造山与大陆深俯冲的时代在435～420Ma（宋述光等，2015），峰期变质大约在432Ma，碰撞阶段深俯冲带岩浆活动十分微弱，在柴北缘俯冲碰撞杂岩带胜利口东榴辉岩带中发现的少量脉状产出白云母花岗岩（$^{206}Pb/^{238}Pb$加权平均年龄为433.2±1.6Ma）。据此确定柴北缘碰撞造山阶段的时限为450～420Ma。

3. 超高压变质板片折返阶段(420～400Ma)

早—中泥盆世处于后碰撞-后造山构造环境中，该阶段形成的尕秀雅平东、红柳沟基性—超基性岩，形成时代分别为408.0±1.5Ma、418.3±2.8Ma，形成于后造山伸展阶段。绿梁山—野马滩一带早泥盆世过铝质钙碱性岩石组合，形成时代为408～403Ma，总体反映出S型花岗岩的地球化学特征。广泛分布于柴达木盆地周缘的中—上泥盆统牦牛山组陆相磨拉石建造，为晚古生代早期碰撞造山作用结束的标志(张雪亭等，2007)。晚志留世到早泥盆世，随着洋壳的断离，陆壳由于较小密度在浮力的作用下发生迅速折返。折返到地表后形成了区域上所能观察到的新元古代基性岩变质生成的榴辉岩与早古生代洋壳变质而来的榴辉岩共生的野外布局(张贵宾等，2012)。

总结上述，区内在加里东期，经过了洋壳俯冲消减、陆壳深俯冲碰撞及超高压变质板片折返过程，完成了柴达木陆块和全吉-南祁连地块的拼接，从此进入一个新的演化阶段——陆内造山阶段。

(四)晚古生代陆内造山阶段

自泥盆纪起，使整个柴北缘地区转变为大陆环境。随着陆陆碰撞的进一步演化，该区褶皱隆升造山，早期韧性剪切带由深层次进入浅层次演化阶段，在隆升的伸展背景下形成了一系列韧性滑脱拆离构造体系，并伴随有一定规模的岩浆活动，如细晶沟-金龙沟复式花岗杂岩体(394.4±6.2Ma)等就形成于该阶段。同时，局部发生陆相火山喷发活动，在山间盆地等形成了牦牛山组火山岩段。山间盆地形成了磨拉石建造的牦牛山组砂砾岩组合。该组合与下伏地层之间的不整合面，说明晚泥盆世开始，原特提斯造山带步入了陆内发展(盆山转换)构造阶段(古特提斯洋演化)，地质事件有后造山环境形成的中—晚泥盆世铝质-低钾-钙碱性花岗岩类组合建造。古特提斯裂解形成了石炭纪—中二叠世陆表海与陆缘裂谷相间构造格局，由于不断裂解扩张，洋盆逐渐成熟，地质事件记录有早石炭世陆盆-盆地相怀头他拉组和中二叠世活动陆缘弧偏铝质-弱过铝质钙碱性花岗岩类组合建造。

(五)中生代—新生代盆-山演化阶段

早—中三叠世为古特提斯洋衰退进入残留洋演化时期，残留的洋壳仍在继续俯冲消减，区域上的地质事件记录有早—中三叠世上叠弧后前陆盆地河相碎屑岩沉积建造组合(隆务河组)。

晚三叠世以来，受特提斯洋的扩张、俯冲、碰撞应力作用，陆内叠覆造山阶段形成，区内主要表现为晚三叠世后造山过铝-偏碱钙碱性花岗岩建造组合。

晚三叠世以来至早侏罗世，柴北缘地区古特提斯残留洋收缩、消亡，从而进入陆内叠覆造山阶段，主要表现为盆山构造格局雏形萌生，区域上有后造山钙碱性花岗岩、走滑深熔火山活动、伸展垮塌等多样性岩石构造组合的形成，区内的地质记录有下—中侏罗统大煤沟组、上侏罗统红水沟组及下白垩统犬牙沟组。

青藏高原北部在古近纪末至第四纪早期(2.80～2.00Ma)和早更新世中、晚期(1.60～1.10Ma)各有一次构造运动。这两次运动均以阿尔金和其他周边山脉作断块式抬升为特征，伴有水平运动，使古近系、新近系、下更新统下部地层褶皱并形成一系列背斜、向斜构造，并在柴北缘滩间山地区形成了一系列自北向南的推覆构造。王根厚等(2001)提出柴北缘的赛什腾-锡铁山斜冲断裂构造导致赛什腾、绿梁山、锡铁山为向南斜向逆覆于新近系之上的无根推覆体，并认为该断裂的形成和喜马拉雅造山带陆内俯冲的远程效应有关。

中更新世时期：盆地西部在早更新世隆升的基础上，湖水进一步收缩，使各背斜相继露出水面并遭受剥蚀和夷平。在中更新世晚期(0.30～0.16Ma)，盆地又发生了一次构造运动(即“柴达木运动”)，本次运动在盆地内表现剧烈，以整体上升为特征。

更新世晚期：距今约0.03Ma，整个青藏高原又发生了一次构造运动，这次运动是以山区大幅度不均一抬升为特征。

第六节　地球物理

潍间山金矿于2011—2013年开展完成了1∶5万地面高精度磁法测量工作，对区内出露的地层、岩性进行了系统的采集测定，其结果基本反映了勘查区地球物理特征。

一、物性特征

（一）岩（矿）石磁物性特征

对采集的全部物性标本测定了磁化率、剩余磁化强度两个物性参数，各地层、岩石物性特征分别叙述如下（表2-4、表2-5）。

表2-4　按地层单元统计磁性特征一览表

序号	地层单元代号	标本块数	磁化率（$10^{-6}\times4\pi\cdot$SI）				剩余磁化强度（10^{-3}A/m）			
			最小值	最大值	平均值	离差	最小值	最大值	平均值	离差
1	OT^b	85	8.9	6 956.4	887.0	854.5	20.8	1 789.6	310.6	306.6
2	C_1h	17	28.0	874.2	355.4		52.5	381.2	199.4	36.08
3	Pt_1D^a	75	0.0	5 801.9	496.2	586.2	37.3	1 609.3	279.5	255.2
4	OT^a	27	14.6	1 465.2	474.3		81.9	1 130.8	315.4	

表2-5　潍间山地区磁物性统计结果表

岩性	标本块数	磁化率（$10^{-6}\times4\pi\cdot$SI）			剩余磁化强度（10^{-3}A/M）		
		最大值	最小值	平均值	最大值	最小值	平均值
黑云角闪岩（Pt_1D^a）	11	370.9	21.5	201.3	75.3	21.7	42.5
黑云石英片麻岩（Pt_1D^a）	9	287.9	43.6	134.6	158.8	16.6	62.3
黑云石英片岩（Pt_1D^b）	5	147.79	33.16	63.08	96.74	14.34	43.98
黑云斜长片麻岩（Pt_1D^a）	18	641.39	8.42	231.93	145.73	14.44	61.12
绢云石英片岩（$JxWa^1$）	29	851.98	6.77	213.15	153.6	3.86	64.16
绢云钙质片岩（$JxWa^1$）	15	431.75	87.59	294.05	209.03	38.3	111.59
绢云千枚岩（$JxWa^2$）	5	221.46	41.42	130.65	39.93	21.64	28.64
千枚岩（$JxWa^2$）	5	444.13	27.31	212	94.22	33.09	67.48
碳质千枚岩（$JxWa^2$）	9	333.52	115.24	243.11	102.92	30.77	70.01
大理岩（$JxWb$）	151	633.92	5.7	161.13	379.33	4.65	96.6
白云石大理岩（$JxWb$）	84	2 668.54	2.79	303.33	622.22	3.56	111.52
硅质大理岩（$JxWb$）	6	91.37	14.29	46.75	100.63	15.13	42.91
砂质大理岩（$JxWb$）	29	216.03	6.01	100.61	78.56	12.66	32.33

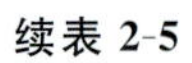

续表 2-5

岩性	标本块数	磁化率($10^{-6}\times4\pi\cdot SI$)			剩余磁化强度($10^{-3}A/M$)		
		最大值	最小值	平均值	最大值	最小值	平均值
硅质白云岩(Jx*Wb*)	52	938.77	2.75	124.1	344.79	2.19	62.03
硅质岩(Jx*Wb*)	16	3 669.53	42.4	591.76	438.85	10.95	87.8
矽卡岩((Jx*Wb*))	7	135.6	11.3	61.7	103	7.2	57.9
磁铁矿化矽卡岩(Jx*Wb*)	23	30 848.94	68.59	9 624.6	18 191.66	17.4	3 408.09
混合岩化大理岩(OTa^2)	10	234.65	21.69	119.55	141.42	24.82	60.05
结晶灰岩(OTa^2)	1	47.8	47.8	47.8	15.29	15.29	15.29
泥灰岩(OTa^2)	5	150.76	5.5	72.87	38.95	7.25	18.98
绿泥片岩(OTa^1)	9	1 205.5	19.1	345.2	92.1	21.2	59.9
凝灰岩(OTa^2)	86	1 460.03	6.63	251.44	360.5	2.91	50.21
浅褐色泥灰岩(OTa^2)	5	43.41	4.16	24.93	18.01	8.18	13.86
灰黑色玄武岩(O*Tb*)	3	13 526.2	3 638.2	9 683.5	2378	514.5	1 667.7
变安山岩(O*Tb*)	113	4 721.75	19.57	365.42	1 231.93	8.44	96.29
变安山质晶屑凝灰岩(O*Tb*)	25	1 411.44	105.05	496.4	937.07	69.27	311.1
变安山质凝灰岩(O*Tb*)	10	217.26	15.77	117.13	129.33	10.85	38.35
孔雀石化玄武岩(O*Tb*)	8	946.1	178.9	512.7	226	64.2	153.4
钙质绢云片岩(O*Tc*)	25	298.67	9.01	172.02	140.11	10.47	71.46
安山岩(O*Td*)	35	368.73	5.87	97.43	70.47	7.29	26.78
长石石英砂岩(O*Te*)	128	620.82	5	116.39	183.74	6.26	46.2
构造角砾岩(D_3m^2)	1	188.25	188.25	188.25	20.21	20.21	20.21
砂岩(C_1h)	69	870.13	2.67	76.88	139.17	4.19	34.97
灰绿色变砂岩($T_{1-2}l^b$)	17	325.5	6.5	121.9	91.5	16.9	41.6
砾岩($T_{1-2}l^b$)	52	519.46	4.71	136.78	103.97	4.66	36.81
砂质板岩($J_{1-2}dm$)	2	244.72	5.67	125.2	110.03	68.89	89.46
片理化砾岩($J_{1-2}dm$)	18	514.51	19.41	178.36	137.89	24.78	76.68
粉砂岩($E_{1-2}l$)	1	3.9	3.9	3.9	81.25	81.25	81.25
含砾粗砂岩($E_{1-2}l$)	8	432.18	5.16	178.14	456.6	36.73	255.19
石英变砂岩($E_3N_1g^2$)	20	449.17	84.21	246.78	90.15	14.82	38.62
石英砂岩($E_3N_1g^2$)	10	109.56	18.8	46.8	69.54	7.28	31.19
碎裂岩	20	4 995.8	72.28	1 740.56	624.2	50.6	270.76
辉橄岩	60	94 175.41	38.11	7 519.54	152 068.01	15.08	9 525.06
辉石岩	11	127 502.41	373.72	26 939.09	186 104.15	145.24	37 459.34
辉长岩	72	3 580.63	22.11	1 146.93	1 787.45	5.38	238.48
蛇纹石化辉长岩	5	440.3	136.7	239.8	66.9	16.2	44.3
闪长岩	80	5 048.37	11.31	1 232.71	2 170.28	10.06	245.32

续表 2-5

岩性	标本块数	磁化率($10^{-6}\times 4\pi\cdot SI$)			剩余磁化强度(10^{-3}A/M)		
		最大值	最小值	平均值	最大值	最小值	平均值
石英闪长岩	40	1 852.56	39.58	439.31	2 398.73	8.77	130.71
花岗闪长岩	44	369.2	1.46	101.91	133.3	3.11	39.17
花岗细晶岩	5	414.98	67.71	230.58	150.11	63.2	92.95
花岗岩	9	1 062.69	8.49	248.3	166.7	13.1	45.63
花岗斑岩	5	107.76	1.96	66.89	10.24	34.28	19.02
钾长花岗斑岩	5	711.65	142.18	290.21	82.06	21.76	49.09
钾长花岗岩	16	566.51	6.95	181.49	149.56	34.99	73.48
斜长花岗斑岩	71	828.4	2.49	233.09	1 685.61	4.25	125.93
斜长花岗岩	5	531.97	404.57	457.27	84.83	26.98	56.71
石英脉	41	2 756.52	8.77	247.75	324.56	10.05	99.56

(1)岩石磁性随不同地层岩性的变化而变化，其中滩间山群火山岩岩组具有较强磁性，磁化率平均值为 $887.0\times 10^{-6}\times 4\pi\cdot SI$。而石炭系怀头他拉组的磁性较弱，其磁化率平均值为 $355.4\times 10^{-6}\times 4\pi\cdot SI$。

(2)从基性到酸性磁性由强变弱。其特征为基性岩大部分具有较强的磁性。其中辉石岩呈强磁性，磁化率最高可达 $127\ 502.41\times 10^{-6}\times 4\pi\cdot SI$，为测区内磁性最强的岩石。中酸性侵入岩磁性中等，如花岗闪长岩、花岗岩、闪长岩、花岗斑岩、斜长花岗岩等，其平均值在 $66.89\times 10^{-6}\times 4\pi\cdot SI\sim 1\ 232.71\times 10^{-6}\times 4\pi\cdot SI$ 不等，但因磁性物质分布不均匀，磁性变化范围较大，测区北部多数呈锯齿跳跃状变化的异常应与此有关。

(3)沉积岩类一般为无磁或弱磁性，如砂岩、砾岩、泥灰岩等；其中粉砂岩磁化率平均值为 $3.9\times 10^{-6}\times 4\pi\cdot SI$；砂岩的磁化率平均值为 $76.88\times 10^{-6}\times 4\pi\cdot SI$，具弱磁性。而含砾粗砂岩、砾岩具有中等磁性，在磁异常图上表现为幅值相对较低的、面积性磁异常特征。

(4)研究区的大理岩、片麻岩磁性较弱，但斜长花岗斑岩变化范围较大，磁化率在 $233.09\times 10^{-6}\times 4\pi\cdot SI\sim 828.4\times 10^{-6}\times 4\pi\cdot SI$ 之间，故有可能形成小范围的不规则干扰异常。

根据磁物性测定的结果，超基性岩和磁铁矿化矽卡岩磁性较强，一般能引起上千纳特的磁异常，异常特征一般表现为形态规则，正负伴生的条带状异常，辉石岩磁化率平均值为 $26\ 939.09\times 10^{-6}\times 4\pi\cdot SI$，剩余磁化强度平均值为 $37\ 459.34\times 10^{-3}$A/M，辉橄岩磁化率平均值为 $7\ 519.54\times 10^{-6}\times 4\pi\cdot SI$，剩余磁化强度平均值为 $9\ 525.06\times 10^{-3}$A/M，磁铁矿化矽卡岩平均值为 $9\ 624.6\times 10^{-6}\times 4\pi\cdot SI$，剩余磁化强度平均值为 $3\ 408.09\times 10^{-3}$A/M；闪长岩、辉长岩磁性属中强性，一般能引起几百纳特甚至上千纳特的磁异常，异常特征一般表现为不规则的、锯齿状的磁异常，磁化率超过 $1000\times 10^{-6}\times 4\pi\cdot SI$，剩余磁化强度变化较大，一般在几百纳特；花岗岩、硅质岩、凝灰岩等属中等磁性，磁化率一般在 $500\times 10^{-6}\times 4\pi\cdot SI$ 以内，剩磁一般在 300×10^{-3}A/M 以内；大理岩、砂岩、砾岩、泥灰岩、白云岩等属弱磁或基本无磁性，磁化率变化较大，一般在几十纳特至上百纳特，剩磁一般在几十纳特，在异常特征上表现为十几纳特的弱磁异常或在零值线附近波动。

(二)岩(矿)石电物性特征

滩间山金矿先后于 2005 年和 2012 年开展了物探激电工作，汇总两次电物性标本测定结果，其特征见表 2-6。

表 2-6 滩间山地区电物性统计结果表

标本名称	块数	电阻率 ρ/(Ω·m)			极化率 η/%		
		最大值	最小值	平均值	最大值	最小值	平均值
黑云石英片麻岩	9	4 975.4	1 965.3	2 965.5	0.92	0.41	0.64
黑云角闪岩	9	2 809.2	691.22	1 319.2	0.91	0.73	0.78
碳质千枚岩	9	1551	349	807	12.8	4.7	8.12
硅化大理岩	8	3 276.8	1 157.3	1 791.6	0.72	0.58	0.63
灰白色大理岩	7	2 985.3	633.22	1 642.2	0.69	0.59	0.65
玄武岩	5	4 807.1	2012	3 502.4	1.00	0.65	0.77
安山岩	8	3 327.6	930.16	2 027.3	0.69	0.58	0.64
变砂岩	16	4 362.7	774.47	2 163.9	1.18	0.61	0.75
长石石英砂岩	10	2 918.7	939.52	1 983.4	0.75	0.56	0.66
绿泥片岩	9	1 785.8	505.87	1 111.76	1.76	1.11	1.42
碎裂岩	7	2 502.4	505.93	1 177.9	1.31	0.67	0.83
辉石岩	9	16 888	1 154.6	6 531.5	1.56	0.83	1.24
辉长岩	30	69 517	1100	14 511	2.86	0.49	1.77
闪长岩	16	10 426	581	2166	2.6	0.2	1.10
花岗闪长岩	9	5 085.6	1 463.1	2 700.5	0.78	0.43	0.61
钾长花岗岩	5	5139	664.19	2 624.5	0.71	0.33	0.47
孔雀石化玄武岩	8	1 081.8	250.51	670.8	0.81	0.58	0.69
黄铁矿化大理岩	33	9061	927	4232	46.6	1.7	7.70
褐铁矿化石英脉	9	2545	666	1475	7.1	0.6	2.19

由上表可知，碳质千枚岩极化率平均值为8.12%，电阻率平均值为807Ω·m，呈低阻高极化特征；黄铁矿化大理岩极化率平均值为7.70%，电阻率平均值为4232Ω·m，呈高阻高极化特征；这两种岩性在地表能引起强度较高的激电异常，也是勘查区主要的干扰异常。褐铁矿化石英脉极化率平均值为2.19%，电阻率平均值为1475Ω·m，呈中阻中极化特征；辉长岩极化率平均值为1.77%，电阻率平均值为14 511Ω·m，呈高阻中极化特征；这两种岩性在地表能引起强度中等的激电异常。辉石岩电阻率平均值为6 531.5Ω·m，极化率平均值为1.24%，呈高阻低极化特征。花岗闪长岩电阻率平均值为2 700.5Ω·m，极化率平均值为0.61%，也为高阻低极化。安山岩、变砂岩、钾长花岗岩、花岗闪长岩、黑云石英片麻岩、玄武岩这几种岩石标本电阻率由低到高在2000～3500Ω·m之间，极化率都比较低，在0.47%～0.75%之间。绿泥片岩、碎裂岩、黑云角闪岩、硅化大理岩、矽卡岩、长石石英砂岩这几种岩石标本的电阻率在1000～2000Ω·m之间，极化率最高的是绿泥片岩，为1.42%，其他都小于1%，最低为0.63%。电阻率最小的是孔雀石化玄武岩，电阻率平均值为670.8Ω·m，极化率为0.69%，显示为低阻低极化。

二、异常特征

（一）地球物理场特征

从滩间山金矿高精度磁测（ΔT）剖面平面图（图 2-33），整个金矿区磁场特征表现为“南西部低、中部强、北东部复杂”的特点，磁异常总体呈北西-南东向展布，整体处在相对负磁场背景中。

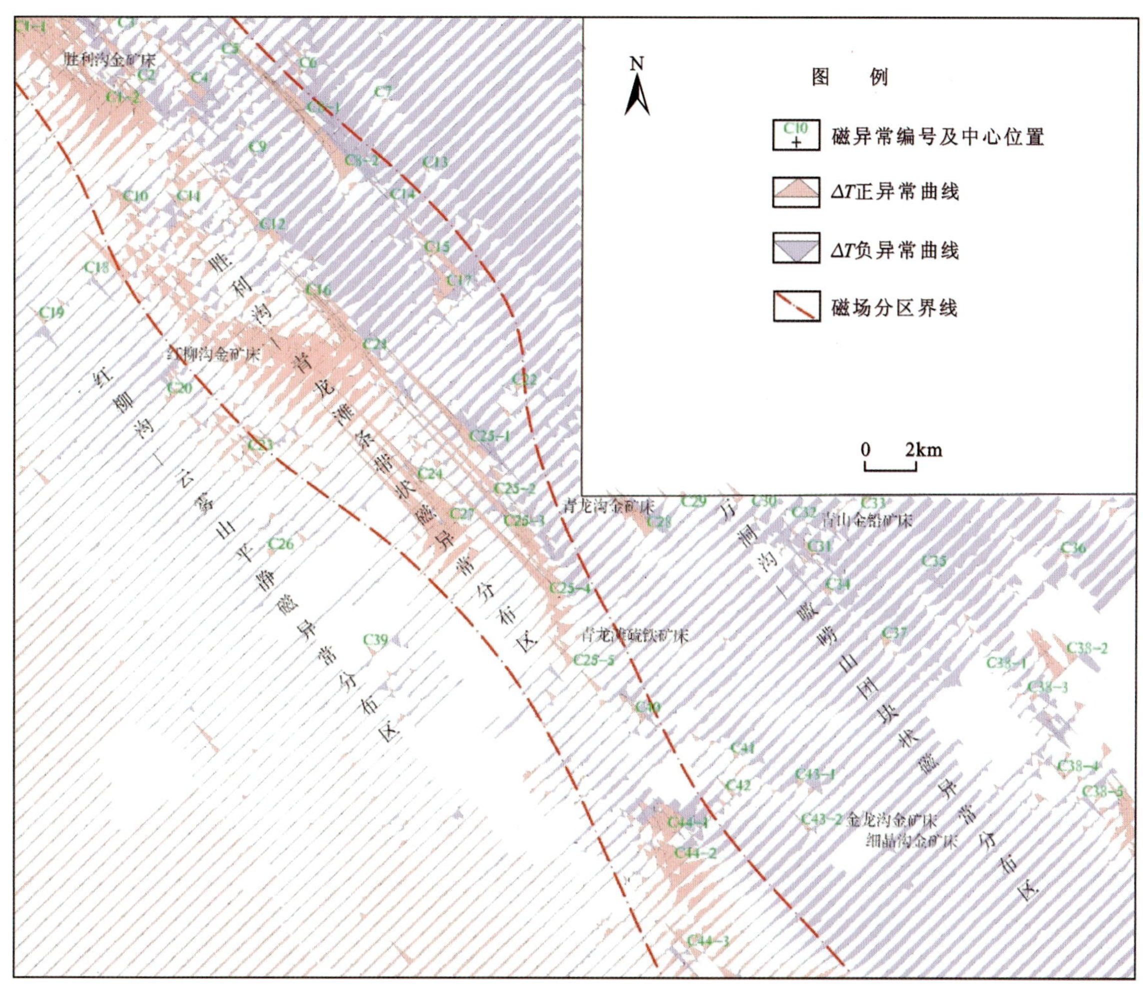

图 2-33　滩间山金矿地面高精度磁测 ΔT 剖面平面图

通过对全区数据进行化极处理（图 2-34），结果显示异常向北有不同程度的偏移，一般异常规模大者偏移量较大，东北部大面积椭圆形正磁异常中心向北偏移不超过 1km；异常规模小者偏移量相应较小，一般在数十米至几百米。化极后磁异常与地质体的对应性更加准确，测区中部的酸性岩体分布范围十分清晰，岩体与地层的接触带显示十分明显。

对原平面 ΔT 化极地磁异常进行了 200m、400m、600m、800m、1000m、2000m、5000m、10 000m 等不同高度向上延拓等处理。ΔT 化极异常向上延拓 200m 时地表浅层磁性体引起的异常基本消失，显示的异常具有一定规模。ΔT 化极异常向上延拓 800～2000m 时主要显示中东部大型正磁异常和南部的磁异常，岩体异常及部分规则异常仍有显示；ΔT 化极异常向上延拓 5000m 时，主要显示中东部大型异常和南部北西向分布的特征；ΔT 化极异常向上延拓 10 000m 时，全区以负磁异常为主，但岩体正磁异常仍十分明显，说明该隐伏强磁性体向下延伸很大。

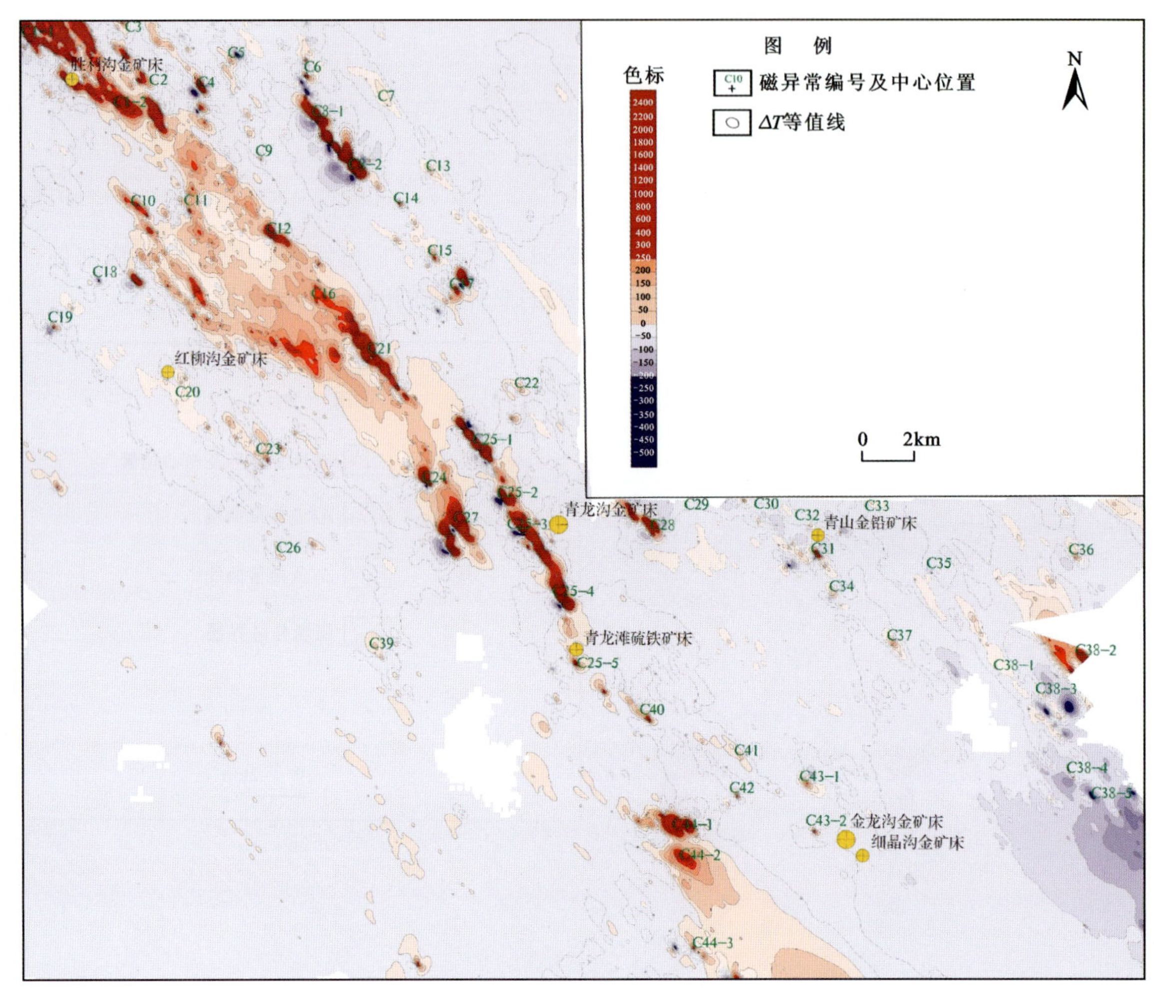

图 2-34 滩间山金矿地面高精度磁测 ΔT 化极等值线平面图

从地质资料以及岩石物性资料分析，大多数磁异常为岩体所引起，也有为岩体和基底老地层的综合反映，个别为矿体引起。

根据磁异常的上述分布特点，将金矿区磁场划分为 3 个不同的磁场特征区。

1. 红柳沟-云雾山平静磁异常分布区

该区位于勘查区西南部，分布有 C18、C19、C20、C23、C26、C39 等共计 6 处磁异常。地表主要为第四系覆盖，磁异常平稳，强度较低，梯度小，反映了柴达木盆地相对稳定的沉积环境。沿山区南部边缘向西南方向异常缓慢增大，异常值由－40nT 逐渐升高至 80nT。经过化极及向上延拓 400m、600m、1000m 后，仍可见面积较大的正磁异常，说明该异常带深部的磁性体规模和埋深都相当大。磁异常以正磁场为背景，一般在 0～50nT 之间，孤立的局部异常强度一般在－250～150nT 之间，最高达 210nT，产于红柳沟—独龙沟一带的火山岩地层中。

位于该区红柳沟一带的 C20 磁异常，条带状北西向展布，正负异常伴生。强度较弱，梯度较缓。极值－250～50nT，面积约 2.8km^2。出露晚泥盆世英云闪长岩（$D_3\gamma\delta o$）、滩间山群下碎屑岩组（OTa）、下石炭统怀头塔拉组灰岩段（C_1h^2）。异常区断裂构造发育，断裂带内岩石蚀变强烈。异常区分布有红柳构造蚀变岩型金矿床，推断该异常是由断裂构造蚀变带中的磁性体引起。

从金矿区岩（矿）石物性资料可知，勘查区火山岩及有关侵入岩磁性相对地层磁性高，因此该异常分布区的磁异常多数为火山岩和侵入岩磁性局部增大所引起。

2.胜利沟-青龙滩条带状磁异常分布区

位于勘查区中部，分布有C1-1、C1-2、C2、C3、C4、C5、C8-1、C8-2、C9、C10、C11、C12、C14、C15、C16、C17、C21、C22、C24、C25-1、C25-2、C25-3、C25-4、C25-5、C27、C40、C44-1、C44-2、C44-3等共计29处磁异常。磁异常沿赛什腾山主脊分布，整体呈条带状北西向展布。异常特征总体表现为梯度变化大、异常峰值高、带状连续分布等特点。该区范围大致与青海省1∶100万航磁ΔT赛什腾山-绿梁山呈北西向、串珠状分布的高磁异常带基本吻合，强度一般为－200～400nT，最高为600nT，曲线宽缓，梯度小，强度较弱，均为有明显负值伴生的规则异常。区内以正磁异常为主，分布众多的局部地磁异常，金矿区内的重点地磁异常大多聚集此处。

区内出露地层主要为奥陶系滩间山群火山岩，奥陶纪、泥盆纪侵入岩，中—上泥盆统牦牛山组亦有分布。侵入岩发育，元古宙、古生代、中生代侵入岩均有出露。物性资料显示，滩间山群火山岩岩组具有较强磁性。石炭系怀头他拉组的磁性较弱。从基性到酸性磁性由强变弱。其特征：基性岩大部分具有较强的磁性。其中辉长岩磁性较强，为测区内磁性最强的岩石。中酸性侵入岩磁性中等，如花岗闪长岩、正长花岗岩、闪长岩、二长花岗岩等，但因磁性物质分布不均匀，磁性变化范围较大，北部多数呈锯齿跳跃状变化的异常应与此有关。矿产以金、铁、铜、铬铁矿为主，沿盆地边缘、山脉南坡分布有石炭纪、侏罗纪、白垩纪地层，矿产主要为煤、金。

位于该区马蹄山—胜利山一带的C22磁异常，由3个次级异常组成。C22-1位于马蹄山，出露晚泥盆世英云闪长岩($D_3\gamma\delta o$)、中细粒辉长岩($O_1\nu$)。串珠状近东西向展布，异常由西向东逐渐减弱，梯度变缓，并伴有负异场。极值－285～400nT，面积约8.2km^2；处在线性异常带(F17)上，物性资料反映，基性岩大部分具有较强的磁性，推断异常由辉长岩引起。C1-1出露岩性为辉长岩($O_1\nu$)、滩间山群下碎屑岩组砂岩灰岩段(OTa^2)。团块状，正异常为主，伴生负异场，极值－291～1527nT，面积约6.4km^2；处在F12、F13交汇处，附近有胜利山构造蚀变型金矿化点，推断为构造蚀变带中的磁性体引起。C1-2出露岩性为辉长岩($O_1\nu$)、滩间山群下火山岩组(OTb)。多峰值条带状北西向展布，极值－171～517nT，面积约4.7km^2；为火山岩和基性岩的共同反映。

位于该区青龙沟一带的C25磁异常，由5个次级异常组成。异常区出露早奥陶世蚀变(蛇纹石化)超基性岩($O_1\Sigma$)、辉长岩($O_1\nu$)、中元古界万洞沟群碎屑岩组千枚岩段($JxWb^2$)。滩间山群下火山岩组(OTb)中元古界万洞沟群碎屑岩组片岩段($JxWb^1$)，局部见中奥陶世闪长岩($O_2\delta$)、中泥盆世花岗闪长斑岩($D_2\gamma\delta\pi$)，异常区分布有青龙沟中型金矿床，成矿物质来源丰富。C25-1：多峰值条带状异常，北西向展布。正负异常伴生，强度高，梯度陡。极值－590～2093nT，面积约3.5km^2；异常形态与物性特征相符，化极上延1000m仍有反映，推断为深部超基性岩侵入体引起。C25-2：等轴状，长轴为北西向，正负异常伴生，北部叠加次级异常。强度较高，梯度较陡。极值－168～1000nT，面积约2.2km^2；推断是由断裂构造蚀变带中的磁性体和超基性岩引起。C25-3：由两个等轴状异常组成，北西向展布，正负异常伴生，强度高，梯度陡，由北向南逐渐减弱。极值－173～1397nT，面积约4.1km^2；推断为深部蚀变矿化体引起的矿质异常。C25-4：不规则状异常，北西向展布，南部叠加次级异常。正异常为主，伴生负异常，强度高，梯度陡。极值－138nT～1549nT，面积约3.8km^2；推断是由断裂构造蚀变带中的磁性体和超基性岩引起。C25-5：等轴状，长轴为北西向，东南部叠加次级异常。正异常为主，强度较弱，梯度较缓。极值236nT，面积约1.9km^2。产于负背景值上的弱磁异常，性质不明。

从上述区内磁异常分布情况，并结合金矿区内地层和岩(矿)物性资料分析，区内磁异常多为岩体磁性局部增大反映，个别为岩体与前元古宙地层综合反映。区内C22、C25磁异常地处滩间山、青龙滩金及多金属矿带上，构造发育，热液活动频繁，成矿环境有利，矿点异常有Au、Pb、Cu、Zn、Ag、Mo，成矿元素组合好，浓集中心明显，强度较高，推断为蚀变矿化引起的矿点异常，并具有较广阔的找金及多金属矿的前景。

3. 万洞沟-嗷唠山团块状磁异常分布区

位于勘查区东北部，分布有C6、C7、C13、C28、C29、C30、C31、C32、C33、C34、C35、C36、C37、C38-1、C38-2、C38-3、C38-4、C38-5、C41、C42、C43-1、C43-2等共计22处磁异常。以大面积负磁异常为背景，磁异常多以团块状出现，外形各异，从强度上看，异常的强弱不等。多个局部异常组成的团块状异常走向为北西向，与金矿区主构造线方向一致，展布方向明显受区域构造的控制。磁异常大部分在南部，北部只有零星的正磁异常出现，磁异常变化范围为－400～600nT，总体呈南强北弱的特点。因金矿区北东地区地面高磁未覆盖，出现大面积空白区，影响了整体异常特征的反映。出露岩性以古元古界达肯大坂群岩群为主。区内较强的磁异常多与片麻岩和超基性岩有关。

位于该区金红沟北部的C28磁异常主体为第四系覆盖，北东出露古元古界达肯大坂群片麻岩岩组（Pt_1Da），局部见中奥陶世闪长岩（$O_2\delta$），中元古代肉红色环斑花岗岩（$Pt_2\gamma R$）。异常查证探槽内见斜长花岗斑岩，局部褐铁矿化。椭圆形北西向展布，形态规整，正负相伴，强度较大，梯度较陡。极值－257～605nT。异常处在隐伏的斜长花岗斑岩体与片麻岩组的接触部位，分布有金红沟金矿点，斜长花岗斑岩岩体具有规模不大，但含金性明显的特点，不仅Au元素丰度值较高，变异系数较大，而且在人工重砂样中可见自然金矿物出现，另外在片麻岩组地层中混合岩化注入混合花岗岩脉中亦发现较好的含自然金事实，其找矿意义十分重要。

位于青山一带的C31磁异常出露达肯大坂群片麻岩组（Pt_1Da），主要岩性为黑云斜长片麻岩、石榴黑云斜长片麻岩、石榴黑云石英片岩，偶夹角闪斜长片麻岩和侵入的斜长花岗闪长岩。异常区北部有（青山铅矿物、钛矿物10）重砂异常，分布有青山金铅矿床。多峰值团块状异常，北西向展布。正负异常伴生。中等强度，梯度较陡。极值－250～250nT，面积约4.3km^2。异常位于片麻岩与斜长花岗闪长岩接触部位，沿异常走向有断层发育，推断该异常可能由断层内磁性体引起。

（二）磁异常特征

滩间山金矿共圈出57处磁异常（表2-7，图2-35），整体处在相对负磁场背景中，沿北西-南东向展布。按磁异常所处的地质环境、找矿意义和以往工作程度，对磁异常进行了分类，其中甲类异常2处，乙类异常15处。现择其较有意义的磁异常解释推断如下。

表2-7 滩间山金矿磁异常分类结果表

类别	异常编号	备注
甲类	C25-3	甲$_1$类1个
	C25-1、C40	甲$_2$类2个
乙类	C25-2、C25-4、C28、C43-1	乙$_1$类4个
	C8-1、C8-2、C12、C38-2、C41	乙$_2$类5个
	C1-1、C16、C17、C20、C31、C44-1	乙$_3$类6个
丙类	C1-2、C4、C5、C6、C18、C21、C22、C24、C27、C32、C37、C42、C44-2、C44-3、C43-2	15个
丁类	C2、C3、C7、C9、C10、C11、C13、C14、C15、C19、C23、C25-5、C26、C29、C30、C33、C34、C35、C36、C38-1、C38-3、C38-4、C38-5、C39	24个
合计	57个	

1. C25磁异常

位于青龙沟一带的C25磁异常，由5个次级异常组成异常带。异常区出露早奥陶世蚀变（蛇纹石化）超基性岩（$O_1\Sigma$）、辉长岩（$O_1\nu$）、中元古界万洞沟群碎屑岩组千枚岩段（$JxWb^2$）。滩间山群下火山岩

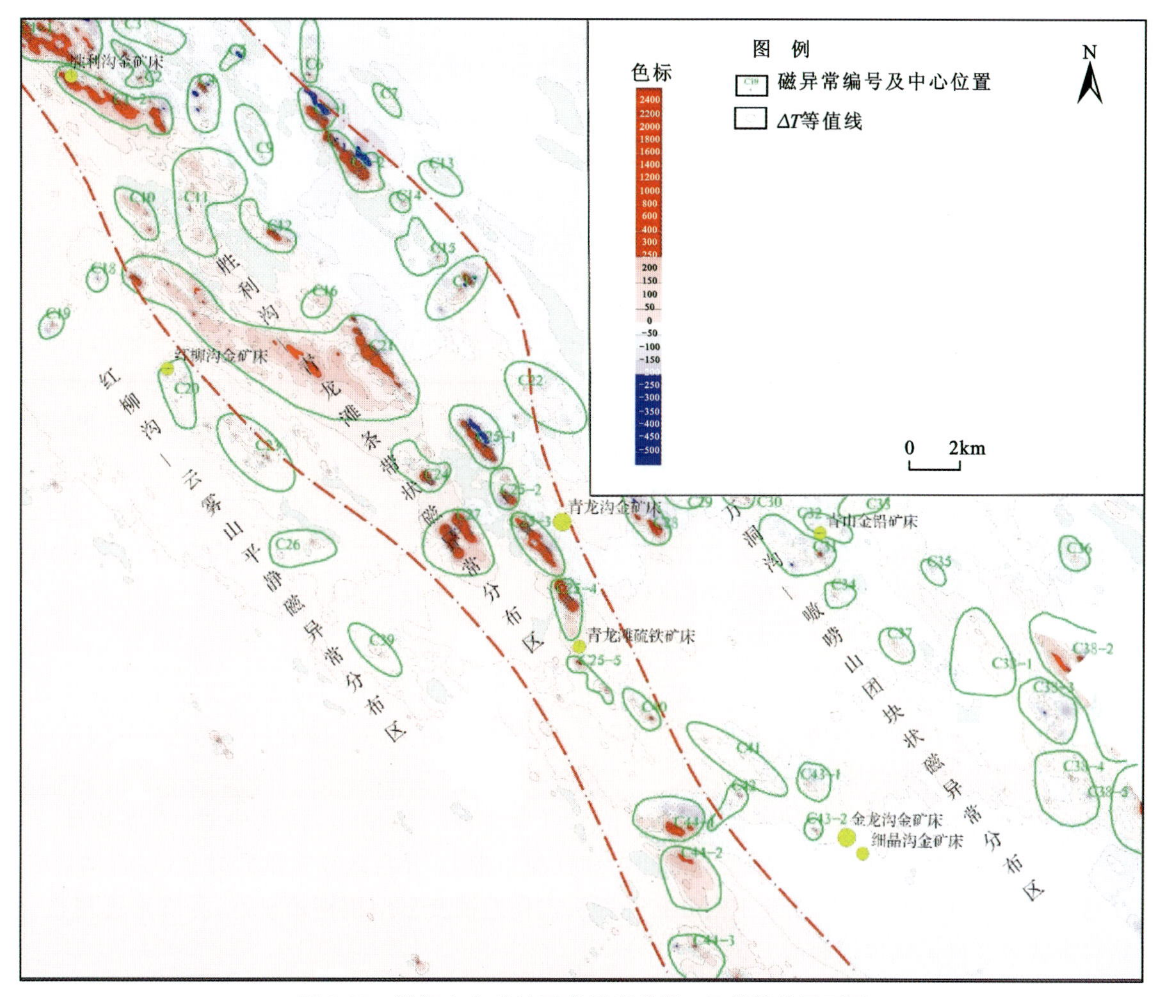

图 2-35 滩间山金矿地面高精度磁测 ΔT 等值线平面图

组(O*Tb*)中元古界万洞沟群碎屑岩组片岩段($JxWb^1$),局部见中奥陶世闪长岩($O_2\delta$)、中泥盆世花岗闪长斑岩($D_2\gamma\delta\pi$),异常区分布有青龙沟中型金矿床,成矿物质来源丰富。

C25-1:甲$_2$类,多峰值条带状异常,北西向展布。正负异常伴生,强度高,梯度陡。极值-590～2093nT,面积约3.5km^2;物性资料显示,超基性岩、辉长岩、属强磁性岩性。异常形态与物性特征相符,化极上延1000m仍有反映,推断为深部超基性岩侵入体引起。

C25-2:乙$_1$类,等轴状,长轴为北西向,正负异常伴生,北部叠加次级异常。强度较高,梯度较陡。极值-168～1000nT,面积约2.2km^2;异常区断裂构造发育,化极上延400m,异常仍有反映。推断是由断裂构造蚀变带中的磁性体和超基性岩引起。

C25-3:甲$_1$类,由两个等轴状异常组成,北西向展布,正负异常伴生,强度高,梯度陡,由北向南逐渐减弱。极值-173～1397nT,面积约4.1km^2;异常形态规整,处在线性异常带(F17)上,异常区断裂构造发育,热液活动强烈,化极上延1000m仍很清晰。异常区分布有青龙沟中型金矿床,成矿物质来源丰富,推断为深部蚀变矿化体引起的矿质异常,建议工程查证。

C25-4:乙$_1$类,不规则状异常,北西向展布,南部叠加次级异常。正异常为主,伴生负异常,强度高,梯度陡。极值-138～1549nT,面积约3.8km^2;异常区断裂构造发育,化极上延400m,异常仍有反映。推断是由断裂构造蚀变带中的磁性体和超基性岩引起。

C25-5:丁类,等轴状,长轴为北西向,东南部叠加次级异常。正异常为主,强度较弱,梯度较缓。极值236nT,面积约1.9km^2。产于负背景值上的弱磁异常,性质不明。

2. C40 磁异常

甲$_2$类，位于黄绿山，多峰值串珠状异常，北西向展布，正负相伴。产于负背景值上的弱磁异常，强度较低，梯度较缓。极值−180～180nT，面积约 2.3km^2。异常区出露滩间山群下火山岩组（OTb）和下碎屑岩组砂岩灰岩段（OTa^2）、中元古界万洞沟群碳酸盐岩组（$JxWa$）。F17、F25 断裂在异常区交会，分布有黄绿山接触交代型铁矿点。区内断裂构造发育，两条断裂 F17、F25 在异常区交会。化极上延 1000m，异常仍有反映，推断与深部铁矿化体有关。

3. C28 磁异常

乙$_1$类，椭圆形北西向展布，形态规整，正负相伴，强度较大，梯度较陡。极值−257～605nT，北部未封闭。异常区主体第四系覆盖，北东出露古元古界达肯大坂群片麻岩岩组（Pt_1Da），局部见中奥陶世闪长岩（$O_2\delta$），中元古代肉红色环斑花岗岩（$Pt_2\gamma R$）。异常查证探槽内见斜长花岗斑岩，局部褐铁矿化。异常位于金红沟北部，处在隐伏的斜长花岗斑岩体与片麻岩组的接触部位，分布有金红沟金矿点，斜长花岗斑岩岩体具有规模不大，但含金性明显的特点，不仅金元素丰度值较高，变异系数较大，而且在人工重砂样中可见自然金矿物出现，另外在片麻岩组地层中混合岩化注入混合花岗岩脉中亦发现较好的含自然金事实，其找矿意义十分重要，建议针对异常做进一步检查工作。

4. C43 磁异常

位于滩间山东南部细晶沟一带的 C43 磁异常，由两个次级异常组成。异常区出露中元古界万洞沟群碳酸盐岩组（$JxWa$）和碎屑岩组千枚岩段（$JxWb^2$），中泥盆世花岗闪长斑岩（$D_2\gamma\delta\pi$）。夹杂花岗斑岩岩脉（$\gamma\pi$），局部见早奥陶世辉长岩（$O_1\nu$）。

C43-1：乙$_1$类，等轴状异常，长轴为北西向，正负异常伴生。规模小，强度中等，梯度较陡。极值−309～165nT，面积约 0.6km^2。异常处在滩间山韧性剪切带上，异常区存在重砂异常（联合沟毒砂 14）和岩石测量异常（Au、Ag、As6），在其东侧分布有回头沟构造蚀变岩型银铜铅矿点，异常形态规整，故推断该异常为铁多金属矿化体引起的。

C43-2：丙类，等轴状异常，长轴为南北向，正负异常伴生。产于负背景值上的弱磁异常，规模小，强度较低，梯度较缓。极值−55～103nT，面积约 0.4km^2。处在线性异常带（F25）上，区内断裂构造发育，异常位于（滩间山金、毒砂、铋矿物 16）重砂异常范围内，推断该异常可能与铁多金属矿有关。

5. C22 磁异常

位于马蹄山至胜利沟一带的 C22 磁异常，由 3 个次级异常组成。异常区出露晚泥盆世英云闪长岩（$D_3\gamma\delta o$）、中细粒辉长岩（$O_1\nu$）、滩间山群下碎屑岩组砂岩灰岩段（OTa^2）、下火山岩组（OTb）。

C22-1：乙$_3$类，串珠状近东西向展布，异常由西向东逐渐减弱，梯度变缓，并伴有负异场。极值−285～400nT，面积约 8.2km^2。异常处在线性异常带（F17）上，物性资料反映，基性岩大部分具有较强的磁性，推断异常由辉长岩引起。

C1-1：乙$_3$类，团块状异常，正异常为主，伴生负异常。极值−291～1527nT，面积约 6.4km^2；处在 F15、F16 交会处，附近有胜利山构造蚀变型金矿化点，推断为构造蚀变带中的磁性体引起。

C1-2：丙类，多峰值条带状北西向展布。极值−171～517nT，面积约4.7km^2，为火山岩和基性岩的共同反映。

6. C20 磁异常

乙$_3$ 类，条带状北西向展布，正负异常伴生。强度较弱，梯度较缓。极值−250～50nT，面积约2.8 km^2。地表出露晚泥盆世英云闪长岩（$D_3\gamma\delta o$）、滩间山群下碎屑岩组（OTa）、下石炭统怀头塔拉组灰岩段（C_1h_2）。异常区断裂构造发育，断裂带内岩石蚀变强烈。异常区分布有红柳构造蚀变岩型金矿床，推断该异常是由断裂构造蚀变带中的磁性体引起。

7. C21 磁异常

丙类，多峰值条带状异常，磁法剖面平面图上表现为锯齿状跳跃变化，北西向展布。正磁异常为主，伴生负异常，受构造控制，异常由西向东逐渐变强，规模增大。极值－260～1839nT，面积约 27km²。异常区出露晚奥陶世花岗闪长岩（$O_3\gamma\delta$）、中奥陶世闪长岩（$O_2\delta$），局部见中—上泥盆统牦牛山组砂岩段（D_3m^2），沟壑中第四系覆盖。异常区内分布有大柴旦镇团鱼山东热液型铜矿化点，异常处在线性异常带（F17）上，断裂构造发育，化极上延 1000m，异常仍有反映，但规模减小。物性资料反映，花岗闪长岩和砂岩属弱磁性，推断该异常是由断裂构造蚀变带中的磁性体和闪长岩共同引起。

三、磁法推断地质构造及地质体

（一）磁法推断地质构造特征

利用 1∶5 万磁测资料，金矿区共推断断裂 14 条（图 2-36），编号依次为 F1、F2、……、F14，其中二级断裂 3 条，编号分别为 F3、F4、F6；三级断裂 11 条。各断裂特征见表 2-8，典型断裂特征如下。

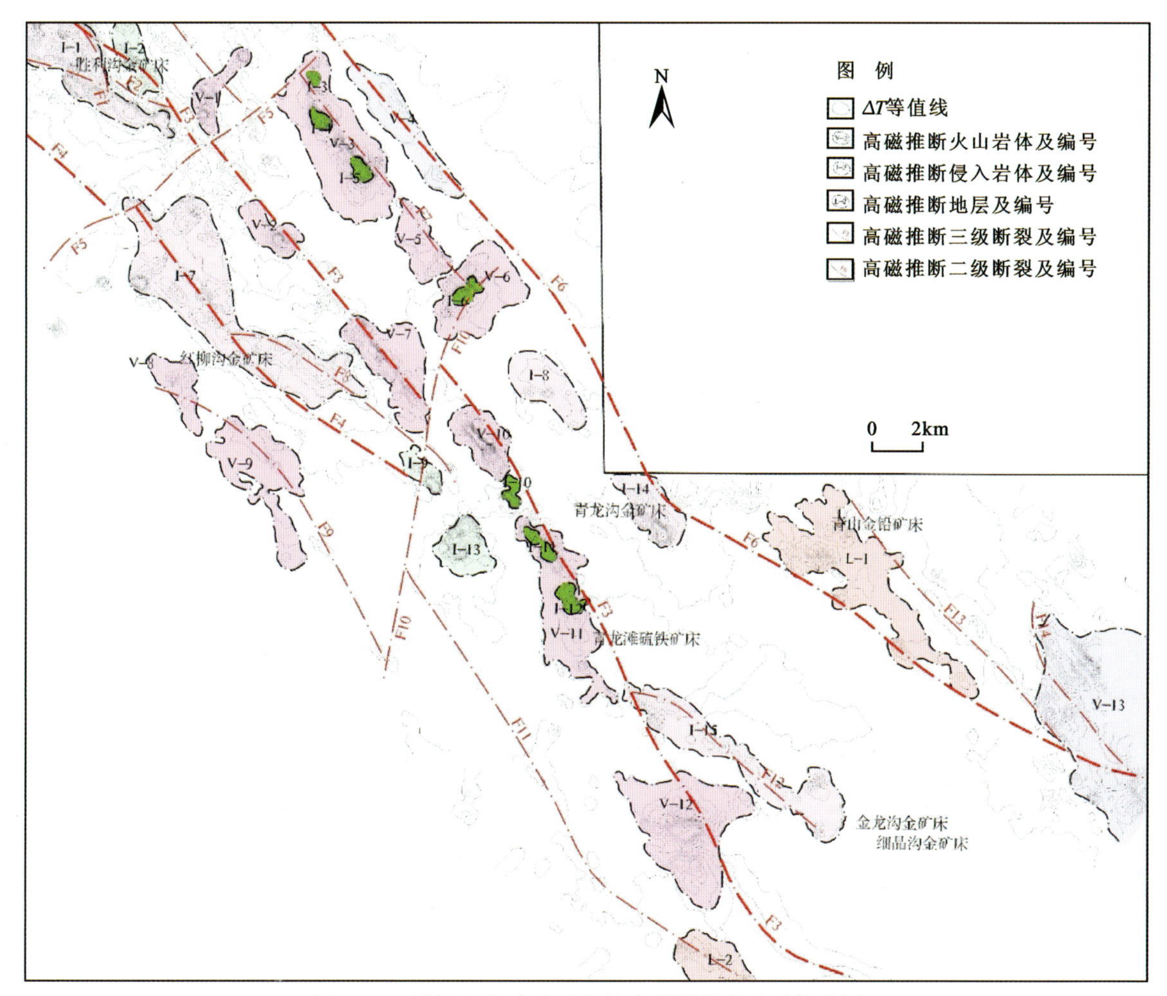

图 2-36　滩间山金矿地面高精度磁测推断地质构造图

表 2-8 滩间山金矿地磁推断断裂登记表

编号	断裂走向	长度/km	磁场特征	地质特征	分级	备注
F1	南北	3.2	异常错动带	切割了北西西向断裂	3	
F2	北西西	6.1	线性梯度带	对岩体和地层有控制作用断裂	3	
F3	北西	48.3	串珠状异常带及磁场线性梯度带	控矿构造、蚀变破碎带	2	
F4	北西	21.0	不同磁场区的分界线，串珠状异常	控矿构造、蚀变破碎带	2	
F5	北东	4.9	异常错动带	切割了北西向断裂	3	
F6	北西	44.6	不同特征异常分界线及线性梯度带	对岩体有控制作用	2	
F7	北西	10.8	串珠状异常带及磁场线性梯度带	控矿构造、蚀变破碎带	3	
F8	北西西	11.13	串珠状异常带及线性梯度带	对岩体有控制作用断裂	3	
F9	北西	14.7	线性梯度带	对岩体和地层有控制作用断裂	3	
F10	近南北	16.9	线性梯度带、异常错动带	切割了北西向断裂，控矿构造	3	
F11	北西	20.8	线性梯度带	对岩体和地层有控制作用断裂	3	
F12	北西西	9.4	串珠状异常带及线性梯度带	对岩体有控制作用断裂	3	
F13	北西	12.9	串珠状异常带及线性梯度带	对岩体有控制作用断裂	3	
F14	北北西	8.0	磁场线性梯度带，正负异常分界线	控矿构造、蚀变破碎带	3	

F3 断裂：二级断裂，位于金矿区中部，断裂大致沿赛什腾山、滩间山主脊分布，为金矿区主要的北西向断裂之一。该断裂起于马蹄山，经汇通沟、青龙沟、黄绿山延伸至勘查区南缘。穿越 C22、C12、C25、C40、C44 磁异常，走向为北西向，延伸约 48.3km；串珠状异常带及磁场线性梯度带，控矿构造、蚀变破碎带，上延 1000m 异常平面等值线图表现清楚。在 ΔT 异常图、化极异常图上均表现为串珠状异常带；在方向导数图上表现为正负异常的分界线。该断裂在长白山附近被北东向的三级断裂（F5）错动，在中尖山附近被北东向的三级断裂（F10）再次错动。沿该断裂分布的上奥陶统滩间山群受构造控制，地层走向以北西向为主。断裂北部沿花岗闪长岩与上奥陶统滩间山群接触部位分布，南侧分布大面积花岗闪长岩；中部—南部鲜有岩体出露，个别地段岩体以脉岩形式产出，以花岗斑岩为主。该断裂为区内重要的控矿断裂之一，矿产类型以铁、铜、金等多金属矿为主。北段分布有胜利山构造蚀变型金矿化点；中段分布有团鱼山东热液型铜矿化点、青龙沟中型金矿床；南段分布有黄绿山接触交代型铁矿点。

F6 断裂：二级断裂，位于勘查区东北部，北段沿山体与戈壁滩结合部位分布，南段基本沿敦格公路分布，位置与区域上北西向的隐伏断裂基本吻合，为勘查区主要的北西向断裂之一。该断裂起于红灯沟，经万洞沟，止于嗷唠山垭口，穿越 C24、C7、C13、C34、C37 磁异常，走向为北西向，延伸约 44km。异常等值线特征表现为团块状的不连续异常，不同特征异常分界线及线性梯度带，对岩体有控制作用。在 ΔT 异常图、化极异常图和剩余异常图上均表现为串珠状异常带；在方向导数图上表现为正负异常的分界线，断裂北侧大部为第四系覆盖，南侧分布大面积滩间山群火山岩，其次为中酸性侵入岩。

F10 断裂：三级断裂，位于勘查区南部，起于万洞沟，经独龙沟上游止于海合沟。穿越 C17、C24、C39 磁异常，走向为近南北向，延伸约 16.9km；线性梯度带、异常错动带，切割了北西向断裂，为区内控矿构造。在 ΔT 异常图、化极异常图上均表现为串珠状异常带；在方向导数图上表现为正负异常的分界线。出露地层主要为上奥陶统滩间山群火山岩，局部见北西向脉岩、超基性岩、中—上泥盆统牦牛山组。

（二）磁法推断地质体

根据1∶5万地磁成果，结合区域地质特征，对金矿区区内岩浆岩、火山岩、地层等进行了圈定及划分（图2-36），侵入岩用“I”表示，火山岩用“V”表示，地层用“L”表示。共推断各类侵入岩体25处，其中酸性岩10处、基性—超基性岩14处；火山岩体24处；地层4处。

1. 侵入岩

区内侵入岩发育，侵入时代为加里东期、海西期，以海西期为主，加里东期次之。岩石类型有超基性岩、基性岩、中性岩、酸性岩、碱性岩。以中酸性岩为主，次为中性岩。基性和超基性岩体数量多，但规模小；其中长白山—万洞沟—青龙沟地区的超基性岩以残留岩块形式产出，与周围奥陶纪火山岩呈断层接触（即冷侵位形式）。伴随各期次岩浆岩体的侵入，有各种类型的脉岩贯入，其方向多为北西向。岩金矿的形成与海西晚期至印支早期的岩浆侵入活动关系密切。

加里东期侵入岩分为两个亚期，有闪长岩、辉长岩及超基性岩。海西期侵入岩分为3个亚期，有斜长花岗岩、斜长环斑花岗岩、斜长花岗斑岩、花岗闪长岩及超基性岩等。

区内花岗岩、闪长岩等中酸性侵入岩主要分布于高泉煤矿至团鱼山一带、青龙滩北、嗷唠山，磁异常多以中等偏强为主，异常多呈锯齿状、面积性正异常的特点，其分布范围基本与岩体的出露范围一致；滩间山群火山岩组的磁异常在幅值上属中等偏弱，其异常多呈带状分布，如滩间山一带；测区内超基性岩主要分布于万洞沟西北、青龙滩北—黑山沟一带，具强磁性，磁异常特征为峰值特别高、梯度大且正负伴生的磁异常。

2. 火山岩

区内岩浆喷发活动时代为加里东期和海西期，据两期火山岩展布的空间关系观察，海西期火山活动是古裂谷在加里东期火山沉积盆地上再次拉张下陷的结果，但喷发强度和规模已大为降低。

海西期火山岩产于泥盆系牦牛山组陆相沉积岩系中，厚度小。以凝灰岩和火山角砾岩为主，次为中基性、中性熔岩。火山碎屑岩有安山质凝灰岩、安山质火山角砾岩等；熔岩有玄武岩和安山岩等。

加里东期喷出岩是组成奥陶系滩间山群主体。熔岩以安山岩为主，英安岩次之，偶见流纹斑岩和玄武岩；火山碎屑岩以安山质晶屑凝灰岩为主，次为英安质晶屑灰岩、集块岩、火山角砾岩等。活动方式以线型喷溢为主，局部有爆发式。

依据岩石磁性测定结果，区内火山岩磁性变化范围较大，其中基性的安山岩、角砾岩、玄武岩、凝灰岩、安山质凝灰岩、构造角砾岩、火山熔岩、中基性火山岩等，磁性较强，且不同区域、不同岩性或同一区域其磁性差异较大，说明火山岩磁性分布不均匀，磁化率一般在$(n\times100\sim n\times1000)\times10^{-6}\times4\pi\cdot$SI之间变化。

从1∶5万地磁剖面平面图上看，地磁异常一般呈锯齿状跳跃，强度在几十纳特到几百纳特之间，个别异常达上千纳特。磁异常表现为团块状零乱分布、磁场跳跃变化较强，部分地区局部异常降低明显，比较容易识别。

3. 地层

不同地层或同一地层不同岩组因磁性差异，磁场在空间上的表现不同。根据物性特征及磁异常的分布规律可以看出，测区内达肯大坂群、万洞沟群、泥盆系、下石炭统、三叠系、侏罗系、白垩系、第三系、第四系等岩性多以大理岩、千枚岩、砂岩、砾岩、泥岩为主，磁场在空间上表现为无异常，局部受构造影响导致磁性不均匀，从而表现出局部的弱磁异常，多呈带状分布；与奥陶系滩间山群不同的岩组磁性差异较大，磁场空间上表现为无异常或中等偏弱的磁异常。

根据以上分析结果，结合物性资料和已知岩体与磁场对应关系，对区内地磁反映的各类岩体、地层进行了划分。结果见表2-9。

表 2-9　滩间山金矿地磁推断岩体、地层登记表

编号	推断岩性	规模/km^2	形态及走向	地磁特征	地质概况	解释结果
1	中酸性岩	9.66	条带状北西走向	正异常为主，伴生负异常。极值－291～1527nT	出露岩性为辉长岩($O_1\nu$)、滩间山群下碎屑岩组砂岩灰岩段(OTa^2)	Ⅰ-1
2	隐伏超基性岩	3.08	条带状北西走向	多峰值串珠状异常，近南北向展布，正负伴生，中等强度，梯度变化较大。极值－195～159nT	出露滩间山群下火山岩组(OTb)、晚三叠世粗粒二长花岗岩($T_3\eta\gamma$)。晚奥陶世粗粒花岗闪长岩($O_3\gamma\delta$)、中泥盆世中粒英云闪长岩($D_2\gamma\delta o$)。局部见早奥陶世中细粒辉长岩($O_1\nu$)	Ⅰ-2
3	超基性岩	0.24	椭圆状北西走向	正负异常伴生。强度较高，梯度较陡。幅值－337.55～234.86nT	出露早奥陶世蚀变（蛇纹石化）超基性岩($O_1\Sigma$)、辉长岩($O_1\nu$)	Ⅰ-3
4	超基性岩	0.52	椭圆状北西走向	正负相伴，强度高，梯度陡。极值－993～1940nT	出露中泥盆世英云闪长岩($D_2\gamma\delta o$)、早奥陶世辉橄岩($O_1\psi\sigma$)	Ⅰ-4
5	超基性岩	0.55	椭圆状北西走向	正异常为主，伴生负异常。强度高，梯度陡。极值－336～2826nT	出露早奥陶世灰绿色蛇纹石化辉橄岩($O_1\psi\sigma$)	Ⅰ-5
6	超基性岩	0.74	团块状北东走向	多峰串珠状异常，正负伴生。强度高，梯度陡。幅值－368～680nT	出露万洞沟群碳酸盐岩组($JxWa$)、早奥陶世蚀变超基性岩($O_1\Sigma$)	Ⅰ-6
7	中酸性岩	24.80	条带状北西走向	多峰值条带状异常，锯齿状跳跃变化，正负异常伴生，异常由西向东逐渐变强。幅值－260～1839nT	出露滩间山群上火山岩组(OTe)、晚奥陶世花岗闪长岩($O_3\gamma\delta$)、中奥陶世闪长岩($O_2\delta$)，局部见中—上泥盆统牦牛山组砂岩段(D_3m^2)	Ⅰ-7
8	中酸性岩	4.84	团块状北西走向	多峰团块异常，正负伴生。强度弱，梯度较缓。极值－270～72nT	出露中奥陶世闪长岩($O_2\delta$)，中元古代肉红色环斑花岗岩($Pt_2\gamma R$)	Ⅰ-8
9	隐伏超基性岩	1.54	不规则状北西走向	不规则状异常，正负异常伴生。中等强度，梯度较陡。极值－186～645nT	出露滩间山群下火山岩组(OTb)，局部见中—上泥盆统牦牛山组砂岩段(D_3m^2)，沟壑中第四系覆盖	Ⅰ-9
10	超基性岩	0.61	不规则状近南北走向	正负异常伴生，北部叠加次级异常。强度较高，梯度较陡。极值－168～1000nT	出露早奥陶世超基性岩($O_1\Sigma$)、辉长岩($O_1\nu$)、滩间山群下火山岩组(OTb)。万洞沟群碎屑岩组($JxWb^1$)，局部见中奥陶世闪长岩($O_2\delta$)	Ⅰ-10

续表 2-9

编号	推断岩性	规模/km^2	形态及走向	地磁特征	地质概况	解释结果
11	超基性岩	0.67	不规则状北西走向	正负伴生，强度高，梯度陡，由北向南渐弱。极值－173～1397nT	出露早奥陶世蚀变（蛇纹石化）超基性岩（$O_1\Sigma$）、辉长岩（$O_1\nu$）	Ⅰ-11
12	超基性岩	0.84	不规则状北西走向	正异常为主，伴生负异常，强度高，梯度陡。极值－138～1549nT	出露早奥陶世蚀变（蛇纹石化）超基性岩（$O_1\Sigma$）、辉长岩（$O_1\nu$）	Ⅰ-12
13	隐伏超基性岩	3.62	团块状北西走向	产于负背景值上的正磁异常，强度高，梯度陡。幅值 1333nT	出露滩间山群下火山岩组（OTb），局部见牦牛山组砂岩段（D_3m^2）	Ⅰ-13
14	中酸性岩	4.46	团块状北西走向	形态规整，正负相伴，强度较大，梯度较陡。极值－257～605nT	第四系覆盖，北东出露古元古界达肯大坂群片麻岩岩组（Pt_1Da），局部见中奥陶世闪长岩（$O_2\delta$），中元古代肉红色环斑花岗岩（$Pt_2\gamma R$）	Ⅰ-14
15	中酸性岩	12.07	条带状北西走向	多峰值串珠状异常，正负相伴。负背景值上的弱磁异常，强度较低，梯度较缓。幅值－309～180nT	出露中元古界万洞沟群碳酸盐岩组（$JxWa$）和碎屑岩组千枚岩段（$JxWb^2$），夹杂花岗斑岩岩脉（$\gamma\pi$）	Ⅰ-15
16	火山岩	2.81	长条状北东走向	叠加在负背景场上的磁力高异常，北侧伴生负异常。中等强度，梯度变化较大。极值－718～159nT	出露滩间山群下火山岩组（OTb）、晚泥盆世花岗闪长斑岩（$D_3\gamma\delta\pi$）	Ⅴ-1
17	火山岩	2.66	条带状北西走向	正异常为主，伴生负异常。西北部叠加一次级异常。强度较高，梯度较陡。极值－212～842nT	出露滩间山群下火山岩组（OTb）、晚奥陶世粗粒花岗闪长岩（$O_3\gamma\delta$）	Ⅴ-2
18	火山岩	15.0	条带状北西走向	负背景值上的弱磁异常，正负相伴。极值－192～114nT	出露滩间山群下火山岩组（OTb）、中泥盆世中粒英云闪长岩（$D_2\gamma\delta o$）、早奥陶世灰绿色蛇纹石化辉橄岩（$O_1\psi\sigma$）	Ⅴ-3
19	隐伏火山岩	6.55	条带状北西走向	叠加在负背景场上的正异常。强度低，梯度缓。极值 20nT	第四系覆盖	Ⅴ-4
20	火山岩	3.77	条带状北西走向	剖平图上表现为锯齿状跳跃变化。伴生负异常。强度较弱，梯度较缓。极值－43～86nT	出露晚泥盆世花岗闪长斑岩（$D_3\gamma\delta\pi$），滩间山群砾岩组（OTc）	Ⅴ-5
21	火山岩	8.61	团块状北东走向	正负异常伴生，强度较高，梯度较陡。极值－368～680nT	出露滩间山群上火山岩组（OTe）、万洞沟群碳酸盐岩组（$JxWa$）	Ⅴ-6

续表 2-9

编号	推断岩性	规模/km^2	形态及走向	地磁特征	地质概况	解释结果
22	火山岩	3.42	长条状北西走向	多峰值条带状异常，剖平图上表现为锯齿状跳跃变化。正磁异常为主，伴生负异常。极值－260～1839nT	出露滩间山群下火山岩组（OTb）、辉长岩（$O_1\nu$）、晚奥陶世花岗闪长岩（$O_3\gamma\delta$）	V-7
23	火山岩	3.13	条带状北西走向	正负异常伴生，强度较弱，梯度较缓。极值－250～50nT	出露晚泥盆世英云闪长岩（$D_3\gamma\delta o$）、滩间山群下碎屑岩组（OTa）、早石炭世怀头塔拉组灰岩段（C_1h^2）	V-8
24	火山岩	9.19	不规则状北西走向	多峰值条带状异常，剖平图上表现为锯齿状跳跃变化，强度较低，梯度较缓。幅值－22～182nT	出露滩间山群下火山岩组（OTb），局部见中—上泥盆统牦牛山组砂岩段（D_3m^2），沟壑中第四系覆盖	V-9
25	火山岩	2.57	条带状北西走向	多峰值条带状异常，正负异常伴生。强度高，梯度陡。幅值－590～2093nT	出露滩间山群下火山岩组（OTb）、早奥陶世蚀变（蛇纹石化）超基性岩（$O_1\Sigma$）、辉长岩（$O_1\nu$）、中元古界万洞沟群碎屑岩组千枚岩段（$JxWb^2$）	V-10
26	火山岩	10.37	长条状北西走向	正负异常伴生，强度高，梯度陡，由北向南逐渐减弱。极值－173～1549nT，南部叠加次级异常	出露滩间山群下火山岩组（OTb）、早奥陶世超基性岩（$O_1\Sigma$）、辉长岩（$O_1\nu$）、万洞沟群碎屑岩组（$JxWb^1$），局部见中奥陶世闪长岩（$O_2\delta$）	V-11
27	火山岩	6.28	不规则状近南北走向	等轴状异常，正负异常伴生，规模较大，强度较高，梯度较陡。极值－344～554nT，南侧叠加次级异常使等值线拉长	大部第四系覆盖，局部出露滩间山群下火山岩组（OTb）、早奥陶世辉长岩（$O_1\nu$），局部见中—上泥盆统牦牛山组下砾岩段（D_3m^1）	V-12
28	隐伏火山岩	27.06	团块状北西走向，东南出图	多峰值串珠状异常，正负相伴。强度较高，梯度较陡，曲线呈锯齿跳跃状变化。幅值为－300～341nT	大部第四系覆盖，局部出露古元古界达肯大坂岩群片岩岩组（Pt_1Db），偶见超基性岩脉	V-13
29	地层	17.06	长条状北西走向	多峰值串珠状，产于负背景值上的弱磁异常，强度较低，梯度较缓，正负相伴。幅值为－250～250nT	出露有达肯大坂群片麻岩组（Pt_1Da）、晚泥盆世石英闪长岩（$D_3\delta o$）、古元古代托赖岩群片岩岩组（Pt_1Tb）	L-1
30	地层	4.13	团块状北西走向，南部出图	多峰值串珠状异常，正负相伴。强度较低，梯度较缓。极值－208～154nT	大部第四系覆盖，局部出露中—上泥盆统牦牛山组砂岩岩段（D_3m^2）、下石炭统怀头他拉组灰岩段（C_1h^2）	L-2

第七节 地球化学

一、元素丰度特征

以滩间山金矿整装勘查区内13种元素的平均值作为1∶5万水系沉积物中各元素的丰度值，与全省及柴北缘地区各元素丰度相比较(表2-10)。滩间山金矿整装勘查区内除Co、Cu、Ni、Zn元素丰度偏高外其余元素相对偏低，由此说明Co、Cu、Ni、Zn等元素在研究区更易富集成矿。勘查区中部奥陶系滩间山群，成矿以Pb、Zn为主，伴生Ag、Au、Sn、Sb等，而这些元素的富集为成矿提供了大量的物质来源。

表2-10 滩间山金矿整装勘查区与全省、柴北缘地区元素丰度统计表

元素	全省	柴北缘	勘查区		元素	全省	柴北缘	勘查区	
			剔除前	剔除后				剔除前	剔除后
Ag	65	69	51.62	48.028	Mo	0.639	0.7	0.88	0.574
As	13.6	6.04	8.08	4.038	Ni	21.62	25.98	32.82	26.783
Au	1.35	1.45	4.11	0.868	Pb	19.97	25	16.71	15.434
Co	9.95	10.93	15.49	15.118	Sb	0.93	0.34	0.34	0.222
Cr	56.9	72.34	74.25	56.336	W	1.706	1.34	1.04	0.752
Cu	19.9	24.89	34.78	32.802	Zn	57.5	55.8	58.79	56.529
Sn	2.61	2.27	1.66	1.629					

含量单位：Au、Ag为$n\times10^{-9}$，其余为$n\times10^{-6}$。

二、元素的富集离散特征

通过全区样品的分析数据计算，用全区各元素原始数据集的变化系数(CV1)与背景数据集的变化系数(CV2)分别反映两类数据集的离散程度。CV1反映地球化学场相对变化幅度，CV1/CV2则反映背景处理时的削平程度。从地球化学场相对变化幅度和元素离散程度可反映出的特点如图2-37所示。同时对背景拟合处理剔除特高值进行浓幅分位计算，一般情况下，浓幅分位值越大，富集成矿潜力越大(Rollinson et al.,1993)(表2-11)。从图表中可以看出：

表2-11 滩间山金矿整装勘查区内主要元素浓幅分位特征一览表

元素	剔除界线	剔除样品个数	各浓幅分位段剔除样品数					元素	剔除界线	剔除样品个数	各浓幅分位段剔除样品数				
			<1/16	1/16～1/8	1/8～1/4	1/4～1/2	>1/2				<1/16	1/16～1/8	1/8～1/4	1/4～1/2	>1/2
Ag	91.16	326		78	18	10	4	Mo	1.981	858			256	99	3
As	21.92	1146		82	233	48	0	Ni	66.91	520			40	267	28

续表 2-11

元素	剔除界线	剔除样品个数	各浓幅分位段剔除样品数					元素	剔除界线	剔除样品个数	各浓幅分位段剔除样品数				
			<1/16	1/16～1/8	1/8～1/4	1/4～1/2	>1/2				<1/16	1/16～1/8	1/8～1/4	1/4～1/2	>1/2
Au	2.34	900		84	122	39	4	Pb	45.33	194		30	133	37	8
Co	30.12	110				111	1	Sb	1.4	1013		120	49	2	
Cr	129.5	750		107	308	50		Sn	6.01	161		47	85	8	1
Cu	56.67	191			110	130	3	Zn	136.5	149			30	13	7
W	4.15	619		4	243	110	11								

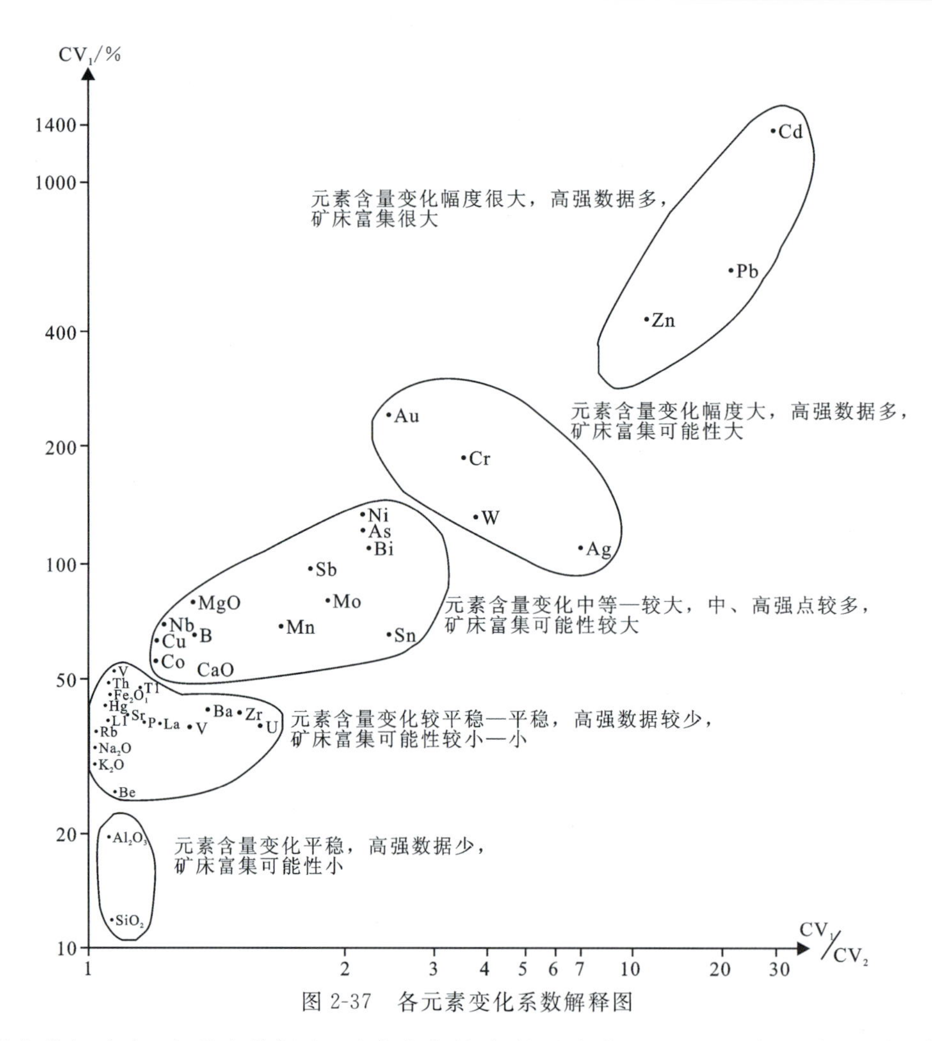

图 2-37　各元素变化系数解释图

(1)含量变化幅度大，高强度数据多，矿床富集性大的元素有 Pb、Zn，这与区内出露的锡铁山铅锌、双口山铅锌矿床相一致，且在圈定的数个异常中，三者均相伴出现。

(2)含量变化幅度大，高强数据多，矿床富集可能性大的元素有 Au、Cr、Ag、Au、W，在重砂测量中已出现了众多异常，区内前人也发现了多处金、铬铁矿矿床、矿(化)点，已有多处成矿事实。W、Ag 尚无已知矿床分布，Ag 仅在锡铁山铅锌矿床中作为伴生组分出现，但从已发现的异常看，W、Ag 具单独富集成矿的可能。

(3)元素含量变化中等—较大，中、高强数据较少，矿床富集可能性较小的元素有 Ni、As、Bi、Sb、Mo、Sn、Cu、Co。其中 Cu、Co、Ni 等元素在区内已存在局部富集成矿，普遍为矿化点和矿点规模级别，

其余元素多在矿床中作为指示性元素出现。

通过对元素丰度和离散性的讨论，可得出如下认识，滩间山金矿整装勘查区主要成矿元素是Au、Pb、Zn、Cu、Cr、Ni、Co、W、Ag等；Sb元素虽然丰度不高，但含量起伏变化很大，因而局部成矿的可能性也很大；变化幅度较小的和很平稳的元素与一定的沉积建造或某一岩相有关。

三、元素在地层单元中的分布特征

通过上述讨论初步阐述了各元素的区域分布和元素间的相关及分散、富集特征。结合地球化学图所反映的信息及表2-12可以看出：勘查区内古—始新世路乐河组、早—中三叠世隆务河组、早石炭世怀头他拉组、中—晚泥盆世牦牛山组、奥陶纪滩间山群、中元古代地层富集Cu、Pb、Zn等低、中、高温元素，这与上述各地层经受了多期次的构造活动及强烈的变质变形作用的改造过程关系密切；在早石炭世怀头他拉组及中—晚泥盆世牦牛山组中主要富集有Cu、Cr、Co、Ni等元素；在古元古代达肯大坂岩群中富集有Cr、Ni、Co、Pb、Zn、W、Mo等元素；岩浆岩中古元古代的W、Sn、Mo元素富集明显。

表2-12　研究区各地质单元成矿元素平均含量统计表

建造	数量	Au	Ag	As	Sb	Co	Cu	Pb	Zn	Cr	Ni	W	Sn	Mo
Q	2398	8.438	52.771	10.003	0.403	15.059	34.733	17.847	59.199	68.088	31.902	1.154	1.683	0.983
N_2	306	1.308	50.363	5.487	0.278	10.897	23.547	15.87	44.93	67.752	25.926	0.692	1.756	0.553
E_3N_1g	112	3.889	49.446	3.858	0.223	9.755	19.499	16.321	42.054	50.81	22.463	0.741	1.616	0.543
$E_{1\text{-}2}l$	104	1.751	47.673	6.417	0.272	8.611	18.423	17.31	37.147	45.459	19.081	0.806	1.733	0.715
$T_{1\text{-}2}l$	91	1.174	46.264	4.266	0.202	13.08	24.101	24.508	69.808	61.492	28.003	0.863	2.069	0.618
C_1h	49	1.224	48.939	7.193	0.306	12.927	28.363	15.992	50.345	65.969	26.163	0.815	1.669	0.689
D_3m	269	1.833	53.714	5.971	0.338	17.83	37.751	15.75	59.712	109.759	43.159	0.968	1.806	0.471
OT	1878	2.351	50.367	6.883	0.334	19.753	45.387	15.804	65.45	89.045	37.848	1.061	1.559	.821
JxW	207	7.45	75.705	36.394	1.092	19.703	50.879	21.425	89.286	82.843	49.77	2.956	1.984	3.398
Pt_1D	533	0.77	46.629	2.788	0.135	14.733	28.451	22.544	68.315	91.935	44.073	1.535	2.351	0.818
Pt_1T	307	0.596	46.612	2.807	0.166	13.998	30.462	21.409	69.808	67.253	33.533	0.8	1.949	0.558
T_3侵入岩	42	0.725	42.024	3.006	0.158	12.771	25.95	14.648	52.883	54.212	26.407	0.819	1.857	0.569
P_2侵入岩	372	0.284	45.027	0.993	0.063	8.072	10.948	20.027	52.366	19.376	13.655	1.245	2.184	0.765
D_3侵入岩	286	2.852	51.458	2.734	0.138	11.864	22.322	17.176	45.326	60.5151	32.149	0.605	1.58	0.536
D_2侵入岩	147	2.453	48.912	5.688	0.261	13.806	30.741	10.812	58.786	36.916	17.174	0.969	1.617	1.095
O_3侵入岩	493	1.291	44.722	2.392	0.162	9.71	18.636	11.261	44.477	30.286	13.373	0.904	1.514	0.573
O_2侵入岩	79	1.75	49.013	10.427	0.425	20.735	47.536	15.27	65.118	99.119	43.535	1.127	1.559	1.221
O_1侵入岩	202	1.622	62.51	15.461	0.462	22.527	52.501	15.001	79.131	87.265	39.222	1.573	1.534	1.317
Pt_2侵入岩	68	0.9	49.632	6.235	0.338	10.954	26.097	18.821	60.278	29.459	19.85	1.431	2.451	1.154
全区	7994	3.934	51.156	7.592	0.322	15.39	34.096	17.246	60.358	70.821	32.387	1.13	1.739	0.894

含量单位：Au、Ag为$n\times10^{-9}$，其余为$n\times10^{-6}$。

勘查区主要控矿地层是古—始新世路乐河组、早—中侏罗世大煤沟组、中—晚泥盆世牦牛山组、奥陶纪滩间山群、中元古代万洞沟群、早石炭世怀头他拉组及古元古代达肯大坂岩群和托赖岩群等地层。

四、元素分布均匀性特征

区内各元素原始数据集的变异系数(CV)是一个反映区内元素均匀性的参数,是判别区域成矿潜力的重要指标之一。

从表2-13变异系数(CV)看,勘查区内Au、As、Sb、W元素原始数据集变异系数(CV)很大,呈强分异型分布,说明这些元素后期叠加的地球化学作用很强,成矿(床)的可能性很大。其中Au元素在上新世狮子沟组和油砂山组、中新世—渐新世干柴沟组、中—晚泥盆世牦牛山组、奥陶纪滩间山群、古元古代达肯大坂岩群及晚泥盆世侵入岩中变异系数较大,分别为3.753、5.344、4.209、3.684、9.879和6.999,而在其他地层及侵入岩中变异系数一般在0.451~2.917之间;As元素在古—始新世路乐河组、中元古代万洞沟群、古元古代托赖岩群和中泥盆世、早奥陶世及中元古代侵入岩中变异系数较大,分别为1.302、1.199、1.221、2.116、1.887和1.742,在其他地层及侵入岩中变异系数一般在0.414~1.197之间;Sb元素在古—始新世路乐河组、奥陶纪滩间山群、中元古代万洞沟群、古元古代达肯大坂岩群和托赖岩群地层及晚泥盆世、中泥盆世、早奥陶世及中元古代侵入岩中变异系数较大,分别为0.924、0.908、0.893、0.934、1.132、1.057、1.485、1.256和1.514,在其他地层及侵入岩中变异系数一般在0.398~0.768之间;W元素在奥陶纪滩间山群地层、古元古代达肯大坂岩群地层和中二叠世、晚泥盆世和早奥陶世侵入岩中的变异系数较大,分别为2.583、2.111、4.46、1.865和1.642,在其他地层及侵入岩中变异系数一般在0.298~1.372之间。

表2-13 研究区各地质单元成矿元素变异系数统计表

建造	样品数量	Au	Ag	As	Sb	Co	Cu	Pb	Zn	Cr	Ni	W	Sn	Mo
Q	2398	30.569	1.792	4.397	2.004	0.475	0.646	0.563	0.476	0.904	0.818	0.328	0.32	1.196
N_2	306	3.753	0.228	0.81	0.768	0.444	0.534	0.194	0.29	0.826	0.623	0.471	0.235	1.231
E_3N_1g	112	5.344	0.365	0.414	0.53	0.286	0.418	0.308	0.196	0.559	0.49	0.422	0.251	0.325
$E_{1-2}l$	104	1.829	0.231	1.302	0.924	0.544	0.522	0.353	0.378	0.996	0.889	0.454	0.266	0.8
$T_{1-2}l$	91	1.727	0.787	0.867	0.734	0.244	0.269	3.231	1.428	0.542	0.436	0.366	0.217	0.819
C_1h	49	0.531	0.207	1.108	0.542	0.475	0.559	0.284	0.259	0.674	0.571	0.701	0.415	0.544
D_3m	269	4.209	0.241	1.093	0.622	0.459	0.577	0.545	0.323	0.73	0.704	0.422	0.247	0.741
OT	1878	3.684	0.407	1.197	0.908	0.415	0.545	0.763	0.309	1.021	1.033	2.583	0.322	0.869
JxW	207	9.879	1.319	1.199	0.893	0.337	0.408	0.334	0.338	0.517	0.396	0.918	0.355	0.894
Pt_1D	533	2.705	0.308	1.039	0.934	0.299	0.343	1.538	0.915	0.813	0.992	2.111	0.286	0.961
Pt_1T	307	0.907	0.281	1.221	1.132	0.349	0.409	0.214	0.276	0.41	0.444	0.628	0.232	1.734
T_3侵入岩	42	0.645	0.217	0.419	0.419	0.527	0.642	0.467	0.263	0.712	0.776	1.179	0.343	1.065
P_2侵入岩	372	0.451	0.173	0.497	0.398	1.033	0.903	0.238	2.313	0.953	1.584	4.46	0.63	0.652
D_3侵入岩	286	6.999	0.218	0.995	1.057	0.586	0.65	0.484	0.403	0.704	0.903	1.865	0.32	1.478
D_2侵入岩	147	1.991	0.265	2.116	1.485	0.529	0.653	0.716	0.394	0.767	0.658	1.056	0.204	1.325

续表 2-13

建造	样品数量	Au	Ag	As	Sb	Co	Cu	Pb	Zn	Cr	Ni	W	Sn	Mo
O_3侵入岩	493	2.917	0.191	0.748	0.545	0.592	0.762	0.602	0.662	2.033	1.383	1.372	0.239	0.966
O_2侵入岩	79	1.35	0.216	0.939	0.614	0.447	0.442	0.493	0.305	0.951	0.946	1.206	0.252	0.673
O_1侵入岩	202	1.431	1.868	1.887	1.265	0.382	0.531	0.84	1.113	0.774	0.689	1.624	0.275	1.179
Pt_2侵入岩	68	1.641	0.26	1.742	1.514	0.474	0.611	0.196	0.208	0.74	0.691	0.298	0.209	0.836
全区	7994	36.089	1.156	3.562	1.688	0.521	0.668	0.901	0.708	0.994	0.956	2.039	0.363	1.258

含量单位：Au、Ag 为 $n\times10^{-9}$，其余为 $n\times10^{-6}$。

其次为 Cu、Pb、Zn、Cr、Ni、Mo 元素原始数据集变异系数(CV)较大，呈分异型分布，说明这些元素后期叠加的地球化学作用较强，局部富集成矿(床)的可能性较大。从数据分布看，Cu 元素在晚三叠世、中二叠世、晚泥盆世、中泥盆世和晚奥陶世侵入岩中变异系数较大，分别为 0.642、0.903、0.65、0.653 和 0.762，在其他地层及侵入岩中变异系数一般在 0.269～0.611 之间；Pb 元素在早—中三叠世隆务河组、奥陶纪滩间山群、古元古代达肯大坂岩群和中泥盆世及早奥陶世侵入岩中变异系数较大，分别为3.231、0.763、1.538、0.716 和 0.84，在其他地层及侵入岩中变异系数一般在 0.194～0.602 之间；Zn 元素在早—中三叠世隆务河组、古元古代达肯大坂岩群和中二叠世及早奥陶世侵入岩中变异系数较大，分别为 1.428、0.915、2.313 和 1.113，在其他地层及侵入岩中变异系数一般在 0.196～0.662 之间；Cr 元素在上新世狮子沟组和油砂山组、古—始新世路乐河组、奥陶纪滩间山群、古元古代达肯大坂岩群和中二叠世、晚奥陶世和中奥陶世的侵入岩中变异系数较大，分别为 0.826、0.996、1.021、0.813、0.953、2.033 和 0.951，在其他地层及侵入岩中变异系数一般在 0.41～0.904 之间；Ni 元素在奥陶纪滩间山群、古元古代达肯大坂岩群和中二叠世、晚泥盆世、晚奥陶世及中奥陶世的侵入岩中变异系数较大，分别为 1.033、0.992、1.584、0.903、1.383 和 0.946，在其他地层及侵入岩中变异系数一般在 0.396～0.889 之间；Mo 元素在上新世狮子沟组及油砂山组地层、古元古代达肯大坂岩群、古元古代托赖岩群和晚三叠世、晚泥盆世、中泥盆世、晚奥陶世及早奥陶世侵入岩中的变异系数较大，分别为 1.231、0.961、1.734、1.065、1.478、1.325、0.966 和 1.179，在其他地层及侵入岩中变异系数一般在 0.325～1.196 之间。

从表 2-14 中可以看出，各成矿元素标准离差越大，其成矿的可能性越大，如果各成矿元素在不同地质体中的标准离差越大，其在相对应的地质体中成矿的可能性也就越大。

表 2-14 研究区各地质单元成矿元素标准离差(S)统计表

建造	样品数量	Au	Ag	As	Sb	Co	Cu	Pb	Zn	Cr	Ni	W	Sn	Mo
Q	2398	257.932	94.578	43.981	0.807	7.157	22.424	10.048	28.154	61.522	26.103	1.533	0.538	1.175
N_2	306	4.91	11.497	4.447	0.214	4.841	12.571	3.082	13.022	55.936	16.147	0.326	0.412	0.681
E_3N_1g	112	20.783	18.039	1.599	0.118	2.785	8.156	5.029	8.222	28.401	11.005	0.3131	0.406	0.176
$E_{1-2}l$	104	3.202	10.996	8.351	0.252	4.68	9.614	6.102	14.029	45.273	16.964	0.366	0.461	0.572
$T_{1-2}l$	91	2.027	36.418	3.697	0.148	3.195	6.472	79.189	99.699	33.333	12.217	0.316	0.449	0.506
C_1h	49	0.65	0.148	7.968	0.166	6.146	15.852	4.535	13.024	44.456	14.927	0.571	0.962	0.374
D_3m	269	7.714	12.943	6.523	0.21	8.181	21.794	8.58	19.258	80.144	30.367	0.408	0.446	0.348

续表 2-14

建造	样品数量	Au	Ag	As	Sb	Co	Cu	Pb	Zn	Cr	Ni	W	Sn	Mo
O*T*	1878	8.662	20.519	8.237	0.303	8.205	24.72	12.062	20.238	90.909	39.115	2.742	0.503	0.713
Jx*W*	207	73.602	99.863	43.648	0.975	6.636	20.768	7.158	30.179	42.826	19.689	2.713	0.705	3.038
$Pt_1 D$	533	2.082	14.379	2.897	0.126	4.404	9.772	34.673	62.497	74.723	43.736	3.241	0.672	0.786
$Pt_1 T$	307	0.54	13.088	3.428	0.188	4.888	12.546	4.582	19.261	27.285	14.88	0.502	0.452	0.968
T_3侵入岩	42	0.467	9.121	1.26	0.066	6.731	16.669	6.842	13.925	38.385	20.505	0.965	0.637	0.606
P_2侵入岩	372	0.128	7.788	0.493	0.025	8.34	9.891	4.761	121.135	18.47	21.633	5.551	1.375	0.498
D_3侵入岩	286	19.963	11.216	2.721	0.146	6.949	14.517	8.308	18.281	42.576	29.035	1.129	0.505	0.792
D_2侵入岩	147	4.884	12.968	12.039	0.387	7.307	20.063	7.739	23.132	28.297	11.309	1.023	0.329	1.451
O_3侵入岩	493	3.766	8.545	1.788	0.088	5.745	14.199	6.781	29.431	61.572	18.493	1.241	0.362	0.553
O_2侵入岩	79	2.363	10.573	9.788	0.261	9.274	20.99	7.526	19.893	94.268	41.189	1.36	0.394	0.821
O_1侵入岩	202	2.322	116.79	29.18	0.58	8.612	27.89	12.595	88.052	67.518	27.037	2.583	0.422	1.552
Pt_2侵入岩	68	1.476	12.898	10.861	0.512	5.187	15.955	3.694	12.526	21.803	13.714	0.426	0.513	0.965
全区	7994	141.964	59.131	27.046	0.544	8.014	22.766	15.539	42.716	70.422	30.967	2.305	0631	1.124

含量单位：Au、Ag 为 $n\times10^{-9}$，其余为 $n\times10^{-6}$。

五、元素组合特征

以勘查区 13 种元素的原始数据做因子分析，从相关矩阵求得特征根和累积百分比列于表 2-15。从表中可知，前 8 个特征根代表的方差已占总方差的 93.857%，因此视这 8 个因子为主要因子，并将其初始因子作“方差最大”正交旋转，得到旋转后因子模型，以因子载荷绝对值 $\gamma>0.3$ 的元素为该因子主要载荷元素，得出因子结构式。利用旋转后的因子得分制作因子计量图。

表 2-15　结构式及特征根表

因子	特征根百分比	因子载荷	物质属性	累计百分比
F1	29.898	$\underline{As^{0.938}Au^{0.936}Ag^{0.912}Sb^{0.838}}$	金矿化	29.989
F2	21.28	$\underline{Cr^{0.937}Ni^{0.927}Co^{0.495}}$	基性、超基性岩体	51.178
F3	11.623	$\underline{Pb^{0.973}}$	铅矿化	62.801
F4	8.452	$\underline{Mo^{0.937}}$	钼矿化	71.253
F5	8.139	$\underline{Sn^{0.987}}$	中酸性花岗岩	79.392
F6	5.651	$\underline{W^{-0.985}}$	钨矿化	85.043
F7	5.103	$\underline{Cu^{0.929}\ Co^{0.79}}$	基性地层、岩体	90.145
F8	3.711	$\underline{Zn^{0.932}}$	锌矿化	93.857

因子分析提取了各元素对区内地球化学变差的贡献，但各元素间的亲疏关系不明，利用原始数据做聚类分析反映各元素之间的亲疏关系（图 2-38），研究各因子分配情况，以发现其他的地质信息。

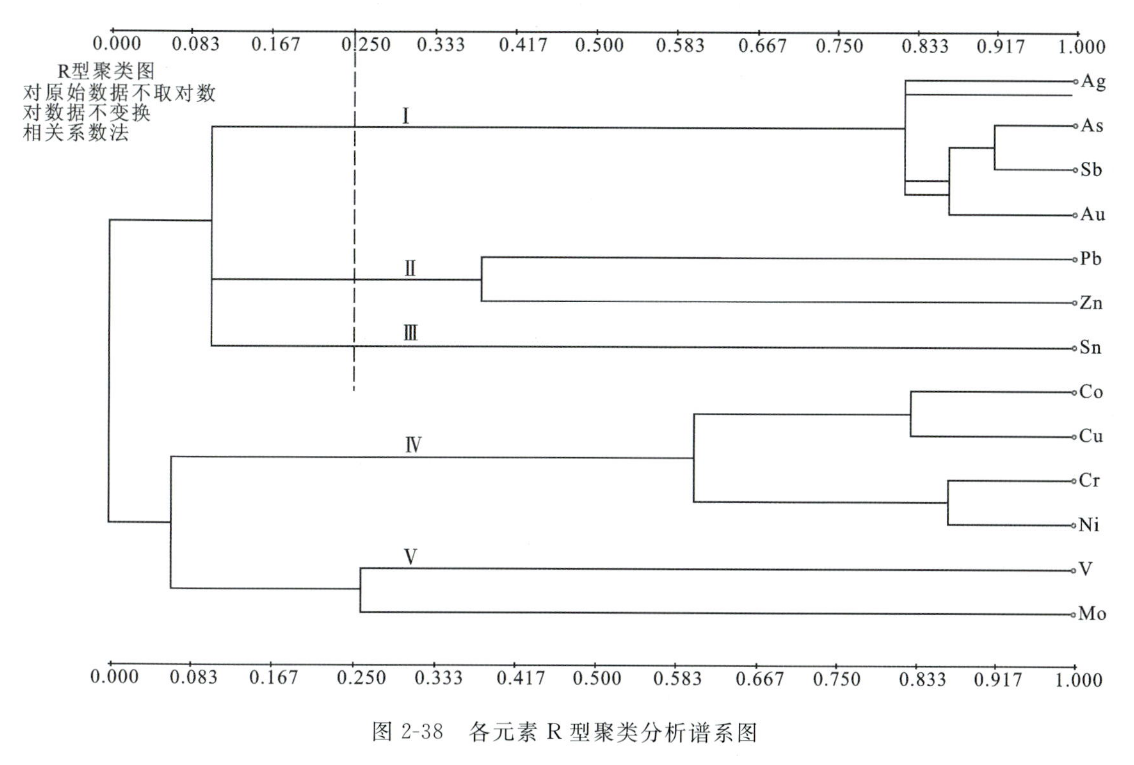

图 2-38　各元素 R 型聚类分析谱系图

由图 2-38 可以看出，以 $r=0.25$ 为界可以划分为 5 簇。

Ⅰ簇为研究区主要成矿元素，与 F1 因子相对应，包含了研究区重要的成矿元素组合 Au、Ag、As、Sb，主要反映青龙沟、金龙沟及细晶沟金矿成矿作用。

Ⅱ簇是研究区另一重要的成矿元素，与 F3、F8 因子对应，主要反映鹰峰南、赛什腾山、黑山沟及青山一带的铅锌矿成矿作用。

Ⅲ簇与 F5 因子相对应，主要反映在野骆驼台的古元古代达肯大坂岩群和中二叠世斑状二长花岗岩中，区内发现了大面积锡异常，值得关注。

Ⅳ簇与 F2、F7 因子相对应，主要与基性—超基性岩分布有关，反映了研究区具有一定规模的基性、超基性岩体或火山岩，这实际与滩间山群大面积的浅变质基性火山岩及铅石山变质基性侵入岩体关系密切。

Ⅴ簇为典型的中高温热液元素，反映研究区较为强烈的岩浆活动，与 F4、F6 因子对应，在嗷崂山中部出现大面积钨异常，异常区钨峰值达 32.8×10^{-6}，表现出极大成矿潜力，今后工作中应引起高度重视。

六、综合异常特征

滩间山金矿整装勘查区根据 13 种元素在滩间山金矿共圈定了各类化探综合异常 80 处（图 2-39、表 2-16），其中甲类异常 6 处，乙类异常 60 处，丙类异常 14 处。部分主要异常叙述如下，其他各异常特征详见表 2-15。

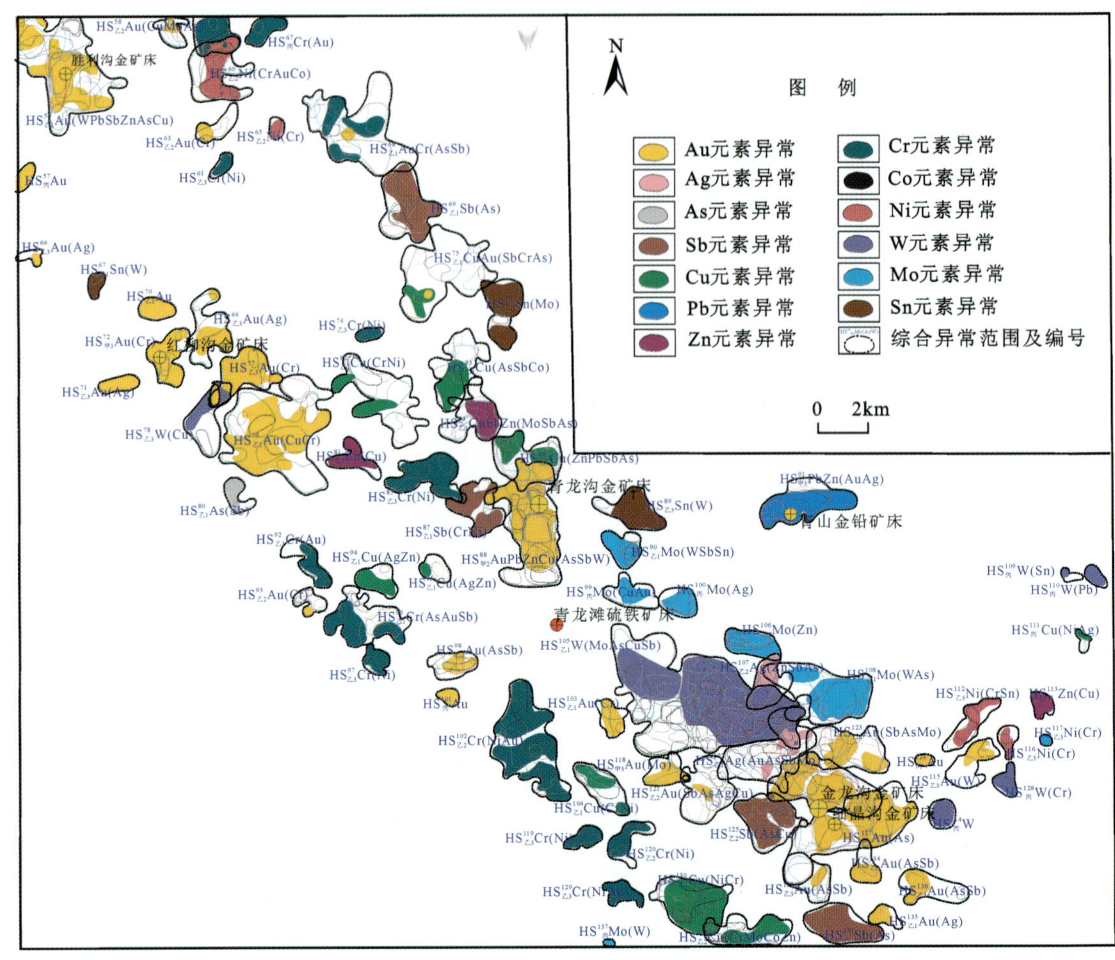

图 2-39　滩间山金矿 1∶5 万水系沉积物测量综合异常图

1. HS$^{126}_{甲1}$Au(AgMoAsSb)异常

该异常呈近东西向面状展布(图 2-40,表 2-16),异常范围为东经 94°35′37″—94°38′43″,北纬 38°12′43″—38°14′09″,面积约 7.13km^2。异常主元素为 Au,特征组合 Ag、Mo、Sb、As,伴生有 W、Zn、Sn、Pb、Cu 等异常。其中主元素 Au 由 Au85、Au87 两个子异常组成,其异常点数分别为 18、17,异常面积分别为 2.053km^2、2.131km^2,异常平均值分别为 3.61×10^{-9}、71.66×10^{-9},峰值分别为 5.2×10^{-9}、1060×10^{-9},衬度为 1.44、28.66;Ag 由 Ag82、Ag83 两个子异常组成,异常点数分别为 10、30,异常面积分别为 0.943km^2、3.853km^2,平均值分别为 91.5×10^{-9}、367.33×10^{-9},峰值分别为 200×10^{-9}、3200×10^{-9};Mo 由 Mo68、Mo74 两个子异常组成,异常点数分别为 35、3,异常面积分别为 4.153km^2、0.172km^2,平均值分别为 8.1×10^{-6}、7.1×10^{-6},峰值分别为 12.7×10^{-6}、9.4×10^{-6};Sb55 子异常点数为 28,异常面积为 3.023km^2,异常平均值为 3.63×10^{-6},峰值为 34.8×10^{-6},衬度为 4.538;As47 子异常点数为 27,异常面积为 3.137km^2,异常平均值为 72.37×10^{-6},峰值为 315×10^{-6},衬度为 3.619。该异常 Au、Ag、Mo、Sb、As、W 元素内中外带齐全,浓集中心明显,各元素套合性良好,规模大。

异常区出露地层为中元古代万洞沟群碳酸盐岩组、碎屑岩组千枚岩段;侵入岩主要为中侏罗世闪长玢岩、中泥盆世花岗闪长斑岩和早奥陶世蚀变中—中细粒辉长岩;主要以北西-南东向断裂切割地层。区内已发现大柴旦镇滩涧山金矿金矿床 1 处、大柴旦镇绝壁沟金矿点 1 处、大柴旦镇绝壁沟铅铜锌矿点 1 处、大柴旦镇滩间山铀钍矿化点 1 处、大柴旦镇瀑布沟口金矿化点 1 处,已有的矿化事实和异常特征表明该异常区具有寻找热液型金矿的潜力。

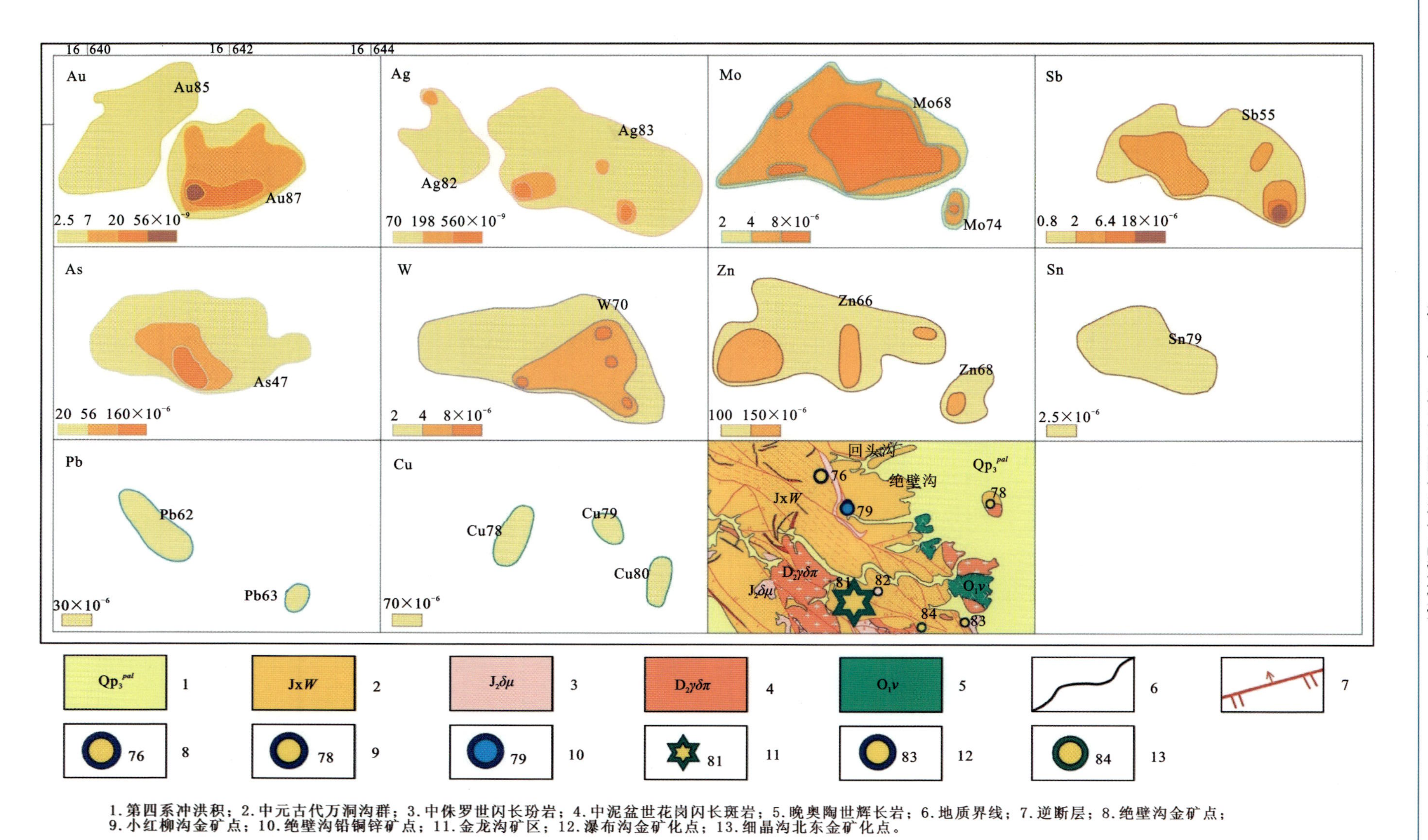

1.第四系冲洪积；2.中元古代万洞沟群；3.中侏罗世闪长玢岩；4.中泥盆世花岗闪长斑岩；5.晚奥陶世辉长岩；6.地质界线；7.逆断层；8.绝壁沟金矿点；9.小红柳沟金矿点；10.绝壁沟铅铜锌矿点；11.金龙沟矿区；12.瀑布沟金矿化点；13.细晶沟北东金矿化点。

图2-40 $HS^{126}_{甲1}$Au(AgMoAsSb)异常剖析图

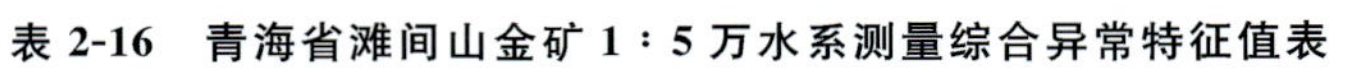

表 2-16 青海省滩间山金矿 1∶5 万水系测量综合异常特征值表

异常编号	分类级别	单元素异常号	异常下限	异常点数	面积/km^2	异常平均值	峰值	衬度	NAP 值	浓度带	综合异常 NAP 值	单异常 NAP 值百分含量/%	异常 NAP 值百分含量累加	特征组合平均衬度	主元素//特征元素
HS56	乙 1	Au43	2.5	14	2.815	6.3	14.5	2.52	7.09	中外	56.8	12.489	12.489	1.62	Au//W/Pb/Sb/Zn/As/Cu
		Au44	2.5	29	4.075	5.8	17.6	2.32	9.45	中外		16.644	29.133		
		W40	2	29	3.867	3	17.3	1.50	5.80	内中外		10.211	39.345		
		Pb37	30	1	0.111	63.4	63.4	2.11	0.23	中外		0.413	39.758		
		Pb38	30	7	1.378	50.76	90.3	1.69	2.33	中外		4.103	43.861		
		Pb39	30	14	1.589	87.32	182	2.91	4.62	内中外		8.140	52.001		
		Pb40	30	6	0.570	32.8	34.1	1.09	0.62	外		1.097	53.099		
		Pb41	30	3	0.592	51.63	61.1	1.72	1.02	中外		1.793	54.892		
		Sb7	0.8	8	1.278	1.31	1.93	1.64	2.09	外		3.684	58.575		
		Sb8	0.8	12	1.838	1.72	3.59	2.15	3.95	中外		0.696	59.271		
		Zn27	100	12	1.754	138	208	1.38	2.42	内中外		4.263	63.534		
		As10	20	2	0.338	32.67	40	1.63	0.55	外		0.971	64.504		
		As11	20	9	1.364	34.37	58.8	1.72	2.34	中外		4.125	68.629		
		Cu18	70	4	0.579	119.3	128	1.70	0.99	外		1.737	70.367		
		Cu19	70	6	1.053	113.65	162	1.62	1.71	中外		3.011	73.377		
		Cu20	70	13	1.351	85.3	119	1.22	1.65	外		2.898	76.275		
		Cu21	70	13	1.470	110.35	175	1.58	2.32	中外		4.078	80.354		
		Cu22	70	10	0.693	82.7	90.6	1.18	0.82	外		1.442	81.796		
		Cu23	70	4	0.759	73.3	77.2	1.05	0.80	外		1.400	83.195		
		Cu24	70	4	0.508	84.05	94.2	1.20	0.61	外		1.074	84.269		
		Mo24	2	3	0.407	2.51	2.69	1.26	0.51	外		0.898	85.168		
		Mo25	2	4	0.504	2.54	3.48	1.27	0.64	外		1.127	86.295		

续表 2-16

异常编号	分类级别	单元素异常号	异常下限	异常点数	面积/km^2	异常平均值	峰值	衬度	NAP 值	浓度带	综合异常 NAP 值	单异常 NAP 值百分含量/%	异常 NAP 值百分含量累加	特征组合平均衬度	主元素//特征元素
HS56	乙 1	Mo26	2	4	0.599	3.4	4.44	1.70	1.02	中外	56.8	1.791	88.086	1.62	Au//W/Pb/Sb/Zn/As/Cu
		Ag32	70	6	0.611	111.52	199	1.59	0.97	中外		1.714	89.800		
		Ag33	70	2	0.075	72.5	74	1.04	0.08	外		0.137	89.937		
		Cr33	150	5	0.436	305.6	407	2.04	0.89	外		0.137	90.074		
		Cr37	150	2	0.148	227.5	284	1.52	0.22	外		0.395	90.469		
		Ni15	80	5	0.299	136.5	173	1.71	0.51	中外		0.897	91.367		
		Ni17	80	3	0.140	127.3	160	1.59	0.22	中外		0.391	91.757		
		Co29	30	4	0.279	34.2	36.9	1.14	0.32	外		0.560	92.318		
HS72	甲 3	Au58	2.5	14	2.030	25	219	10.00	20.30	内中外	22.7	89.427	89.427	2.05	Au//Cr
		Cr53	150	3	0.339	307	326	2.05	0.69	外		3.059	92.486		
		Mo32	2	3	0.344	3.3	3.73	1.65	0.57	外		2.497	94.983		
		W43	2	1	0.161	5.07	5.07	2.54	0.41	中外		1.799	96.783		
		Cu33	70	3	0.359	76.2	81.2	1.09	0.39	外		1.723	98.506		
		Ag41	70	2	0.106	110	138	1.57	0.17	外		0.730	99.236		
		Ni30	80	2	0.123	115	124	1.44	0.18	外		0.776	100.012		
HS88	甲 2	Au66	2.5	42	5.653	8.51	40.4	3.40	19.24	内中外	71.24	27.009	27.009	2.5	AuPbZnCu//As/Sb/W
		Pb48	30	3	0.390	88.37	156	2.95	1.15	内中外		1.613	28.621		
		Pb49	30	14	1.983	38.83	47.4	1.29	2.57	外		3.603	32.225		
		Zn38	100	3	0.385	120.7	135	1.21	0.47	外		2.956	35.181		
		Zn39	100	8	1.066	104	108	1.04	1.11	外		0.653	35.833		
		Cu53	70	17	1.940	76	90.3	1.09	2.11	外		1.556	37.389		
		As27	20	24	3.547	100.11	378	5.01	17.75	内中外		24.920	62.309		
		Sb22	0.8	7	0.621	1.43	4.55	1.79	1.11	中外		1.559	63.868		

续表 2-16

异常编号	分类级别	单元素异常号	异常下限	异常点数	面积/km²	异常平均值	峰值	衬度	NAP 值	浓度带	综合异常NAP 值	单异常 NAP 值百分含量/%	异常 NAP 值百分含量累加	特征组合平均衬度	主元素//特征元素
HS88	甲 2	Sb29	0.8	17	2.405	1.86	3.01	2.33	5.59	中外	71.24	7.849	71.717	2.5	AuPbZnCu//As/Sb/W
		W48	2	5	0.718	4	8.4	2.00	1.44	内中外		0.202	71.919		
		W52	2	11	1.669	5.3	7.56	2.65	4.42	中外		6.210	78.129		
		W53	2	4	0.455	2.5	2.66	1.25	0.57	外		0.798	78.926		
		Cr65	150	4	0.605	255	359	1.70	1.03	外		1.444	80.371		
		Cr66	150	4	0.278	325.3	578	2.17	0.60	中外		0.845	81.215		
		Cr69	150	10	1.748	285.8	464	1.91	3.33	中外		4.674	85.890		
		Ag48	70	6	0.614	186.3	688	2.66	1.63	内中外		2.292	88.182		
		Ag49	70	8	0.913	78	86	1.11	1.02	外		1.428	89.610		
		Ag54	70	2	0.138	77.5	82	1.11	0.15	外		0.215	89.825		
		Mo45	2	5	0.463	3.3	4.18	1.65	0.76	中外		1.073	90.897		
		Mo46	2	8	1.008	3.2	3.73	1.60	1.61	外		2.263	93.160		
		Ni44	80	3	0.276	103.3	124	1.29	0.36	外		0.501	93.661		
		Ni45	80	2	0.083	109.7	135	1.37	0.11	外		0.160	93.822		
		Ni46	80	3	0.798	123.3	135	1.54	1.23	外		1.725	95.547		
		Co41	30	5	0.587	34.2	37	1.14	0.67	外		0.939	96.486		
		Co44	30	3	0.548	32	33	1.07	0.58	外		0.821	97.306		
		Sn46	2.5	6	0.526	3	3.5	1.20	0.63	外		0.821	98.127		
HS91	甲 3	Pb51	30	15	3.509	182.8	776	6.09	21.38	内中外	40.71	52.527	52.527	3.12	PbZn//Au/Ag
		Zn40	100	11	2.415	314.2	979	3.14	7.59	内中外		18.642	71.169		
		Au69	2.5	13	2.714	8.16	29.4	3.26	8.86	内中外		21.759	92.928		
		Ag51	70	4	0.629	208	380	2.97	1.87	中外		4.589	97.517		
		Sn54	2.5	4	0.775	2.65	2.9	1.06	0.82	外		2.018	99.535		

续表 2-16

异常编号	分类级别	单元素异常号	异常下限	异常点数	面积/km²	异常平均值	峰值	衬度	NAP 值	浓度带	综合异常NAP 值	单异常 NAP 值百分含量/%	异常 NAP 值百分含量累加	特征组合平均衬度	主元素//特征元素
HS91	甲 3	Sb24	0.8	2	0.168	0.91	0.92	1.14	0.19	中外	40.71	0.470	100.005	3.12	PbZn//Au/Ag
HS118	甲 3	Au82	2.5	9	0.913	3.62	9	1.45	1.32	中外	2.65	49.880	49.880	1.16	Au//Mo
		Mo63	2	8	0.792	2.32	2.55	1.16	0.92	外		34.647	84.527		
		Pb60	30	2	0.203	34.25	36.9	1.14	0.23	外		8.724	93.251		
		Zn59	100	2	0.144	122.5	136	1.23	0.18	外		6.675	99.926		
HS126	甲 1	Au85	2.5	18	2.053	3.46	5.2	1.38	2.84	外	146.2	1.943	1.943	3.72	Au//Ag/Mo/Sb/As
		Au87	2.5	17	2.131	71.66	1060	28.66	61.08	内中外		41.777	43.720		
		Ag82	70	10	0.943	91.5	200	1.31	1.23	中外		0.843	44.564		
		Ag83	70	30	3.853	367.3	3200	5.25	20.22	内中外		13.829	58.393		
		Mo68	2	35	4.153	8.1	12.7	4.05	16.82	内中外		11.503	69.896		
		Mo74	2	3	0.172	7.1	9.4	3.55	0.61	内中外		0.417	70.313		
		Sb55	0.8	28	3.023	3.63	24.8	4.54	13.72	内中外		9.382	79.696		
		As47	20	27	3.137	72.37	315	3.62	11.35	内中外		7.764	87.459		
		W70	2	31	3.845	5.5	10.9	2.75	10.57	内中外		7.232	94.692		
		Zn66	100	26	3.263	122.6	150	1.23	4.00	中外		0.274	94.965		
		Zn68	100	5	0.408	130.7	184	1.31	0.53	中外		0.365	95.330		
		Sn79	2.5	13	1.534	3.1	4.2	1.24	1.90	外		1.301	96.632		
		Pb62	30	5	0.517	30.56	31.8	1.02	0.53	外		0.360	96.992		
		Pb63	30	2	0.101	33.5	36.7	1.12	0.11	外		0.077	97.069		
		Cu78	70	3	0.307	75.5	79.7	1.08	0.33	外		0.226	97.296		
		Cu79	70	2	0.141	73.8	74.4	1.05	0.15	外		0.101	97.397		
		Cu80	70	3	0.191	76.13	110	1.09	0.21	外		0.142	97.539		
HS127	甲 3	Au93	2.5	12	1.495	42	226	16.80	25.12	内中外	1 461.92	1.718	1.718	10.04	Au//As

续表 2-16

异常编号	分类级别	单元素异常号	异常下限	异常点数	面积/km^2	异常平均值	峰值	衬度	NAP值	浓度带	综合异常NAP值	单异常NAP值百分含量/%	异常NAP值百分含量累加	特征组合平均衬度	主元素//特征元素
HS127	甲3	Au94	2.5	20	4.000	859	11 300	343.6	1374	内中外	1 461.92	94.013	95.732	10.04	Au//As
		As51	20	18	3.113	80.7	358	4.04	12.56	内中外		0.859	96.591		
		As52	20	10	2.078	321	1668	16.05	33.34	内中外		2.281	98.872		
		W73	2	15	2.128	3.8	5.61	1.90	4.04	中外		0.277	99.148		
		W74	2	9	2.393	5.42	12.6	2.71	6.49	内中外		0.444	99.592		
		Sb59	0.8	17	2.243	2.3	3.83	2.88	6.45	中外		0.441	100.033		
		Sb61	0.8	8	1.016	1.33	1.95	1.66	1.69	外		0.116	100.148		
		Mo73	2	15	2.008	3.63	4.81	1.82	3.64	中外		0.249	100.398		
		Mo75	2	6	1.274	7.13	13.2	3.57	4.54	内中外		0.031	100.429		
		Ag87	70	5	0.823	220	630	3.14	2.59	内中外		0.177	100.606		
		Ag93	70	5	0.467	89.4	97	1.28	0.60	外		0.041	100.646		
		Sn80	2.5	3	0.525	2.83	3	1.13	0.59	外		0.041	100.687		
		Au95	2.5	2	0.174	5.3	7	2.12	0.37	中外		2.194	98.967		
		Au96	2.5	3	0.146	2.9	3.1	1.16	0.17	外		1.005	99.972		

2. $HS^{88}_{甲2}$AuPbZnCu(AsSbW)异常

该异常呈南北向条带状(图2-41,表2-16),异常范围为东经94°27′55″—94°30′02″,北纬38°17′40″—38°20′28″,面积约9.31km²。异常主元素为Au、Pb、Zn、Cu,特征组合As、Sb、W,伴生有Cr、Ag、Mo、Ni、Co、Sn异常。其中主元素Au66具内、中、外带,其异常点数为42,异常面积为5.653km²,异常平均值为8.65×10⁻⁹,峰值为40.4×10⁻⁹,衬度为3.4;Pb由Pb48、Pb49两个子异常组成,异常点数分别为3、14,异常面积分别为0.39km²、1.983km²,平均值分别为88.37×10⁻⁶、38.83×10⁻⁶,峰值分别为156×10⁻⁶、47.4×10⁻⁶,衬度分别为2.95、1.29;Zn由Zn38、Zn39两个子异常组成,异常点数分别为3、8,异常面积分别为0.385km²、1.066km²,平均值分别为120.7×10⁻⁶、124×10⁻⁶,峰值分别为135×10⁻⁶、108×10⁻⁶,衬度分别为1.21、1.04;Cu53子异常点数为17,异常面积为1.94km²,异常平均值为76×10⁻⁶,峰值为90.3×10⁻⁶,衬度为1.09;As27子异常点数为24,异常面积为3.547km²,异常平均值为100.11×10⁻⁶,峰值为378×10⁻⁶,衬度为5.01;W由W48、W52、W53三个子异常组成,异常点数分别为5、11、4,面积分别为0.718km²、1.669km²、0.455km²,平均值分别为4×10⁻⁶、5.3×10⁻⁶、2.5×10⁻⁶,峰值分别为8.4×10⁻⁶、7.56×10⁻⁶、2.66×10⁻⁶。该异常Au、As、W、Pb、Ag元素内中外带齐全,浓集中心明显,各元素套合性良好,规模大。

异常区出露地层为奥陶纪滩间山群碎屑岩组、火山岩组、砾岩组;中元古代万洞沟群碎屑岩组、碳酸盐岩组;侵入岩主要为中奥陶世中细粒闪长岩和早奥陶世蚀变细粒—中细粒辉长岩、强蚀变(蛇纹石化)超基性岩;主要以近南北向断裂切割地层。区内已发现大柴旦镇青龙沟金矿床1处、大柴旦镇青龙山铜镍矿点1处、大柴旦镇青龙山铅锌矿化点1处、大柴旦镇青龙滩北铅铜矿化点1处,已有的矿化事实和异常特征表明该异常区具有寻找热液型金矿和铜多金属矿的潜力。

3. $HS^{72}_{甲3}$Au(Cr)异常

该异常呈南北向面状展布(图2-42,表2-16),异常范围为东经94°18′34″—94°19′46″,北纬38°21′59″—38°23′17″,面积约2.47km²。异常主元素为Au,特征组合Cr,伴生有Mo、W、Cu、Ag、Ni异常。其中主元素Au58内、中、外带齐全,其异常点数为14,异常面积为2.03km²,异常平均值为25.01×10⁻⁹,峰值为219×10⁻⁹,衬度为10。该异常Au浓集中心明显,各元素套合性良好,规模较小。

异常区出露地层为早—中侏罗世大煤沟组,早石炭世怀头他拉组灰岩段,中—晚泥盆世牦牛山组上砾岩段及奥陶纪滩间山群下碎屑岩组、下火山岩组;侵入岩主要为中泥盆世中细—中粒英云闪长岩;主要以北西西向及南北向两条断裂切割地层。区内已发现大柴旦镇红柳沟金矿床1处,已有的矿化事实和异常特征表明该异常区具有寻找构造蚀变型金矿的潜力。

4. $HS^{91}_{甲3}$PbZn(AuAg)异常

该异常呈南北向面状展布(图2-43,表2-16),异常范围为东经94°35′27″—94°38′05″,北纬38°18′53″—38°20′03″,面积约4.56km²。异常主元素为Pb、Zn,特征组合Au、Ag,伴生有Sn、Sb异常。其中主元素Pb51异常点数为15,异常面积为3.509km²,异常平均值为182.79×10⁻⁶,峰值为776×10⁻⁶,衬度为6.09;Zn40异常点数为11,异常面积为2.415km²,异常平均值为314.18×10⁻⁶,峰值为979×10⁻⁶,衬度为3.14;Au69内、中、外带齐全,异常点数为13,异常面积为2.714km²,异常平均值为8.16×10⁻⁹,峰值为29.4×10⁻⁹,衬度为3.26。该异常Pb、Au、Zn浓集中心明显,各元素套合性良好,规模较小。

异常区出露地层为早—中三叠世隆务河组,中元古代万洞沟群碎屑岩组千枚岩段,古元古代达肯大坂岩群片岩岩组及片麻岩岩组,局部可见古元古代托赖岩群片岩岩组和片麻岩岩组;主要以近东西向断裂切割地层。区内已发现大柴旦镇青山金铅锌矿床1处,已有的矿化事实和异常特征表明该异常区具有寻热液型金及多金属矿的潜力。

5. $HS^{118}_{甲3}$Au(Mo)异常

该异常呈不规则面状展布(图2-44,表2-16),异常范围为东经94°32′13″—94°33′31″,北纬38°13′24″—38°14′10″,面积约1.63km²。异常主元素为Au,特征组合Mo,伴生有Pb、Zn异常。其中主元素Au82具中、外带,其异常点数为9,异常面积为0.913km²,异常平均值为3.62×10⁻⁹,峰值为9×10⁻⁹,衬度为1.45。该异常各元素套合性良好,规模较小。

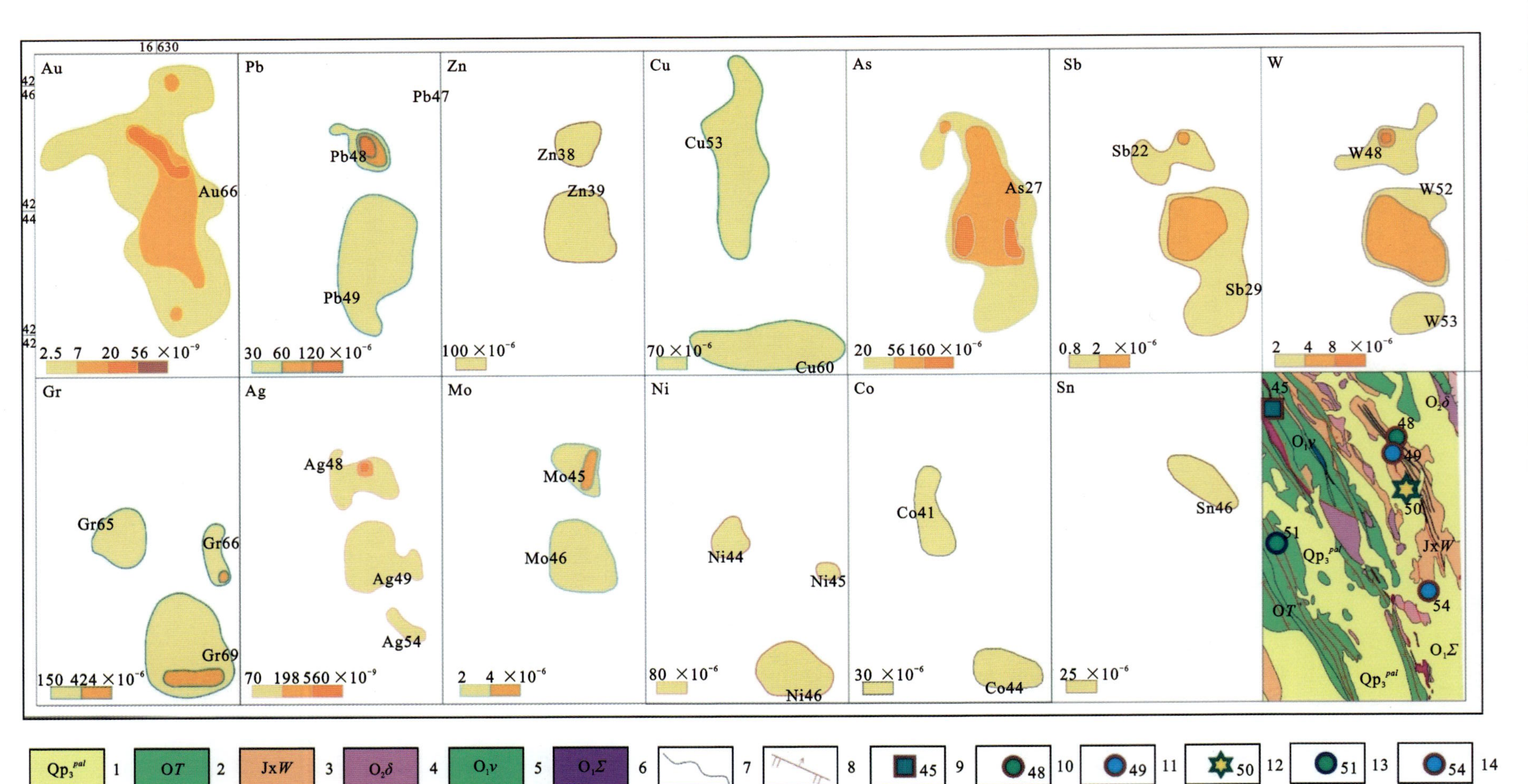

1. 第四系冲洪积；2. 奥陶系滩间山群；3. 中元古代万洞沟群；4. 晚奥陶世闪长岩；5. 早奥陶世辉长岩；6. 早奥陶世超基性岩；7. 地质界线；8. 逆断层；9. 黑山沟铬矿点；10. 青龙山铜镍矿点；11. 青龙山铅锌矿化点；12. 青龙沟金矿床；13. 蚂蚁山铜矿化点；14. 青龙滩北铅铜银矿化点。

图2-41　$HS^{88}_{甲2}$AuPbZnCu（AsSbW）异常剖析图

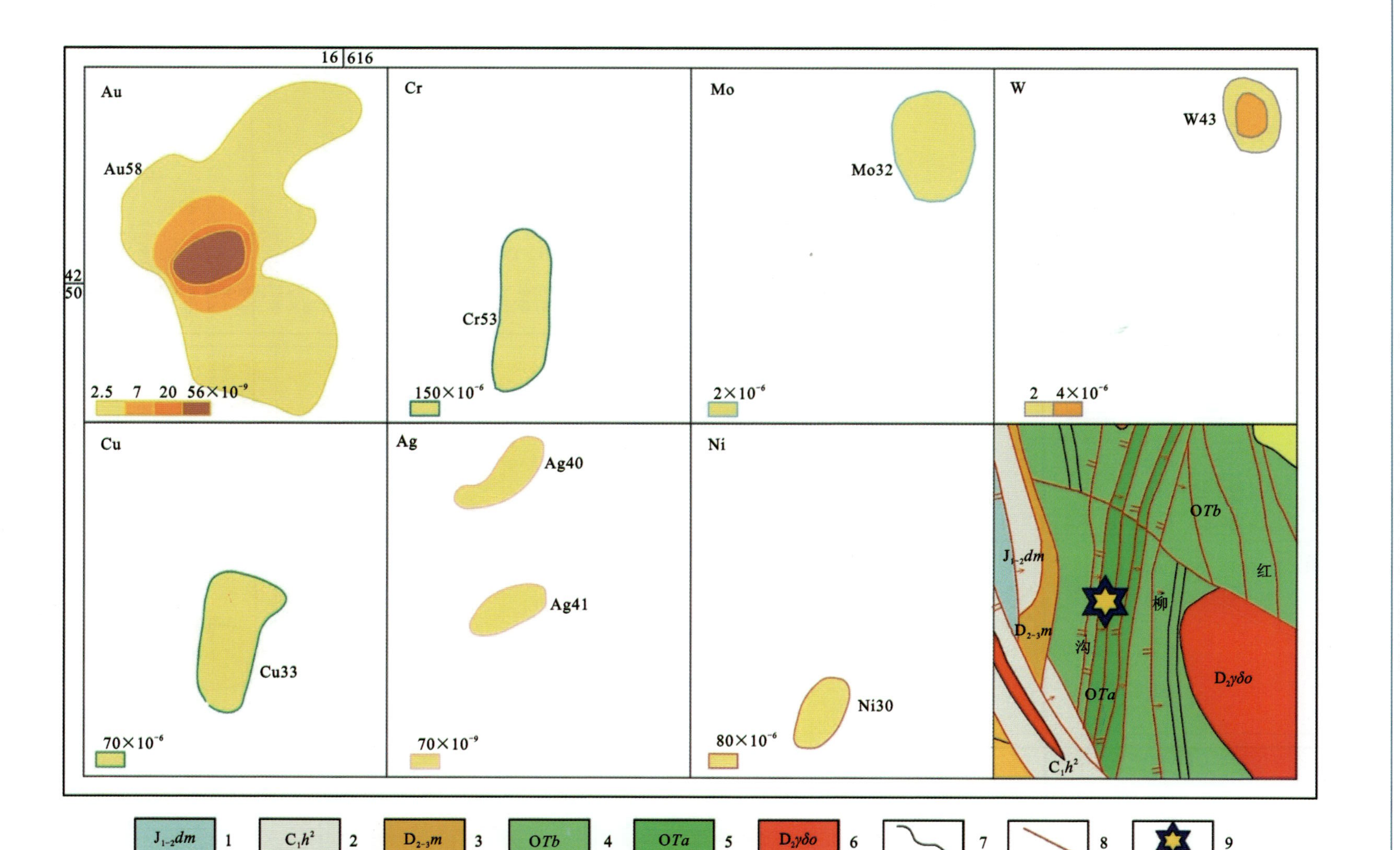

1.下—中侏罗统大煤沟组；2.下石炭统怀头他拉组；3.中—上泥盆统牦牛山组；4.奥陶系下火山岩组；5.奥陶系下碎屑岩组；6.中泥盆统英云闪长岩；7.地质界线；8.逆断层；9.红柳沟金矿床。

图2-42　$HS^{72}_{甲3}Au$ (Cr)异常剖析图

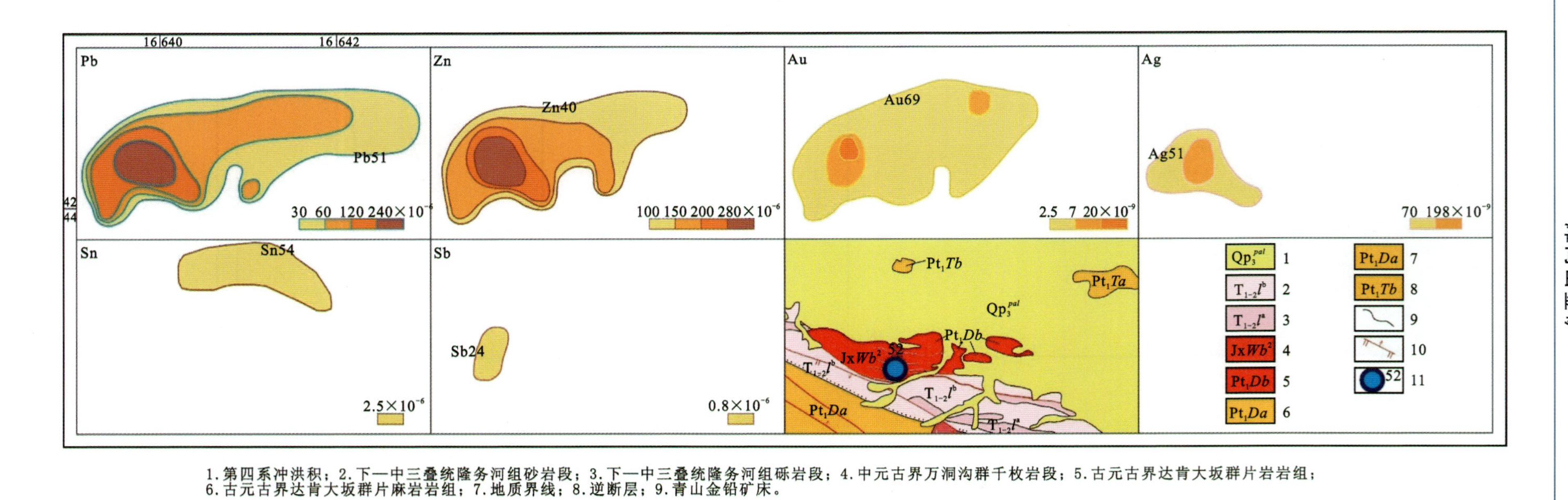

1.第四系冲洪积；2.下一中三叠统隆务河组砂岩段；3.下一中三叠统隆务河组砾岩段；4.中元古界万洞沟群千枚岩段；5.古元古界达肯大坂群片岩岩组；6.古元古界达肯大坂群片麻岩岩组；7.地质界线；8.逆断层；9.青山金铅矿床。

图2-43　$HS^{91}_{甲3}$PbZn(AuAg)异常剖析图

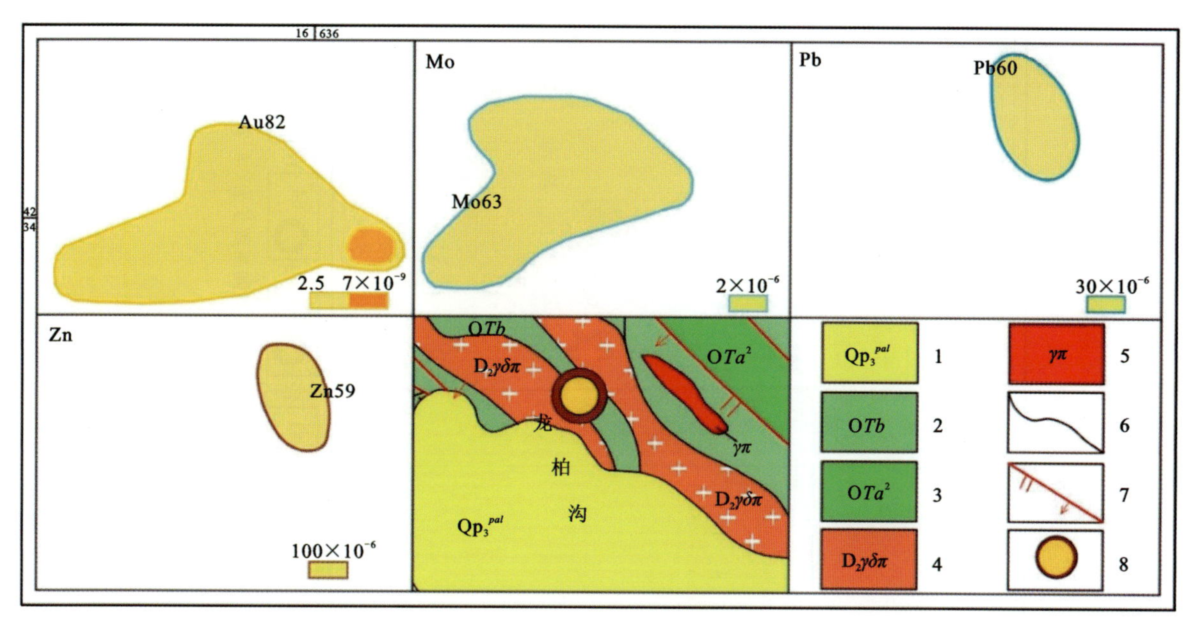

1.第四系冲洪积;2.奥陶系滩间山群下火山岩组;3.奥陶系滩间山群下碎屑岩组片岩段;4.中泥盆统花岗闪长岩斑岩;5.花岗斑岩;6.地质界线;7.正断层;8.龙柏沟金矿点。

图 2-44 HS$^{118}_{甲3}$Au(Mo)异常剖析图

异常区出露地层为奥陶纪滩间山群下火山岩组和下碎屑岩组;侵入岩主要为中泥盆世花岗闪长斑岩。区内已发现大柴旦镇龙柏沟金矿床1处,已有的矿化事实和异常特征表明该异常区具有寻找热液型金矿的潜力。

6. HS$^{127}_{甲3}$Au(As)异常

该异常呈不规则状展布(图 2-45,表 2-16),异常范围为东经 94°36′02″—94°39′40″,北纬 38°11′14″—38°13′33″,面积约 9.83km^2。异常主元素为 Au,特征组合 As,伴生有 W、Sb、Mo、Ag、Sn 异常,其中主元素 Au 由 Au93、Au94 组成,异常点数分别为 12、20,异常面积分别为 1.495km^2、4km^2,异常平均值分别为 42×10^{-9}、859×10^{-9},峰值分别为 226×10^{-9}、11 300×10^{-9},衬度分别为 16.8、343.6;As 由 As51、As52 组成,异常点数分别为 18、10,异常面积分别为 3.113km^2、2.078km^2,异常平均值分别为 80.7×10^{-6}、321×10^{-6},峰值分别为 358×10^{-6}、1668×10^{-6},衬度分别为 4.04、16.05。该异常 Au、As、W、Mo、Ag 元素内中外带齐全,浓集中心明显,各元素套合性良好,规模大。

异常区出露地层为古—始新世路乐河组,下—中侏罗统大煤沟组,中元古代万洞沟群碳酸盐岩组、碎屑岩组千枚岩段;侵入岩主要为中侏罗世闪长玢岩,中泥盆世花岗闪长斑岩及中奥陶世蚀变细—中细粒辉长岩;主要以北西-南东向断裂切割地层,同时有变质核杂岩构造发育。区内已发现大柴旦镇细金沟金矿床1处、大柴旦镇细金沟北东金矿化点1处、大柴旦镇瀑布沟口金矿化点1处,已有的矿化事实和异常特征表明该异常区具有寻找热液型金矿的潜力。

7. HS$^{56}_{乙1}$Au(WPbSbZnAsCu)异常

该异常呈不规则状展布(图 2-46,表 2-16),异常范围为东经 94°18′04″—94°14′19″,北纬 38°27′27″—38°30′38″,面积约 13.12km^2。异常主元素为 Au,特征组合 W、Pb、Sb、Zn、As、Cu,伴生有 Mo、Ag、Cr、Ni、Co 异常。其中主元素 Au 由 Au43、Au44 两个子异常组成,其异常点数分别为 14、29,异常面积分别为 2.815km^2、4.075km^2,异常平均值分别为 6.3×10^{-9}、5.8×10^{-9},峰值分别为 14.5×10^{-9}、17.6×10^{-9},衬度分别为 2.52、2.32;W40 异常点数为 29,异常面积为 3.867km^2,异常平均值为 3×10^{-6},峰值为 17.3×10^{-6},衬度为 1.5;Pb 由 Pb37、Pb38、Pb39、Pb40 四个子异常组,其中 Pb39 内、中、外带齐全,异常点数为 14,异常面积为 1.589km^2,异常平均值为 87.32×10^{-6},峰值为 182×10^{-6},衬度为 2.91。该异常中各元素浓集中心明显、套合性良好、异常规模大。

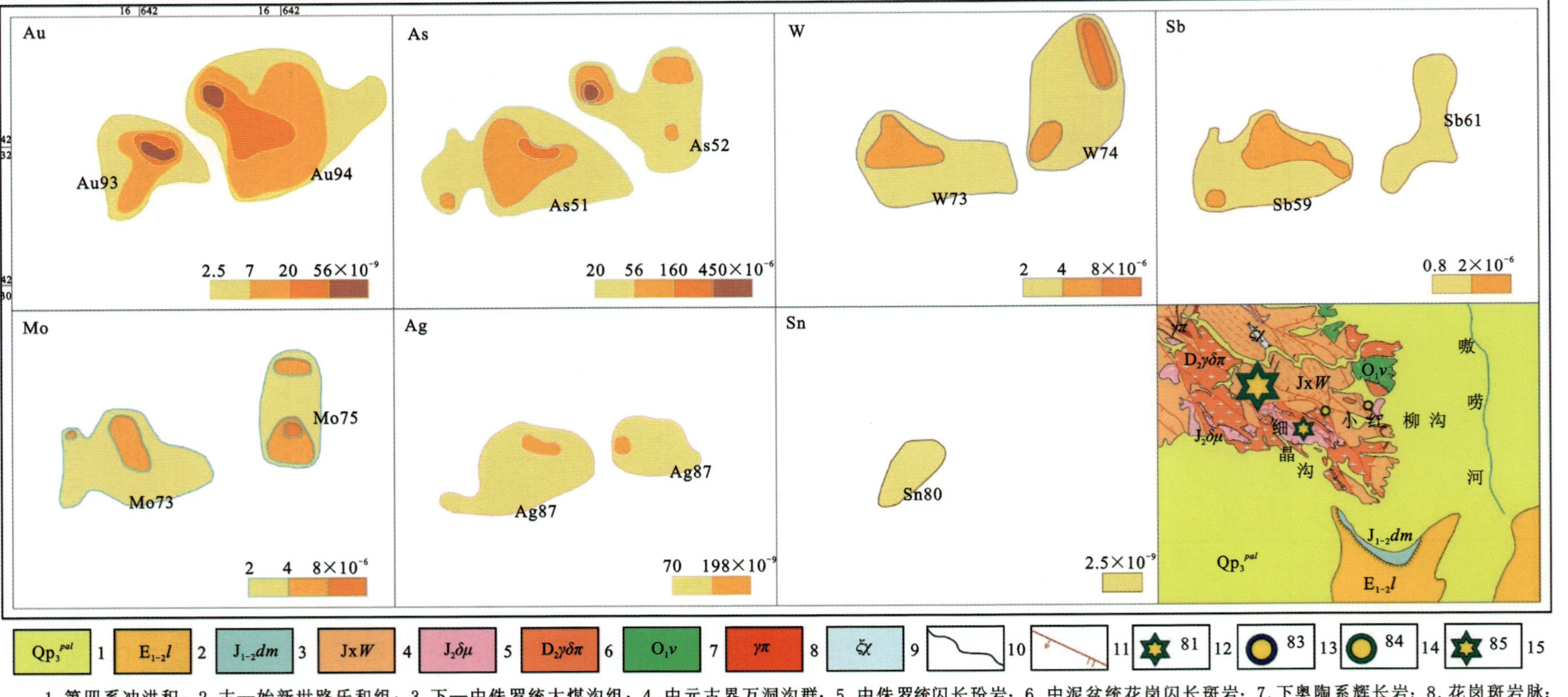

1.第四系冲洪积；2.古—始新世路乐和组；3.下—中侏罗统大煤沟组；4.中元古界万洞沟群；5.中侏罗统闪长玢岩；6.中泥盆统花岗闪长斑岩；7.下奥陶系辉长岩；8.花岗斑岩脉；9.云斜煌斑岩脉；10.地质界线；11.正断层；12.金龙沟金矿床；13.瀑布沟口金矿化点；14.细晶沟北东金矿化点；15.细晶沟金矿床。

图2-45 $HS^{127}_{甲3}$Au(As)异常剖析图

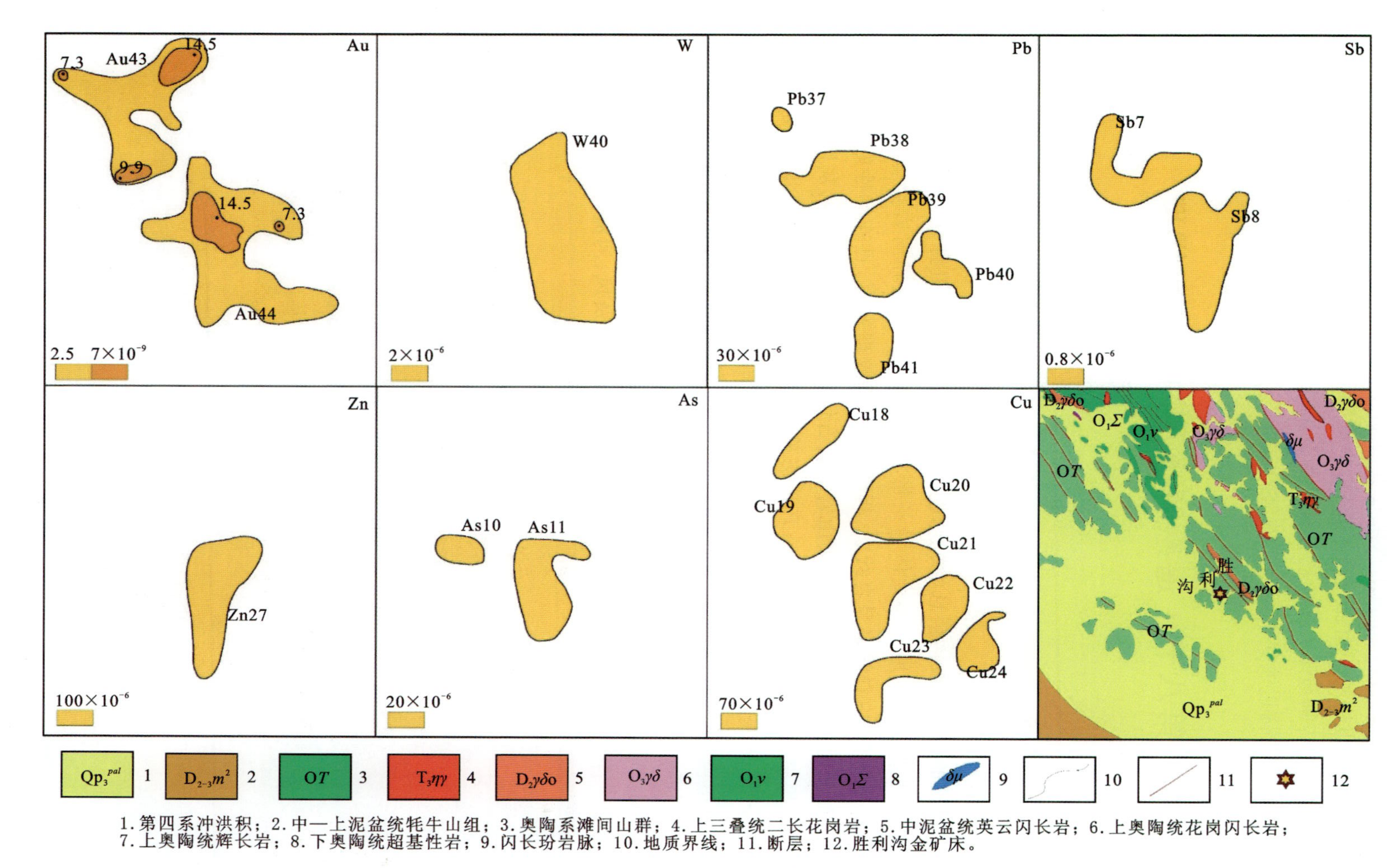

1.第四系冲洪积；2.中—上泥盆统牦牛山组；3.奥陶系滩间山群；4.上三叠统二长花岗岩；5.中泥盆统英云闪长岩；6.上奥陶统花岗闪长岩；7.上奥陶统辉长岩；8.下奥陶统超基性岩；9.闪长玢岩脉；10.地质界线；11.断层；12.胜利沟金矿床。

图2-46　HS_{Z1}^{56}Au（WPbSbZnAsCu）异常剖析图

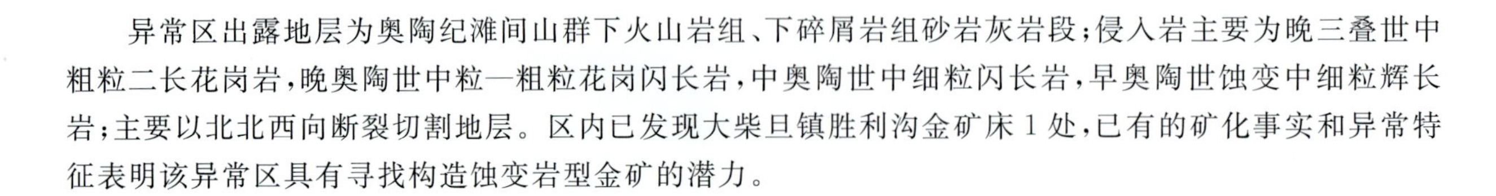

异常区出露地层为奥陶纪滩间山群下火山岩组、下碎屑岩组砂岩灰岩段；侵入岩主要为晚三叠世中粗粒二长花岗岩，晚奥陶世中粒—粗粒花岗闪长岩，中奥陶世中细粒闪长岩，早奥陶世蚀变中细粒辉长岩；主要以北北西向断裂切割地层。区内已发现大柴旦镇胜利沟金矿床1处，已有的矿化事实和异常特征表明该异常区具有寻找构造蚀变岩型金矿的潜力。

第八节　遥感解译及蚀变信息提取

一、遥感影像特征

遥感影像上反映的空间及波谱信息(纹形、色调等)，对不同岩石组合、结构构造的地质体有明显不同的影像特征组合，影像上不同地质体大体沿条带状分布(图2-47)：碎屑岩类呈较浅的中间色或暖色调，爪状、斑点状纹形发育，山脊线多呈直线状、折线状，平行纹理发育，且连续性好，局部地区褶皱现象清楚，主要分布于滩间山金矿南西部地区；火山岩等岩石体一般色调深而偏冷，灰黑色或灰褐色，纹形或粗或细，常见条带、集束纤维状等线理，分布有环形影像，山脊线分明且多呈弧状，主要分布于金矿区中部；色调深，呈灰绿色、灰黑色，块状或团块状形态，受线性构造控制明显的地质体为基性、超基性侵入体；色调较浅，呈灰白色、浅红褐色、紫红色条带状或团块状分布，具椭圆形轮廓或不规则边界，斑块状纹形，表面相对光滑圆浑，具稀疏的树枝状水系，发育尖棱的弧状山脊和凹形坡面的地质体大多为中酸性侵入岩；分布于图幅中部、北部，大面积出露，色调较深，沟壑发育，纹形细而均一，北西—北北西向纹理发育的地质体为中—深变质岩；第四纪地层为山麓相砂、砾石建造及风、河流、洪水堆积。

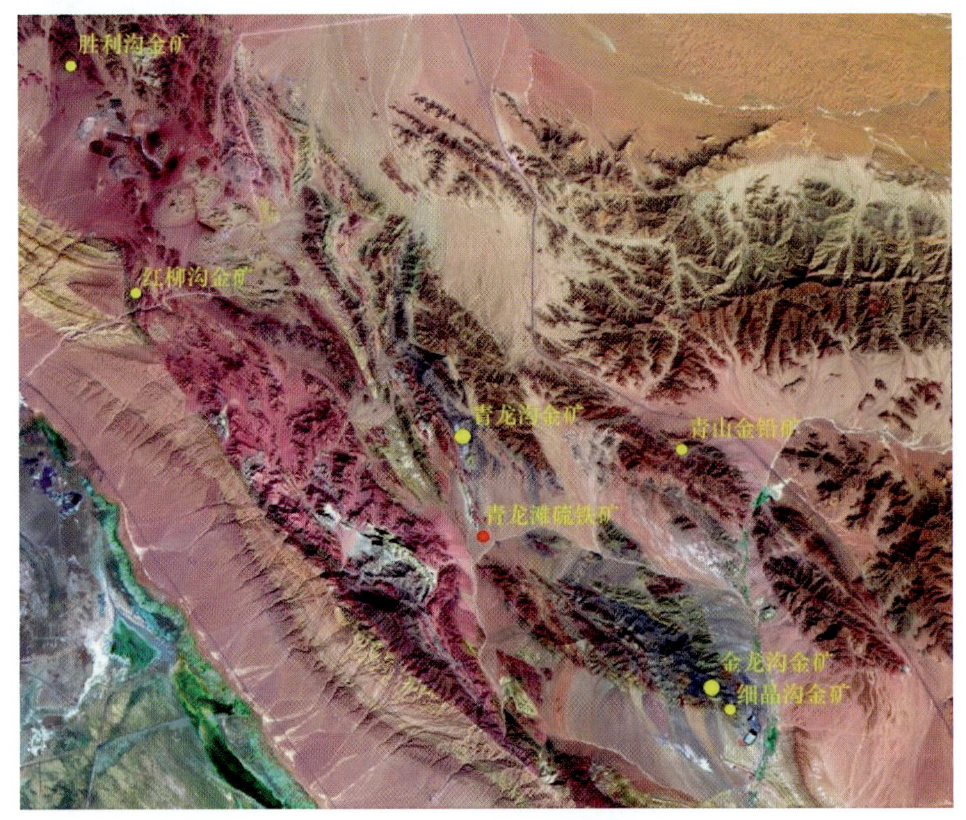

图2-47　滩间山金矿遥感影像图

二、主要地质体遥感解译标志

由于岩石组合、矿物构成、结构构造、变质程度和空间排布位置的差异，不同地质体在图像上反映为不同色调组合、几何形态和影纹结构的块(带)状影像单元或影像体，较易识别，根据遥感解译的不同类型地质体遥感地质特征及解译标志进行了抽象总结、归纳，具体特征见表 2-17。

表 2-17　滩间山金矿主要地质体解译标志

代号	地质体	遥感解译标志	遥感影像
Qh^{al}	全新世冲积：砂、砾石、亚砂土层	区内分布较少，沿区内河流及支沟成带状或条带状分布，包括河谷中河床、河漫滩、低级阶地，表面多平坦，极易分辨	
Qh^{pl}	全新世洪积：砾石、砂土	影像上色调均匀，呈灰黄色、灰褐色等，山间宽谷或山前地貌，表面较平坦，平行树枝状及扇状水系发育，边界清晰	
Qh^{pal}	全新世冲积：砂、砾石、亚砂土层	影像上色调均匀，呈灰黄色、灰绿色、灰褐色等，表面平坦光滑，发育纤细的平行树枝状及扇状水系，边界清晰，沿山前盆地边缘及山间沟谷发育	
Qh^{eol}	全新世现代风积：中细砂、粉细砂	影像上表现为明显的沙垄地貌形态，呈现独特的小型新月状、波状纹形，色调均匀，为浅黄色、黄色色调，表面略显粗糙，凹凸不平，总体色调明亮，边界清晰，主要分布于图幅北东部	
Qh^{fl-ch}	全新世化学沉积沼泽堆积	影像特征较为独特，标志明显，色调多表现为绿色、深绿色，影像结构略显粗糙，斑点状、花斑状纹形，界线十分明显	

续表 2-17

代号	地质体	遥感解译标志	遥感影像
Qp_3^{pl}	晚更新世洪积：砂、砾石层	分布于盆地边缘，较高位置，黄褐色、土黄色，其上水系呈稀疏树枝状发育，影纹较粗糙	
Qp_3^{pal}	晚更新世冲洪积：砂、砂砾石、亚砂土	影像上色调均匀，呈灰黄色、灰褐色等，表面平坦光滑，平行树枝状及扇状水系发育，分布面积较广	
N_2s	上新世狮子沟组	灰色、灰白色、黄色、黄褐色，色调较亮，树枝状水系，北西西向条带状展布，表面覆盖较严重，西南部被第四纪覆盖	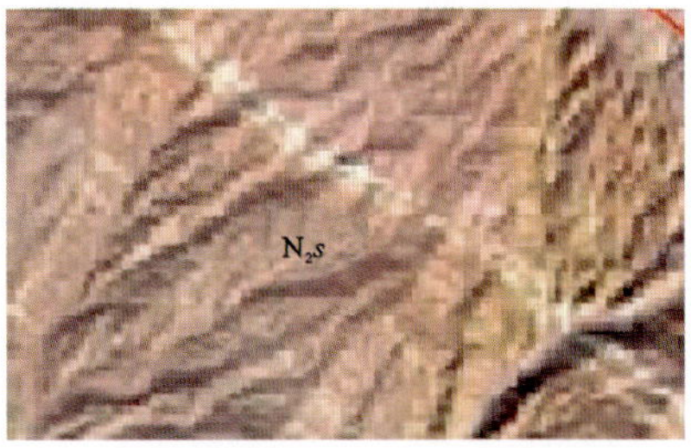
$E_3N_1g^2$	中新世—渐新世干柴沟组粉砂岩段	黄褐色，低山丘陵地貌，树枝状水系，表面粗糙，平行纹理发育，条带状展布	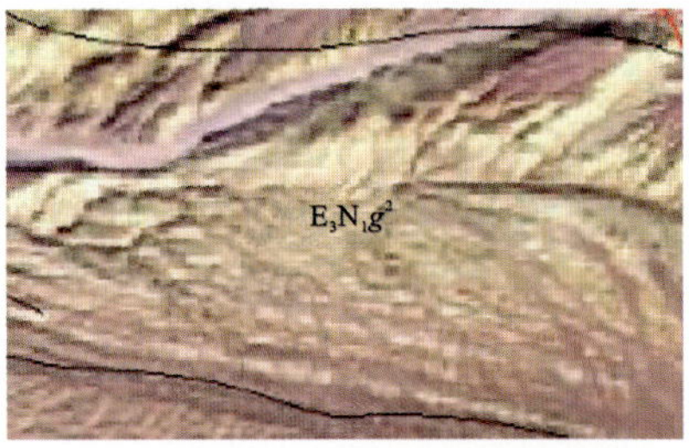
$E_3N_1g^1$	中新世—渐新世干柴沟组砂砾岩段	分布于研究区南部，影像上呈土黄色、黄色，平行纹理发育，地层较清晰，水系紊乱	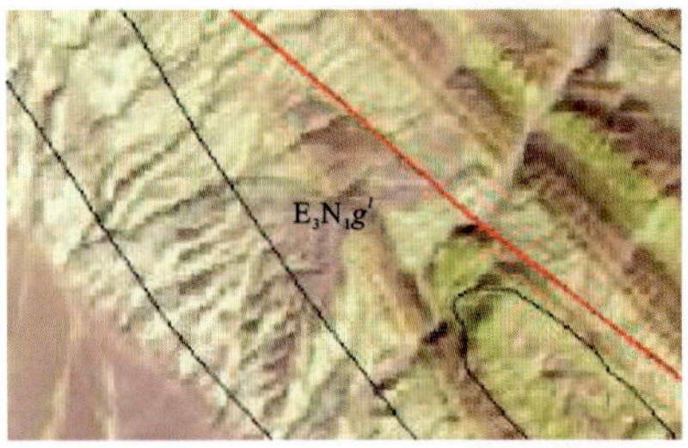
$E_{1-2}l$	始新世—古近世路乐河组	分布于研究区南部，影像上呈灰色、灰褐色、土黄色、黄褐色，平行纹理发育，树枝状水系发育，地层较清晰，表层碎屑物覆盖	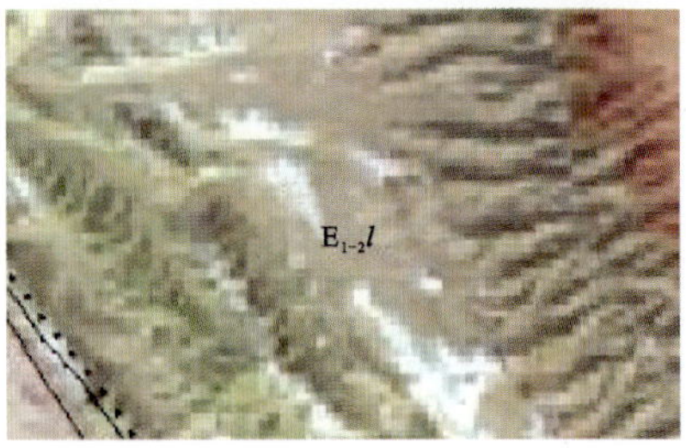

续表 2-17

代号	地质体	遥感解译标志	遥感影像
K_1q	下白垩统犬牙沟组	分布于研究区西部，影像上呈灰褐色，薄层状条带，地层较清晰	
J_3h	上侏罗统红水沟组	位于研究区西部，低山丘陵地貌，呈浅灰绿色、灰黄色色调，可见横向纹理，与周围地层易于区分	
$J_{1-2}dm^{(r6)}$	下—中侏罗统大煤沟组	位于盆地边部，低山丘陵地貌，呈浅灰绿色、灰黄色色调，条带状展布，树枝状水系，可见横向纹理，与周围地层易于区分	
$T_{1-2}l^b$	早—中三叠世隆务河组砂岩段	暗灰绿色色调；中低山或丘陵地形；透镜状、团块状；树枝状水系；表面浑圆但稍具粗糙感	
$T_{1-2}l^a$	早—中三叠世隆务河组砾岩段	黄绿色、土黄色色调；中低山或丘陵地形；菱块状图案；平行树枝状或羽状水系；平行纹理发育	
C_1h^2	早石炭世怀头他拉组灰岩段	多呈灰黄色、灰绿色；中低山或丘陵地形；平行树枝状水系；条块状图案，末级冲沟不发育，表面相对粗糙	

续表 2-17

代号	地质体	遥感解译标志	遥感影像
$D_{2-3}m^3$	中—晚泥盆世牦牛山组上砾岩段	深色调，呈红褐色、灰褐色，树枝状—羽状水系；末级冲沟不发育，表面相对粗糙	
$D_{2-3}m^2$	中—晚泥盆世牦牛山组砂岩段	色调偏暗，灰绿、灰紫色间杂，边界较清楚，条带或条带夹条纹状图案清晰，以细小的条块展布，山脊线短促紊乱，羽状冲沟，局部层理发育，多为平行羽状、树枝状水系	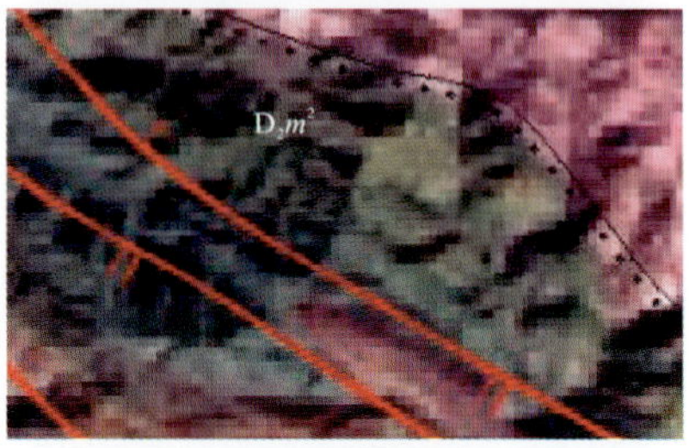
$D_{2-3}m^1$	中—晚泥盆世牦牛山组下砾岩段	黄绿色，色调均匀，山脊线平直，树枝状水系密度中等，条块状纹形，沟谷多平缓，展布稳定	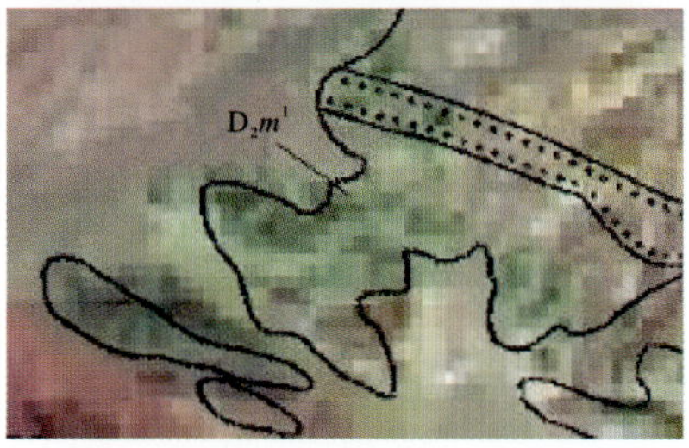
OTe	奥陶纪滩间山群上碎屑岩组	黄褐色色调，色调较亮，边界较清楚，条带或条带夹条纹状图案清晰，以细小的条块展布，山脊线短促紊乱，表面粗糙	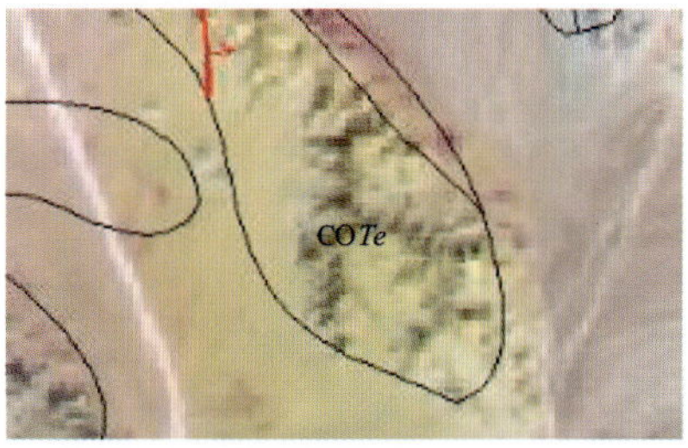
OTd	奥陶纪滩间山群上火山岩组	浅褐红—浅灰褐色；条块状或楔状图案；疙瘩状、斑点状、条纹状纹形随机分布；水系及末级冲沟较发育	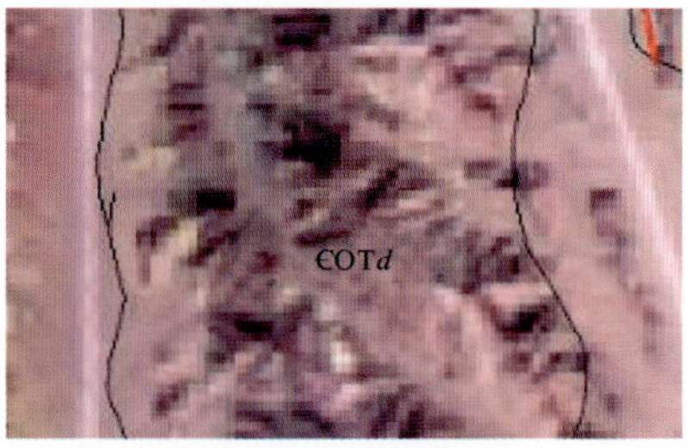
OTc	奥陶纪滩间山群砾岩组	土黄色、灰绿色、浅灰褐色，色调间杂；中低山地形；条带状展布，分布面积较小；水系发育中等	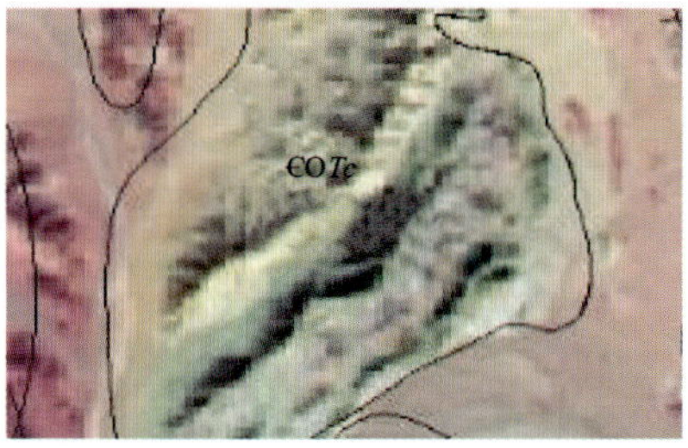

续表 2-17

代号	地质体	遥感解译标志	遥感影像
$\mathrm{O}Tb$	奥陶纪滩间山群下火山岩组	深色调，主要呈灰褐色、红褐色夹杂灰白色、土黄色色调，中低高山地形；团块状图斑，层理不发育；树枝状水系较发育，羽状冲沟，表面较细腻光滑	
$\mathrm{O}Ta$	奥陶纪滩间山群下碎屑岩组	色调主要呈浅灰绿色、土黄色、浅灰褐色、浅紫红色，色调较亮，与周边地层区分明显；地貌特征为中低山，冲沟密集，局部呈平行状分布，树枝状、羽状水系较发育	
$\mathrm{Jx}Wb^{2}$	中元古代万洞沟群碎屑岩组千枚岩段	浅黄绿色色调；条块状图案；构成中低山；边界呈流线状；纹形细而紊乱；纤细的树枝状水系；表面光滑	
$\mathrm{Jx}Wb^{1}$	中元古代万洞沟群碎屑岩组片岩段	色调总体较暗，以黄褐色为主，局部见灰绿色条带；条块状或楔状图案；条纹状纹形随机分布；水系及末级冲沟不发育	
$\mathrm{Jx}Wa$	中元古代万洞沟群碳酸盐岩组	以灰褐色、黄褐色、灰黑色为主，局部见灰绿色条带；条块状或楔状图案；条纹状纹形；水系及末级冲沟不发育	
$\mathrm{Pt_1}Db$	古元古代达肯大坂岩群片岩岩组	色调总体较暗，以灰褐色、灰绿色为主，条块状或楔状图案；疙瘩状、斑点状、条纹状纹形随机分布；水系及末级冲沟不发育	

续表 2-17

代号	地质体	遥感解译标志	遥感影像
$Pt_1 Da$	古元古代达肯大坂岩群片麻岩岩组	灰褐色、土黄色带状或片状间杂；条块状图案；构成中低山；边界呈流线状；纹形细而紊乱；纤细的树枝状水系；表面光滑	
$T_3 \xi\gamma$	晚三叠世正长花岗岩	浅黄褐色、灰白色，地貌特征为平缓起伏的低山丘陵，呈面状、椭圆状分布，稀疏树枝状水系，影纹结构细腻，表面光滑	
$D_2 \delta o$	中泥盆世石英闪长岩	灰紫色或紫褐色，瘤状形态，孤立的正地形或构成中高山地，团状轮廓清晰，色调内深外浅，表面粗糙	
$D_2 \gamma\delta\pi$	中泥盆世状花岗闪长斑岩	黄褐色、灰白色，地貌特征为平缓起伏的低山丘陵，扇状、羽状水系，发育细小纹理，影纹结构细腻，表面较光滑	
$O_3 \gamma\delta$	晚奥陶世花岗闪长岩	色调为灰色，岩体呈浑圆状、圆穹状、纺锤状或边缘不规则的块状，构成较特殊的粗斑状、姜块状影纹图案；钳状—树枝状菱格状—树枝状水系发育	
$O_2 \delta$	中奥陶世闪长岩	灰褐色，影纹密集紊乱，表面粗糙，凹形或陡直坡面，斑块、斑点隐约可见，表面粗糙	

续表 2-17

代号	地质体	遥感解译标志	遥感影像
$O_1\nu$	早奥陶世超基性岩	灰褐色，地貌特征为平缓起伏的低山丘陵，扇状、羽状水系，发育细小纹理，影纹结构细腻，表面较光滑，多沿断裂分布	
$O_1\Sigma$	早奥陶世橄榄岩	灰黑色、深灰色，呈兀立、浑圆的山体，末级冲沟短促且平行排布，斑块、斑点隐约可见，表面粗糙	
$Pt_2\gamma R$	中元古代环斑花岗岩	灰黄色、灰褐色，孤立的正地形或构成中高山地，团状轮廓清晰，山体浑圆，色调内深外浅，表面光滑	

三、遥感矿化信息特征

2006 年，西安煤航遥感科技有限责任公司完成的“青海省柴北缘成矿带 1∶5 万遥感地质调查解释及成矿信息提取”项目显示滩间山金矿矿化蚀变信息分为铁化、泥化及碳酸盐化和硅化。本次遥感矿化异常信息的综合分析建立在遥感地质综合解译的基础上，并结合区内已开展过的区域地质、矿产、化探和物探等成果资料，通过与相关资料进行空间叠加、对比、统计等综合分析研究，异常之间相互验证，进一步确定了异常可靠性，共圈定铁化信息异常 18 处、泥化及碳酸盐化信息异常 5 处、硅化信息异常 9 处(图 2-48)。

(一)铁化信息

按照铁化信息的空间分布及与地层、构造、矿点等地质要素之间的关系，将滩间山金矿的铁化信息晕分为 12 个异常群，并按异常级别、异常形态、规模、地质背景、异常类型进行了统计分析(表 2-18)。铁化信息反映地层、岩体或构造带上富含铁离子(Fe^{2+}、Fe^{3+})岩石的信息。研究区铁化信息分布大致与区域构造线走向一致，呈北西西向展布，以断裂带、富含铁离子侵入岩体、残坡积物最为发育。大多数铁化异常出现在古元古界达肯大坂、中元古界万洞沟群、奥陶系滩间山群等变质岩地层中，少量出现在侵入岩体(株)中，异常受断裂的控制，在已知的铜铅锌等多金属矿床、矿化蚀变带上及其附近都出现有强度不等的铁化信息，如千枚岭金矿点落在 FCA 异常区，一线山铜矿化点落在 FCA6 异常区，黑山铜矿化点、黑山沟铬矿点落在 FCA8 异常区，万洞沟铜矿化点落在 FCA9 异常区，青山金铅锌矿床落在 FCA11

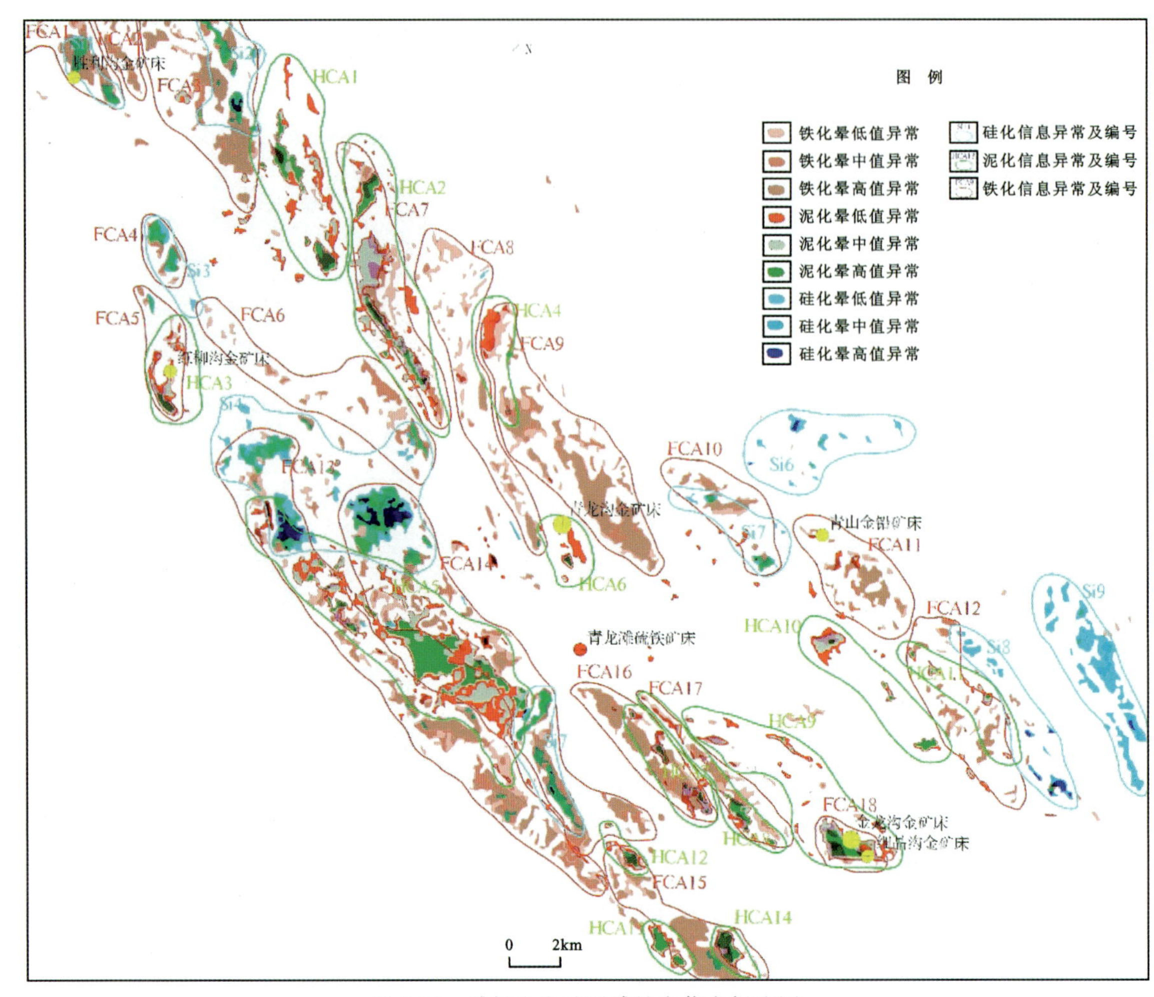

图 2-48　滩间山金矿遥感蚀变信息提取图

异常区，云雾山铜矿化点落在 FCA13 异常区，分水山铁矿化点、联合沟南铜矿点落在 FCA13 异常区，黄绿山铁矿点、黄绿沟金矿点、龙柏沟金矿床落在 FCA16 异常区，细晶沟金矿床点落在 FCA18 异常区中。

（二）泥化及碳酸盐化信息

按泥化、碳酸盐化遥感信息晕的空间分布与地层、构造、矿点等地质要素之间的关系，滩间山金矿泥化及碳酸盐化信息分为 14 个异常区块（表 2-19）。泥化及碳酸盐化蚀变异常虽然分布广，但强度并不高。泥化及碳酸盐化信息的分布特点在高泉煤矿以西主要出现于侵入岩中，高泉煤矿以东至脑儿沟以西地区主要出现于奥陶系滩间山群中，脑儿沟以东地区异常主要出现于古元古界达肯大坂变质岩地层中。在已知矿床（点）多有泥化及碳酸盐化信息出现，如连泉屿铜矿化点、红柳沟金矿床落在 HCA11 异常区，独龙沟铅锌矿化点、紫石沟锰矿化点落在 HCA13 异常区，青龙沟金矿、青龙滩北铅铜银矿化点落在 HCA6 异常区，龙柏沟金矿床落在 HCA7 异常区，细金沟金矿床落在 HCA11 异常区中。

（三）硅化信息

按硅化信息的空间分布与地层、构造、矿点等地质要素之间的关系，滩间山金矿硅化信息分为 9 个异常区块（表 2-20）。大部分的硅化异常出现在古元古界达肯大坂、中元古界万洞沟群、奥陶系滩间山群中，*OT* 出现的异常一般异常值高、规模大、成面性好，而出现在古元古界达肯大坂、中元古界万洞沟群中的异常呈零星分散不规则块状、条带状，异常值也比较低。分布与区域地层和断裂构造走向基本一致。在已知矿区、矿点及矿化蚀变带上一般都有硅化信息晕出现。

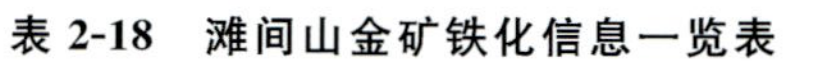

表 2-18　滩间山金矿铁化信息一览表

编号	级别	形态	规模/km^2	编号(FCA)	地质背景	对应的矿(点)化	异常类型
FCA1	低—高	分散不规则块(条带)状	24.8×5.2	5	分布于东进沟以东公路沟以西广大地区，沿北西向总体中部为花岗闪长岩岩体，南北两侧为滩间山群火山岩系列夹辉长岩岩体，环形构造及北西向断裂较发育	胜利沟金矿床。发育黄铁矿化、褐铁矿化、绿帘石化、绿泥石化、高岭土化等	主要为岩体型异常，其次为断裂型异常
FCA2	低—高	分散不规则块(条带)状	5.1×1.6	6	分布于曲径以南地区，主要为花岗闪长岩岩体，西南侧为滩间山群火山岩系列夹辉长岩岩体及晚三叠世二长花岗岩等	发育黄铁矿化、褐铁矿化、绿帘石化、绿泥石化、高岭土化等	主要为岩体型异常
FCA3	低—高	分散不规则块(条带)状	20×4.7	7	分布于红灯沟、裂陷沟以南等广大地区，沿北西向总体中部为滩间山群火山岩、变质岩夹中泥盆世英云闪长岩、花岗闪长斑岩岩体及中奥陶世闪长岩岩体，北西向、北东向断裂较发育	红旗沟锰矿点。发育黄铁矿化、褐铁矿化、绿帘石化、绿泥石化、高岭土化等	主要为岩体型异常，其次为断裂型异常
FCA4	低—高	似条带状	3×1.5	8	分布于五彩山北部，为中奥陶世闪长岩岩体	绿泥石化、绿帘石化	岩体型异常
FCA5	低—高	不规则条带	5.3×1.5	9	分布于五彩山、红柳沟等地，主要为滩间山群安山岩夹凝灰岩及千枚岩、灰岩夹绢云石英片岩，发育北北西向断裂，密度较大	连泉屿铜矿化点、红柳沟金矿床。具黄铁矿化、褐铁矿化、绿帘石化及铜、黄铁矿	断裂型异常
FCA6	低—高	分散不规则条块	11×2.5	10	分布于彩虹沟以北地区，主要为滩间山群片理化蚀变安山岩、凝灰岩及为泥盆统牦牛山组砂岩、砂砾岩等。异常南东部北西向断裂发育	一线山铜矿化点。黄铁矿化、褐铁矿化、绿帘石化及硅化	主要为矿化型异常
FCA7	低—高	分散不规则条带	12×1.8	11	分布于中尖山及其以北地区，为奥陶系滩间山群片理化蚀变安山岩、玄武岩、大理岩、绿泥片岩、千枚岩等，北西向断裂发育	橄揽沟铬矿化点。褐铁矿化、黄铁矿化、绿帘石化、孔雀石化、磁铁矿化	断裂发育，矿点的分布与断层关系密切，主要为矿化型异常

续表 2-18

编号	级别	形态	规模/km^2	编号(FCA)	地质背景	对应的矿(点)化	异常类型
FCA8	低—高	分散不规则条带、块状	13×2.1	12	分布于万洞沟、黑山沟，主要为万洞沟群绢云母千枚岩、大理岩、石英岩夹辉长岩岩体；滩间山群蚀变安山岩夹凝灰岩及少量的滩间山群片理化蚀变安山岩等，北西向断裂发育	大柴旦镇黑山铜矿化点、大柴旦镇黑山沟铬矿点。褐铁矿化、黄铁矿化、绿帘石化、孔雀石化、磁铁矿化	断裂发育，矿点的分布与断层关系密切，主要为矿化型异常
FCA9	低—高	分散不规则条带	12×3	13	分布于小紫山、黑山沟、玉石沟，沿北西向中东侧都为中元古代环斑花岗岩夹少量的石英脉、辉绿岩脉及中奥陶世闪长岩体，南西侧为辉长岩，北西侧为万洞沟群绢云母千枚岩、大理岩等，北西向断裂发育	万洞沟铜矿化点、大柴旦镇小紫山西金矿化点、大柴旦镇黑山沟金矿化点、大柴旦镇鹰峰南铜矿化点。褐铁矿化、黄铁矿化、绿帘石化、孔雀石化、磁铁矿化	断裂发育，矿点的分布与断层关系密切，主要为矿化型异常
FCA10	低—高	零星不规则块状	6×1.9	14	分布于青龙滩北侧，沿北西向中部主要为达肯大坂黑云斜长片麻岩、角山片岩等中部夹隆务河组石英砂岩等，局部发育晚三叠世正长花岗岩		主要为地层引起的异常
FCA11	低—高	零星不规则块状	3.5×2.1	15	分布于嗷唠河北西侧，主要为中泥盆世石英闪长岩岩体及达肯大阪黑云斜长片麻岩、角山片岩、绢云片岩、千枚岩夹白云岩等。局部发育晚三叠世正长花岗岩，向斜构造发育	大柴旦镇青山金铅锌矿床。方解石化、褐铁矿化、绿帘石化、蛇纹石化等	侵入岩岩体与达肯大坂群的接触带上，为岩体型异常
FCA12	低—高	零星不规则块状	8.2×2.5	13-1-3	分布于嗷唠河两侧，主要为中泥盆世石英闪长岩岩体及达肯大坂的黑云斜长片麻岩、角山片岩，局部发育晚三叠世正长花岗岩，北西向断裂发育	方解石化、褐铁矿化、绿帘石化、蛇纹石化等	侵入岩岩体与达肯大坂群的接触带上，为岩体型异常
FCA13	低—高	分散不规则条块	22×2.7	17	分布于云雾山及其北西地区，主要为滩间山群片理化蚀变安山岩、凝灰岩、大理岩、绿泥片岩、千枚岩及泥盆统牦牛山组砂岩、砂砾岩等，局部发育花岗岩脉，北西向断裂发育	二旦沟金矿化点、云雾山铜矿化点。黄铁矿化、褐铁矿化、绿帘石化及硅化	主要为矿化型异常

续表 2-18

编号	级别	形态	规模/km^2	编号(FCA)	地质背景	对应的矿(点)化	异常类型
FCA14	低—高	分散不规则条块	18×3.5	18	分布于云雾山及其北东地区，主要为滩间山群片理化蚀变安山岩、凝灰岩、大理岩、绿泥片岩、千枚岩等，异常南部发育牦牛山砂岩、砂砾岩等夹石英脉及构造蚀变带，北西向断裂发育	分水山铁矿化点、联合沟南铜矿点。黄铁矿化、褐铁矿化、绿帘石化及硅化	主要为矿化型异常
FCA15	低—高	分散不规则条块	7.8×2	19	分布于云雾山南东地区，主要为中—上泥盆统牦牛山组砂岩、砂砾岩等沿北西向中部夹怀头他拉组泥灰岩、长石砂岩，异常南东部为大煤沟组粉砂质页岩。局部发育花岗(闪长)斑岩脉，北西向断裂发育	黄铁矿化、褐铁矿化、绿帘石化及硅化	主要为矿化型异常
FCA16	低—高	北西向条带	7.4×1.8	20	分布于滩间山龙柏沟、联合沟，主要为滩间山群蚀变安山岩夹凝灰岩、安山质凝灰岩，局部发育中泥盆世花岗闪长斑岩岩体，北西向断裂发育	黄绿山铁矿点、黄绿沟金矿点、龙柏沟金矿床。黄铁矿化、硅化、绢云母化、绿泥石化	断裂破碎带矿化蚀变引起的复合异常
FCA17	低—高	北西向条带	8.2×1.2	21	分布于龙柏沟北东地区，为滩间山群蚀变安山岩夹凝灰岩，大理岩、灰岩、砂岩等，万洞沟群千枚岩、片岩、大理岩、白云岩等，发育辉长岩等岩体，北西向断裂发育	褐铁矿化、硅化、绢云母化	为岩体断裂等因素引起的复合型异常
FCA18	低—高	分散的块状、条带状	3.1×1.4	22	分布于金龙沟等地，主要为中泥盆世花岗闪长斑岩岩体夹中侏罗世闪长斑岩，万洞沟群千枚岩、片岩、大理岩、白云岩等，发育辉长岩等岩体，北西向断裂发育	金龙沟金矿、细晶沟金矿、细金沟北东金矿化点。褐铁矿化、硅化、绢云母化	为岩体断裂等因素引起的复合型异常。

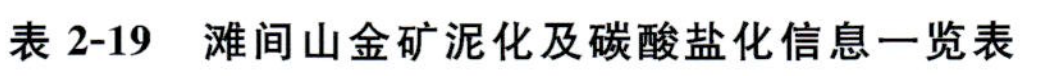

表 2-19　滩间山金矿泥化及碳酸盐化信息一览表

编号	级别	形态	规模/km^2	编号（HCA）	地质背景	对应的矿（点）化	异常类型
HCA1	低、中、高	分散块状	8.9×2.8	9	分布于白头山地区，主要为滩间山群蚀变安山岩夹凝灰岩、绿泥片岩等，局部发育二长花岗岩、英云闪长岩等，北西向断裂比较发育	褐铁矿化、孔雀石化、硅化、黄铁矿化	断裂型异常
HCA2	低、中、高	分散块状	12×2.7	10	分布于中心山地区，主要为滩间山群蚀变安山岩夹凝灰岩、大理岩、绿泥片岩等，北西向断裂比较发育	橄揽沟铬矿化点、大柴旦镇橄榄沟铜矿化点、大柴旦镇西沟铜银矿点。硅化、黄铁矿化	断裂型异常
HCA3	低、中、高	分散块状	4×2.1	11	分布于五彩山、红柳沟等地，为滩间山群蚀变安山岩夹凝灰岩、大理岩、绿泥片岩等，局部发育英云闪长岩，北西向断裂发育较好	连泉屿铜矿化点、大柴旦镇红柳沟金矿床。碳酸盐化、铜矿化、褐铁矿化	断裂型异常
HCA4	低、中	分散块状	5×1.7	12	分布于小紫山、黑山沟等地区，主要为万洞沟群大理岩夹变安山岩、硅质白云岩、碳质片岩等，局部发育环斑花岗岩，断裂比较发育	万洞沟铜矿化点、小紫山铁矿化点。褐铁矿化、孔雀石化、硅化、黄铁矿化	断裂型异常
HCA5	低、中、高	分散条块状	14.9×3.4	13	分布于独龙沟、海河沟、云雾山，为滩间山群蚀变安山岩夹凝灰岩，东南为牦牛山组砾岩及粉砂岩，北西向断裂发育较好	独龙沟铅锌矿化点、紫石沟锰矿化点。黄铁矿化、褐铁矿化、高岭土化	断裂型异常
HCA6	低、中、高	分散块状	2.8×1.6	14	分布于青龙滩北西，主要为万洞沟群大理岩夹变安山岩、硅质白云岩、碳质片岩等，发育闪长岩脉及辉长岩岩株，断裂发育	青龙沟金矿、青龙滩北铅铜银矿化点。褐铁矿化、孔雀石化、硅化、黄铁矿化	断裂型异常
HCA7	低、中、高	分散条块状	5.6×1.3	15	分布于滩间山，为滩间山群蚀变安山岩夹凝灰岩，局部发育花岗闪长斑岩及花岗斑岩脉，北西向断裂发育	龙柏沟金矿床。黄铁矿化、褐铁矿化、绢云母化、绿泥石化、硅化	断裂型异常

续表 2-19

编号	级别	形态	规模/km^2	编号(HCA)	地质背景	对应的矿(点)化	异常类型
HCA8	低、中、高	分散条块状	8.2×1.1	16	分布于滩间山，为万洞沟群绢云母千枚岩、大理岩、石英岩；滩间山群蚀变安山岩夹凝灰岩，局部发育花岗闪长斑岩，北西向断裂发育	黄铁矿化、褐铁矿化、绢云母化、绿泥石化、硅化	断裂型异常
HCA9	低、中、高	分散条块状	10×1.8	17	分布于滩间山，为万洞沟群绢云母千枚岩、大理岩、石英岩，发育花岗斑岩脉及辉长岩岩株，北西向断裂发育较强	金龙沟金矿、瀑布沟口金矿化点、细金沟金矿床。黄铁矿化、绢云母化、硅化	断裂型异常
HCA10	低、中、高	分散块状	7.5×1.3	18	分布于嗷唠河西侧，为隆务河组石英砂岩，万洞沟群大理岩、石英片岩，达肯大坂黑云斜长片麻岩等	碳酸盐化、褐铁矿化、绿帘石化、蛇纹石化	岩体型异常
HCA11	低、中、高	分散块状	6.4×1.4	19	分布于嗷唠河一带，主要为达肯大坂黑云斜长片麻岩、片岩、斜长角闪岩，局部发育正长花岗岩、石英闪长岩、辉石岩等。断裂发育	嗷唠河铁矿化点。碳酸盐化、褐铁矿化、绿帘石化、蛇纹石化	岩体型异常
HCA12	低、中、高	分散条块状	2.4×0.9	20	分布于龙柏沟南西地区，为牦牛山组砾岩及粉砂岩夹怀头他拉组泥灰岩、长石砂岩等，局部发育强蚀变橄辉岩，北西向断裂发育	黄铁矿化、褐铁矿化、高岭土化	断裂型异常
HCA13	低、中、高	分散条块状	2.5×1.2	21	分布于龙柏沟南侧，为牦牛山组砾岩及粉砂岩夹怀头他拉组泥灰岩、长石砂岩及奥陶系滩间山群蚀变安山岩夹凝灰岩，北西向断裂发育	黄铁矿化、褐铁矿化、高岭土化	断裂型异常
HCA14	低、中、高	分散条块状	2.6×1.1	22	分布于龙柏沟南东侧，为大煤沟组粉砂质页岩，西面为牦牛山组砾岩及粉砂岩	黄铁矿化、褐铁矿化、高岭土化	复合型异常

表 2-20 潍间山金矿硅化信息一览表

编号	图幅	级别	形态	规模/km^2	编号(Si)	地质背景	对应的矿(化)点	异常类型
Si1	高泉煤矿	低	分散块状	3.4×1.1	8	分布于胜利沟东北侧，为滩间山群蚀变安山岩、玄武岩及花岗闪长斑岩	绿泥石化、绿帘石化	岩体型异常
Si2	三角顶 高泉煤矿	低、中、高	分散条块状	5.4×1.2	9	分布于裂陷沟东南部，以滩间山群蚀变安山岩夹凝灰岩、大理岩、绿泥片岩、绢云母千枚岩、石英岩等为主，断裂发育	绢云母化、黄铁矿化、褐铁矿化、绿帘石化	复合型异常
Si3	高泉煤矿	低、中	分散条块状	4.2×1.3	10	分布于团鱼山以西，为滩间山群蚀变安山岩夹凝灰岩，岩体主要为闪长岩	绿帘石化、黄铁矿化、褐铁矿化、绢云母化、硅化	复合型异常
Si4	高泉煤矿 德宗马海	低、中、高	分散条块状	10×6.6	11	分布于彩虹沟、二旦沟、独龙沟、火烧泉沟等地，为滩间山群蚀变安山岩夹凝灰岩、大理岩、绿泥片岩、石英岩，断裂发育	二旦沟金矿化点(40)、二旦沟金矿化点(41)。黄铁矿化、绢云母化、硅化	复合型异常
Si5	青山	低、中	分散块状	11×3.1	12	分布于青山一带，为达肯大坂黑云斜长片麻岩、片岩、大理岩、斜长角闪岩、角闪岩	绿帘石化	蚀变型异常
Si6	青山 嗷唠山	低、中	分散块状	5.2×1.5	13	分布于嗷唠河以西，为达肯大坂黑云斜长片麻岩、片岩、大理岩、斜长角闪岩、角闪岩，断裂较发育		
Si7	德宗马海	低、中	分散条块状	5.7×1.4	14	分布于云雾山东部，为滩间山群蚀变安山岩夹凝灰岩、大理岩、绿泥片岩、石英岩	绿帘石化、黄铁矿化、褐铁矿化、绢云母化、硅化	复合型异常
Si8	嗷唠山	低、中、高	分散条块状	8.4×1.8	15	分布于嗷唠山，为达肯大坂黑云斜长片麻岩、片岩、大理岩、斜长角闪岩、角闪岩，岩体主要为辉石岩、辉石岩($O_1\Sigma$)		断裂型异常
Si9	嗷唠山	低、中	分散条块状	11.4×2.0	16	分布于马海大坂山，为达肯大坂黑云斜长片麻岩、片岩、大理岩、斜长角闪岩、角闪岩。断裂发育		断裂型异常

大部分铁化、泥化及碳酸盐化晕内或边缘存在已知矿床(点)，因此对找矿有一定的指导意义；硅化晕在变质岩区的断层带以及侵入体与围岩的接触带附近存在已知矿床(点)，具有一定找矿意义，而在碎屑岩区的对找矿意义不大。铁化晕在侵入岩内、外接触带及断裂带上可见铁化、锰矿化现象，尽管矿(化)点所在部位异常级别较低，但对找矿仍有一定的指导意义。

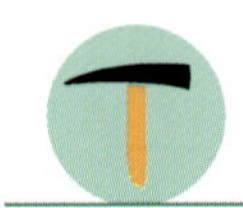

第三章　滩间山金矿主要典型矿床

第一节　金龙沟金矿床

一、概述

青海省滩间山金矿位于青海省海西州大柴旦镇西北约75km处，大地构造位置隶属柴达木盆地北缘构造带。1988—1991年，青海省第五地质矿产勘查大队在滩间山地区开展1∶5万区域地质调查联测工作时，首次发现了滩间山（金龙沟）岩金矿点；1992年以后，区内开展了大量的普查、详查工作，依次发现了金龙沟金矿床、青龙滩金矿床、细晶沟金矿床，滩间山金矿的雏形日益显露。

1997—1999年，青海省第一地质矿产勘查大队与大柴旦政府共同对青龙沟矿区内M1、M2、M3矿体露天开采氧化矿石，进行堆浸工艺提金。2005年，加拿大埃尔拉多公司接盘该矿山，建设年处理1000kt金矿石的选矿厂，以碳氰法工艺处理氧化矿，并通过浮选/焙烧流程来处理原生矿。2017年，银泰资源股份有限公司并购滩间山金矿，2018年4月开始生产至今。

二、矿区地质特征

（一）地层

出露的地层主要为中元古代万洞沟群（Pt_2W），山前、山间凹地及沟谷地带为新生代第四纪陆相沉积（图3-1）。万洞沟群为一套由炭、硅、泥质岩石和镁质碳酸盐岩经区域变质作用形成的绿片岩相的浅变质岩系，岩石组合上表现为海进→海退的海湾相沉积特征。据岩相、岩性组合及变质程度分为碳酸盐岩组（Pt_2Wa）和碎屑岩组（Pt_2Wb）两个岩组。

碳酸盐岩组（Pt_2Wa）：主要分布于矿区东侧及南侧边缘一带，主要由厚层状白云石大理岩、硅质大理岩和条带状白云石大理岩组成，上部夹有少量的碳质绢云千枚岩，该套地层为金龙沟向斜核部背斜的主体。

碎屑岩组（Pt_2Wb）：矿区内分布最广，是金矿化赋存的层位。岩石普遍含有碳质，颜色灰黑色。主要岩性为斑点状碳质绢云千枚岩，碳质绢云千枚岩及白云母钙质片岩，以及白云石大理岩夹层。在金龙沟地区，该岩组按岩石组合不同还可以进一步分为上下两个岩性段：上岩段为青灰色大理岩夹绢云石英片岩，下岩段为斑点状碳质绢云千枚岩。金矿化主要发生于下段，矿化原岩主要为富含碳质的千枚岩，其中少部分千枚岩含少量钙质，大部分具有空晶石斑状变晶结构；岩石颜色深灰色至黑色，页理非常发育，表现为碳质在绢云母基质中呈透镜状分布；空晶石分布的规律性不明显，在金龙沟的中部和南部，出露有数条浅黄色变砂岩层，是很好的标志层。

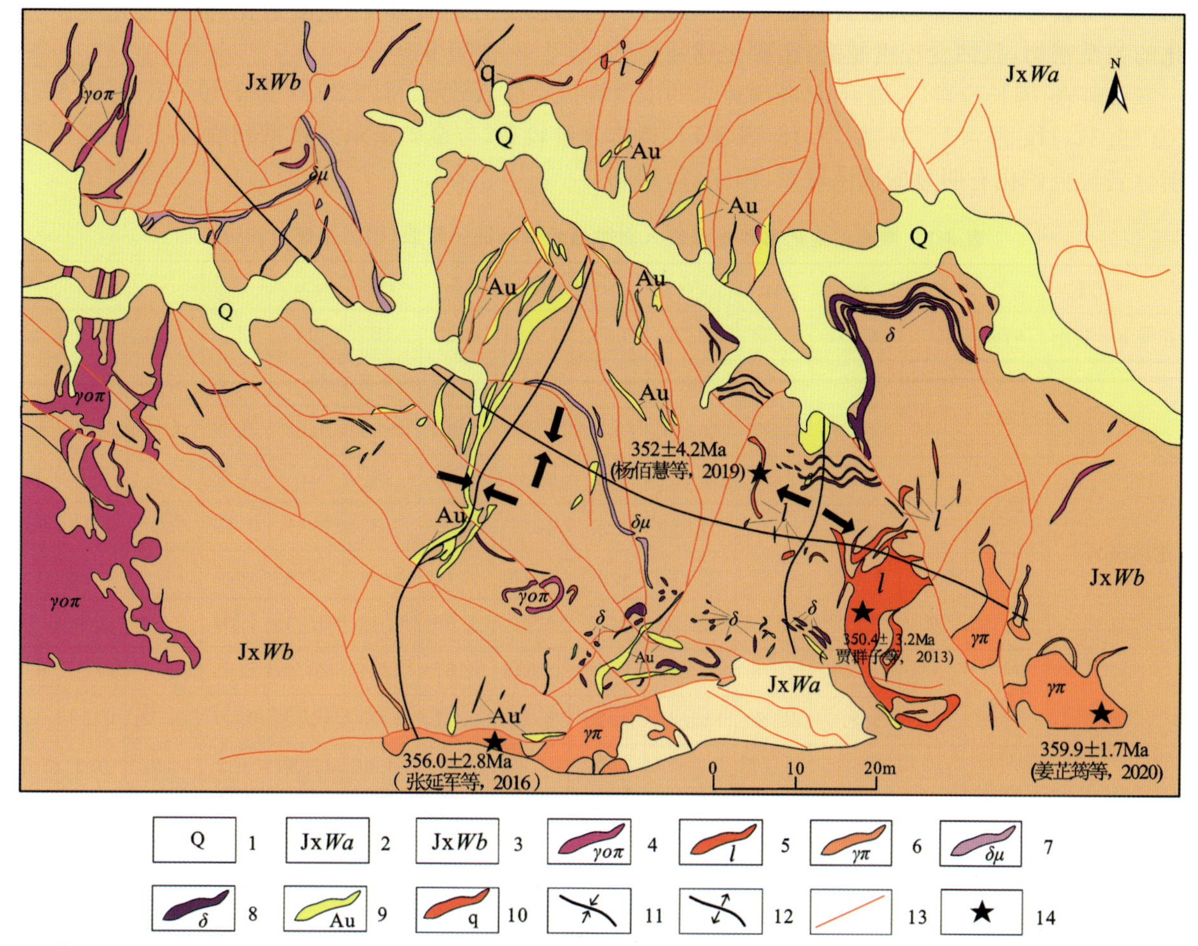

1.第四系；2.碳质千枚岩、片岩；3.大理岩；4.花岗斑岩；5.细晶岩；6.斜长花岗斑岩；7.闪长玢岩；8.闪长岩；9.金矿体；10.石英脉；11.向斜；12.背斜；13.断裂；14.测年样位置。

图 3-1　滩间山金矿床地质简图(据青海省第一地质勘查院,2023)

斑点状碳质绢云千枚岩：矿区内分布最广，为金矿体的主要围岩，岩石呈灰黑色，具粒状鳞片变晶结构，斑点状构造、千枚状构造。矿物组成：绢(白)云母30%～60%，石英25%～50%，碳质5%～15%(其中石墨1%～3%)，少量方解石、绿泥石、黄铁矿及微量电气石等；矿物粒度一般为0.02～0.3mm，斑点含量5%～20%不等，多呈圆形、椭圆形(图版Ⅱ-1a)，少部分成规则的多边形(图版Ⅱ-1b)，其大小一般为1～6mm，多由绢云母、石英、碳质、褐铁矿等集合体组成；部分斑点内部绢云母或石英呈放射状分布，或呈花瓣状，原为堇青石变斑晶；少数规则多边形斑点内见石榴石残留者(图版Ⅱ-1c)，原为石榴石变斑晶，千枚理绕斑点呈纹带状分布(图版Ⅱ-1d)。

(二)岩浆岩

矿区内岩浆活动十分强烈，主要为中泥盆世(海西期)的中酸性侵入岩，主要岩性有斜长花岗斑岩、花岗斑岩、霏细斑岩和闪长(玢)岩等。

霏细斑岩(π)：主要以岩脉或岩墙出露于矿区内(图版Ⅱ-2a)。岩石为浅灰色、灰白色，具霏细结构，块状构造(图版Ⅱ-2b)。斑晶(含量约8%)主要为斜长石，多呈他形粒状，基质(含量约92%)主要由微晶长英质矿物组成，整体存在不同程度的绢云母化(图版Ⅱ-2c)。发育黄铁矿化，黄铁矿自形、半自形及他形晶都有，粒度细，可见少量黄铜矿与其伴生(图版Ⅱ-2d)。

闪长(玢)岩($\delta\mu$)：颜色呈浅黄色或者淡绿色，斑状结构，变余斑状结构，块状构造。由斑晶和基质组成，斑晶主要为斜长石(10%～20%)、黑云母(10%～25%)及少量角闪石；基质占55%～80%，由斜长石、石英、黑云母、金属矿物(以黄铁矿为主)等组成,岩石蚀变有绢云母化、碳酸盐化、高岭土化等。与金矿化的关系密切,且蚀变程度越高,金矿化越强烈(图版Ⅱ-3、图版Ⅱ-4)。

霏细斑岩、闪长玢岩、云煌岩脉、花岗斑岩的浓度克拉克值 Au 为 2 516.2,As 为 1 494.5,Ag 为 37.78,Sb 为 19.81,Hg 为 4.57,W 为 19.18(表 3-1),整体含量较高,与金矿指示元素系列吻合一致,说明海西晚期脉岩与金矿化有明显的成因联系(国家辉,1998)。

表 3-1　滩间山金矿海西晚期侵入岩微量元素特征一览表(据国家辉,1998)

元素			Au	Ag	As	Sb	Hg	Cu	Pb	Zn	Co	Ni	Mo	W
克拉克值(黎彤,1976)		10^{-6}	0.004	0.08	2.2	0.6	0.089	63	12	94	25	89	1.3	1.1
花岗斑岩	D_{232}	10^{-6}	17.60	3.57	580	11.9	0.07	23.5	35.8	64.1	17.5	55.2	6.53	5.21
		C	4400	44.63	263.6	19.83	0.81	0.37	2.98	0.68	0.7	0.62	5.02	4.74
	D_{7-1}	10^{-6}	1.87	3.49	24 199	60	3.80	2.85	28	40	4.7	24	2.8	9.5
		C	467.5	43.63	10 999	100	42.7	4.52	2.33	0.43	0.19	0.27	2.15	8.64
	D_{11}	10^{-6}	0.098	0.89	29.8	1.42	0.13	5.72	5.24	19.4	48.5	74.6	2.68	0.95
		C	24.5	11.13	13.54	2.37	1.46	0.09	0.44	0.21	1.94	0.84	2.06	0.86
	D_{192}	10^{-6}	0.49	1.78	320	2.54	0.032	6.87	12.4	23.2	1.69	6.75	0.80	0.92
		C	122.5	22.25	145.45	4.23	0.36	0.11	1.03	0.25	0.07	0.08	0.62	0.84
闪长玢岩	D_{10}	10^{-6}	1.19	0.37	296	1.05	0.028	145	9.9	41.50	2.8	19	0.3	1
		C	297.5	4.63	134.55	1.75	0.31	2.30	0.82	0.44	0.11	0.21	0.23	0.91
	D_{34}	10^{-6}	28.9	8.84	3545	12.0	0.058	56	34	58	10	25	3.7	47
		C	7225	110.5	1 611.4	20	0.65	0.89	2.83	0.62	0.4	0.28	2.85	42.73
	D_{55}	10^{-6}	13.4	7.48	2865	14.0	0.092	78	15	41.5	2.8	18	0.5	1.3
		C	3350	93.5	1 302.3	23.33	1.03	1.24	1.25	0.44	0.11	0.20	0.38	1.18
斜长花岗斑岩	D_{30}	10^{-6}	0.93	2.54	2.46	2.0	0.18	285	22	29	2.8	31	0.9	1
		C	232.5	31.75	111.82	3.33	2.02	4.52	1.8	0.37	0.11	0.35	0.69	0.91
云煌岩	D_{12}	10^{-6}	0.36	2.07	320	7.8	0.20	215	24	32.5	3.0	54	0.4	85
		C	90	25.88	145.45	13	2.25	3.41	2.0	0.35	0.12	0.61	0.31	77.27
	D_{16}	10^{-6}	0.67	2.35	808	7.6	0.13	285	170	53	6.0	95	2.9	90
		C	167.5	29.38	367.27	12.67	1.46	4.52	14.7	0.56	0.24	1.07	2.23	8182
霏细斑岩	D_{25}	10^{-6}	55.2	2.54	6220	20.5	0.082	80	72	58	2.8	29	7.4	11
		C	13 800	31.75	2 827.3	34.17	0.92	1.36	6	0.62	0.11	0.33	5.69	10
	D_{218}	10^{-6}	0.071	0.35	28.2	1.83	0.076	3.96	2.88	15.2	5.2	7.73	1.28	0.28
		C	17.75	4.38	12.8	3.05	0.85	0.06	0.24	0.16	0.21	0.09	0.98	0.25
C		下限	24.5	4.63	13.54	1.75	0.31	0.09	0.24	0.16	0.07	0.087	0.23	0.25
变化范围		上限	13 800	110.5	10 999	100	42.7	4.52	14.17	0.68	1.88	1.067	5.69	81.82
$\overline{C}$			2 516.2	37.78	1 494.5	19.81	4.57	1.95	2.99	0.42	0.5	0.411	1.93	19.18
VC			1.68	0.87	2.08	1.37	2.63	0.94	1.28	0.41	1.36	0.75	0.95	1.59

注:由地矿部沈阳地矿所实验室分析,C 为浓度克拉克值,$\overline{C}$ 为浓度克拉克平均值,VC 为浓度克拉值变异系数。

（三）构造

区域构造线总体方向为北西-南东向，测区内北东向构造线则占有重要地位，为不同方向构造的叠加区，区内褶皱和断裂均发育，属构造复杂区（图 3-1）。

褶皱构造：发育万洞沟群复式倒转向斜，分布于金龙沟—细晶沟一带，轴面片理（S1）与层理（S0）近于垂直，前者产状 320°∠55°，后者 212°∠60°，枢纽 290°∠50°。

韧性剪切带：发育金龙沟-馒头沟-小红柳沟 NW 向韧性剪切带，长度大于 10km，宽 1km 脆性断裂控制其边界，见雪球构造、旋转碎斑系、S-C 组构、不对称褶皱等变形特征，具右行剪切；发育北东向韧性剪切带，西起方便沟，东至 ZK401 附近，宽 400～600m，长度大于 1km，北侧以脆性断裂与万洞沟群白云石大理岩相邻，南侧被海西期斜长花岗岩斑岩侵入，见旋转碎斑发育的山羊须、压力影、石香肠变形特征，具右行剪切（图版Ⅱ-5）。北东向韧性剪切带可能是北西向韧性剪切带的扭折带。

脆性断裂：矿区内脆性断裂密如蛛网，纵横交错，互相镶嵌，以北西向左行压扭性断裂为主，其次为北东向张扭断裂（魏刚锋，1995）。

三、矿体的规模、形态、产状

金龙沟矿区内共圈定金矿体 104 条（表 3-2），其中地表矿体 40 条，其余均为隐伏的盲矿体；根据矿体的展布方向，北西向矿体 6 条，矿体受北西向的断裂构造控制作用明显，其走向及倾向上的延伸有限，矿体规模较小，其余 98 条均为北东向矿体，一般规模均较大，为矿区内的主要矿体；根据矿体的空间分布形态，区内矿体以金龙沟为界呈南、北两个矿体群展布，南矿段（23 线～10 线）内共圈定 96 条金矿体，矿体严格受向形褶曲的控制（图 3-2），呈平行密集展布，尖灭再现、分支复合特征普遍，向形的北西翼产状较陡在 45°～80°之间，向形的南东翼产状较缓在 5°～40°之间，金矿体产状与两翼的产状基本一致，北西翼内的矿体连续性较好，南西翼内的矿体连续性较差，其主要是受后期近南北向断裂构造的错段，单个矿体沿走向和倾向都很难长距离追索，向形核部转折部位矿体较为厚大；北矿段（12 线～18 线）内共圈定 8 条金矿体，矿体倾向在 100°～110°之间，倾角在 47°～79°之间。

表 3-2　金龙沟金矿区矿体特征一览表

矿体编号	矿体规模		矿体真厚度/m	矿体产状/(°)		矿体平均品位/10^{-6}	含矿岩性	矿体形态特征
	矿体长度/m	矿体斜深/m		倾向	倾角			
M1	53	40	2.05	165	67	3.53	碳质千枚岩	似层状
M2	135	194	2.78	108～122	56～62	3.74	碳质千枚岩、碎裂岩、蚀变闪长玢岩	似层状
M3	40	40	1.26	116	60	4.24	碳质千枚岩	透镜状
M4	453	236	4.37	102～133	40～80	5.83	碳质千枚岩、碎裂岩	似层状
M5	180	84	3.58	104	58～67	6.45	碳质千枚岩、砂岩、碎裂岩	似层状
M6	82.5	40	4.54	127	48～65	4.39	碳质千枚岩	似层状
M7 北西翼	505	116	7.42	108～123	48～75	6.54	碳质千枚岩、碎裂岩	似层状
M7 南东翼	30	31		290	14			

续表 3-2

矿体编号	矿体规模		矿体真厚度/m	矿体产状/(°)		矿体平均品位/10^{-6}	含矿岩性	矿体形态特征
	矿体长度/m	矿体斜深/m		倾向	倾角			
M8 北西翼	535	127	4.07	110～123	30～75	4.28	碳质千枚岩、碎裂岩、斜长花岗斑岩	似层状
M8 南东翼	210	174		290	12～28			
M9 北西翼	504	121	5.57	108～131	30～78	4.56	碳质千枚岩、碎裂岩、斜长花岗斑岩	似层状
M9 南东翼	420	213		290	0～40			
M10 北西翼	600	209	5.85	108～144	20～71	5.36	碳质千枚岩、碎裂岩、蚀变闪长玢岩	似层状
M10 南东翼	380	164		290	6～30			
M11 北西翼	275	73	7.08	107～126	40～75	7.54	碳质千枚岩、碎裂岩	似层状
M11 南东翼	215	174		290	0～17			
M12	12.00	35.00	1.46	140	58～59	1.27	碎裂岩	透镜状
M13	27.40	40.00	3.25	122	65	12.70	碳质千枚岩	透镜状
M14	27.60	40.00	3.46	122	65	2.84	碳质千枚岩	透镜状
M15	102.60	40.00	1.30	110	60	2.29	碳质千枚岩	似层状
M16	105.70	67.00	3.40	125	45～65	3.99	碳质千枚岩、碎裂岩	似层状
M17	80.00	72.00	1.43	125	45	2.00	碳质千枚岩	透镜状
M18	105.00	173.00	2.66	115～130	45～67	4.19	碳质千枚岩、碎裂岩	似层状
M19	105.00	62.00	1.24	124	30～78	3.25	碳质千枚岩、碎裂岩	似层状
M20	158.20	56.00	5.82	110	40～65	6.38	碳质千枚岩	似层状
M21	45.00	42.50	1.24	115	70	5.18	碳质千枚岩	似层状
M22	42.70	20.00	1.07	100	64	21.15	碳质千枚岩	似层状
M23	17.40	17.50	1.82	118	58	1.96	碳质千枚岩	透镜状
M24	17.40	17.50	2.29	118	58	7.54	碳质千枚岩	透镜状
M25	15.00	15.20	0.67	118	47	1.23	碳质千枚岩	透镜状
M26	50.50	22.00	3.06	123	55	3.30	碳质千枚岩	似层状
M27	23.50	22.00	2.70	123	55	3.17	碳质千枚岩	透镜状
M28	46.30	22.70	3.21	107	40	2.46	碳质千枚岩	似层状
M29	45.00	20.00	0.97	107	40	3.50	碳质千枚岩	透镜状
M30	15.60	21.70	2.81	120	45	1.04	碳质千枚岩	透镜状
M31	80.00	40.00	1.53	120	49	2.44	碳质千枚岩	透镜状
M32	80.00	40.00	3.92	120	49	6.09	碎裂岩	透镜状
M33	13.20	12.00	1.69	124	52	5.22	碳质千枚岩	透镜状
M34	13.20	12.00	5.47	124	52	7.16	碳质千枚岩	透镜状
M35	67.40	40.00	3.07	235	65～78	3.61	碳质千枚岩	似层状
M36	25.40	40.00	3.22	250	60～64	3.83	碳质千枚岩	似层状
M37	11.50	40.00	3.84	250	75	1.33	碳质千枚岩	透镜状
M38	40.00	40.00	6.55	222	50	17.59	碳质千枚岩	透镜状

续表 3-2

矿体编号	矿体规模		矿体真厚度/m	矿体产状/(°)		矿体平均品位/10^{-6}	含矿岩性	矿体形态特征
	矿体长度/m	矿体斜深/m		倾向	倾角			
M39	40.00	40.00	4.33	10	55	10.46	碳质千枚岩	透镜状
M40	40.00	40.00	5.38	25	74	6.62	碳质千枚岩	透镜状
M41	33.50	40.00	3.13	350	70	3.38	碳质千枚岩	似层状
M42	30.00	40.00	2.16	285	60	4.32	碳质千枚岩	透镜状
M43	28.00	40.00	1.16	290	60	1.27	碳质千枚岩	透镜状
M44	53.00	40.00	4.20	273	50	3.54	碳质千枚岩	似层状
M45	27.30	40.00	1.18	290	45	5.93	碳质千枚岩	透镜状
M46	29.30	48.00	1.67	280	45	3.31	碳质千枚岩	似层状
M47	51.90	20.00	1.03	290	32～35	10.71	碳质千枚岩、石英岩	似层状
M48	140.00	84.00	2.75	302	40	5.08	碳质千枚岩、碎裂岩	似层状
M49	20.50	40.00	2.05	280	33	6.90	碳质千枚岩	透镜状
M50	47.00	26.00	1.25	290	20	1.77	碳质千枚岩、碎裂岩	似层状
M51	13.00	32.00	1.43	290	40	2.50	碳质千枚岩	透镜状
M52	37.20	3.60	1.78	290	43	4.13	碳质千枚岩	似层状
M53	110.00	71.30	4.62	290	10～43	4.28	碳质千枚岩	似层状
M54	15.00	27.70	1.94	290	24	3.18	碳质千枚岩	透镜状
M55	15.00	20.00	1.22	290	15	1.41	碳质千枚岩、碎裂岩	透镜状
M56	15.00	20.00	0.99	290	15	4.41	碳质千枚岩	透镜状
M57	132.00	15.00	3.69	290	15	6.92	碳质千枚岩	似层状
M58	17.50	36.00	10.22	290	15	5.10	碳质千枚岩	透镜状
M59	232.00	130.00	3.46	290	12～26	4.50	碳质千枚岩、碎裂岩	似层状
M60	22.30	43.00	1.25	290	0	4.79	碳质千枚岩	透镜状
M61	37.40	18.00	1.03	290	10～20	1.18	碳质千枚岩	似层状
M62	45.00	66.00	1.54	290	20～35	1.30	碳质千枚岩	似层状
M63	30.00	12.00	1.41	290	20	2.22	碳质千枚岩	透镜状
M64	175.00	37.00	2.10	290	16～21	2.03	碳质千枚岩	似层状
M65	175.00	40.00	2.04	290	20	2.62	碳质千枚岩	似层状
M66	15.00	14.00	1.64	290	26	3.09	碳质千枚岩	透镜状
M67	73.30	31.00	8.28	290	25～30	3.86	碳质千枚岩	似层状
M68	30.00	33.00	1.04	290	24	1.38	构造角砾岩	透镜状
M69	54.00	80.00	2.37	290	38	3.18	大理岩	透镜状
M70	30.00	43.00	3.76	290	21	1.62	碳质千枚岩	透镜状
M71	45.00	156.50	2.10	290	20～33	3.02	碳质千枚岩、碎裂岩	似层状
M72	15.00	62.00	1.23	290	25	5.93	碳质千枚岩、碎裂岩	似层状
M73	15.00	40.00	2.87	290	35	2.71	碎裂岩	透镜状

续表 3-2

矿体编号	矿体规模		矿体真厚度/m	矿体产状/(°)		矿体平均品位/10^{-6}	含矿岩性	矿体形态特征
	矿体长度/m	矿体斜深/m		倾向	倾角			
M74	15.00	50.00	2.58	290	35	2.97	碳质千枚岩	透镜状
M75	15.00	318.00	2.54	290	6～30	5.55	碳质千枚岩	似层状
M76	22.40	23.00	1.39	290	18	12.43	碳质千枚岩	透镜状
M77	79.00	63.00	2.82	290	20	5.27	碎裂岩	透镜状
M78	78.80	63.00	2.82	290	20	5.04	碎裂岩	透镜状
M79	100.00	160.00	2.42	290	13～28	8.06	碳质千枚岩、碎裂岩	似层状
M80	80.00	195.00	4.94	290	23～30	6.71	碳质千枚岩、蚀变闪长玢岩	似层状
M81	247.00	112.00	3.08	290	5～35	5.69	碳质千枚岩、斜长细晶岩	似层状
M82	82.00	96.00	3.13	290	20～42	2.28	碳质千枚岩、碎裂岩、蚀变闪长岩	似层状
M83	134.00	150.00	2.34	290	18～30	4.30	碳质千枚岩	似层状
M84	15.00	23.00	1.98	290	25	3.65	碎裂岩	透镜状
M85	15.00	22.00	4.20	290	27	1.44	碳质千枚岩	透镜状
M86	15.00	22.00	2.90	290	23	1.47	碳质千枚岩	透镜状
M87	46.00	20.00	1.08	290	20	3.77	碳质千枚岩	透镜状
M88	70.00	70.00	4.27	290	20	7.17	碳质千枚岩	似层状
M89	137.00	98.00	3.23	290	17～26	7.58	碳质千枚岩、蚀变闪长玢岩	似层状
M90	47.00	38.00	1.38	290	23	6.21	碳质千枚岩	透镜状
M91	134.00	40.00	2.62	290	20～30	6.41	碳质千枚岩、碎裂岩	似层状
M92	44.60	53.00	1.70	290	14～24	11.25	碳质千枚岩	似层状
M93	22.30	33.00	2.56	290	22	2.99	碳质千枚岩	透镜状
M94	22.70	117.00	1.41	290	31	3.81	碎裂岩	似层状
M95	37.00	52.00	2.77	290	20	11.28	碎裂岩、石英闪长岩	似层状
M96	78.50	55.00	2.76	290	15	4.62	碳质千枚岩	透镜状
M97	35.70	40.00	4.35	107	70	3.40	碎裂岩	透镜状
M98	34.80	40.00	2.42	100	70	4.26	碳质千枚岩	似层状
M99	13.20	40.00	1.26	111	65	6.65	碳质千枚岩	透镜状
M100	30.00	40.00	7.24	107	71	10.98	碳质千枚岩	透镜状
M101	40.30	27.60	2.33	104	44～57	2.73	碳质千枚岩、碎裂岩	似层状
M102	43.80	40.00	3.71	107	57	2.79	碳质千枚岩	似层状
M103	70.00	155.00	0.90	100	55～71	7.74	碳质千枚岩、碎裂岩	似层状
M104	70.00	175.00	8.69	110	48	5.84	碳质千枚岩、碎裂岩	似层状

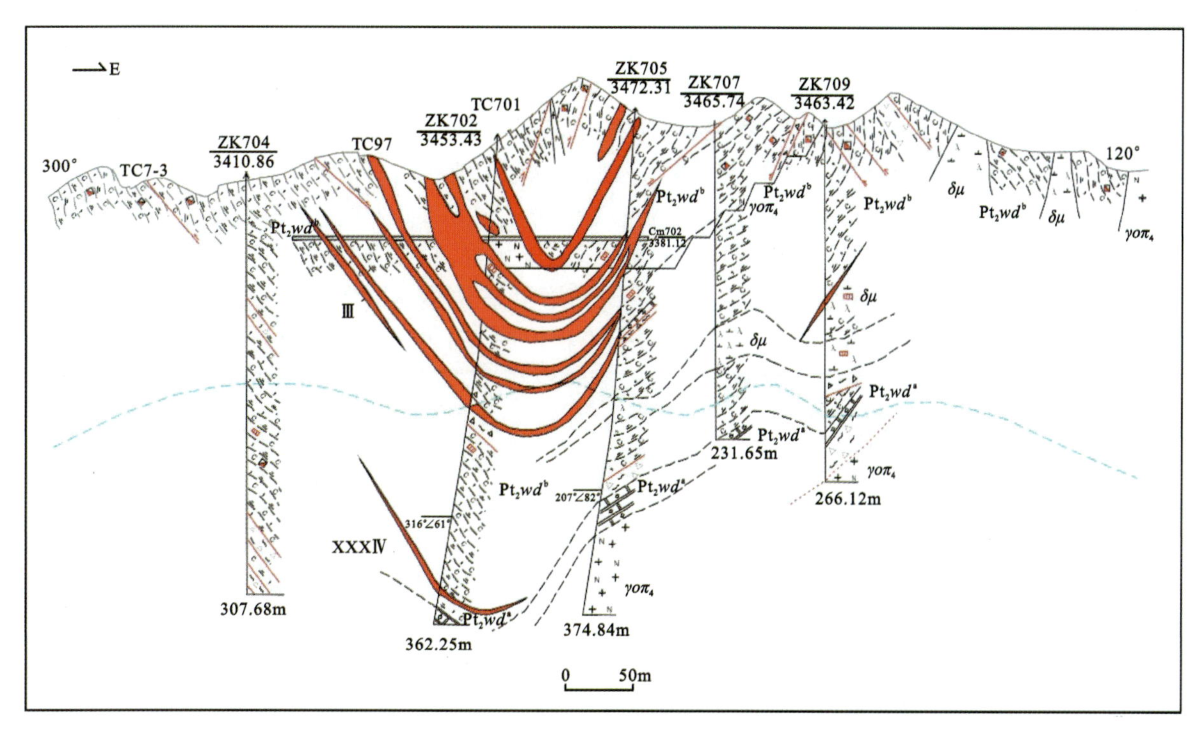

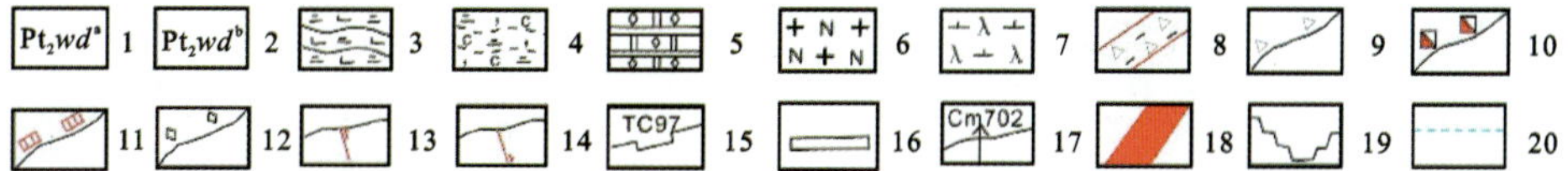

1. 万洞沟群 a 岩组；2. 万洞沟群 b 岩组；3. 白云钙质片岩；4. 碳质绢云千枚岩；5. 中厚层白云石大理岩；6. 斜长花岗斑岩；7. 闪长玢岩；8. 碎裂岩；9. 碎裂岩化；10. 褐铁矿化；11. 黄铁矿化；12. 碳酸盐化；13. 实测逆断层；14. 实测正断层；15. 探槽位置及编号；16. 平硐位置及编号；17. 钻孔位置及编号；18. 金矿石；19. 露采境界；20. 地下水位界线。

图 3-2　金龙沟矿区 11360N 勘探线工程地质剖面图（据青海省第一地质勘查院，2023）

其中南矿段 M7、M8、M9、M10、M11 矿体规模较大，现对矿区内 5 条主矿体特征叙述如下。

M7 矿体：分布于 23～8 勘探线间，矿体整体受向形构造控制，北西翼地表由 8 个见矿探槽工程控制，在 9、3、1、6 勘探线存在尖灭再现现象，地表控制长度 213m，深部由 25 个见矿钻探工程和 11 个见矿硐探工程控制，深部控制长度 505m，在 11、7、3 勘探有分支复合现象，北西翼矿体倾向南东（108°～123°），倾角较陡（48°～75°），控制的最大斜深为 116m（11 勘探线）；南东翼仅分布于 9 勘探线，由 3 个见矿钻孔控制，长度 30m，向形南东翼矿体倾向北西（290°），倾角较缓（14°），控制斜宽为 31m；矿体厚度 0.23～28.69m，平均厚度 7.42m，厚度变化系数 98.47%，单工程品位 1.49×10^{-6}～22.55×10^{-6}，平均品位 6.54×10^{-6}，品位变化系数 134.13%。含矿岩性主要为斑点状碳质绢云千枚岩、碎裂岩、斜长花岗斑岩、闪长岩。

M8 矿体：位于 M7 矿体上盘，分布于 23～8 勘探线间，矿体整体受向形构造控制，呈似层状分布，延伸较稳定；向形构造北西翼地表由 8 个见矿槽探工程控制，在 1～0 勘探线存在尖灭再现现象，地表控制长度 190m，深部由 27 个见矿钻孔和 11 个见矿平硐控制，深部控制长度 535m，北西翼矿体倾向南东（110°～123°），倾角较陡（30°～75°），控制的最大斜深为 127m（7、5 勘探线）；南东翼仅分布于 15～3 勘探线，由 16 个见矿钻孔控制，3 勘探线有尖灭再现现象，控制长度 210m，向形南东翼矿体倾向北西（290°），倾角较缓（12°～28°），控制最大斜宽为 174m（11 勘探线）；矿体厚度 0.47～15.49m，平均厚度 4.07m，厚度变化系数 81.63%，单工程品位 1.10×10^{-6}～20.01×10^{-6}，平均品位 4.28×10^{-6}，品位变化系数 121.16%。含矿岩性主要为斑点状碳质绢云千枚岩、碎裂岩、斜长花岗斑岩。

M9 矿体：位于 M8 矿体上盘，分布于 23～8 勘探线间，矿体整体受向形构造控制，呈似层状分布，延

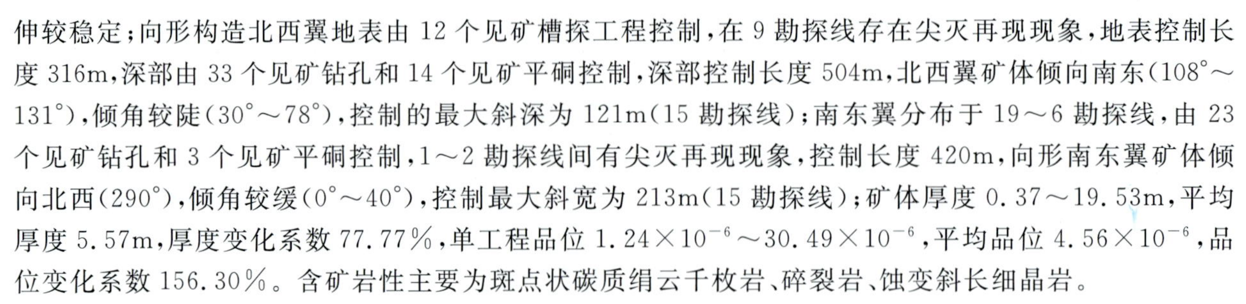

伸较稳定；向形构造北西翼地表由12个见矿槽探工程控制，在9勘探线存在尖灭再现现象，地表控制长度316m，深部由33个见矿钻孔和14个见矿平硐控制，深部控制长度504m，北西翼矿体倾向南东（108°～131°），倾角较陡（30°～78°），控制的最大斜深为121m（15勘探线）；南东翼分布于19～6勘探线，由23个见矿钻孔和3个见矿平硐控制，1～2勘探线间有尖灭再现现象，控制长度420m，向形南东翼矿体倾向北西（290°），倾角较缓（0°～40°），控制最大斜宽为213m（15勘探线）；矿体厚度0.37～19.53m，平均厚度5.57m，厚度变化系数77.77%，单工程品位1.24×10^{-6}～30.49×10^{-6}，平均品位4.56×10^{-6}，品位变化系数156.30%。含矿岩性主要为斑点状碳质绢云千枚岩、碎裂岩、蚀变斜长细晶岩。

M10矿体：位于M9矿体上盘，分布于23～8勘探线间，矿体整体受向形构造控制，呈似层状分布，延伸较稳定；向形构造北西翼地表由11个见矿槽探工程控制，在0～1勘探线存在尖灭再现现象，地表控制长度374m，深部由32个见矿钻孔和9个见矿平硐控制，矿体于17、13勘探线各出现1处天窗，深部控制长度600m，北西翼矿体倾向南东（108°～144°），倾角较陡（20°～71°），控制的最大斜深为209m（19勘探线）；南东翼分布于17～0勘探线，由16个见矿钻孔和4个见矿平硐控制，控制长度380m，向形南东翼矿体倾向北西（290°），倾角较缓（6°～30°），控制最大斜宽为164m（17勘探线）；矿体厚度0.47～22.04m，平均厚度5.85m，厚度变化系数88.57%，单工程品位1.14×10^{-6}～13.31×10^{-6}，平均品位5.36×10^{-6}，品位变化系数122.56%；含矿岩性主要为斑点状碳质绢云千枚岩、碎裂岩、蚀变斜长细晶岩。

M11矿体：位于M10矿体上盘，分布于19～9勘探线间，矿体整体受向形构造控制，呈似层状分布，延伸较稳定；向形构造北西翼地表由4个见矿槽探工程控制，地表控制长度138m，深部由13个见矿钻孔控制，矿体于19～17勘探线存在尖灭再现现象，深部控制长度275m，北西翼矿体倾向南东（107°～126°），倾角较陡（40°～75°），控制的最大斜深为73m（15勘探线）；南东翼分布于19～11勘探线间，由13个见矿钻孔控制，控制长度275m，向形南东翼矿体倾向北西（290°），倾角较缓（0°～17°），控制最大斜宽为174m（11勘探线）；矿体厚度0.68～23.29m，平均厚度7.08m，厚度变化系数84.77%，单工程品位1.30×10^{-6}～15.85×10^{-6}，平均品位7.54×10^{-6}，品位变化系数132.57%；含矿岩性主要为斑点状碳质绢云千枚岩、碎裂岩。

四、矿石特征

金龙沟金矿的矿石类型主要为蚀变碳质千枚岩型和蚀变脉岩型（图版Ⅱ-6）。

矿石矿物，两类矿石中均以含砷黄铁矿为主，其次是黄铁矿、毒砂、自然金和银金矿等，脉岩型矿石中含黄铜矿、自然金和银金矿（于凤池，1994；贾建业等，1996a、b）。重要的载金矿物黄铁矿分为三期：成矿期前的黄铁矿晶粒较为粗大，多为自形和半自形，立方体状，颜色淡黄色；成矿期黄铁矿晶粒普遍很细小，以他形、五角十二面体为主，呈致密浸染状、条带状及细密分散状分布于千枚岩的变斑晶中、叶理面上以及脉岩中；成矿期后的黄铁矿呈单独的他形或半自形立方体以及在成矿后裂隙中作为黄铁矿-方解石细脉充填（张延军，2017）。

脉石矿物主要由绢云母、石英和少量碳酸盐（以铁白云石为主）、高岭石、石墨和电气石组成。

金成色64%～83%，以自然金和银金矿为主，主要载金矿物为黄铁矿、石英、毒砂。以自然金的嵌布形式，可分为裂隙间隙金及包裹体金，前者为主。裂隙间隙金，呈规则—不规则粒状、微细脉状等形式分布于黄铁矿裂隙及其与脉石矿物粒间，前者居多；包裹体金，呈规则—不规则粒状包裹于黄铁矿（或石英）中（戴荔果，2019）。

矿石结构主要有他形结构、自形—半自形结构、骸晶结构、填隙结构、交代结构、包含结构、环边—环带结构（图版Ⅱ-7）。矿石构造主要有稀疏浸染状构造、脉状构造、结核状构造、环斑状构造、揉皱状构造、眼球状团块构造、细脉、网脉状构造等。

五、围岩蚀变

矿区围岩蚀变强烈，以黄铁矿化、毒砂矿化、黄钾铁矾化、褐铁矿化、绢云母化、硅化为主，其次为赤铁矿化、绿帘石化、碳酸盐化、绿泥石化、石膏化及铁白云石化。黄铁矿化、毒砂矿化、硅化、绢云母化与金成矿密切相关。黄铁矿化：多呈致密浸染状、条带状、细密分散状及少量细—网状脉分布于千枚岩的变斑晶、叶理面上以及脉岩中；毒砂矿化：主要沿黄铁矿的微裂隙充填交代；硅化：主要呈细—网脉状石英在侵入岩与片岩的接触带中较发育，发育程度与矿化强弱相一致，重结晶明显；绢云母化：斜长石蚀变成绢云母，常见于闪长玢岩中。

六、矿化阶段划分及分布

矿床经历了2个成矿期，即岩浆热液成矿期和表生氧化期。岩浆热液成矿期又划分了3个成矿阶段：Ⅰ少硫化物-石英脉成矿阶段、Ⅱ黄铁矿-石英脉成矿阶段、Ⅲ碳酸盐-石英脉成矿阶段（表3-3）。Ⅰ少硫化物-石英脉阶段：石英脉中硫化物数量少，多为粗晶黄铁矿，半自形—自形；Ⅱ黄铁矿-毒砂-金-石英脉阶段：主要发育黄铁矿、毒砂、黄铜、闪锌、方铅矿等。黄铁矿，呈细晶，半自形—他形，金为裂隙金，主要赋存于毒砂和黄铁矿等的裂隙内；Ⅲ碳酸盐岩-石英脉阶段：主要呈细脉—网脉状穿插先存围岩或矿石，见有少量黄铁矿。其中，Ⅰ、Ⅱ为主成矿阶段。表生氧化期：氧化型矿石，为原生矿石近地表氧化形成，主要见有黄钾铁矾、褐铁矿、孔雀石和石膏等（戴荔果，2019）。

表3-3 滩间山金矿床成矿期次及矿物生成顺序表（据戴荔果，2019）

矿化期 / 阶段 / 主矿物	岩浆热液成矿期			表生氧化期
	少硫化物-石英脉阶段	黄铁矿-石英脉阶段	碳酸盐-石英脉阶段	
石英	—	—	—	
绢云母	—	—	—	
黄铁矿	—	—	—	
毒砂	—	—		
白钨矿	—			
自然金	—	—	—	
石墨				
磁黄铁矿	—			
黄铜矿		—		
方铅矿		—		
闪锌矿		—		
褐铁矿				—
黄钾铁矾				—
石膏				—
孔雀石				—
矿石结构	环边、环带结构	交代结构，骸晶结构	自形	
矿石构造	细脉浸染状构造，眼球状团块构造	细脉、网脉状构造，微细粒浸染状构造	细脉浸染状构造	被膜状、网脉状

七、成矿物理化学条件

（一）成矿物质来源

1. 硫同位素特征

矿床硫化物的 $\delta^{34}S$ 值呈塔式分布（图 3-3），分布范围为 5‰～10‰，均值 8‰，表明分馏总体平衡，其中，矿石 $\delta^{34}S$ 值均值为 7‰～8.6‰，而岩浆成因的黄铁矿硫同位素 $\delta^{34}S$ 值一般近于 0，表明硫可能源于围岩；硫化物 $\delta^{34}S$ 值对比图显示（图 3-4），矿区硫值与花岗岩分布区间一致。表明部分硫源于岩浆源或地幔源，部分可能混染了围岩地层硫，矿石硫为两者不均一的混合（戴荔果，2019）。

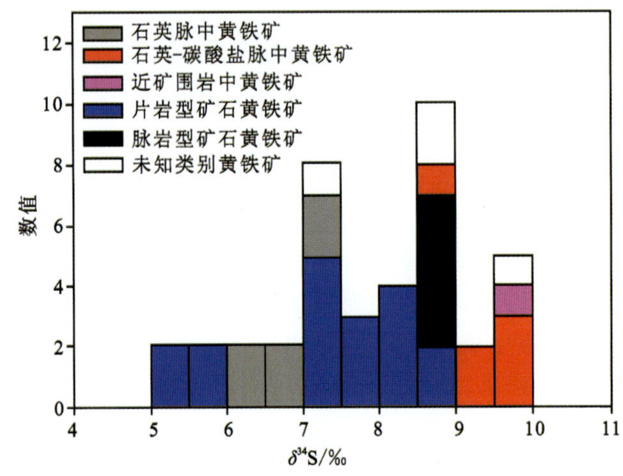

图 3-3 金龙沟金矿床 $\delta^{34}S$ 值直方图（据戴荔果，2019）

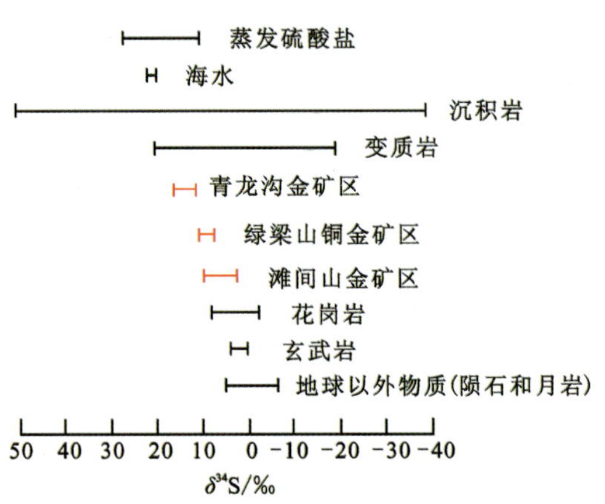

图 3-4 金龙沟金矿床硫同位素分布及与柴北缘典型金矿床等的对比（据戴荔果，2019）

2. 铅同位素特征

矿床铅同位素构造模式图（图 3-5）显示：矿石铅为深源铅与上地壳铅的不同比例混合，是矿区闪长玢岩与围岩黑色炭质片岩铅两端元混合的结果（戴荔果，2019）。

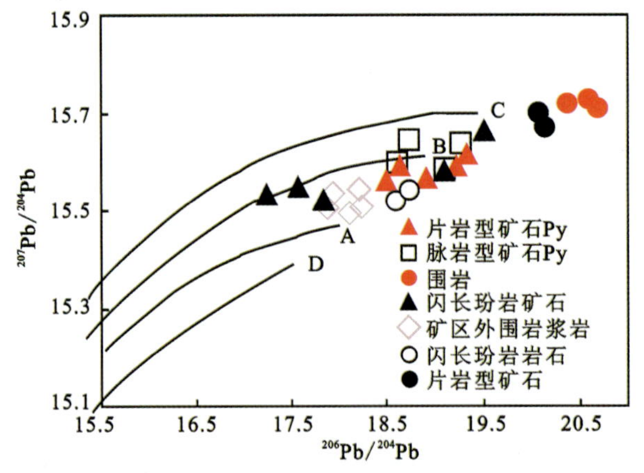

A. 地幔；B. 造山带；C. 上地壳；D. 下地壳。

图 3-5 金龙沟矿床铅同位素构造模式图（据戴荔果，2019）

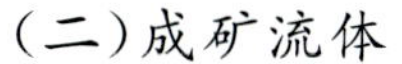

(二)成矿流体

1. 氢氧同位素

矿区氢氧同位素分析表明(图 3-6):1 个落在岩浆水范围,1 个落在变质水范围,另外 2 个介于岩浆水与大气水之间。可以说明成矿流体主要具有岩浆水和变质水特点,后期有大气水加入。

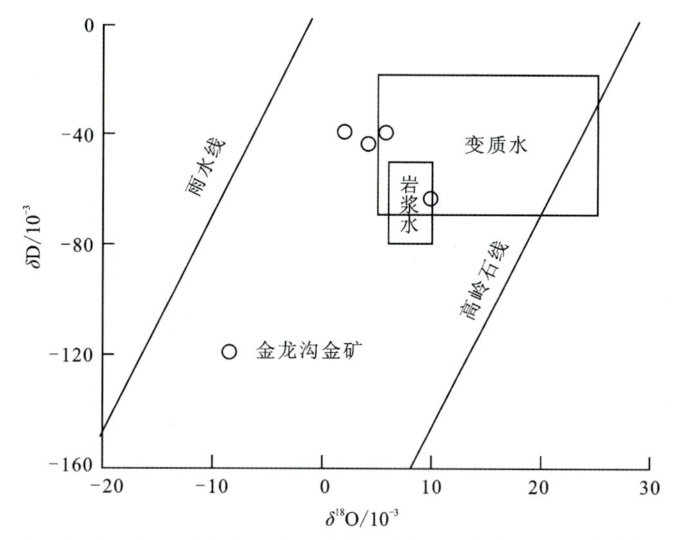

图 3-6　金龙沟金矿床成矿流体包裹体 $\delta^{18}O$-δD 关系图(据戴荔果,2019)

2. 碳氧同位素

崔艳合等(2000)曾报道测得的滩间山金矿床碳同位素值($\delta^{13}C_{PDB}$)变化于−12.9‰～3.2‰之间,戴荔果(2019)测试结果分布在岩浆氧化碳的分布范围内,但部分落于海相碳酸盐的范围(图 3-7),可能表明碳源主要源自矿区岩浆岩,结合前面分析的氢氧同位素特征,认为其可能混有部分万洞沟群大理岩的碳源。

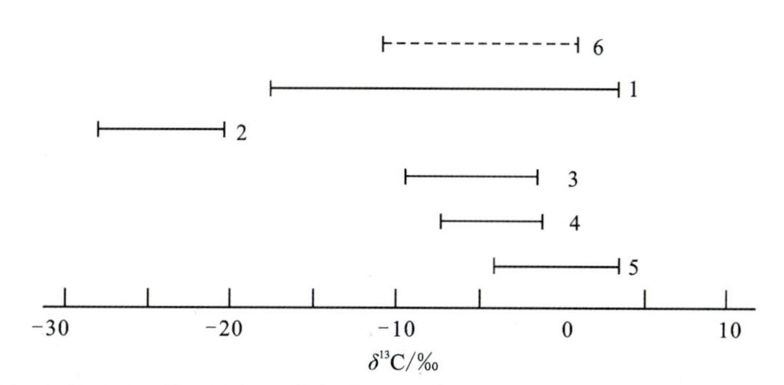

图 3-7　滩间山金矿床 $\delta^{13}C$ 特征及其与自然界其他物质 $\delta^{13}C$ 源的对比(据戴荔果,2019)

八、矿床类型

金龙沟金矿床矿石类型主要为蚀变碳质千枚岩型和蚀变脉岩型;矿体的形态、产状及分布严格受层间断裂破碎带以及韧脆性断裂裂隙带的控制;矿石中硫同位素具有岩浆硫的特征;成矿流体中的水有岩浆水和层间水;主成矿深度为 2～2.3km。矿床成因类型为中浅成、中温热液型,工业类型为构造蚀变岩型。

九、成矿机制和成矿模式

(一)成矿时代

结合前人研究成果,金龙沟金矿的形成具有多期性,是4次热液-矿化事件叠加的产物。

第一期:矿区内韧性剪切带千枚岩型金矿石中的绢云母年龄为401Ma(Ar-Ar法,张德全等,2001),片岩型矿石中碳质片岩的年龄为385.8Ma(K-Ar法,崔艳合,2000)。表明第1次成矿时间为海西早期(385.8~401Ma),主要以黑色岩系中金元素初始富集成矿为主,斜长花岗斑岩提供了少量成矿物质。

第二期:矿区内与金成矿关系密切的矿化蚀变斜长花岗斑岩年龄为350.4±3.2Ma(锆石U-Pb法,贾群子,2013);矿化蚀变花岗斑岩年龄为356±2.8Ma(锆石U-Pb法,张延军,2016)、344.9±2Ma(锆石U-Pb法,李世金等,2011)、344±2.2Ma(锆石U-Pb法,张博文等,2010)。张德全于2007年获得的全岩Rb-Sr等时线年龄为330.03±24.3Ma,很可能为岩体经历构造热事件的年龄或变质作用年龄,表明第2次成矿时间为海西中期(344±2.2Ma~356±2.8Ma),岩浆活动为金矿的形成提供了物源和热源(贾群子,2013)。

第三期:矿区内金矿石的热液蚀变矿物年龄为284Ma(绢云母Ar-Ar法,张德全等,2005)、268.9±4.3Ma(绢云母K-Ar法,张德全等,2001)、288.0±9.0Ma(金红石Rb-Sr法,Zhang et al.,2009)、268.9±4.0Ma(金红石K-Ar法,Zhang et al.,2009);蚀变花岗斑岩型金矿石年龄268.94±4.31Ma、275.9±7.2Ma(K-Ar法,崔艳合,2000);闪长玢岩年龄289.6±6.0Ma(K-Ar法,国家辉,1998);云煌岩年龄288.9±7.3Ma(K-Ar法,崔艳合,2000)。表明第3次成矿时间为海西晚期(268.9±4.0Ma~289.6±6.0Ma),一系列脉岩从深源带入更多的金,叠加在黑色岩系所在的韧性剪切带上,并发生强烈蚀变作用及再富集,本期成矿是金龙沟金矿主要成矿期。

第四期:矿区内发育于霏细斑岩金矿体年龄为127.4±0.6Ma(锆石U-Pb,赵呈祥等,2023),霏细斑岩呈细脉状,具浸染状黄铁矿化,以及少量黄铜矿,金品位较高;另外,发育于矿体附近的石英闪长玢岩年龄为133.8±4.2Ma(Rb-Sr法,崔艳合,2000),未见独立矿体。说明本期岩浆活动为不仅再次为金龙沟金矿提供了成矿物质,同时提供了热源。表明第4次成矿时间为燕山晚期(127.4±0.6Ma~133.8±4.2Ma),是金龙沟金矿首次发现的最晚一期成矿。该期成矿不仅见于金龙沟金矿,同时见于细晶沟金矿。

(二)控矿因素

(1)碳质岩石的沉积形成了金的矿源层。

(2)海西早期中地壳顶—上地壳下部的塑性变形形成的造山流体对矿源层金的迁移富集起到重要的作用,并在剪切变形带内使金初步富集。

(3)海西中期碰撞造山隆升过程中,在北西向剪切带内叠加形成的拆离断层和近北东向复式褶皱及伴生的张性断裂裂隙构造,为流体循环及金的富集沉淀提供了通道和空间,是矿床形成的构造因素。

(4)造山隆升过程中诱发的斜长花岗斑岩岩浆活动为金龙沟金矿形成提供了大量的矿质和成矿流体,是矿床形成的主要物源和动力因素。

(5)海西晚期发育的岩脉存在如下演化顺序:斜长细晶岩或花岗细晶岩→闪长玢岩脉→云煌岩脉→花岗斑岩脉→金矿化,说明该时期形成的富含成矿物质的岩浆期后热液运移到有利地质构造位置发生金的矿化蚀变(国家辉,1998)。

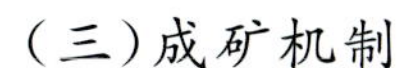

（三）成矿机制

金龙沟金矿床位于柴达木盆地北缘中西段。海西早期，在区域近 SN 向压应力作用下形成 NW 向复式向斜构造及同方向片理化带；海西中期，压应力方向转为 NW-SE 向，在滩间山地区形成 NNE 向层间褶皱构造及同方向展布的片理化带，同时斜长花岗斑岩、花岗斑岩沿 NNE 向褶皱的层间滑脱断裂、褶皱轴面劈理带及复活的 NW 向、NNE 向断裂侵位；海西晚期，构造进一步活动，细晶岩脉、闪长玢岩脉、云煌岩脉、花岗斑岩脉与地层同步褶皱，岩浆期后热液将 Au、As、Sb、Pb、S、C、H_2O 等组分带入 NNE 向脆性破裂带，与高渗透的碳质千枚岩-片岩等围岩发生热组分的交换，随着物理化学条件（温度降低、*Eh* 升高、压力下降等）的变化，Au-S-As-Sb 络合物发生分解，Au 淀积成矿（崔艳合，2000）；燕山晚期岩浆热液再次将成矿物质带入脆性构造带（赵呈祥，2023），富集成矿。最终形成了中浅成中温热液型金矿床。

（四）成矿模式

中元古代华北古陆台裂解，地壳发展进入到以拉伸作用为主的阶段，在裂陷槽内沉积了万洞沟群含碳泥质岩和富镁碳酸盐岩，同时在受基底同生断裂控制的凹陷中沉积了富含热水沉积物的含金碳质岩石，此后经历了低绿片岩相区域变质和堇青石角岩相热变质，矿源层形成并经历了预富集（于凤池，1998）。

加里东早期柴北缘处由被动陆缘转变为活动陆缘，柴北缘洋壳俯冲过程中形成了岛弧火山岩滩间山群（514～450Ma，史仁灯，2004；韩英善，2000）和一系列岛弧花岗岩（460～475Ma，朱小辉，2014）及柴北缘高压—超高压变质带（496～443Ma，袁桂邦，2002；吴才来，2008）。加里东晚期洋盆闭合后，俯冲洋壳拖曳陆壳继续深俯冲，在中地壳上部形成了滩间山韧性剪切带构造（401～425Ma，Ar-Ar 法，张德全，2000），万洞沟群地层也发生了强烈的褶皱变形（国家辉，1998）。

海西早期，受同时段区域变质作用，同时伴有少量岩浆热液活动，使万洞沟群矿源层中的金元素活化转移，在韧性剪切带内发生了滩间山地区的第一期金的变质成矿作用。

海西中期，处于后碰撞伸展环境，岩石圈地幔发生拆沉、去根作用，软流圈地幔上涌加热下地壳，在北西向剪切带内形成了叠加的近北东向皱褶和上、下拆离正断层，同时在上、下拆离断层夹持带内形成了叠加于近北东向褶皱构造上的张性断裂裂隙构造，并诱发了斜长花岗斑岩岩浆活动（350.4±3.2Ma，贾群子，2013），滩间山地区变质核杂岩形成，随着岩浆核的结晶分异，其后含矿流体进入断裂裂隙造就了金龙沟金矿的第二期的岩浆热液成矿作用（图 3-8）。

海西晚期，再生裂谷闭合，同时伴有强烈的岩浆活动，此次的岩浆侵位形成了细晶岩、闪长玢岩、云煌岩、花岗斑岩等，这些岩浆作用也带来了丰富的流体，同时也形成了矿区近南北向的褶皱构造（张德全等，2007a、b），片岩型矿石进一步富集，脉岩型矿石生成（魏刚锋，1999），为金龙沟金矿的第三期岩浆期后热液成矿作用。

燕山晚期，柴北缘造山带整体转入陆内造山阶段，并随着柴达木地块一起与华北克拉通拼接，进入统一的中国大陆发展阶段。金矿田后期再一次发生热液叠加事件，为金龙沟金矿发现的最晚一期成矿作用。

（五）找矿标志

1. 地层标志

万洞沟群地层是金龙沟金矿床的主要含矿层位，碳质绢云千枚岩特有的还原吸附效应和封闭效应，易在其内形成中大型金矿床；不同岩性特别是软硬岩层接触带部位是产生韧性滑脱断裂裂隙构造带的有利位置，也是金矿主要赋矿层位。

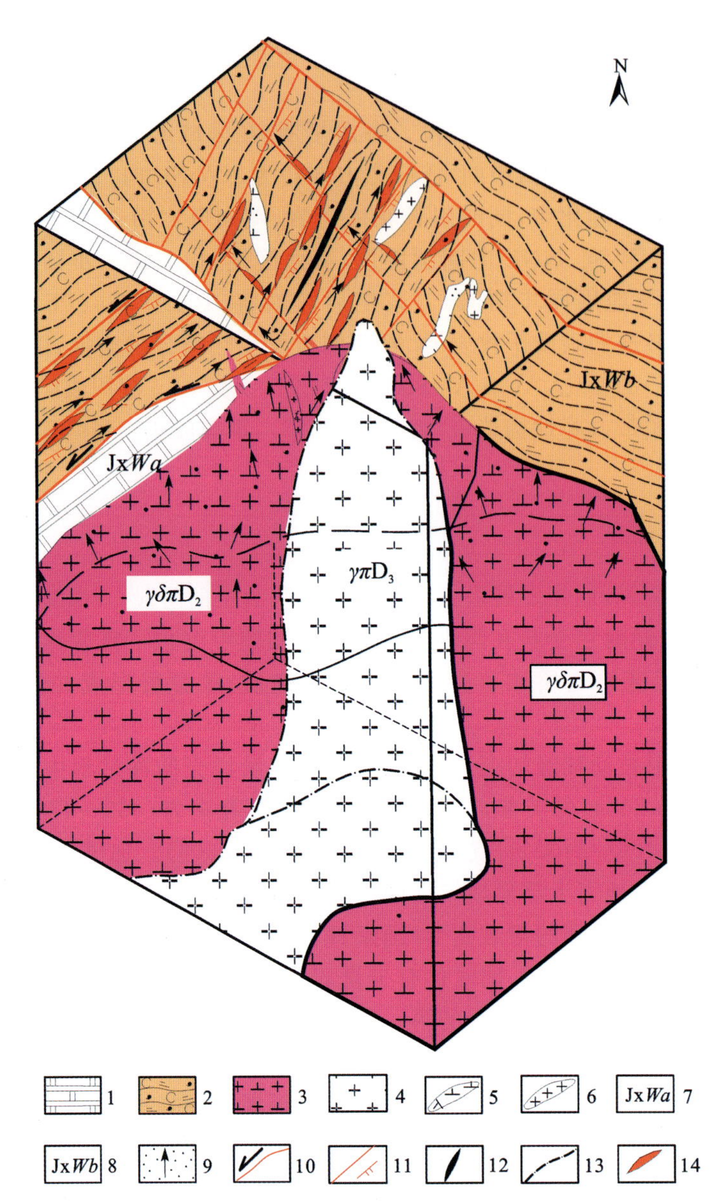

1. 白云石大理岩；2. 斑点状碳质绢云千枚岩；3. 花岗闪长斑岩；4. 花岗斑岩；5. 闪长玢岩脉；6. 细晶岩脉；7. 万洞沟群 a 岩组；8. 万洞沟群 b 岩组；9. 热液运移方向；10. 拆离滑脱断层；11. 断层、裂隙；12. 向斜轴；13. 脉动侵入接触界线；14. 矿体。

图 3-8 滩间山金龙沟金矿成矿模式图(据青海省第一地质勘查院，2023)

2. 构造标志

矿床主要受北西向区域性大型韧性剪切带和次级向斜构造叠加部位的控制，两组构造的叠加部位更易形成大量的扩容负压空间，为矿化流体的汇聚和沉淀提供场所，是极为有利的成矿部位。

3. 矿化蚀变标志

含矿层以黄铁矿化、绢云母化、硅化、赤铁矿化、铁白云石化为主，少量毒砂矿化。其中黄铁矿化、毒砂矿化与金矿化关系密切，黄铁矿、毒砂均呈致密浸染状分布，它的出现也能够指示金矿(化)体的存在。

按距离矿体的远近，蚀变矿物有分带出现的特征：内带为黄铁矿化和硅化，内带及中带为绢云母化，外带为赤铁矿化，最外带为碳酸盐化(铁白云石化/褐铁矿化)。

4. 围岩蚀变标志

区内金矿床围岩蚀变强烈，以黄铁矿化、毒砂矿化、黄钾铁矾化、褐铁矿化、绢云母化、硅化为主，其次为赤铁矿化、绿帘石化、碳酸盐化、绿泥石化、石膏化及铁白云石化等。蚀变具一定的分带性，其面积

不大，但可作为近矿的找矿标志。

5. 化探标志

1∶20 万水系沉积物测量圈定了滩间山和万洞沟两个金异常，其中滩间山金异常 7 个浓集中心面积最大的一个在金龙沟金矿床一带。1∶5 万岩石测量在该区共圈定了 AuAgAs6、AgPb4、AuAgAs3 和 AuAgAsCu2 等 4 个综合异常，其中 AuAgAs6 异常与金龙沟金矿床关系密切，Au、As、Sb 元素套合较好、浓集中心明显。因此金龙沟金矿床 Au、As、Sb 地球化学异常是此类矿床的重要成矿要素。

6. 岩体和脉岩

本区晚泥盆世岩浆活动为区内金矿的形成提供了主要的矿质来源，为金矿床的形成提供了必要的条件，矿床的分布与其的产出位置有密切的关系，金龙沟金矿床中近北东向褶皱构造内的细晶岩、斜长花岗斑岩、闪长(玢)岩脉体含金，故该脉岩矿化蚀变较强地段也是重要的找矿标志之一。

十、找矿模型

根据金龙沟金矿床的成因类型、成矿时代、大地构造、赋矿地层、控矿构造、矿体空间特征、矿石组构、成矿物质来源与流体来源、围岩蚀变、野外找矿标志等因素，结合区域地质，以及物探、化探、遥感等相关资料，建立金龙沟式金矿找矿模型(表 3-4)(李鹏等，2019)。

表 3-4　滩间山式金矿找矿模型

<table>
<tr><th colspan="2">预测要素</th><th>要素特征描述</th><th>要素分类</th></tr>
<tr><td rowspan="2">成矿时代</td><td>变质地层时代</td><td>中元古代</td><td rowspan="2">必要</td></tr>
<tr><td>成矿时代</td><td>晚志留世(425～400Ma)变质变形成矿期、早石炭世(356～350Ma)岩浆热液成矿期、早二叠世(294～268Ma)岩浆期后热液成矿期</td></tr>
<tr><td rowspan="2">大地构造位置</td><td>大地构造分区</td><td>秦祁昆造山</td><td rowspan="2">重要</td></tr>
<tr><td>大地构造单元</td><td>柴达木盆地北缘碰撞造山带之柴达木盆地北缘后造山岩浆岩带</td></tr>
<tr><td>成矿区带</td><td>成矿区带</td><td>柴北缘 Pb-Zn-Mn-Cr-Au-白云母成矿带</td><td>重要</td></tr>
<tr><td rowspan="7">变质岩建造/变质作用</td><td>地层分区</td><td>祁昆地层区柴北缘地层分区-滩间山地层小区(Ⅳ-5-1)和柴北缘地层小区(Ⅳ-5-2)</td><td rowspan="7">必要</td></tr>
<tr><td>岩石地层单位</td><td>万洞沟群(JxW)</td></tr>
<tr><td>地层时代</td><td>中元古代</td></tr>
<tr><td>岩石类型</td><td>为大陆边缘相的区域低温动力变质作用形成的低绿片岩相</td></tr>
<tr><td>岩石组合</td><td>有两个岩性组，下部为白云石大理岩夹绢云石英片岩互层；上部为碳质绢云千枚岩夹钙质绿泥片岩组成</td></tr>
<tr><td>蚀变特征</td><td>矿床围岩蚀变十分强烈，和金矿化关系密切的蚀变作用类型主要有黄铁矿化、毒砂矿化、硅化、绢云母化</td></tr>
<tr><td>原岩建造类型</td><td>类复理岩建造</td></tr>
</table>

续表 3-4

预测要素		要素特征描述	要素分类
岩浆建造/岩浆作用	岩石名称	斜长花岗斑岩	必要
	侵入时代	早石炭世	
	岩性特征	复式斜长花岗斑岩体，偏铝-中钾钙-钙碱性系列，属壳源后碰撞型花岗岩	
	岩石组合	斜长花岗斑岩、花岗闪长斑岩、花岗斑岩	
	岩(体)脉形态	复式岩体、岩株状、岩枝状及脉状	
成矿构造	北西向剪切带＋近北东向褶皱＋韧性滑脱断裂裂隙	加里东晚期陆壳俯冲碰撞形成韧性剪切构造；随后于海西中期陆陆碰撞隆升过程在北西向剪切带内形成近北东向褶皱构造，并伴随早石炭世斜长花岗斑岩上侵在上盘千枚岩内形成了韧性拆离断层和滑脱断裂、断裂体系	必要
成矿特征	矿体形态	呈似层状、脉状及透镜状产出	必要
	蚀变强度带范围	矿床围岩蚀变强烈、普遍，在区域变质作用基础上与岩浆热液活动有密切的联系。岩石围岩蚀变主要有与区域变质作用有关的、呈面型分布的绢云母化和黄铁矿化，分带不明显，与金矿化有关的主要为带状分布的黄铁绢云岩化，接近矿体中心其蚀变强	
	矿体规模	矿体多呈脉状、分支脉状、透镜状成群产出，沿走向和倾向有分支复合、尖灭再现的现象，与蚀变围岩无明显界线，呈渐变过渡关系。主要矿体倾向南东，倾角较陡(60°～70°)。矿体长 20～430m，宽 0.6～62.38m，变化较大，控制最大斜深 100m	
	矿带形态	受韧性剪切带内北东向褶皱和断裂裂隙构造控制，总体呈透镜状	
	矿带规模	矿化带长约 700m，宽约 400m	
	矿石矿物金属元素成分	主要为 Fe、Au、Ag、As	
	矿床伴生组分	伴生主要组分为银、砷	
	矿石类型	矿床内氧化带深度在地表至 30m 间，主要类型为原生硫化矿石，矿石工业类型为细脉微细粒浸染型金矿石	
	矿石矿物组合	矿石矿物组合比较复杂，但含量不高，均属低硫化物型矿石，主要为含银自然金、黄铁矿、石英、绢云母、自然金、毒砂	
	成矿期次划分	划分为 2 个期次：早期岩浆热液期，形成黄铁矿-毒砂-黄铜矿-闪锌矿-方铅矿；晚期表生氧化期，形成黄钾铁矾-褐铁矿-孔雀石-石膏	
	组分赋存状态	自然金主体呈包裹金分布于黄铁矿中，部分呈裂隙金分布于黄铁矿和毒砂裂隙中	

续表 3-4

预测要素		要素特征描述	要素分类
地球物理特征	磁性特征	区内万洞沟群和滩间山群火山岩普遍具有弱磁性，磁性较稳定。而蚀变岩型金矿石与围岩间无明显的磁性差异	
	电性特征	区内金矿石的极化率变化范围在百分之几至百分之十几之间，金矿石平均值达7.7%，属低阻高极化特征；而围岩除碳质千枚岩外均为中高阻低极化特征	
	磁异常	矿床处均具有平缓稳定的低值正磁异常，峰值只在几十纳特至一百多纳特，围岩局部具有稍高跳跃不稳定的正磁异常，异常幅值在数百纳特至上千纳特间	
	激电异常	高极化率低阻异常基本对应于矿化体分布位置，而围岩则基本对应低极高阻段	
	干扰异常	区内含碳质岩系可形成极为明显的低阻高极化异常，是区内最大的激电异常干扰体	
地球化学特征	Au原生晕异常及异常特征	前人在矿区内圈定了3个Au原生晕异常，Au、Ag、As三个指示元素可形成强度高、规模大的原生地球化学异常，浓集中心多与矿体有关，是寻找该类型矿床的有效指示元素。 ①Au1原生晕主体位于矿区西部，面积0.14km^2，为矿区最大的金原生晕，包容了大部分千枚岩型金矿体和矿化体，可分出4个浓度带：$15\times10^{-9}\sim100\times10^{-9}$（外带），$100\times10^{-9}\sim500\times10^{-9}$（中带）、$500\times10^{-9}\sim1000\times10^{-9}$（内带）、大于$1000\times10^{-9}$（矿体）。②Au2原生晕位于卧龙岗南侧，面积4310m^2，为矿区最小的一个原生晕。该原生晕有3个浓集中心，浓度分带清晰，实际是脉岩型金矿体的反映。③Au3原生晕分布于瀑布沟一带，面积45 000m^2，异常形态比较规则，总体方向近东西向，基本包容了瀑布沟一带千枚岩型和脉岩型金矿体。该原生晕中与脉岩型金矿体有关的Au浓度分带齐全，凡大于5000×10^{-9}浓度带的浓集中心，基本是脉岩型金矿体	重要
	水系沉积物测量异常及异常特征	1∶5万水系沉积物组合异常呈近椭圆状沿金龙沟和细晶沟金矿会水域部位展布，异常元素组合复杂，由Au、Ag、As、Sb、W、Sn、Mo、Zn组成，Au、Ag、As、Sb套合好，浓集中心明显，异常强度高，Au、As具内、中、外浓度分带，Au内带20×10^{-9}，As内带20×10^{-6}	
遥感特征	遥感异常	以OH^-异常为主，三级均有分布，强弱异常套合好，呈斑块状分布，异常主要沿北东向断裂发育，分布于岩体与地层接触带附近	

第二节 青龙沟金矿床

一、概述

青龙沟金矿床位于青海省海西州大柴旦镇北西约100km处，大地构造位置隶属柴达木盆地北缘构造带。该矿床于1995年青海省第一地质矿产勘查大队开展普查找矿工作时发现，为区内岩金找矿拓宽了思路。近年来对整个矿区进行了不同程度的勘查工作，并于矿区南部新发现Ⅲ矿带及Ⅱ矿带Ⅱ-M1等矿体，2020—2021年间在矿区进行深部找矿时于Ⅱ、Ⅲ矿带内圈定数十条金矿体，主矿体品位高厚度大，具有较好的找矿前景。矿区3300m标高以上为采矿权，3300m标高以下为探矿权。

二、矿区地质特征

(一)地层

区内地表出露地层主要为中元古界万洞沟群(Pt_2W)，次为零星出露的奥陶系滩间山群(OT)，山间和沟谷有大面积第四系覆盖物分布，深部揭露地层以中元古界万洞沟群(Pt_2W)为主(图3-9)。

1.中元古界万洞沟群(Pt_2W)

该地层为矿区主要赋矿地层，按岩性组合分为碳酸盐岩组(Pt_2Wa)、碎屑岩组(Pt_2Wb)两个岩组。

碳酸盐岩组(Pt_2Wa)：地表分布于矿区中部青龙沟中下游，出露面积较大，总体呈北西-南东向展布，出露宽度最大为550～650m，深部主要呈带状分布于矿区内，控制宽度15～270m，带内岩石普遍遭受变形变质，片理化、揉皱、糜棱岩化等特征明显。该套地层由底部中—厚层状硅化白云石大理岩(图版Ⅱ-8)夹碳质绢云千枚岩和顶部薄层状含碳硅化白云石大理岩组成；其中顶部的薄层状含碳硅化白云石大理岩层是区内的主要赋矿层位。

碎屑岩组(Pt_2Wb)：地表分布于矿区北东部，地层出露宽度为600～700m，延伸较稳定。深部呈条带状展布，控制宽度10～210m，一般宽约40m，倾向北东，局部南倾，岩石在深部具揉皱、糜棱岩化、波纹条带状(图版Ⅱ-9a)等特征。岩石普遍含碳，由灰黑色碳质绢云千枚岩(图版Ⅱ-9c)、斑点状碳质绢云千枚岩夹白云母钙质千枚岩(图版Ⅱ-9d)、绿泥方解片岩、薄层状、条带状大理岩等组成。该岩组与下伏a岩组呈断层接触，局部为整合接触。

2.奥陶系滩间山群(OT)

地表于矿区南西部呈北西-南东向断续出露，出露最宽达800m，为一套低级变质的火山岩、火山碎屑岩、海相沉积碎屑岩及碳酸盐岩。该套地层在详查区内主要出露有下碎屑岩组(OTa)、下火山岩组(OTb)两个岩组，二者为断层接触关系，在深部工程中暂未揭露到该套地层。

(二)岩浆岩

区内岩浆活动强烈，分侵入和喷发两种形式，其活动时间和岩石展布空间与柴北缘古裂谷的活动有密切关系，岩浆活动具构造-岩浆多期次活动的特点，岩浆岩的分布受构造控制明显，构成与地层、构造分布方向一致的北西-南东向岩浆岩带。

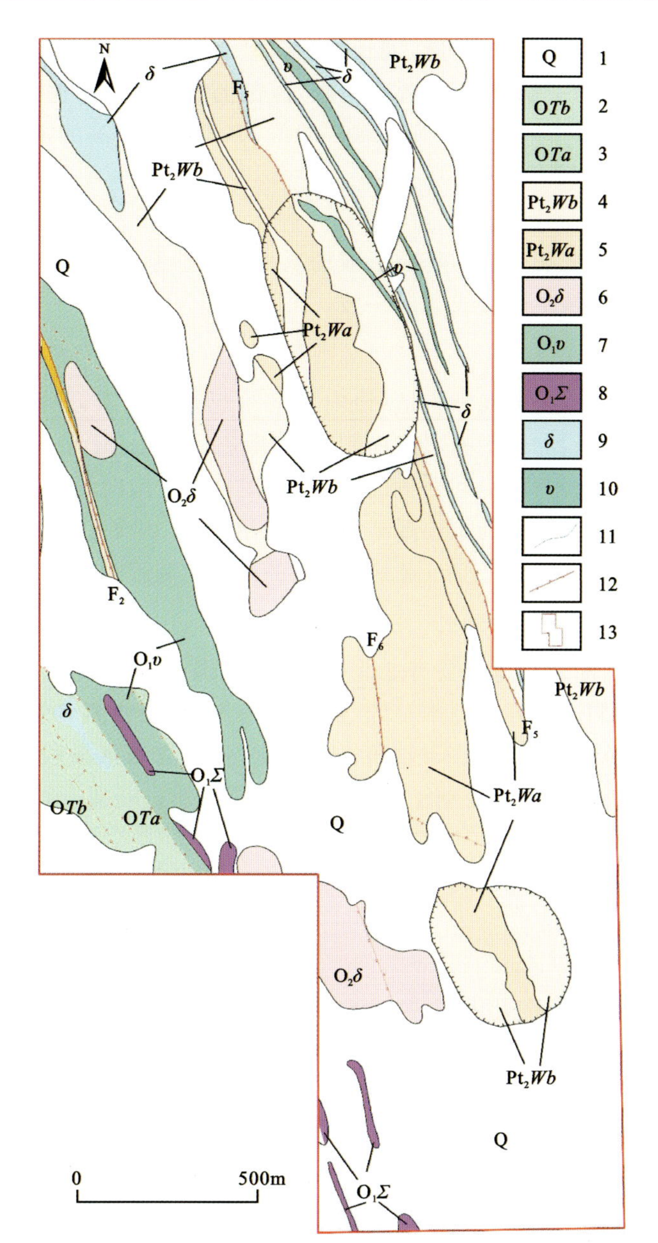

1. 第四系；2. 奥陶系滩间山群下火山岩组；3. 奥陶系滩间山群下碎屑岩组；4. 中元古界万洞沟群碎屑岩组；5. 中元古界万洞沟群碳酸盐组；6. 中奥陶统闪长岩；7. 下奥陶统辉长岩；8. 下奥陶统超基性岩；9. 闪长岩脉；10. 辉长岩脉；11. 地质界线；12. 逆断层；13. 青龙沟采矿区。

图 3-9　青龙沟矿区地质图(据青海省第一地质勘查院 2020 修编)

1. 侵入岩

在矿区西侧青龙沟沟口一带有大面积出露，主要为奥陶纪侵入岩，呈脉状断续展布。岩性主要为辉长岩、局部可见辉橄岩，次为闪长岩。辉长岩呈大的脉状产出，平面上呈“S”形侵入于万洞沟群(Pt_2W)斑点状碳质绢云千枚岩、白云石大理岩中，局部地段可见“斑点状”碳质绢云千枚岩捕房体。

2. 喷出岩

广泛分布于矿区西侧，为一套中酸性火山碎屑岩和熔岩，组成了滩间山群(OTb)岩组。

3. 脉岩

区内广泛发育，主要有闪长岩脉(图版Ⅱ-10)、闪长玢岩脉(图版Ⅱ-11)、辉长岩脉、石英脉等。脉岩大多分布于万洞沟群(Pt_2W)碳质绢云千枚岩、白云石大理岩及断裂带内。大多平行断裂出现，少数与

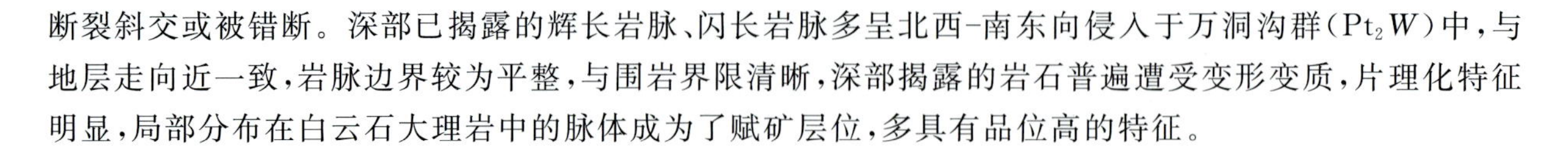

断裂斜交或被错断。深部已揭露的辉长岩脉、闪长岩脉多呈北西-南东向侵入于万洞沟群(Pt_2W)中,与地层走向近一致,岩脉边界较为平整,与围岩界限清晰,深部揭露的岩石普遍遭受变形变质,片理化特征明显,局部分布在白云石大理岩中的脉体成为了赋矿层位,多具有品位高的特征。

(三)构造

矿区内构造主要是由大型剪切带应力释放形成的次一级构造系,即复向斜褶皱及3组断裂,主体构造线方向为北西-南东向,与区域主构造线方向一致。

1. 褶皱

区内褶皱构造主要为青龙沟复式向斜构造,该向斜南东起于青龙滩,北西经青龙沟至小紫山,该构造南东段由核部的一个次级背斜和两侧的次级向斜构造组成;北西段则为一宽缓的向斜构造。矿区内只出露核部的次一级背斜(青龙沟背斜)和西侧的次一级向斜(青龙沟向斜)。背斜两翼形成的层间滑脱带是主要控矿、容矿构造,是矿区矿体的主要赋矿空间(王斌等,2023)。青龙沟复式向斜构造核部的次级背斜构造控制着Ⅱ、Ⅲ矿带内金矿体的分布,青龙沟向斜的西翼控制着Ⅰ矿带石英脉型金矿体的分布。

2. 断裂

区内断裂构造发育,区内断裂构造主要有北北西向的逆断层和近东西向的平移断层。

北北西向逆断层与区域构造线方向基本一致,规模大小不等,通常延伸数百米以上,各断层大致平行排列。走向330°～350°,断层面倾向北东,倾角65°～80°,带内岩石揉皱强烈,挤压片理、糜棱岩化发育。这些规模大、延伸广的断裂系不仅控制了岩体的产出,热液通过断裂,形成明显蚀变带,也是最重要的控矿断裂。

近东西向和北东向断裂多切割北西向断裂,为成矿后期破矿断裂构造(张延军,2017;戴荔果,2019)。

(四)地球物理特征

前人于2005年度在区内青龙沟开展过1∶5000物探激电剖面测量工作,共圈定JD1～JD3三个激电异常(图3-10)。2012年度对JD2异常进行验证后,在其深部发现了厚大的富矿体,由此可知,区内的激电异常对深部隐伏矿体的指示效果较为明显。

从电物性特征统计表(表3-5)可以看出,从区内物性测定可以看到,矿体(黄铁矿化大理岩)所引起的视极化率异常在4.0%～6.0%之间,碳质千枚岩异常则一般大于8.0%,这是二者另一明显的区别。因此可以认为,"中—小视电阻率、中视极化率"是该地区有意义异常的标志。

表3-5　电物性特征统计表

岩性名称	极化率 η_s/%			电阻率 ρ_s/(Ω·M)			样品数/块	备注
	最小值	最大值	平均值	最小值	最大值	平均值		
大理岩类	0.2	2.9	1.06	697	4192	1610	24	
褐铁矿化石英脉	0.6	7.1	2.19	666	2545	1475	9	
构造岩	0.3	1.6	0.9	713	2828	1560	5	
黄铁矿化大理岩	1.7	46.6	7.70	927	9061	4232	33	
辉长岩	0.6	1.9	1.13	1096	2679	1786	7	
绿泥片岩	0.5	3.4	1.36	913	6850	2138	12	
闪长岩类	0.2	2.6	1.10	581	10 426	2166	16	
碳质千枚岩	4.7	12.8	8.12	349	1551	807	9	

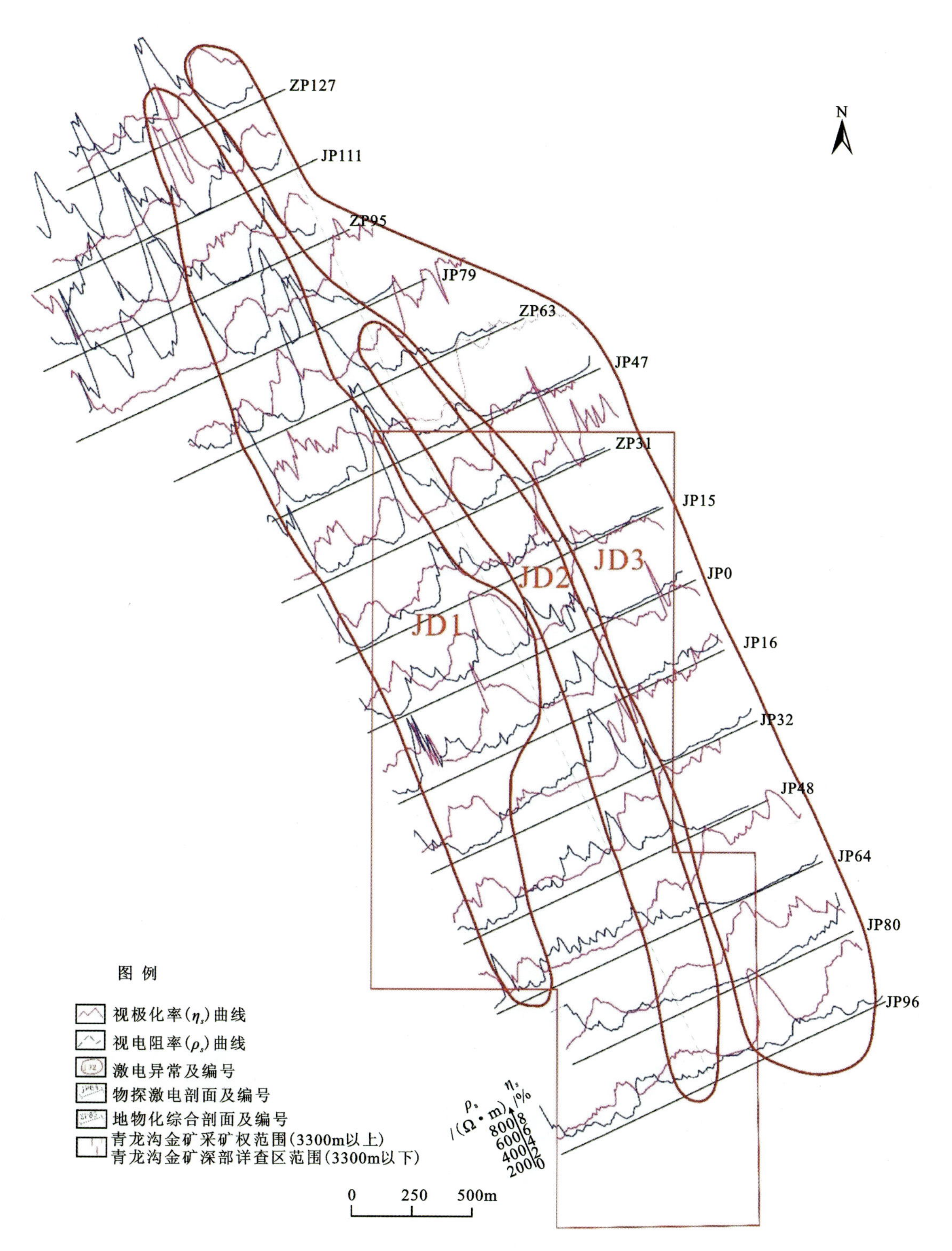

图 3-10　青龙沟地区物探激电剖面平面图(据青海省第一地质勘查院 2020 修编)

2020 年在青龙滩地区完成了 3 条物探综合剖面(剖面中包括 1：2000 磁法剖面测量、1：2000 重力剖面测量、1：5000 广域电磁法剖面测量),通过从 3 条剖面二维反演断面图(图 3-11)可以看出,剖面在纵向上都大致可分为三层。第一层:浅部中低阻层为第四系风成沙及砂砾石;第二层:中部低阻层为万洞沟群碳质千枚岩地层;第三层:深部高阻层为万洞沟群大理岩岩组及岩体。并且剖面的低、中、高阻的相对频率都比较一致,视电阻率在横向上总体都呈南高北低特征。反映了南部地层以大理岩为主,北部地层以碳质千枚岩为主。

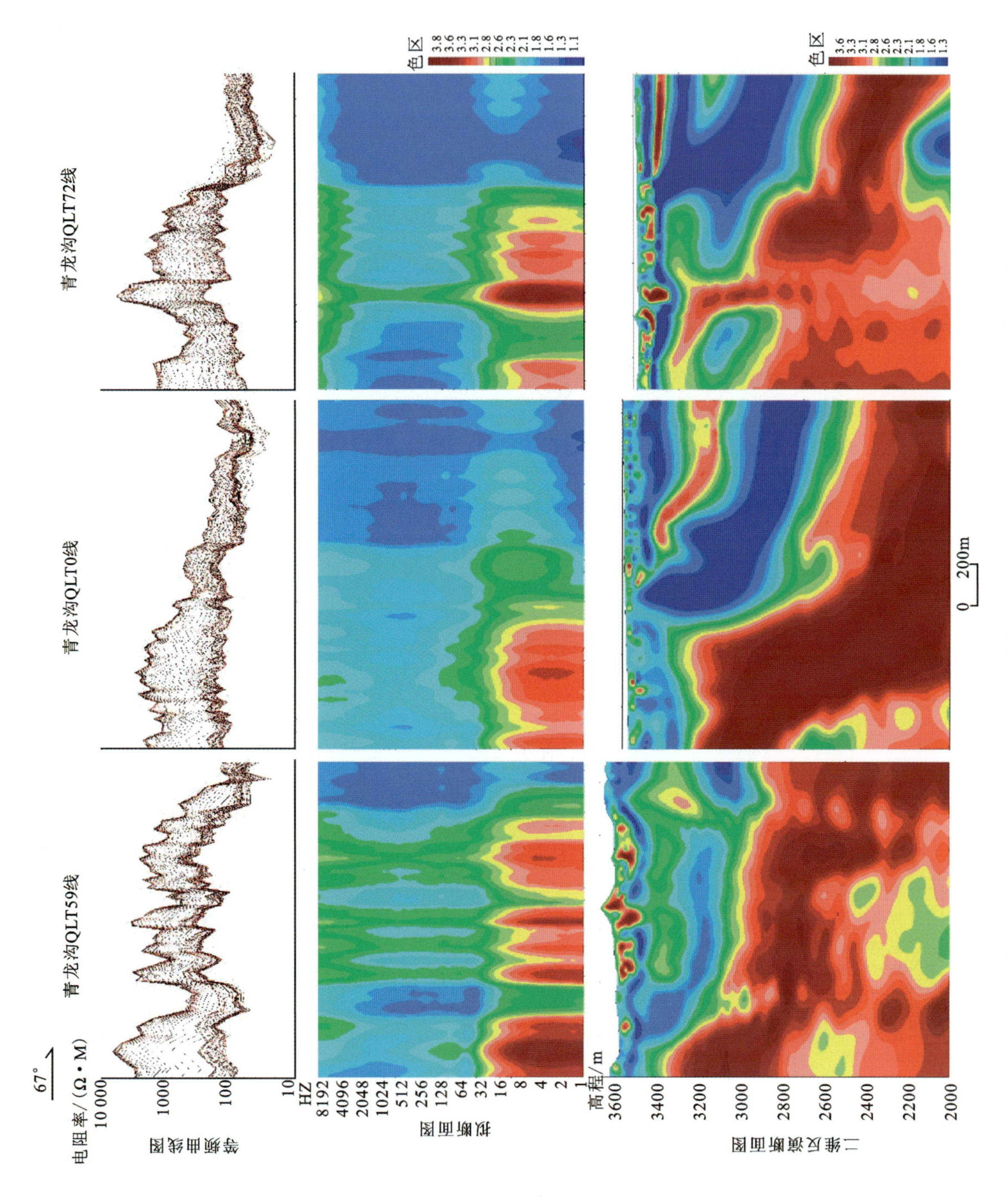

图3-11 GY59、GY0、GY72线二维反演断面图(据青海省第一地质勘查院2020修编)

通过 GY59、GY0、GY72 反演视电阻率立体特征(图 3-12)可以看出,在南部、中部及北部都出现 4 条具有一定规模的断层接触带,规律性较强。且在 GY0 线和 GY72 线之间出现右旋平移断层。4 条剖面在南部及北部都出现两处高阻凸起的背斜构造,与成矿关系密切。青龙沟金矿体产出于千枚岩及大理岩的接触部位,区内主要含矿带Ⅱ、Ⅲ矿带位于布格重力异常的梯级带;剩余重力异常重力高异常中心的两侧,布格重力异常水平一阶导数达极大值或极小值(构造的位置);在激电异常上为中低阻,中高极化带,以边部位置为主;在广域电磁剖面上为中阻、中低阻异常区(电阻率 500~1500Ω·m)及高阻及低阻异常的梯级带(构造带),均为间接找矿。

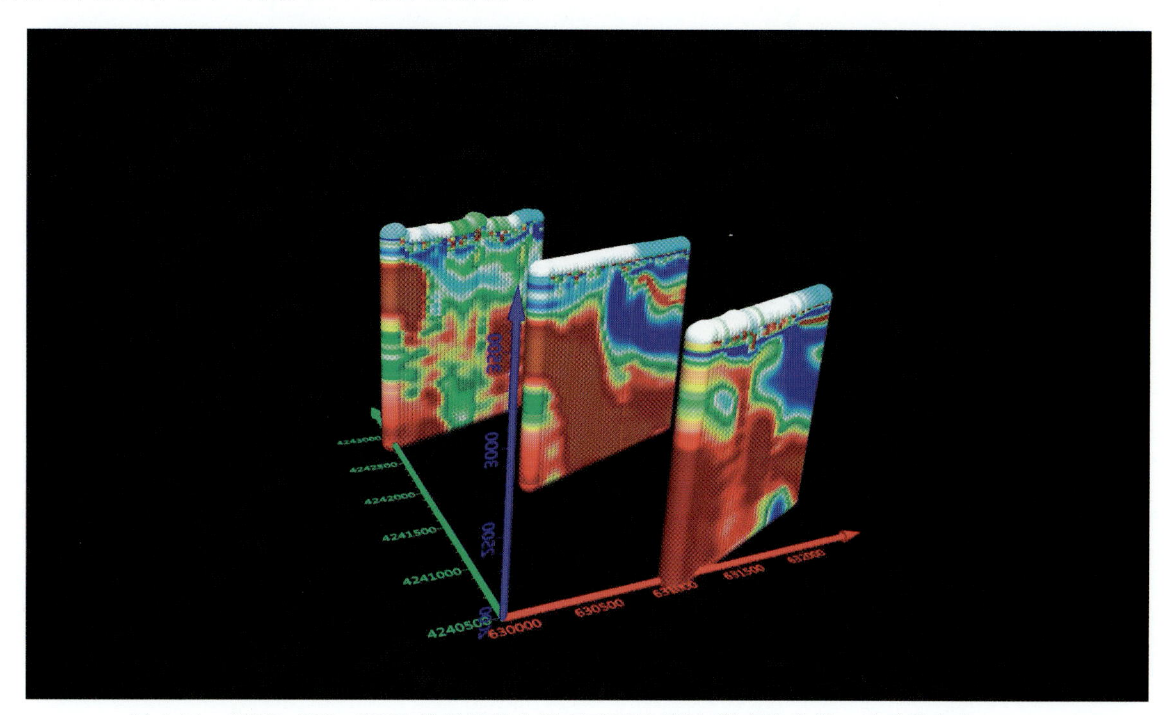

图 3-12 GY59、GY0、GY72 线反演视电阻率平面特征图(据青海省第一地质勘查院,2020)

(五)地球化学特征

区域上前人曾先后进行了不同比例尺的水系沉积物测量、岩石测量、土壤测量工作。为了查明青龙滩第四系松散覆盖层下地层的含金性,青海大柴旦矿业有限公司分别于 2009 年及 2016 年在青龙滩一带开展了 RC 钻原生晕测量,对岩石样品进行 Au 元素光谱半定量分析后,Au 元素含量以 15×10^{-9} 为下限在青龙滩共圈定金异常 8 处,分别为 Au1~Au8。其中 AP4 异常(图 3-13)位于青龙沟沟口与青龙滩交汇部位,原生晕异常规模较大,内、中、外三带齐全,浓集中心明显。异常区地表出露均为第四系松散覆盖物,经钻探工程验证于该异常深部发现了多条金矿体,异常为矿致异常。

三、矿体的规模、形态、产状

(一)矿带地质特征

区内先后发现了Ⅰ、Ⅱ、Ⅲ三条矿带,在Ⅱ、Ⅲ矿带间的白云石大理岩中亦有矿体断续分布,但连续性较差。其中Ⅱ、Ⅲ矿带为区内主矿带(图 3-14),分别产于青龙沟复式向斜核部次级背斜的北东和南西翼,并严格受次级背斜构造控制。

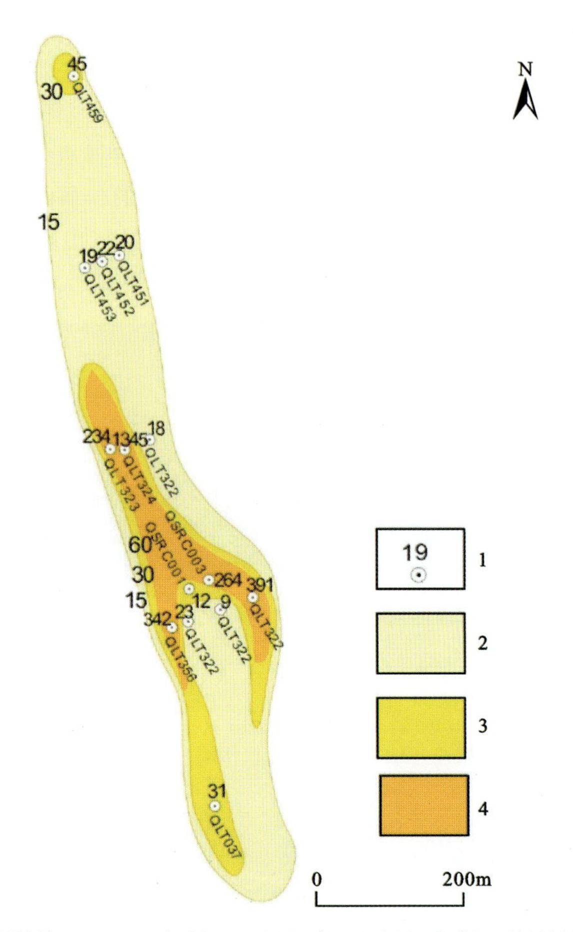

1. 岩石样样品分析结果；2. $15\times10^{-9}\leqslant Au<30\times10^{-9}$；3. $30\times10^{-9}\leqslant Au<60\times10^{-9}$；4. $Au\geqslant60\times10^{-9}$。

图 3-13　青龙滩 AP4 异常图（据青海省第一地质勘查院，2020）

1. Ⅰ矿带

Ⅰ矿带位于青龙沟西侧，复式向斜南西翼的层间构造破碎带内，带内岩性混杂，主要有碳质绢云千枚岩、白云石大理岩及辉长岩、闪长岩、斜长花岗斑岩脉等，岩石普遍遭受变形变质，且片理化、碎裂岩化发育，普遍褪色强烈。矿体主要沿花岗质片糜岩与“斑点状”碳质绢云千糜岩或白云石大理岩的接触带分布，严格受断裂构造控制，产于构造破碎带的中下部。矿化带长 750m，宽 50～80m，走向 330°～340°，倾向北东，倾角 80°～85°。

2. Ⅱ矿带

Ⅱ矿带位于青龙沟东侧，分布于青龙沟次级背斜构造的北东翼，沿硅化白云石大理岩与碳质绢云千枚岩内接触带部位及附近产出。矿化带在区内延伸长大于 3.1km。区内主要控制于 2800m 高程以上，矿带宽 40～175m，总体走向约 165°，矿带沿走向产状变化较大，浅部倾向北东，倾角多在 40°～80°之间，深部 3200m 以下倾向为南西，倾角约 80°，矿带上盘岩性为碳质绢云千枚岩，带内岩石主要以条带状大理岩、钙质千枚岩为主，其次为硅化白云石大理岩、蚀变闪长岩等，其中钙质千枚岩为Ⅱ矿带主要含矿岩性，矿带下盘岩性为青灰色白云石大理岩。矿带在地表大多数地段岩石褪色明显，在深部表现为片理化带、糜棱岩化带，带内岩石普遍遭受变形变质。带内金矿化较为普遍，具分段富集的特征，金矿体多以似层状、透镜状、条带状、脉状分布，矿体在走向上存在膨大、狭缩和波状弯曲的特征。

3. Ⅲ矿带

Ⅲ矿带位于Ⅱ矿带西侧，分布于青龙沟次级背斜构造的南西翼，走向上与Ⅱ矿带近平行展布，矿化带在区内延伸长大于 3.1km，矿带宽 5～75m，总体走向 165°，倾向北东，倾角在 65°～90°之间。矿带上

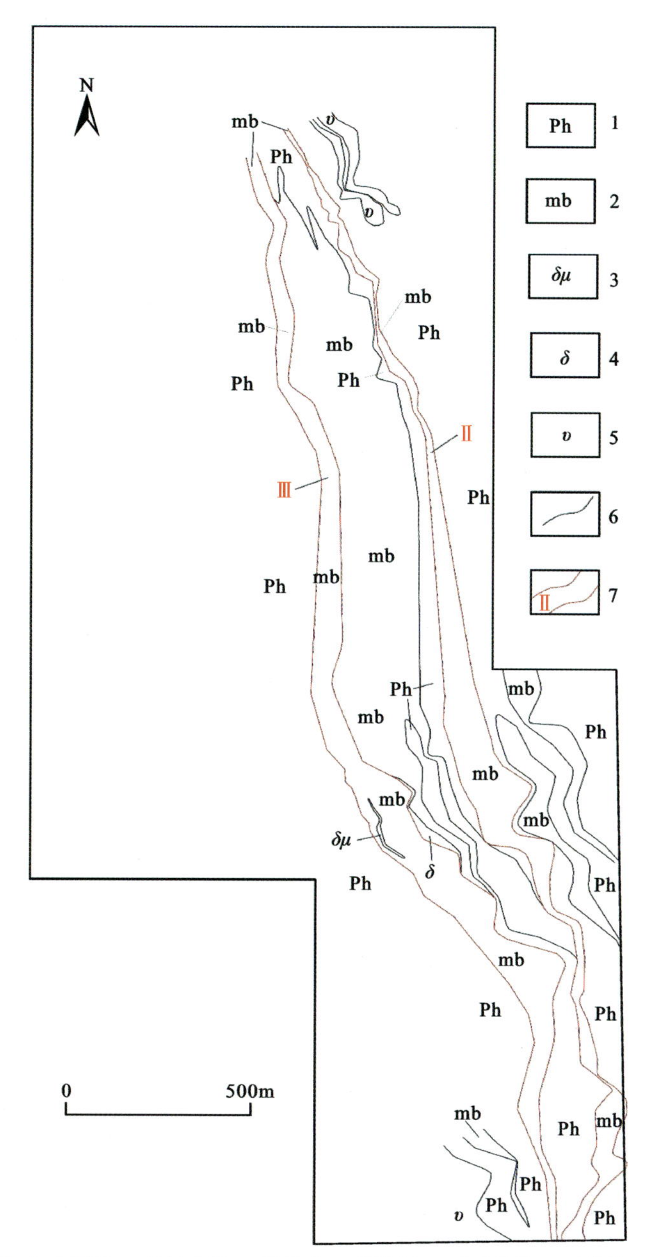

1.千枚岩;2.大理岩;3.闪长玢岩;4.闪长岩;5.辉长岩;6.地质界线;7.矿带位置及编号。

图3-14 青龙沟矿区3300m中段平面图(据青海省第一地质勘查院,2020)

盘岩性为青灰色白云石大理岩,带内岩性主要为硅化白云石大理岩,少量构造角砾岩、蚀变闪长岩等,其中硅化白云石大理岩为Ⅲ矿带主要含矿岩性,矿带下盘岩性为碳质绢云千枚岩。带内岩石普遍具揉皱、糜棱岩化、碎裂岩化等现象。矿带与上下盘接触部位脉体较为发育,主要为闪长玢岩脉,闪长岩脉和石英脉偶见,闪长玢岩脉主要分布于该区层间滑脱构造带中,产出和展布形态受层间滑脱破碎带的控制作用较为明显,脉宽1~10m。带内金矿体多以透镜状、脉状分布。矿带处断裂构造较为发育,主要为与青龙沟次级背斜构造同期配套形成的层间滑脱破碎带,层间滑脱破碎带宽度大小不一,普遍在2~5m之间。

(二)矿体地质特征

据《青海省大柴旦镇青龙沟金矿资源储量核实报告》(核实基准日:2019年12月31日),矿区3300m以上累计圈定金矿体93条(表3-6)。2021年通过分析研究3300m以上勘查成果资料,以“探深部、打连接”的工作思路,开展了Ⅱ、Ⅲ矿带深部找矿工作,截至2022年,在3300m以下初步圈定金矿体

73条(表 3-7)，矿体控制标高 2739～3313m，在Ⅱ矿带内 2900～3200m 之间形成了第二富集段(图 3-15)，矿体特征与浅部矿体特征基本相同，矿体沿走向连续性较好、矿化不均匀、产状较陡、受构造控矿现象明显等特征。

表 3-6 青龙沟矿区 3300m 以上矿体特征一览表

矿体编号	矿体规模		矿体真厚度/m	矿体产状/(°)		矿体平均品位/10^{-6}	含矿岩性	矿体形态特征
	矿体长度/m	矿体斜深/m		倾向	倾角			
CK-M1	198	80～190	4.05	67	67～83	3.02	钙质千枚岩	似层状
CK-M2	685	40～283	5.49	67	54～87	6.73	变砂岩、千枚岩、白云石大理岩	似层状
CK-M3	30	40	1.95	67	70	1	变砂岩	透镜状
CK-M4	75	40～99	3.71	67	70～74	10.37	变砂岩、千枚岩	似层状
CK-M5	35	40	2.26	67	74	4.2	千枚岩	透镜状
CK-M6	60	40	2.64	67	75	4.87	变砂岩、千枚岩	透镜状
CK-M7	25	90	1.71	67	70～76	1.54	变砂岩、千枚岩、白云石大理岩	透镜状
CK-M8	30	40	2.32	67	75	3.29	白云石大理岩	透镜状
CK-M9	20	40	1.57	67	71	1.34	变砂岩、辉长岩	透镜状
CK-M10	80	36～40	2.11	67	45～86	1.55	变砂岩	透镜状
CK-M11	40	40	2.07	67	80	1.21	变砂岩	透镜状
CK-M12	80	38.5	1.5	67	70～86	1.23	变砂岩	透镜状
CK-M13	40	40	1.15	67	45	2.21	变砂岩	透镜状
CK-M14	40	37	1.37			4.51	千枚岩	透镜状
CK-M15	40	40	1.69			2.61	白云石大理岩	透镜状
CK-M16	40	84	1.01	270	81～87	3.11	钙质千枚岩、蚀变闪长岩	透镜状
CK-M17	40	26	1.97	90	76	2.61	蚀变闪长岩	透镜状
CK-M18	40	40	0.88	93	80	1.17	白云石大理岩	透镜状
CK-M19	40	30	2.26	93	80	6.02	白云石大理岩	透镜状
SJ-M1	40	40	1.04	67	90	1.47	石英闪长玢岩	透镜状
SJ-M2	40	40	1.17	247	60	12.39	闪长岩	透镜状
SJ-M3	130	40～137	4.64	67	76～90	6.08	白云石大理岩、碳质绢云千枚岩	似层状
SJ-M4	40	40	1.46	67	90	2.31	变砂岩	透镜状
SJ-M5	40	40	1.46	67	90	1.55	白云石大理岩	透镜状
SJ-M6	40	40	1.98	67	69	1.50	白云质大理岩	透镜状
SJ-M7	40	28	1.73	67	60	2.13	闪长岩	透镜状
SJ-M8	40	24	1.40	67	90	1.45	碎裂岩	透镜状
SJ-M9	40	40	1.48	67	90	1.15	白云石大理岩	透镜状
SJ-M10	85	123～131	1.74	67	82～86	6.18	白云石大理岩、闪长岩	似层状
SJ-M11	40	106	1.53	67	90	3.40	白云石大理岩	透镜状
SJ-M12	40	126	3.17	67	90	2.39	白云石大理岩、闪长岩	透镜状
SJ-M13	40	40	2.32	247	85	3.48	白云石大理岩	透镜状
SJ-M14	40	28	2.02	247	65	2.95	碳质绢云千枚岩	透镜状

续表 3-6

矿体编号	矿体规模		矿体真厚度/m	矿体产状/(°)		矿体平均品位/10^{-6}	含矿岩性	矿体形态特征
	矿体长度/m	矿体斜深/m		倾向	倾角			
SJ-M15	40	40	1.62	67	90	2.73	白云石大理岩	透镜状
SJ-M16	40	40	4.25	67	76	5.05	白云质大理岩、闪长岩	透镜状
SJ-M17	40	40	2.15	67	90	1.14	白云石大理岩	透镜状
SJ-M18	40	84	1.75	67	37	2.96	白云石大理岩、闪长岩	透镜状
SJ-M19	40	40	1.06	67	85	2.15	白云石大理岩	透镜状
SJ-M20	40	40	1.42	67	90	2.77	闪长岩	透镜状
SJ-M21	40	40	1.13	67	90	2.48	闪长岩	透镜状
SJ-M22	40	40	2.16	67	74	6.04	碳质绢云千枚岩	透镜状
SJ-M23	40	21	2.04	67	62	1.73	碳质绢云千枚岩	透镜状
SJ-M24	40	29	1.72	67	61	2.2	碳质绢云千枚岩	透镜状
SJ-M25	40	40	4.11	67	78	5.18	蚀变闪长岩	透镜状
SJ-M26	40	43	0.91	67	48	1.3	碳质绢云千枚岩	透镜状
SJ-M27	40	25	2.19	67	75	15.57	碳质绢云千枚岩、白云石大理岩	透镜状
Ⅱ-M1	370	18.5～200	7.00	79～116	40～90	7.21	白云石大理岩、蚀变闪长岩	透镜状、似层状
Ⅱ-M2	34	40	2.83	101	76	3.41	白云石大理岩	透镜状
Ⅱ-M3	68	40	2.32	79～101	76～78	2.33	白云石大理岩	透镜状
Ⅱ-M4	40	69	4.37	79	22	11.02	蚀变闪长岩	透镜状
Ⅱ-M5	40	40	1.29	79	87	1.58	白云石大理岩	透镜状
Ⅱ-M6	40	36	4.79	79	80	1.61	白云石大理岩、蚀变闪长岩	透镜状
Ⅱ-M7	108	20～120	1.67	79	79	2.24	白云石大理岩	透镜状
Ⅱ-M8	40	40	13.36	79	80	6.59	白云石大理岩、蚀变闪长岩	透镜状
Ⅱ-M9	40	40	1.32	116	81	2.39	构造角砾岩	透镜状
Ⅱ-M10	20	66	2.44	110	81	1.20	蚀变闪长岩	透镜状
M6	60	100	1.35	64	近直立	3.53	白云质大理岩、石英斑岩	透镜状
M7	85	60	2.59	69	近直立	5.76	石英斑岩	透镜状
M8	60	60	0.88	64	近直立	3.14	石英斑岩	透镜状
M9	37.5	30	1.58	62	近直立	2.56	白云质大理岩、千枚岩	透镜状
M10	25	24	1.03	63	近直立	5.97	白云质大理岩	透镜状
M11	25	12	2.77	65	近直立	1.27	白云质大理岩	透镜状
M12	50	33	1.42	60	近直立	1.57	白云质大理岩、石英斑岩	透镜状
M13	25	25	1.55	62	近直立	2.63	石英斑岩	透镜状
M14	50	90	1.25	63	近直立	2.36	白云质大理岩、闪长岩	透镜状
M15	50	80	4.46	63	近直立	5	白云质大理岩、石英斑岩	透镜状
M16	25	28	2.48	68	近直立	4.96	白云质大理岩、石英斑岩	透镜状

续表 3-6

矿体编号	矿体规模		矿体真厚度/m	矿体产状/(°)		矿体平均品位/10^{-6}	含矿岩性	矿体形态特征
	矿体长度/m	矿体斜深/m		倾向	倾角			
M17	75	80	1.69	67	近直立	2.22	白云质大理岩、闪长岩	透镜状
M18	50	50	2.21	64	近直立	4.59	闪长岩、断层角砾岩	透镜状
M19	25	25	6.78	65	近直立	3.07	石英斑岩、断层角砾岩	透镜状
M20	25	50	10.54	63	近直立	3.51	闪长岩	透镜状
M21	110	100	8.00	67	近直立	3.83	石英斑岩、闪长岩、断层角砾岩	脉状、透镜状
M22	25	25	1.40	60	近直立	3.06	千枚岩	透镜状
M23	25	65	2.69	64	近直立	3.72	千枚岩	透镜状
M24	140	130	4.00	154	近直立	4.64	石英斑岩、闪长岩、	脉状、透镜状
M25	25	80	2.80	65	近直立	2.12	白云质大理岩、石英斑岩	透镜状
M26	25	35	2.26	65	近直立	2.35	石英斑岩	透镜状
M27	50	25	2.76	64	近直立	3.47	白云质大理岩、石英斑岩	透镜状
M28	25	25	5.11	59	近直立	2.15	石英斑岩	透镜状
M29	25	140	1.77	62	近直立	3.22	白云质大理岩、闪长岩	透镜状
M30	75	60	1.20	63	近直立	1.91	白云质大理岩、千枚岩	透镜状
M31	25	25	1.39	58	近直立	4.39	闪长岩	透镜状
M32	25	90	4.38	64	近直立	3.18	石英斑岩、千枚岩	透镜状
M33	25	25	2.16	62	近直立	1.31	闪长岩	透镜状
M34	25	25	3.91	60	近直立	1.94	闪长岩、千枚岩	透镜状
M35	25	25	1.63	61	近直立	8.11	闪长岩、千枚岩	透镜状
M36	25	25	4.25	62	近直立	1.73	石英斑岩	透镜状
M37	50	150	2.65	68	近直立	1.80	白云质大理岩、千枚岩	透镜状
M38	75	70	5.36	67	近直立	4.18	闪长岩、千枚岩、石英斑岩	透镜状
M39	25	25	3.82	65	近直立	1.49	千枚岩	透镜状
M40	25	25	1.37	66	近直立	3.28	千枚岩	透镜状
M41	25	25	5.93	61	近直立	3.57	白云质大理岩	透镜状
M42	25	25	1.57	60	近直立	6.5	石英斑岩	透镜状
M43	25	25	3.68	59	近直立	2.03	石英斑岩	透镜状
M44	25	25	1.98	58	近直立	3.97	千枚岩	透镜状
Ⅲ-M1	159	40	2.87	86	73～90	3.39	白云石大理岩	脉状、透镜状
Ⅲ-M2	40	28	2.74	86	86	3.69	白云石大理岩	透镜状
Ⅲ-M3	40	96	1.61	267	76	4.37	斑点状碳质绢云千枚岩	透镜状
Ⅲ-M4	40	22	1.66	266	78	1.05	构造角砾岩	透镜状
Ⅲ-JLM1	680	220	5.64	251	85	3.74	白云石大理岩	条带状

表 3-7　青龙沟矿区 3300m 以下矿体特征一览表

矿体编号	矿体规模/m		单工程真厚度/m	矿体产状/(°)		矿体平均品位/10^{-6}	含矿岩性	矿体形态特征
	矿体长度	矿体斜深		倾向	倾角			
QL-M1	30	40	3.51	93	73	1.2	蚀变闪长岩、白云石大理岩	透镜状
QL-M2	357	30～249	5.47	89～101	45～77	2.94	白云石大理岩、蚀变闪长岩	条带状
QL-M3	30	19	1.56	93	62	1.21	白云石大理岩	透镜状
QL-M4	20	22	1.34	93	55	1.08	白云石大理岩	透镜状
QL-M5	20	25	4.96	93	52	1.81	白云石大理岩、蚀变闪长岩	透镜状
QL-M6	20	24	1.02	84	53	2.73	蚀变闪长岩	透镜状
QL-M7	20	25	2.42	90	75	8.54	蚀变闪长岩、白云石大理岩	透镜状
QL-M8	20	25	1.7	90	63	1.49	白云石大理岩	透镜状
QL-M9	20	28	3.19	90	63	1.97	白云石大理岩	透镜状
QL-M10	20	28	2.58	91	63	1.4	白云石大理岩	条带状
QL-M11	20	27	2.89	90	55	1.32	白云石大理岩	透镜状
QL-M12	20	143	2.51	247	87	3.27	钙质千枚岩	透镜状
QL-M13	83	40～117	3.87	90	55～75	2.47	白云石大理岩、蚀变闪长岩	透镜状
QL-M14	30	40	1	247	88	3.62	白云石大理岩	透镜状
QL-M15	210	30～95	3.75	247	58～85	5.88	钙质千枚岩、蚀变闪长岩	条带状
QL-M16	30	44	2.63	247	50	2.29	条带状大理岩、钙质千枚岩	透镜状
QL-M17	70	26～40	4.59	247	75～79	1.21	钙质千枚岩、条带状大理岩	透镜状
QL-M18	107	40	3.93	247	83～90	2.27	钙质千枚岩	透镜状
QL-M19	40	40	1.8	247	80	2.15	蚀变闪长岩、条带状大理岩	透镜状
QL-M20	40	40	1.7	67	88	1.34	白云石大理岩	透镜状
QL-M21	40	28	2.07	247	74	3.45	白云石大理岩	透镜状
QL-M22	40	40	1.77	247	90	4.31	钙质千枚岩	透镜状
QL-M23	40	40	5.21	247	86	2.85	条带状大理岩、钙质千枚岩	透镜状
QL-M24	40	40	1.02	67	65	3.1	白云石大理岩	透镜状
QL-M25	40	108	3.03	67	46	11	白云石大理岩	透镜状
QL-M26	40	40	1.34	67	70	7.61	白云石大理岩	透镜状
QL-M27	40	40	3.36	67	55	2.92	碳质绢云千枚岩	透镜状
QL-M28	40	40	2.16	67	74	6.04	碳质绢云千枚岩	透镜状
QL-M29	30	30	1.46	67	61	1.64	白云石大理岩	透镜状
QL-M30	230	26～181	8.98	50～90	50～83	10.8	钙质千枚岩、条带状大理岩	似层状
QL-M31	360	21～181	5.45	50～90	47～74	10.24	钙质千枚岩、条带状大理岩	似层状
QL-M32	20	33	1.28	67	69	9.21	钙质千枚岩、白云石大理岩	透镜状

续表 3-7

矿体编号	矿体规模/m		单工程真厚度/m	矿体产状/(°)		矿体平均品位/10^{-6}	含矿岩性	矿体形态特征
	矿体长度	矿体斜深		倾向	倾角			
QL-M33	40	40	3.75	67	75	1.74	蚀变闪长岩	透镜状
QL-M34	40	110	2.13	67	56	1.82	白云石大理岩	透镜状
QL-M35	70	24～38	11.47	67	65～70	18.58	钙质千枚岩	透镜状
QL-M36	40	78	2.37	67	70	1.4	白云石大理岩	透镜状
QL-M37	60	24～37	12.36	67	60～70	10.45	钙质千枚岩、蚀变闪长岩	透镜状
QL-M38	60	22～33	8.7	67	60～70	6.39	钙质千枚岩、白云石大理岩	透镜状
QL-M39	20	106	5.81	67	77	3.34	碳质绢云千枚岩、钙质千枚岩	透镜状
QL-M40	20	27	1.89	67	70	1.48	白云石大理岩	透镜状
QL-M41	220	20～115	3.53	50～67	55～72	9.04	钙质千枚岩、条带状大理岩	条带状
QL-M42	40	40～77	5.74	54	48～65	8.25	钙质千枚岩、条带状大理岩	透镜状
QL-M43	40	40	9.93	60	65	14.62	钙质千枚岩、条带状大理岩	透镜状
QL-M44	20	38	2.42	67	65	4.47	白云石大理岩	透镜状
QL-M45	20	22	1.75	67	61	2.07	白云石大理岩	透镜状
QL-M46	20	23	2.04	54	65	1.11	条带状大理岩	透镜状
QL-M47	20	24	2.16	67	63	3.75	条带状大理岩	透镜状
QL-M48	40	40	2.04	67	65	2.74	碳质绢云千枚岩	透镜状
QL-M49	40	40	1.58	67	58	1.3	白云石大理岩	透镜状
QL-M50	20	31	3.6	67	62	1.27	白云石大理岩	透镜状
QL-M51	40	31	5.24	67	61	1.73	蚀变闪长岩	透镜状
QL-M52	40	40	2.49	50	55	2.68	钙质千枚岩	透镜状
QL-M53	20	26	1.48	67	62	2.67	白云石大理岩	透镜状
QL-M54	20	26	16.24	67	62	10.7	绢云千枚岩	透镜状
QL-M55	20	22	2.92	50	62	1.64	条带状大理岩	透镜状
QL-M56	40	40	1.82	67	60	1.02	蚀变闪长岩	透镜状
QL-M57	30	23	2.89	60	63	1.23	白云石大理岩	透镜状
QL-M58	30	23	27.17	60	60	11.2	蚀变闪长岩、条带状大理岩	透镜状
QL-M59	30	23	3.23	64	60	1.16	条带状大理岩	透镜状
QL-M60	30	23	1.12	67	60	3.3	白云石大理岩	透镜状
QL-M61	60	30～33	1.64	67	57～60	2.39	钙质千枚岩、白云石大理岩	透镜状
QL-M62	23	30	2.88	67	60	3.14	钙质千枚岩	透镜状
QL-M63	20	31	22.74	58	60	11.63	钙质千枚岩	透镜状
QL-M64	40	40	4.23	58	46	2.29	条带状大理岩	透镜状
QL-M65	40	34	3.4	54	67	2.06	条带状大理岩	透镜状

续表 3-7

矿体编号	矿体规模/m		单工程真厚度/m	矿体产状/(°)		矿体平均品位/10^{-6}	含矿岩性	矿体形态特征
	矿体长度	矿体斜深		倾向	倾角			
QL-M66	40	40	3.42	67	60	2.32	白云石大理岩	透镜状
QL-M67	40	40	1.3	67	65	12.01	碳质绢云千枚岩	透镜状
QL-M68	30	40	11.8	54	57	2.28	钙质千枚岩	透镜状
QL-M69	40	37	4.44	67	51	12.73	钙质千枚岩	透镜状
QL-M70	40	40	23.24	67	60	5.79	钙质千枚岩	透镜状
QL-M71	40	40	22.74	67	60	12.68	钙质千枚岩	透镜状
QL-M72	20	20	11.36	79	90	6.59	白云石大理岩	透镜状
QL-M73	20	20	1.76	110	85	1.2	蚀变闪长岩	透镜状

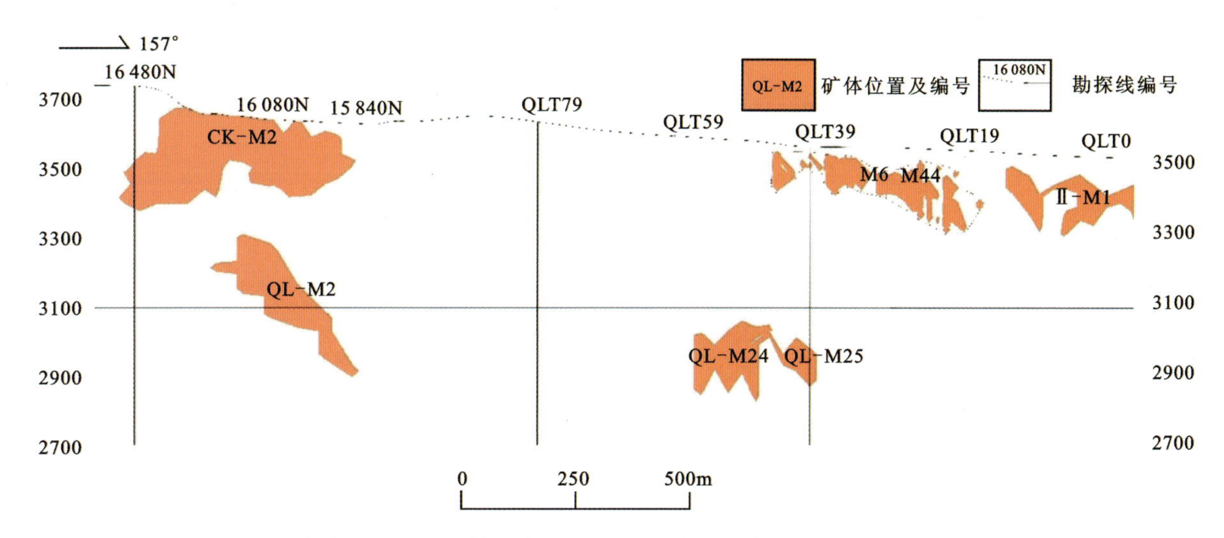

图 3-15　青龙沟矿区主矿体垂直纵投影图(据青海省第一地质勘查院 2020 修编)

1. CK-M2 矿体

该矿体(图 3-16)为Ⅱ矿带 3300m 以上主矿体,位于矿区北部,形态呈一东倾的简单板状、似层状,向深部局部有分支,在走向和倾向上都有很好的稳定连续性。矿体位于青龙沟次级背斜北东翼万洞沟群 a 岩组与 b 岩组的接触带部位,矿体矿化岩性主要为白云石大理岩、变质砂岩(薄片鉴定为钙质千枚岩),矿化部位岩石具白云母化、强硅化、绢云母化、强黄铁矿化、褐铁矿化等,蚀变和密集片理化越强者,其金品位越高。矿体地表出露长度约 280m,走向约 336°,倾向南西,倾角 50°~75°,大多倾向由南西向偏转为北东向,倾角由陡变缓,深部产状在 54°~87°。矿体向深部品位有变富的趋势,矿体深部控制长度约 685m,控制斜深 40~283m,工程控制最低标高 3422m,矿化在走向上向南北两端呈逐渐尖灭趋势,向深部仍未封闭。青龙沟矿区采用露天采矿方法对该矿体从 15 830N~16 520N 勘探线约 560m 长,垂向上在 3400~3625m 标高线之间进行了采矿生产,2019 年采用井下采矿方法对该矿体在 16 550N~15 960N勘探线之间、高程 3625~3400m 标高之间的开采动用,形成采空区。矿体真厚度 0.73~20.91m,平均厚度 5.49m,厚度变化系数 70.81%,单工程品位 1.02×10^{-6}~23.85×10^{-6},平均品位 6.97×10^{-6},品位变化系数 175.91%。

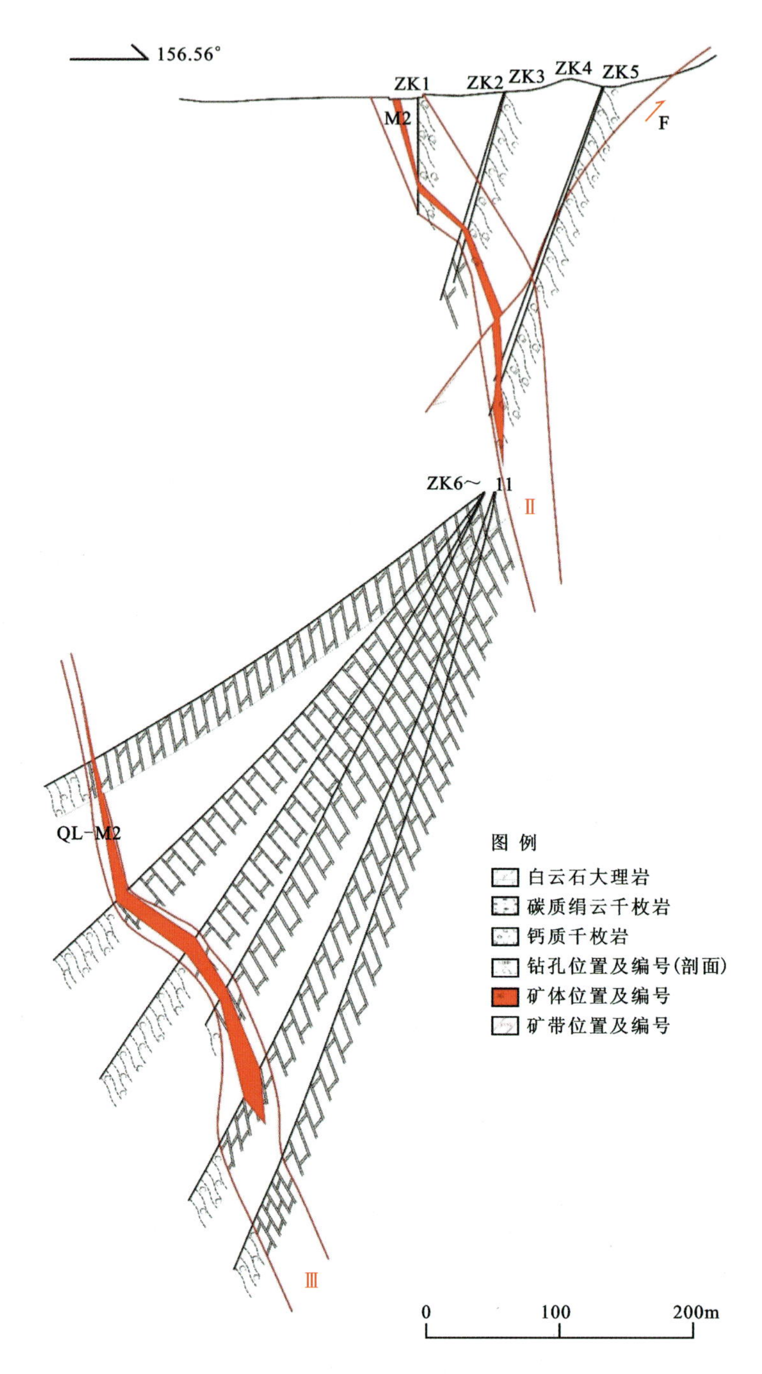

图 3-16　青龙沟矿区 16 080N 勘探线剖面图(据青海省第一地质勘查院 2020 修编)

2. QL-M2

该矿体为Ⅲ矿带 3300m 以下圈定主矿体(图 3-16),矿体位于北矿段深部,矿体位于白云石大理岩与碳质千枚岩接触带部位的灰白色硅化白云石大理岩中,含矿岩石具糜棱岩化,主要矿化蚀变为黄铁矿化、硅化。矿体控制长度 357m,控制斜深 30～249m。矿体呈条带状、似层状,矿体整体走向 180°,倾向北东,倾角 45°～77°。矿体整体具向南侧伏的特征,走向上往南未圈闭。矿体真厚度 1.02～13.65m,平均厚度 5.47m,厚度变化系数 73.60%,单工程品位 1.09×10^{-6}～6.21×10^{-6},平均品位 2.94×10^{-6},品位变化系数 127.27%。

3. QL-M25 矿体

该矿体为Ⅱ矿带 3300m 以下圈定主矿体(图 3-17),该矿体控制于 2844～3031m 段高,控制长度 360m,控制斜深 21～178m,矿体呈似层状,整体走向 144°～180°,倾向北东,倾角 47°～74°。含矿岩性以(肉红色)钙质千枚岩为主、次为灰白色条带状大理岩,该矿体沿倾向暂未圈闭。矿体真厚度 0.82～9.51m,平均厚度 3.65m,厚度变化系数 74.67%,单工程品位 1.53×10^{-6}～13.13×10^{-6},平均品位 7.07×10^{-6},品位变化系数 128.71%。

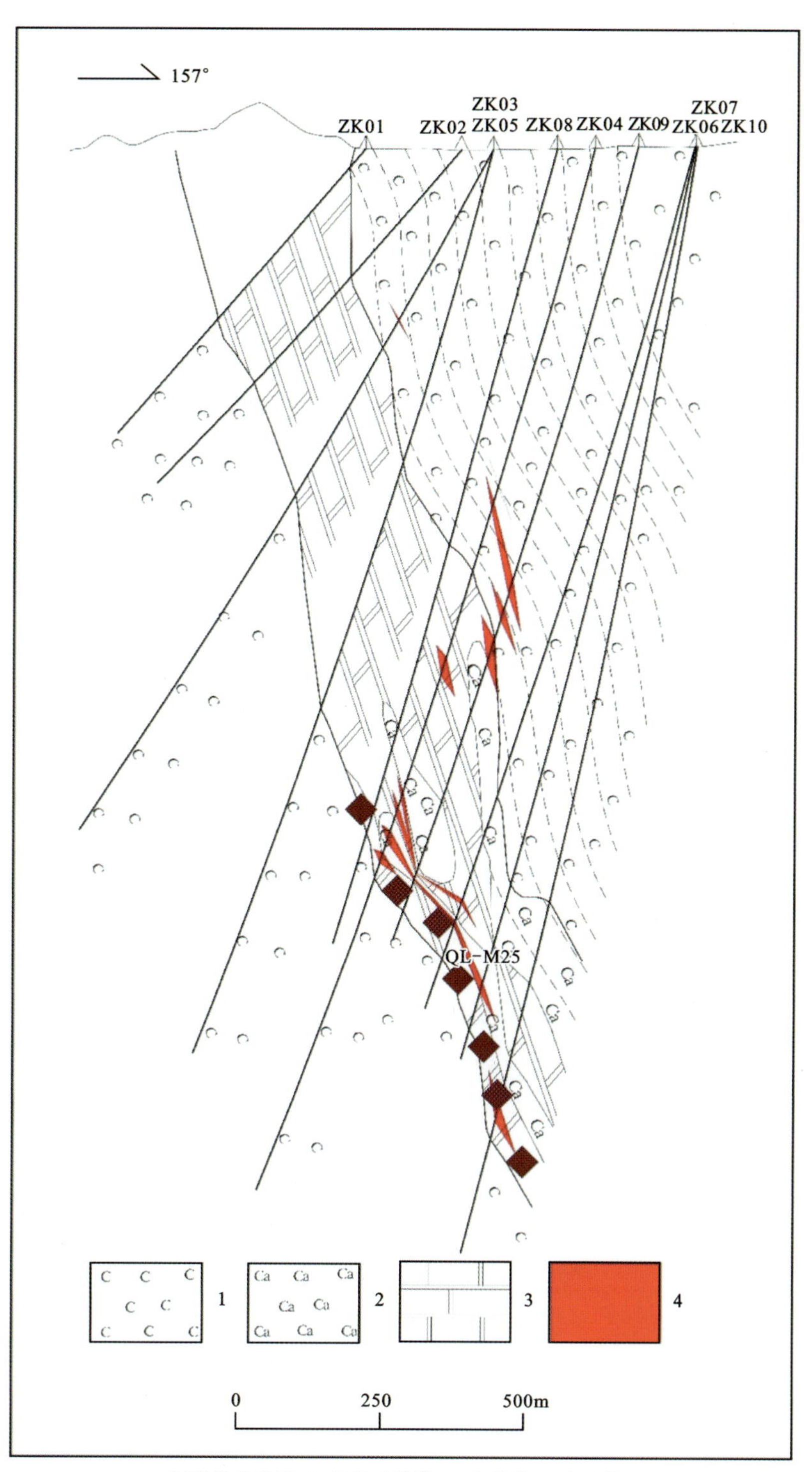

1. 碳质千枚岩;2. 钙质千枚岩;3. 大理岩;4. 金矿体。

图 3-17 青龙沟矿区 51 勘探线剖面图(据青海省第一地质勘查院 2020 修编)

四、矿石特征

区内矿石类型主要有大理岩型、千枚岩型和闪长岩型3种。

（一）矿物组成

矿石中金属矿物有黄铁矿、毒砂、黄铜矿、闪锌矿、方铅矿和少量的自然金，且镜下观察到的自然金（图版Ⅱ-12、图版Ⅱ-13）主要以裸露或半裸露的形式分布于黄铁矿裂隙或碳酸盐矿物之中，且粒度比较细小。载金矿物主要为黄铁矿和毒砂，黄铁矿化是金最主要的载体。矿石中自然金的嵌布形式可分为裂隙间隙金、矿物晶隙金及包裹体金三大类，以前者为主。脉石矿物主要有白云石、绢云母、石英、角闪石、斜长石。

（二）矿石结构

主要有8种：①交代结构：矿石中可见黄铁矿被毒砂交代（图版Ⅱ-14）；②自形—半自形结构：矿石中可见呈自形一半自形的黄铁矿、毒砂；③他形粒状结构：矿石中的黄铁矿、毒砂呈他形粒状结构（图版Ⅱ-15）；④粒状结构：黄铁矿、毒砂、白云石、石英等呈不等粒的他形—半自形—自形粒状；⑤包含结构：呈显微粒状—细粒状自然金包裹于微细粒黄铁矿中；⑥交代结构：褐铁矿沿黄铁矿边缘进行交代；⑦填隙结构：自然金、黄铁矿等沿脉石矿物微裂隙充填产出；⑧鳞片结构：矿石中自然金以鳞片状出现，比较分散。

（三）矿石构造

主要有4种：①稀疏浸染状构造：矿石中的黄铁矿、毒砂呈星散状分布，呈稀疏浸染状结构（图版Ⅱ-16）；②脉状构造：部分矿石中的黄铁矿呈细脉状分布（图版Ⅱ-17）；③线纹状构造：黄铁矿、毒砂等金属矿物集合体呈线状顺层分布；④片状构造：矿石中黄铁矿、白云石、石英、云母等矿物由于构造的作用，矿物常被压扁、拉长，并沿长轴方向大致定向排列，常显清晰片理，且与围岩片理产状一致。

（四）矿石化学成分

2017年对区内3300m以上主要的矿石类型（大理岩型和闪长岩型）共采集了2件化学全分析样品。矿石中有害元素As、Sb、Bi含量低。在两种主要矿石类型中硫的含量在$0.73\times10^{-2}\sim4.71\times10^{-2}$之间，银的含量在$1.02\times10^{-6}\sim5.12\times10^{-6}$之间，砷的含量在$0.017\times10^{-6}\sim0.84\times10^{-6}$之间。

2022年对区内3300m以下主要的矿石类型（大理岩型和千枚岩型）共采集了2件化学全分析样品。在两种主要矿石类型中硫的含量在$1.59\times10^{-2}\sim4.27\times10^{-2}$之间，银的含量在$0.78\times10^{-6}\sim1.15\times10^{-6}$之间，砷的含量在$0.063\times10^{-6}\sim3.10\times10^{-6}$之间。这与3300m以上金矿石化学成分基本一致。

五、围岩蚀变

区内赋矿岩性主要为钙质千枚岩、条带状大理岩、硅化白云石大理岩，其次为白云石大理岩、蚀变闪长岩，这些岩性既为赋矿岩性，又为矿体的顶、底板围岩，有时夹在矿体中间成为夹石。金矿石继承了围

岩的基本物质组成和化学成分特点，仅是矿化蚀变的强弱有所差异，但两者间具体的量化指标肉眼无法区分，除 CK-M2 矿体的部分地段可区别顶底板围岩外，其余矿体与围岩及夹石多呈渐变过渡关系，界线不清，仅在矿体与围岩及夹石蚀变强度差异较大时，可以大致予以区别，但由于矿化的不均匀性，其矿体的界线、规模要靠取样分析数据具体划定。

纵观矿区各类型矿石、近矿蚀变岩石和未蚀变的相对应正常岩石类型，可发现本矿床围岩蚀变类型主要发育硅化、绢云母化、黄铁矿化、弱碳酸盐化、毒砂矿化等，氧化矿石中具褐铁矿化、黄钾铁矾化。矿化蚀变由围岩至矿体中心具逐渐变强的趋势。矿区从围岩至矿体，蚀变分带表现出：绿泥石化、绿帘石化→碳酸盐化→绢云母化→白云母化、硅化、黄铁矿化等逐渐变化的蚀变特征。与金矿关系密切的蚀变为硅化、白云母化、绢云母化，蚀变强度与金矿化成正相关关系。其中，与矿区金矿化关系密切的矿化主要有黄铁矿化、毒砂矿化、硅化、白云母化以及绢云母化等。白云石大理岩中细粒—微细粒浸染状黄铁矿和脉状黄铁矿与金矿化关系尤为密切，自然金或银金矿常常以包裹体金、裂隙间隙金或粒状金与其生长在一起。毒砂矿化常常与细粒—微细粒黄铁矿和自然金或银金矿共生，并常常交代脉状黄铁矿。硅化主要以两种形式发育，分别为石英以斑晶的形式定向排列或重结晶为特征分布和以微细脉状及网脉状的形式发育在矿石中，其中第二类硅化与矿区金矿化关系密切，其强度与金矿化呈一定的正相关性（王斌等，2023）。

六、矿化阶段划分及分布

戴荔果（2019）根据矿石类型及矿石组构分析，将矿床划分为 3 个成矿阶段：Ⅰ少硫化物-石英阶段；Ⅱ石英-绢云母-黄铁矿多金属硫化物阶段；Ⅲ石英-碳酸岩阶段。其中Ⅱ、Ⅲ阶段为主成矿阶段。

Ⅰ少硫化物-石英阶段：为成矿早期阶段，脉状石英、细粒黄铁矿充填于裂隙中，主要发生于蚀变闪长玢岩等蚀变中酸性岩中；Ⅱ石英-绢云母-黄铁矿多金属硫化物阶段：为主成矿阶段，发生黄铁绢英岩化，含砷黄铁矿和含金石英脉呈细脉-浸染状主要分布于变砂岩、碳质片岩、碳质千枚岩中，形成矿化的钙质砂岩型矿石，以及硅化白云石大理岩型矿石；Ⅲ石英-碳酸岩阶段：为晚期的石英及碳酸盐脉。

七、成矿物理化学条件

（一）流体包裹体特征

戴荔果（2019）对主成矿期大理岩型矿石黄铁矿石英脉和蚀变闪长玢岩型矿石黄铁矿石英脉中的石英进行了流体包裹体测试（图 3-18）。包裹体岩相学显示大理岩型和蚀变闪长玢岩型矿石中黄铁矿石英脉，主要见有气液两相、纯气相、纯液相及含子矿物三相包裹体。矿床成矿流体的均一温度范围为 140～360℃，盐度 4wt%～15wt%和 21wt%～22wt% NaCl eqv，密度 0.72～0.99g/cm^3。其中，Ⅰ、Ⅱ、Ⅲ阶段的均一温度分别集中于 280～350℃、240～270℃和 140～210℃；盐度分别为 11wt%～15wt%和 21wt%～22wt%、7wt%～10wt%，及 4wt%～6wt% NaCl eqv.；以成矿压力算得成矿深度分别为 1.5～3.6km、1.4～2.4km 和 1.2～1.7km。成矿流体成分分析表明，包裹体气相主要为 H_2O、CO_2 和 N_2，以及少量 CO、CH_4、H_2；液相主要为 H_2O、SO_4^{2-}、Cl^-、Na^+、Ca^{2+}、Mg^{2+}，以及少量 K^+、F^-，属 H_2O-NaCl-CO_2-CH_4(N_2)体系。

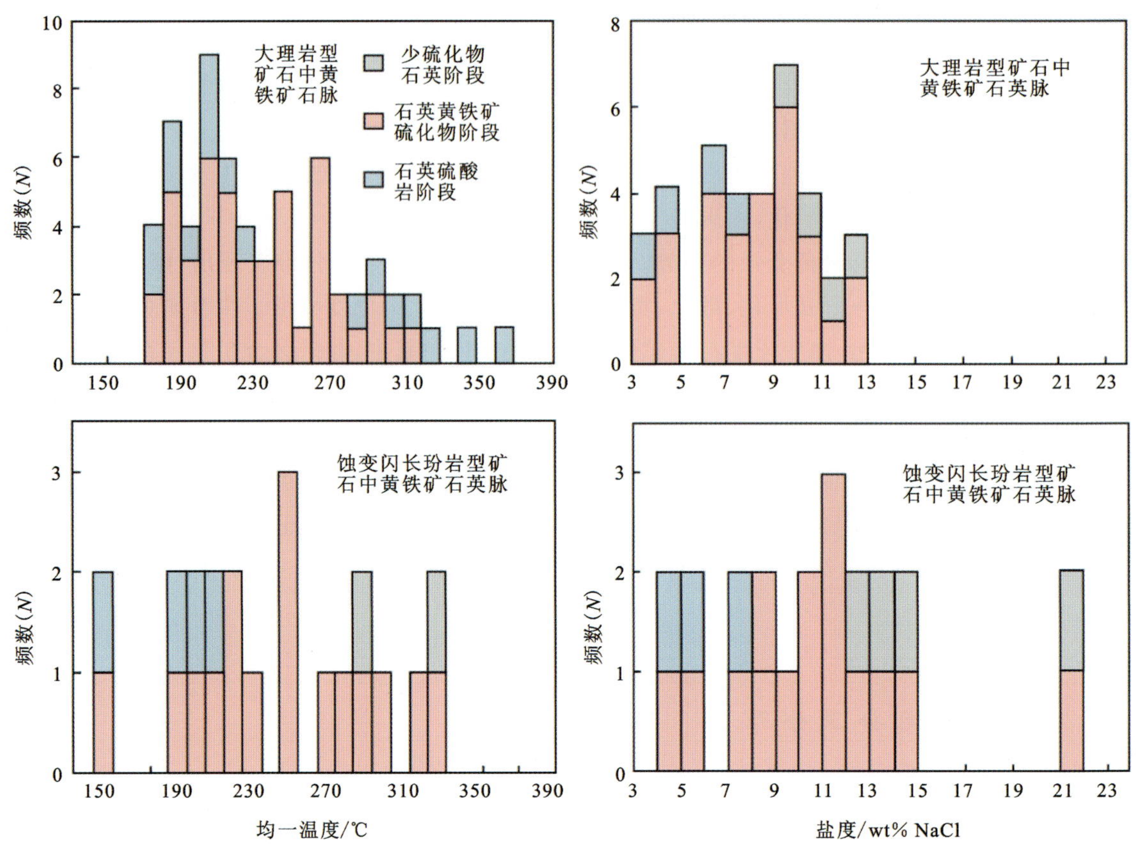

图 3-18　青龙沟金矿床流体矿床流体包裹体均一温度—盐度直方图(据戴荔果等,2019)

(二)成矿物质来源

1.硫同位素特征

张延军(2017)对矿床内与成矿关系密切的 4 件黄铁矿样品进行了 $\delta^{34}S$ 测试,结果显示 $\delta^{34}S$ 变化于 5.0‰~11‰之间。总体显示岩浆硫的特征,同时 $\delta^{34}S$ 值具有正向且偏离陨石硫的特点,显示其为壳源岩浆硫的特征。戴荔果(2019)在其基础上也进行了黄铁矿硫同位素分析,样品 $\delta^{34}S$ 值分布于 5‰~17.8‰之间,均值为 10.4‰,属于沉积岩、变质岩硫范围,部分落入花岗岩范围内,认为硫同位素的组成可能与岩浆硫及围岩万洞沟群沉积变质大理岩地层硫有关,是这两端元不同比例的混合(表 3-8)。

表 3-8　青龙沟金矿硫化物硫同位素组成

样品类型	测试单矿物	$\delta^{34}S$/‰	数据来源
硅化大理岩矿石	黄铁矿	9.4	张延军,2017
硅化大理岩矿石	黄铁矿	8.1	
硅化大理岩矿石	黄铁矿	5	
硅化大理岩矿石	黄铁矿	11	
条带状矿石	黄铁矿	17.8	戴荔果,2019
含矿石英脉大理岩	黄铁矿	11.4	

Li 等(2022)通过对矿床中 6 个世代黄铁矿进行了原位 S 同位素分析，其中主成矿阶段的黄铁矿 Py3 和 Py4 的 $\delta^{34}S$ 值属于岩浆硫范畴，但总体略高于岩浆硫(图 3-19)，分析认为岩浆硫为矿床硫的主要来源，但也受到了后期围岩硫的影响，进而导致 $\delta^{34}S$ 值略高于岩浆硫。

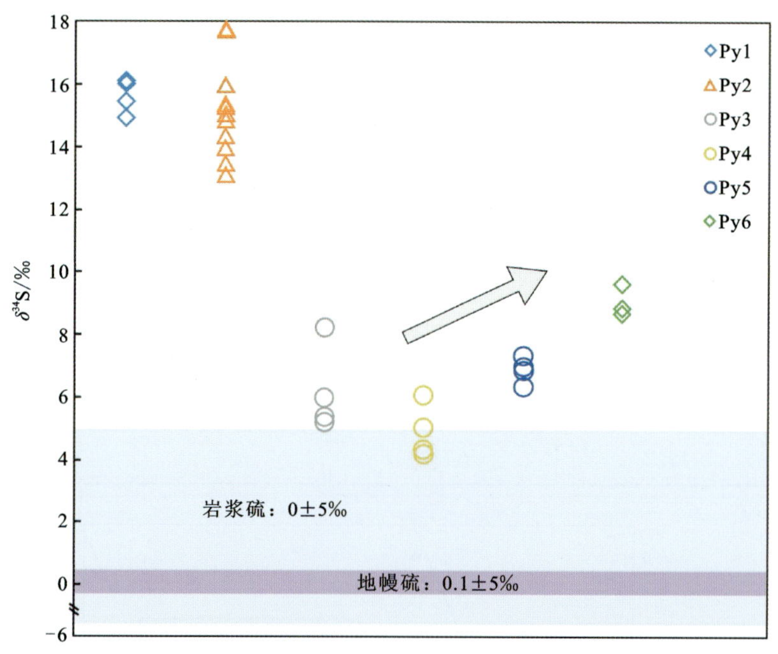

图 3-19　青龙沟金矿不同类型黄铁矿的原位硫同位素研究(据 Li et al.,2022)

2. 铅同位素特征

张延军(2017)测试了矿床中与成矿密切相关的黄铁矿的 Pb 同位素，结果均属于造山带演化曲线附近，认为矿床 Pb 主要来源于岩浆岩。戴荔果(2019)测试了矿区岩浆岩全岩铅和两件黄铁矿矿石铅，结果显示两件矿区岩浆岩全岩铅投点于上地壳与地幔演化线之间，两件黄铁矿矿石铅投于地幔与造山带演化线之间，表明铅为混合铅源，为幔壳相互作用的产物，其可能为矿区深部岩浆源铅与矿区浅部万洞沟群地层铅两者不同比例混合的产物(表 3-9)。

表 3-9　青龙沟金矿床铅同位素组成数据(据戴荔果,2019)

测试样品	样品类型	$^{206}Pb/^{204}Pb$	$^{207}Pb/^{204}Pb$	$^{208}Pb/^{204}Pb$	数据来源
全岩	矿区岩浆岩	16.632	15.489	38.403	戴荔果,2019
		18.628	15.585	38.311	
矿石中黄铁矿	矿石中黄铁矿	17.492	15.449	35.547	
		18.308	15.577	38.272	

(三)成矿流体来源

张延军等(2017)对青龙沟 M2 矿体中与矿化相关的石英和流体包裹体不同成矿阶段的氢、氧同位素进行了分析测试(表 3-10)。在氢氧同位素组成图解上可以看到，样品主要落入了原生岩浆水左下方，多集中在地幔初生水，仅一个样品向大气水漂移。反映青龙沟金矿在成矿过程中流体主要来源地幔，成矿后阶段混入了大气水。戴荔果等(2019)在此基础上进行了补样，所得结果与前人相差不大，都表明青龙沟金矿成矿过程中的流体主要来源于地幔，并在成矿阶段混入了大气水(图 3-20)。

表 3-10　青龙沟金矿流体包裹体氢-氧同位素分析结果（据戴荔果等，2019）

测试样品	$\delta^{18}O_{V\text{-}SMOW}$/‰	$\delta^{18}D_{V\text{-}SMOW}$/‰	$\delta^{18}O_{H_2O}$/‰	T/℃	参考文献
含矿石英脉大理岩	17.9	−84.6	7.64	224	戴荔果，2019
	18.5	−87	11.27	249	
	20.1	−86.9	9.45	217	
矿体石英	15.8	−84.6	5.6	225	张延军，2017
	14.1	−82.9	3	210	
	16.4	−89.8	3.7	185	
	17.9	−98.1	5.5	190	
	18	−87.2	4.2	170	
采坑矿石石英	16.8	−85	1.7	120	
	19.2	−71.4	3.3	145	

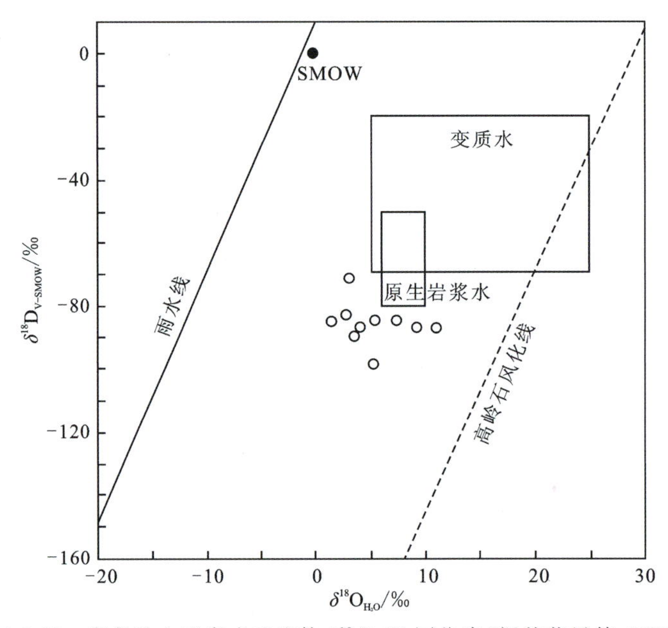

图 3-20　青龙沟金矿床成矿流体 $\delta^{18}O$-δD 同位素（据戴荔果等，2017）

八、矿床类型

柴北缘和柴达木陆块向南祁连陆块的俯冲、碰撞产生 NW 向大型韧性剪切带。青龙沟金矿床赋存于青龙沟背斜褶皱翼部 NW 走向的层间滑脱断裂，矿石类型以蚀变岩型为主。矿体赋存于大理岩与千枚岩接触带，千枚岩与大理岩由于力学性质不同，在接触带上容易形成滑动和虚脱空间，形成层间滑脱断裂，成为晚期成矿热液流动的通道和赋存的有利地带，致密大理岩同时对成矿热液起到屏蔽作用，使大量矿质成分在此卸载富集成矿。青龙沟金矿附近存在大量海西期基性、中酸性侵入体，为成矿提供了热源。成矿环境为碰撞造山后的伸展环境。以上特征均表明青龙沟金矿床属于浅成中温造山型金矿床（魏占浩等，2015）。矿床的工业类型归属于构造蚀变岩型矿床。

九、成矿机制和成矿模式

（一）成矿时代

结合前人研究成果，青龙沟金矿韧性剪切带中的黑云母年龄为410.3±5.8Ma（Ar-Ar法，张德全等，2005）；金矿石热液蚀变矿物年龄为409.4±2.3Ma（绢云母K-Ar法，张德全等，2001）；在含矿细晶闪长岩脉中获得的年龄为383.9±0.8Ma（锆石U-Pb法，赵呈祥等，2023）。表面青龙沟主成矿期为海西早期（383.9±0.8Ma～410.3±5.8Ma），岩浆热液活动不仅为成矿提供了物质来源，也为金元素的活化富集提供了热源。

（二）控矿因素

1. 地层

矿床明显受中元古界万洞沟群b岩组地层控制，含矿岩性为硅化白云石大理岩，该套地层是在封闭、半封闭的还原环境下，沉积了高盐度热卤水而成，卤水使地层中的金、砷、硫等成矿元素在沉积阶段获得初步富集，因此该套地层在金矿成矿的过程中起到了矿源层的重要作用。

2. 构造

区内构造复杂，断裂发育，尤其是区域性的深大断裂，规模大、延伸远、波及的深度大，是岩浆活动和流体循环的通道。矿区的控矿构造为次级背斜和向斜翼部的构造破碎蚀变带、层间剥离带，它们为含矿溶液的流通创造了条件，含矿溶液顺其流动时，向周围围岩渗透，在有利的构造部位沉淀和叠加富集。矿区构造控矿形式表现为褶皱-断裂复合控矿，矿区内北东方向的一组断裂破碎带与北西向的层间破碎蚀变带交叉复合部位，造成了矿体变厚、品位变富，展示了构造尤其是构造复合控矿的特征。另外，区域性的北西向滩间山韧性剪切带从矿区通过，韧性剪切带对金矿化的富集起到了积极作用，褶皱和断裂构造形成的扩容空间是成矿的有利部位，亦是矿体定位的有利场所。综述，构造对成矿的控制作用可表示为，区域性大型韧性剪切带构造使矿源层金元素活化运移，得以富集，而叠加在韧性剪切带构造之上的褶皱和断裂构造为含矿流体提供了运移通道和沉淀场所。

3. 岩浆活动

矿区岩浆岩发育，并形成北西向的构造-岩浆岩带。矿区发育不同蚀变特征的构造破碎蚀变带，处于带内的海西期蚀变闪长玢岩、石英脉与金矿化关系密切，并在局部形成了高品位脉岩型金矿体，有关包裹体研究等证实，在区内成矿过程中确有与深源岩浆有关的矿质和流体参与了成矿，表明岩浆侵入活动不仅为成矿作用提供了热源，使围岩中的金等成矿元素活化、转移、富集，而且还提供了金在内的部分矿质叠加在前期成矿阶段之上，是一次重要的矿化富集期。

4. 变质作用

青龙沟金矿床地层均经历了低绿片岩相区域变质、热变质和两次叠加变质作用，对金的迁移富集均起到了积极作用，有利的区域变质加之有利的矿源层和构造条件，为区内金矿的形成奠定了良好的成矿基础。

（三）成矿机制

青龙沟金矿床的形成经历了漫长的、多阶段的富集演化过程，成矿时代经历了加里东晚期—海西期—印支早期的漫长历程，矿床的形成与造山过程紧密联系，经过多期变形变质和多次富集叠加。青龙沟金矿成矿作用可简单表示为：在加里东晚期褶皱造山时，万洞沟群b岩组（矿源层）经历了变形变质，地层中金等成矿元素活化、转移并得到初步富集，在此基础上，后又经期海西期—印支早期岩浆期后热液的多阶段多次叠加富集而成。

（四）找矿标志

1. 岩性标志

出露于区内青龙沟复式向斜构造核部的万洞沟群 a 岩组白云石大理岩与 b 岩组碳质绢云千枚岩的接触带部位可作为主要的找矿部位，出露的钙质千枚岩可作为Ⅱ矿带直接找矿标志、出露的硅化白云石大理岩可作为Ⅲ矿带直接找矿标志。

2. 构造标志

分布于青龙沟复式向斜构造核部的挤压片理化带、糜棱岩化带、层间破碎带等严格控制着区内金矿体的就位和展布，它们与围岩有很大区别，可作为区内间接的找矿标志。区域性韧性剪切带及叠加于其内和旁侧的韧性滑脱断裂裂隙构造可作为本区的重要成矿要素。

3. 蚀变标志

金矿体主要以围岩发育黄铁矿化、硅化、绢云母化及其以远离矿体而变弱为特征，矿化蚀变由围岩至矿体中心具逐渐变强的趋势，黄铁矿化、毒砂矿化、硅化、绢云母化与金成矿成正相关关系，当强黄铁矿化、硅化、绢云母化同时存在时，金矿化最强，这些蚀变特征为重要找矿标志。

4. 物探标志

本区开展深部成矿地质体定位研究预测等工作时运用“1：5000 广域电磁法和 1：2000 重力测量”物探技术方法组合，显示出围岩碳质绢云千枚岩呈明显的超低阻特征，含矿层位白云石大理岩呈明显的高阻特征，二者接触带部位与广域电磁法反演的高低阻变换部位相吻合，也是重力高异常区，是寻找含矿地质体的有利地段，可作为间接找矿。

（五）成矿模式

青龙沟金矿床是在早古生代后期碰撞造山带大地构造环境下，产于大型韧性剪切带韧脆性构造转换部位，具体受次级褶皱层间断裂构造控制，形成于早古生代后期后碰撞构造-岩浆热液作用，属于构造蚀变岩型金矿，赋存于硅化白云石大理岩，蚀变闪长玢岩，绢云千糜岩，绢云石英片岩层间断裂中（潘彤等，2019），据此建立的成矿模式见图 3-21。

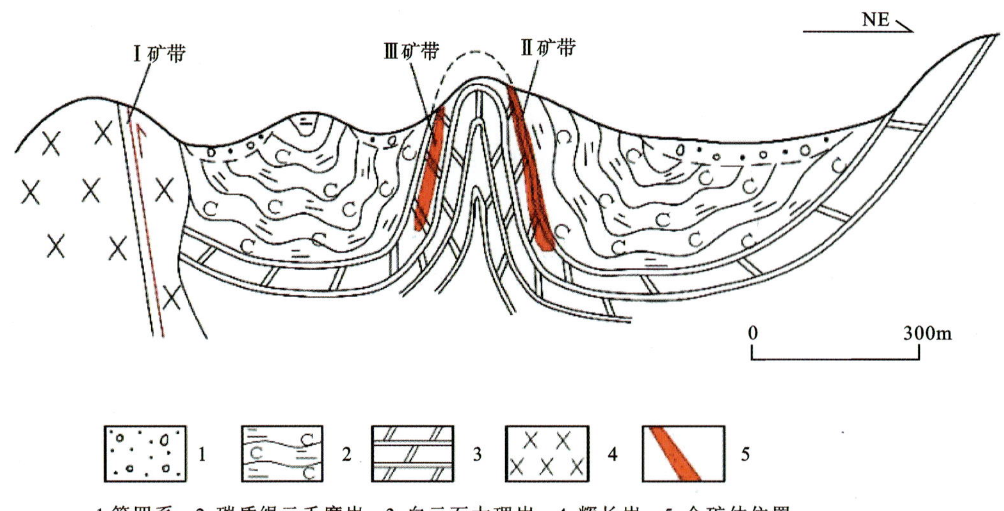

1.第四系；2.碳质绢云千靡岩；3.白云石大理岩；4.辉长岩；5.金矿体位置。

图 3-21　青龙沟金矿成矿模式（据潘彤等，2019）

根据金矿地质特征、蚀变特征、物化探异常特征对青龙沟矿床的找矿模型总结如下(表 3-11)。

表 3-11　青龙沟金矿找矿预测模型要素表

预测要素		要素特征描述	要素分类
区域背景	大地构造位置	滩间山岩浆弧(Ⅳ5-1、O)	
变质岩建造/变质作用	岩石地层单位	万洞沟群(JxW)、滩间山群 a、b 岩组(OTa、OTb)	
	地层时代	中元古代—早古生代	
	岩石类型	分别为一套中元古代区域低温动力变质作用形成的低绿片岩相的富镁含碳碎屑岩和海西早期海相火山碎屑岩	必要
	矿化岩石/组合	有 3 个岩性组合,万洞沟群下部含矿岩石组合为白云石大理岩夹薄层状大理岩(镜下定名钙质千枚岩)组合,上部含矿组合为糜棱岩化碳质绢云千枚岩	
	蚀变特征	和金矿化关系密切的蚀变作用类型主要有黄铁矿化、硅化、绢云母化、次为绿泥石化、碳酸盐化(方解石,铁白云石)和褐铁矿化等	重要
岩浆作用	岩石名称	闪长岩、闪长玢岩脉	重要
	侵入时代	奥陶世	必要
	岩石特征	过铝-低钾钙-钙碱性系列,属壳源型同碰撞造山伸展体制下的花岗岩类	
	岩(体)脉形态	复式岩体、岩株状、岩枝状及脉状	
构造	断裂、褶皱构造	区域性北西向韧性剪切带及叠加其内的褶皱、韧性滑脱断裂和脆性断裂裂隙	必要
地球化学	异常与矿化位置关系	异常与矿床(点)的空间相关性还是比较明显,因此地球化学异常仍可作为一种预测标志	
	异常元素组合	以 Au、As、Sb、Cu、Pb、Zn、W、Sn、Mo 为组合	重要
	主要元素异常形态分布特征	以 Au、As、Sb 套合较好、浓集中心明显和三带齐全	
地球物理	磁性特征	区内滩间山群火山岩普遍具有弱磁性,磁性较稳定;万洞沟群变质岩无磁性。而由区内蚀变岩型金矿石和石英脉型金矿石磁物性特征可知上述两类型金矿石与围岩间无明显的磁性差异	
	电性特征	区内金矿石的视极化率变化范围在百分之几至百分之十几之间,黄铁矿化大理岩视极化率平均值达 7.7%,属低阻高极化特征;而围岩除碳质千枚岩外,均为中高阻低极化特征	
	磁异常	万洞沟群赋矿地层金矿床处无明显磁异常,仅为变质岩引起的区域低缓负磁异常场峰值在 0～50nT 之间	
	激电异常	低阻高极化率异常基本对应于矿化体分布位置,而围岩则基本对应低极高阻段	重要
	干扰异常	区内含碳质岩系可形成极为明显的低阻高极化异常,是区内最大的激电异常干扰体	

第三节　细晶沟金矿床

一、概述

细晶沟金矿床位于滩间山金矿南东端滩间山南坡四五沟—细晶沟一带，地理坐标为东经94°36′52″—94°38′00″，北纬38°12′22″—38°12′45″。1993—1995年，青海省第一地质矿产勘查大队在金龙沟矿床外围开展普查工作时，发现了细晶沟金矿点，后经进一步的普查、详查工作后，矿床规模已达中型。

二、矿区地质特征

（一）地层

矿区出露的地层主要为万洞沟群地层（图3-22），在滩间山北坡万洞沟群底部采有两个铷锶同位素年龄样，分别为1022±64Ma和556±45Ma，综合分析时代归属中元古代；大致呈北西向展布，按岩性组合特征分为碳酸盐岩组和碎屑岩组两个岩组：碳酸岩组主要分布于矿区北部，岩石类型主体为硅化白云石大理岩（mb）；碎屑岩组分布于矿区中部及南部，岩石类型以灰黑色斑点状碳质绢云千枚岩（ph）、钙质片岩为主，碎屑岩组地层是矿区的赋矿地层，赋矿岩性主体为斑点状碳质绢云千枚岩（ph），该岩组受中侏罗世中酸性岩体的侵蚀和破坏，地表仅零星出露，多呈透镜状、残片状、港湾状及不规则状漂浮在中酸性岩体内。

硅化白云石大理岩：矿区南北两侧零星出露，岩石风化面为黄褐色，新鲜面呈灰色、灰白色，细粒变晶结构，块状构造。岩石主要由白云石（少量方解石）70%～85%、石英10%左右、白云母（少量绢云母）5%左右、少量黄铁矿及微量磷灰石、榍石、电气石等组成（图版Ⅱ-18左）。白云石呈他形粒状，粒度细小，彼此呈紧密镶嵌接触，均匀分布于岩石中；石英呈粒状，与白云石彼此镶嵌接触，部分呈脉状分布；白云母为长条状、弯曲状，平行分布于岩石中；方解石呈粒状，大多呈脉体分布；金属矿物为他形—半自形粒状，呈针点状零星分布，局部地段大理岩中黄铁矿含量较高，黄铁矿多以细粒状集合体产出，粒度非常细小，一般在0.01～0.18mm之间，有些小于0.01mm呈针点状产出，呈稀疏浸染状分布于脉石之中（图版Ⅱ-18右）。

斑点状碳质绢云千枚岩：矿区地表零星出露，深部分布较为广泛，为金矿体的赋矿岩石，岩石呈灰黑色，具粒状鳞片变晶结构，斑点状构造，千枚状构造。矿物组成：绢（白）云母30%～60%，石英25%～50%，碳质5%～15%（其中石墨1%～3%），少量方解石、绿泥石、黄铁矿及微量电气石等（图版Ⅱ-19左）；矿物粒度一般为0.02～0.3mm，斑点含量5%～20%不等，多呈圆形、椭圆形，少部分呈规则的多边形，其大小一般为1～6mm，多由绢云母、石英、碳质、褐铁矿等集合体组成；部分斑点内部绢云母或石英呈放射状分布，或呈花瓣状，原为空晶石变斑晶，斑点有排开千枚理分布即千枚理绕斑点呈纹带状分布的特征；黄铁矿主要呈他形—半自形粒状，可见半自形粒状晶体，浅黄色，均质性，粒度较为细小，一般在0.01～0.25mm之间，有些小于0.01mm呈针点状产出，多以细粒状集合体的形式呈浸染状或条带状分布于脉石之中（图版Ⅱ-19右）。

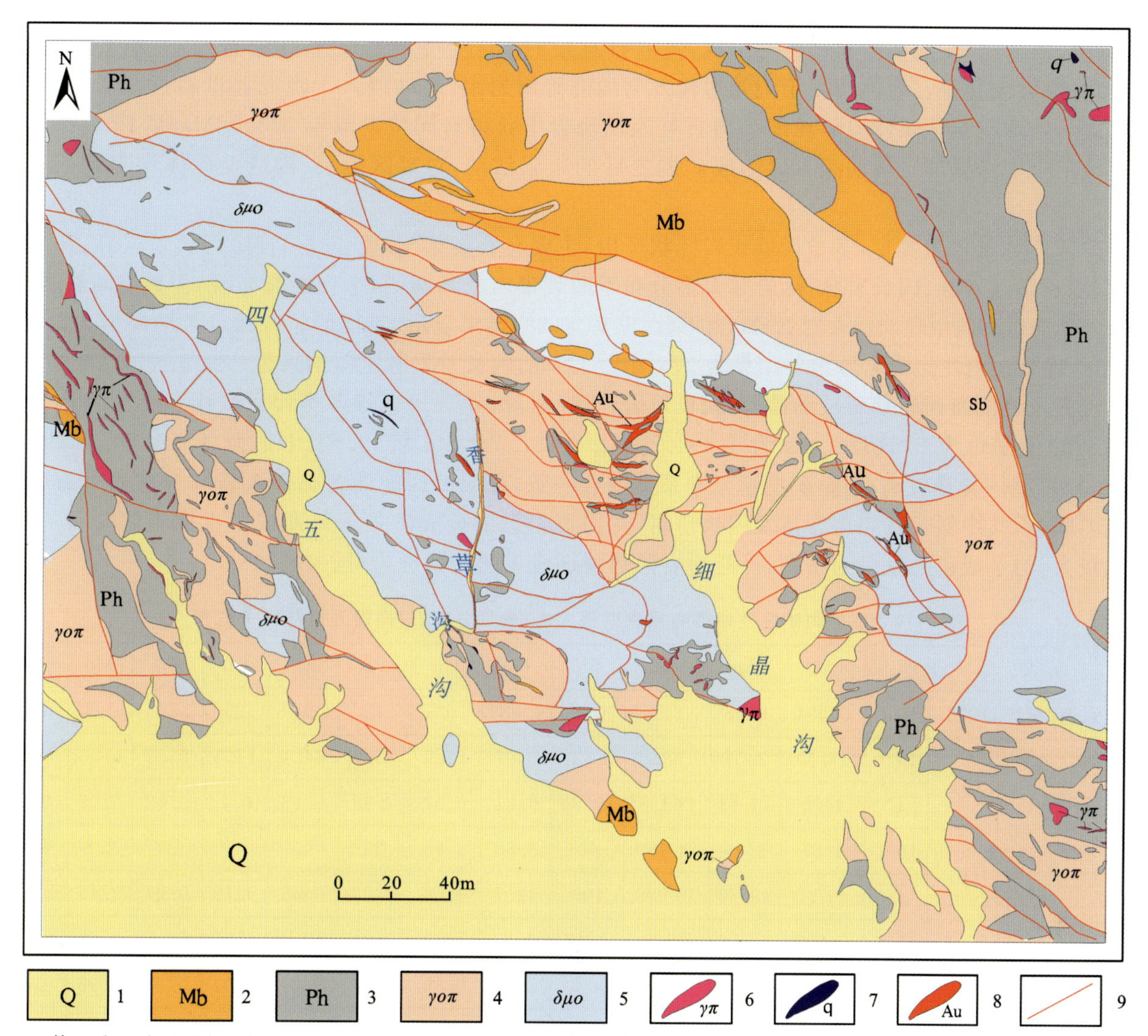

1.第四系;2.白云石大理岩;3.碳质绢云千枚岩;4.斜长花岗斑岩;5.石英闪长玢岩;6.花岗斑岩脉;7.石英脉;8.金矿体;9.断裂。

图 3-22　细晶沟矿区地质简图(据青海省第一地质勘查院,2020 修编)

(二)岩浆岩

矿区范围内中酸性侵入岩体广泛分布(图 3-22),主要有晚泥盆世和中侏罗世两期岩浆活动。

晚泥盆世侵入岩:为一套碰撞造山后伸展构造环境下形成的偏铝质花岗岩类组合,岩性主体为斜长花岗斑岩($\gamma o\pi$),岩石风化面呈土黄—黄褐色,新鲜面呈灰白色,块状构造,斑状结构,斑晶含量约 20%,其中石英(8%)、斜长石(7%)、正长石(2%)、黑云母(1%),石英斑晶主要呈他形—半自形粒状,粒度为 0.2～3.5mm,局部出现溶蚀,发育波状消光;斜长石斑晶主要呈半自形—自形长柱状,粒度为 1.5～4.5mm,可见聚片双晶;正长石斑晶呈半自形—自形长柱状,粒度 1.0～2.5mm,卡式双晶明显;黑云母斑晶为片状,粒度 1.6～2.0mm,具绿泥石化。基质为显微长英质矿物。细晶沟内采集的 2 件斜长花岗斑岩锆石 U-Pb 加权平均年龄分别为 356.0±2.8Ma(张延军,2016)和 359.9±1.7Ma(姜芷筠,2020),属晚泥盆世,原始岩浆起源于新增生的年轻陆壳(中远古代),部分溶蚀,属于 I 型花岗质岩类;该期侵入岩与成矿关系极为密切。

中侏罗世侵入岩:为一套中侏罗世后造山环境形成的偏铝质花岗岩类组合,属偏铝质钙碱性系列岩石,出露岩石类型单一,以石英闪长玢岩为主,岩石灰-浅灰绿色,斑状结构,变余斑状结构,块状构造。

由斑晶和基质组成，斑晶主要为斜长石（10%～20%）、黑云母（10%～25%）及少量角闪石；基质由斜长石、石英、黑云母、金属矿物黄铁矿等组成，占岩石总量的55%～80%。岩石蚀变普遍，有绢云母化、碳酸盐化、高岭土化等。岩体侵入于中元古代万洞沟群碎屑岩组，超动侵入于晚泥盆世斜长花岗斑岩中；吉林大学地球科学学院（2016）在细晶沟石英闪长玢岩中获得有同位素测年173.68Ma/U-Pb。侵入岩时代确定为中侏罗世。该期倾入岩为成矿期之后的岩浆活动，对矿区地层、构造及矿体均起到了破坏作用。

矿区内脉岩较为发育，多呈岩墙或岩脉状产出，主要有石英脉、石英-方解石脉、闪长玢岩脉、花岗斑岩脉、斜长细晶岩脉、闪长岩脉等，岩脉大多分布于断裂带内及其两侧，平行断裂呈现，少数与断裂斜交。矿区内早期对海西中晚期侵入岩K-Ar测年（国家辉，1998）结果显示，斜长细晶岩脉定年结果为308.8±5.4Ma，香草沟内花岗斑岩脉定年结果为275.9±6.1Ma，闪长玢岩脉定年结果为289.6±6.0Ma。

矿区及外围海西晚期斜长细晶岩、闪长玢岩、云煌岩脉、花岗斑岩等各类侵入岩中各元素的浓度克拉克平均值Au为2 516.2、As为1 494.5、Ag为37.78、Sb为19.81、Hg为4.57、W为19.18（表3-12），整体含量较高，与金矿指示元素系列吻合一致，说明海西晚期各类侵入岩与金矿化具有明显的成因联系，其中斜长花岗斑岩体及闪长玢岩、花岗斑岩脉的金成矿指示元素浓度克拉克值较高，变异系数较大，与金成矿关系最为密切，可能为岩浆热液期成矿热源的源岩（国家辉，1998）。

表3-12　细晶沟矿区及外围海西晚期侵入岩（含部分矿石）微量元素特征一览表

元素			Au	Ag	As	Sb	Hg	Cu	Pb	Zn	Co	Ni	Mo	W
克拉克值（黎彤，1976）		10^{-6}	0.004	0.08	2.2	0.6	0.089	63	12	94	25	89	1.3	1.1
花岗斑岩	D_{232}	10^{-6}	17.60	3.57	580	11.9	0.07	23.5	35.8	64.1	17.5	55.2	6.53	5.21
		C	4400	44.63	263.6	19.83	0.81	0.37	2.98	0.68	0.7	0.62	5.02	4.74
	D_{7-1}	10^{-6}	1.87	3.49	24 199	60	3.80	2.85	28	40	4.7	24	2.8	9.5
		C	467.5	43.63	10 999	100	42.7	4.52	2.33	0.43	0.19	0.27	2.15	8.64
	D_{11}	10^{-6}	0.098	0.89	29.8	1.42	0.13	5.72	5.24	19.4	48.5	74.6	2.68	0.95
		C	24.5	11.13	13.54	2.37	1.46	0.09	0.44	0.21	1.94	0.84	2.06	0.86
	D_{192}	10^{-6}	0.49	1.78	320	2.54	0.032	6.87	12.4	23.2	1.69	6.75	0.80	0.92
		C	122.5	22.25	145.45	4.23	0.36	0.11	1.03	0.25	0.07	0.08	0.62	0.84
闪长玢岩 石英闪长玢岩	D_{10}	10^{-6}	1.19	0.37	296	1.05	0.028	145	9.9	41.50	2.8	19	0.3	1
		C	297.5	4.63	134.55	1.75	0.31	2.30	0.82	0.44	0.11	0.21	0.23	0.91
	D_{34}	10^{-6}	28.9	8.84	3545	12.0	0.058	56	34	58	19	25	3.7	47
		C	7225	110.5	1 611.4	20	0.65	0.89	2.83	0.62	0.4	0.28	2.85	42.73
	D_{55}	10^{-6}	13.4	7.48	2865	14.0	0.092	78	15	41.5	2.8	18	0.5	1.3
		C	3350	93.5	1 302.3	23.33	1.03	1.24	1.25	0.44	0.11	0.20	0.38	1.18
斜长花岗斑岩	D_{30}	10^{-6}	0.93	2.54	2.46	2.0	0.18	285	22	29	2.8	31	0.9	1
		C	232.5	31.75	111.82	3.33	2.02	4.52	1.8	0.37	0.11	0.35	0.69	0.91
云煌岩	D_{12}	10^{-6}	0.36	2.07	320	7.8	0.20	215	24	32.5	3.0	54	0.4	85
		C	90	25.88	145.45	13	2.25	3.41	2.0	0.35	0.12	0.61	0.31	77.27
	D_{16}	10^{-6}	0.67	2.35	808	7.6	0.13	285	170	53	6.0	95	2.9	90
		C	167.5	29.38	367.27	12.67	1.46	4.52	14.7	0.56	0.24	1.07	2.23	8182

续表 3-12

元素			Au	Ag	As	Sb	Hg	Cu	Pb	Zn	Co	Ni	Mo	W
斜长细晶岩	D_{25}	10^{-6}	55.2	2.54	6220	20.5	0.082	80	72	58	2.8	29	7.4	11
		C	13 800	31.75	2 827.3	34.17	0.92	1.36	6	0.62	0.11	0.33	5.69	10
	D_{218}	10^{-6}	0.071	0.35	28.2	1.83	0.076	3.96	2.88	15.2	5.2	7.73	1.28	0.28
		C	17.75	4.38	12.8	3.05	0.85	0.06	0.24	0.16	0.21	0.09	0.98	0.25
C		下限	24.5	4.63	13.54	1.75	0.31	0.09	0.24	0.16	0.07	0.087	0.23	0.25
变化范围		上限	13 800	110.5	10 999	100	42.7	4.52	14.17	0.68	1.88	1.067	5.69	81.82
$\overline{C}$			2 516.2	37.78	1 494.5	19.81	4.57	1.95	2.99	0.42	0.5	0.411	1.93	19.18
VC			1.68	0.87	2.08	1.37	2.63	0.94	1.28	0.41	1.36	0.75	0.95	1.59

注：数据引自国家辉(1998)。*C* 为浓度克拉克值，$\overline{C}$ 为浓度克拉克平均值，VC 为浓度克拉克值变异系数。

（三）构造

滩间山区域构造线总体方向为北西-南东向，细晶沟矿区为不同方向构造的叠加区，褶皱和断裂十分复杂；褶皱构造主要为滩间山复式向斜构造南西翼的细晶沟次级向斜构造，但由于中侏罗世侵入岩体的破坏改造，褶皱构造形态已不甚明晰，断裂构造线以北西-南东向构造为主体，与区域主构造线方向一致。

细晶沟次级向斜构造，其核部为万洞沟群碎屑岩组地层，碳酸盐岩组地层则构成了其两翼的地层；褶皱作用使核部的斑点状碳质绢云千枚岩发生了强烈的变形，揉皱十分强烈，变形片理发育，并发育“眼球体”构造（图版Ⅱ-20）；在向斜的转折端及核部因层间相对滑动而产生顺层或斜交层理的片理岩化及裂隙构造破碎带，为含矿热液活动提供了流通的通道和交代沉淀的空间。

断裂构造在矿区内十分发育，主要为北西向断裂，次之为北东向断裂、近南北向断裂和近东西向断裂，其中北西向断裂为矿床的金成矿起到了控制、定位的作用，而另外方向的 3 组断裂则为成矿期后的断裂，对区内的金矿体起到了破坏的作用。北西向断裂的断层面多倾向南西，倾角 55°～70°，少数断层面倾向北东，倾角 60°左右，地貌上多显示为沟谷、山垭等负地形，构造形迹主要表现为挤压破碎带、片理化带、断层面、角砾岩带、构造透镜体等，表现为多期活动的特征。从主次构造关系分析，其运动特征主要以“左行”为主，断距一般较大，可达几米至数十米。断层面走向上呈舒缓波状，具压扭性质。断层带及其附近产状紊乱，岩石破碎，沿破碎带局部有金矿（化）体分布，其规模一般较小。但由于受中侏罗世侵入岩体的侵入，对矿区内的初始控矿构造造成了强烈的破坏，成矿前的导矿、容矿构造现已无从考证。

三、矿体的规模、形态、产状

细晶沟金矿床与金龙沟矿床同处滩间山复式向斜构造内，分别就位于该复式向斜构造两翼的两个次级向斜内，矿床特征近乎一致；矿区金矿化带长 800m，宽 200～300m，矿体集中分布在遭中侏罗世侵入岩体侵位破坏的斑点状碳质绢云千枚岩内，呈捕虏体形态展布（图 3-23），呈东、西两个矿体群分布，两矿体群间无截然明显的界线（图 3-24）。

矿区早期（1993—1995 年）圈定了 9 条地表金矿体，均已遭开采，向深部无延伸；通过普（详）查工作共圈定出金矿体 91 条（表 3-13），几乎均为盲矿体，仅个别矿体在地表有局部出露，且出露规模很小，长度小于 15m；矿体倾向在 168°～215°之间，倾角在 45°～85°之间，矿体控制长度在 15～496m 之间，厚度在 0.52～17.31m 之间，控制的最大斜深为 338m。矿体多呈断续的脉状、似层状、透镜状、分支脉状、豆荚状展布，沿走向具波状弯曲、膨大收缩、尖灭再现现象。主要矿体特征如下。

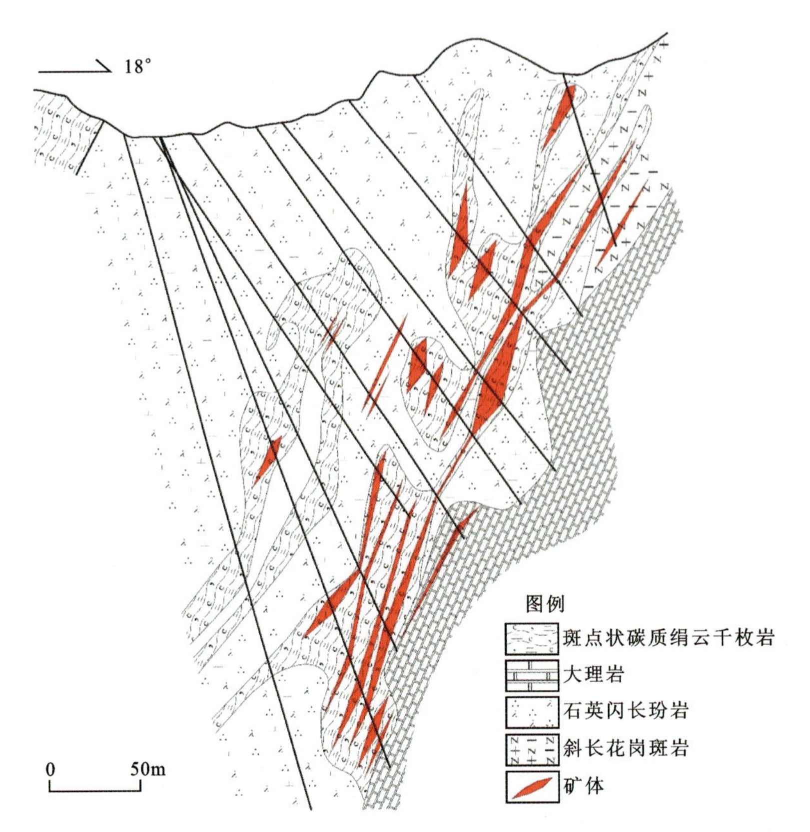

图 3-23　细晶沟金矿床 23 勘探线剖面

表 3-13　细晶沟矿区矿体特征一览表

矿体编号	矿体长度/m	矿体斜深/m	矿体真厚度/m	矿体平均品位/10^{-6}	含矿岩性	矿体形态特征
M1	14	26	0.80	1.20	闪长玢岩	透镜状
M1-1	13	30	3.00	5.54	斜长花岗斑岩	透镜状
M1-2	15	89	1.78	1.30	白云石大理岩	豆荚状
M1-3	27	38	1.36	1.48	白云石大理岩	透镜状
M1-4	23	38	1.00	3.49	闪长玢岩	透镜状
M2	496	32～338	3.46	3.25	斑点状碳质绢云千枚岩	似层状
M2-1	26	38	1.00	1.41	斑点状碳质绢云千枚岩	透镜状
M3	409	35～285	3.83	3.71	斑点状碳质绢云千枚岩	似层状
M3-1	69	34	2.98	2.16	斑点状碳质绢云千枚岩	透镜状
M3-2	13	11	3.08	2.48	斑点状碳质绢云千枚岩	透镜状
M4	405	32～174	3.61	5.45	斑点状碳质绢云千枚岩	似层状
M4-1	15	21	7.97	11.05	斑点状碳质绢云千枚岩	透镜状
M4-2	15	110	1.82	8.46	斑点状碳质绢云千枚岩	短柱状
M5	375	17～210	4.29	5.73	斑点状碳质绢云千枚岩	似层状
M5-1	15	57	4.08	8.91	斑点状碳质绢云千枚岩	透镜状
M5-2	15	27	0.99	1.02	斑点状碳质绢云千枚岩	透镜状
M6	52	36～68	2.18	1.84	斑点状碳质绢云千枚岩	透镜状

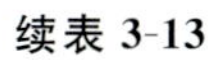

续表 3-13

矿体编号	矿体长度/m	矿体斜深/m	矿体真厚度/m	矿体平均品位/10^{-6}	含矿岩性	矿体形态特征
M6-1	45	15	1.16	7.32	斑点状碳质绢云千枚岩	豆荚状
M6-2	15	16	5.33	7.49	斑点状碳质绢云千枚岩	透镜状
M6-3	47	41～180	1.64	5.45	斑点状碳质绢云千枚岩	透镜状
M6-4	15	23	2.66	2.51	斑点状碳质绢云千枚岩	透镜状
M7	126	28～105	1.64	2.30	斑点状碳质绢云千枚岩	脉状
M7-1	15	14	0.90	1.48	斑点状碳质绢云千枚岩	透镜状
M7-2	22	30	1.16	2.68	斑点状碳质绢云千枚岩	透镜状
M7-3	45	30～52	2.76	1.70	斑点状碳质绢云千枚岩	透镜状
M8	125	27～80	2.85	4.43	斑点状碳质绢云千枚岩	分支脉状
M8-1	75	28～55	2.96	3.41	斑点状碳质绢云千枚岩	豆荚状
M8-2	14	23	2.04	1.54	斑点状碳质绢云千枚岩	透镜状
M9	165	14～87	1.72	5.54	斑点状碳质绢云千枚岩	脉状
M9-1	45	43	1.83	8.73	斑点状碳质绢云千枚岩	豆荚状
M9-2	75	23	2.07	1.61	斑点状碳质绢云千枚岩	豆荚状
M9-3	90	26	1.27	5.27	斑点状碳质绢云千枚岩	豆荚状
M10	15	11	1.96	1.49	斑点状碳质绢云千枚岩	透镜状
M11	15	25	1.26	1.14	斑点状碳质绢云千枚岩	透镜状
M12	45	30～140	1.41	5.31	斑点状碳质绢云千枚岩	透镜状
M13	13	15	0.87	1.45	闪长玢岩	透镜状
M14	15	48	1.00	1.88	斑点状碳质绢云千枚岩	透镜状
M15	79	28	1.32	2.62	斑点状碳质绢云千枚岩	豆荚状
M16	99	30	1.03	2.06	斑点状碳质绢云千枚岩	豆荚状
M17	18	36	2.15	2.40	斑点状碳质绢云千枚岩	透镜状
M18	165	23～130	1.13	1.60	斑点状碳质绢云千枚岩	似层状
M19	45	46～67	0.99	1.25	斑点状碳质绢云千枚岩	透镜状
M20	15	120	0.89	2.85	斑点状碳质绢云千枚岩	透镜状
M21	49	39	0.90	2.18	斑点状碳质绢云千枚岩	豆荚状
M22	17	20	0.83	5.14	斑点状碳质绢云千枚岩	透镜状
M23	15	33	1.53	2.01	白云石大理岩	透镜状
M24	165	26～110	1.39	3.26	斑点状碳质绢云千枚岩	分支脉状
M25	15	22	2.35	2.31	斑点状碳质绢云千枚岩	透镜状
M26	15	29	0.98	1.07	斑点状碳质绢云千枚岩	透镜状
M27	165	31～87	2.21	2.80	斑点状碳质绢云千枚岩	脉状
M28	165	31～87	2.12	3.09	斑点状碳质绢云千枚岩	脉状
M29	33	22	5.62	1.23	斑点状碳质绢云千枚岩	透镜状
M30	22	21	1.40	2.97	斑点状碳质绢云千枚岩	透镜状
M31	15	31	1.28	1.87	斑点状碳质绢云千枚岩	透镜状

续表 3-13

矿体编号	矿体长度/m	矿体斜深/m	矿体真厚度/m	矿体平均品位/10^{-6}	含矿岩性	矿体形态特征
M32	15	24	1.63	2.57	闪长玢岩	透镜状
M33	15	40	3.72	1.85	斑点状碳质绢云千枚岩	透镜状
M34	220	27～82	2.53	6.05	斑点状碳质绢云千枚岩	分支脉状
M35	40	19	4.35	20.17	斑点状碳质绢云千枚岩	豆荚状
M36	145	35	3.21	2.66	斑点状碳质绢云千枚岩	条带状
M37	40	34	1.73	1.81	白云石大理岩	透镜状
M38	22	31	1.96	4.29	白云石大理岩	透镜状
M39	134	120	1.49	1.58	斑点状碳质绢云千枚岩	似层状
M39-1	53	20	2.65	7.41	斑点状碳质绢云千枚岩	豆荚状
M39-2	15	32	1.24	1.84	斑点状碳质绢云千枚岩	透镜状
M40	208	91～120	2.50	4.48	斑点状碳质绢云千枚岩	似层状
M40-1	22	36	1.90	2.14	斑点状碳质绢云千枚岩	透镜状
M40-2	16	13	0.92	1.41	斑点状碳质绢云千枚岩	透镜状
M41	210	24～107	2.24	6.82	斑点状碳质绢云千枚岩	分支脉状
M42	180	34～87	1.27	2.39	斑点状碳质绢云千枚岩	分支脉状
M42-1	15	41	1.66	4.51	斑点状碳质绢云千枚岩	透镜状
M42-2	54	24～78	1.35	7.66	斑点状碳质绢云千枚岩	透镜状
M43	107	97	1.73	1.71	斑点状碳质绢云千枚岩	大透镜状
M44	15	53	5.60	3.88	斑点状碳质绢云千枚岩	透镜状
M45	21	86	1.61	1.39	斑点状碳质绢云千枚岩	豆荚状
M46	16	71	2.56	10.85	斑点状碳质绢云千枚岩	豆荚状
M47	45	74	2.24	9.01	斑点状碳质绢云千枚岩	豆荚状
M48	84	100	1.25	3.92	斑点状碳质绢云千枚岩	大透镜状
M49	78	24～74	3.90	7.52	斑点状碳质绢云千枚岩	大透镜状
M50	15	70	3.20	7.53	斑点状碳质绢云千枚岩	大透镜状
M51	53	36～87	1.85	2.73	斑点状碳质绢云千枚岩	大透镜状
M52	52	36	2.27	2.72	斑点状碳质绢云千枚岩	透镜状
M53	105	52	2.96	3.90	斑点状碳质绢云千枚岩	大透镜状
M54	41	30～92	1.27	8.05	斑点状碳质绢云千枚岩	豆荚状
M55	41	31	2.68	5.96	斑点状碳质绢云千枚岩	豆荚状
M56	22	88	4.90	5.47	斜长细晶岩	豆荚状
M57	22	16	5.17	2.45	斜长细晶岩	透镜状
M58	40	24	3.88	4.36	斑点状碳质绢云千枚岩	透镜状
M59	40	24	5.66	5.82	斑点状碳质绢云千枚岩	透镜状
M60	15	40	1.51	1.06	斑点状碳质绢云千枚岩	透镜状
M61	15	26	0.96	2.15	斑点状碳质绢云千枚岩	透镜状
M62	15	19	0.90	1.50	斑点状碳质绢云千枚岩	透镜状

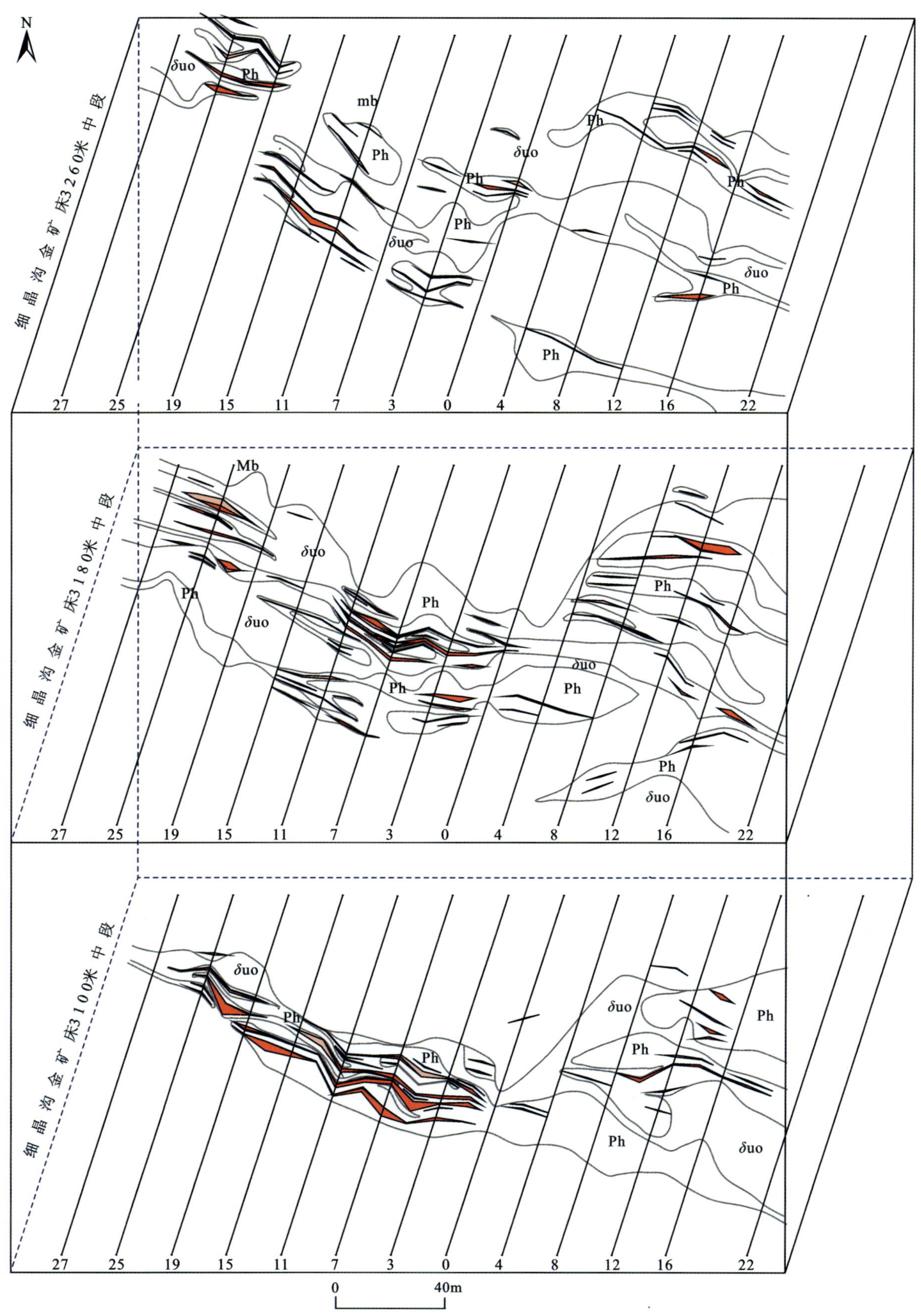

图 3-24 细晶沟金矿床中段平面联合图

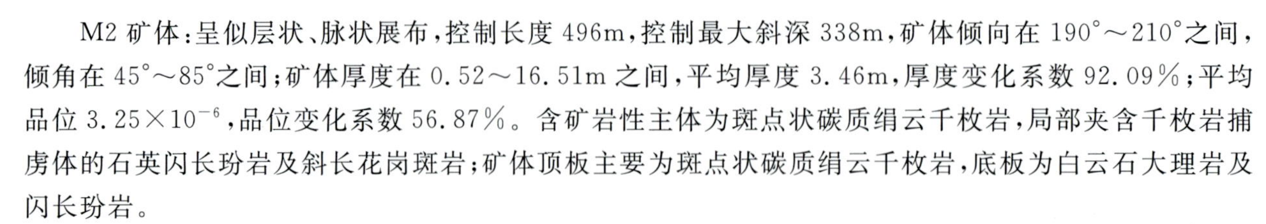

M2 矿体：呈似层状、脉状展布，控制长度 496m，控制最大斜深 338m，矿体倾向在 190°～210°之间，倾角在 45°～85°之间；矿体厚度在 0.52～16.51m 之间，平均厚度 3.46m，厚度变化系数 92.09%；平均品位 3.25×10^{-6}，品位变化系数 56.87%。含矿岩性主体为斑点状碳质绢云千枚岩，局部夹含千枚岩捕虏体的石英闪长玢岩及斜长花岗斑岩；矿体顶板主要为斑点状碳质绢云千枚岩，底板为白云石大理岩及闪长玢岩。

M3 矿体：产于 M2 矿体上盘，呈似层状、脉状展布，控制长度 409m，控制最大斜深 285m，矿体总体倾向在 188°～215°之间，倾角在 40°～82°之间；矿体厚度在 0.22～17.31m 之间，平均厚度 3.83m，厚度变化系数 105.81%；平均品位 3.71×10^{-6}，品位变化系数 125.63%；含矿岩性主体为斑点状碳质绢云千枚岩，其顶、底板岩性均多为斑点状碳质绢云千枚岩，部分为石英闪长玢岩。

M4 矿体：产于 M3 矿体上盘，呈分支脉状、似层状展布，控制长度为 405m，控制最大斜深为 174m；矿体总体倾向在 185°～215°之间，倾角在 50°～85°之间；矿体厚度在 0.82～10.48m 之间，平均厚度 3.61m，厚度变化系数 66.00%；平均品位 5.45×10^{-6}，品位变化系数 123.69%；含矿岩性主体为斑点状碳质绢云千枚岩，其顶、底板岩性均多为斑点状碳质绢云千枚岩，部分为石英闪长玢岩。

M5 矿体：产于 M4 矿体上盘，矿体呈似层状、脉状展布，控制长度为 375m，控制最大斜深为 210m；矿体总体倾向在 185°～230°之间，倾角在 48°～80°之间；矿体厚度在 0.56～11.40m 之间，平均厚度 4.29m，厚度变化系数 81.27%；平均品位 5.73×10^{-6}，品位变化系数 67.56%；含矿岩性主体为斑点状碳质绢云千枚岩，其顶、底板岩性均多为斑点状碳质绢云千枚岩，部分顶板为石英闪长玢岩。

四、矿石特征

（一）矿石类型

细晶沟矿床的矿石类型主要以碳质千枚岩型为主（图版Ⅱ-21），其次为少量斜长细晶脉岩型（图版Ⅱ-22）、花岗斑岩脉岩型、闪长玢岩脉岩型和白云石大理岩型；千枚岩型矿石约占矿石总量的 98%以上，几乎所有矿体均由该类型矿石单独构成；脉岩脉型矿石只有少量矿体由单一的脉岩型矿石组成，而另外多数脉岩型矿石则穿插于千枚岩型矿石中，且厚度不大，规模相对较小。

千枚岩型矿石和脉岩型矿石，由于很大程度上分别继承了原岩物质组成和组构特征，比较容易区分。二者在矿化特征方面具有较大的差异，千枚岩型矿石中硅化相对较强烈，石英细脉、网脉比较发育，石英粒度较大，多为细晶级以上。石英脉也较宽厚，多为 1～5mm；脉岩型矿石硅化相对较弱，发育石英微脉、网脉，脉宽一般小于 1mm，石英粒度小，多为微晶。二者最显著的区别表现在黄铁矿化特征方面：千枚岩型矿石中黄铁矿极为发育，含量一般为 3%～10%，最高可达 15%，而且含沉积变质期星散浸染状立方体、变形变质期细脉浸染状及环边黄铁矿、岩浆热液期细脉状和石英脉内外浸染状等不同世代、不同粒度、不同结构的黄铁矿；而脉岩型矿石仅发育岩浆热液期粒度小、浸染状分布的五角十二面体自形或半自形黄铁矿。上述矿化特征的差异揭示了千枚岩型矿石经历了多期次、多种成矿作用的矿化叠加过程，而脉岩型矿石仅经历了岩浆热液期成矿作用。

（二）矿物组合

矿区各类型金矿石中矿物成分见表 3-14，其中氧化矿石中偶见有明金。

（三）矿石结构构造

矿区矿石中黄铁矿是主要载金矿物，根据黄铁矿的矿物结构构造特征来划分矿石的结构和构造，矿

石结构主要有立方体自形或半自形晶粒状结构、五角十二面体自形或半自形晶粒状结构、环边及环带结构、筛状包含结构；矿石构造主要有浸染状构造、眼球状团块构造、细脉-网脉及微脉构造等，见图版Ⅱ-23。

表 3-14　细晶沟矿床金矿石矿物成分表

矿石类型 含量/% 矿物名称		原生矿石	氧化矿石		
		碳质千枚岩型	碳质千枚岩型	细晶岩型	闪长玢岩型
贵金属	自然金		偶见	17 粒	偶见
金属矿物	黄铁矿	5.79	偶见-微量	1.0～3.0	15～25
	毒砂	0.32	偶见	偶见	
	硫锑铜银矿	少量			
	含银辉砷镍矿	少量			
	黄铜矿	0.07			
	方铅矿	0.07			
	赤、褐铁矿	1.12	1.0～3.0	1.0	微量
	黄钾铁矾		1.0～3.0	1.0	
	其他		白钛矿、锆石	白钛矿	
非金属矿物	石英	54.33	20～40	7.0～50	20.0
	绢云母	31.19	50～75	25.0～85	65.0
	石墨	1.21	0.77～2.0	0.09～1.0	0.11
	方解石		1.0	3.0～5.0	
	其他	3.08	白云石、电气石	铁白云石、透辉石	黏土质、地开石

（四）矿石化学成分

矿区矿石中 Cu、Pb、Zn、Gr、Ni 等元素及微量元素含量普遍较低，而 Ag、As、S 含量普遍较高，矿石中伴生的有益组分主要为银，其含量在 $2.62\times10^{-6}\sim21.6\times10^{-6}$ 之间，有害组分主要为砷、硫、碳，硫含量在 0.52%～6.72%之间，砷含量在 0.12%～1.84%之间，碳含量在 0.71%～2.55%之间；矿石组合样品成果显示，Ag 元素最高值为 51.70×10^{-6}，最低为 0.35×10^{-6}，均值为 4.98×10^{-6}；As 元素最高为 1.73%，最低为 0.001 2%，均值为 0.25%；S 元素最高为 5.32%，最低为 0.72%，均值为 3.66%；可见矿石中有益组分银元素达到了伴生有益组分回收标准可进行综合利用，硫对矿石的氰化浸出影响较大，但其达到了伴生评价的标准，可综合利用制成硫酸销售，而有害元素砷的含量比较高，虽达到了综合利用的评价指标，但剔除个别特高值后平均含量低于综合利用的评价指标，难以回收利用。

五、围岩蚀变

矿区赋矿岩石主要为黄铁矿化、硅化碳质绢云千枚岩、斜长细晶岩、黄铁矿化蚀变闪长玢岩等。矿体围岩主要为斑点状碳质绢云千枚岩，斜长花岗斑岩、石英闪长玢岩、断层角砾岩等少见。矿体与花岗斑岩、石英闪长玢岩为顶、底板围岩及夹石的两者界线清楚；与千枚岩构成的围岩及夹石的两者间呈渐变过渡关系，矿体界线不清、肉眼难以辨认，其界线靠取样分析数据具体划定。金矿石继承了围岩的基本物质组成特点，仅是矿化蚀变强烈，黄铁矿石英细脉、网脉比较发育。

纵观矿区各类型矿石、近矿蚀变岩石和未蚀变的正常岩石，可发现本矿床围岩蚀变类型主要发育黄铁矿化、硅化、绢云母化，虽然发生碳酸盐化，但相对不发育。黄铁矿化：矿区最主要的矿化蚀变类型，是最重要的找矿标志和矿化强弱的判别标志，在千枚岩型矿体部位最为发育，黄铁矿至少有 3 个时代，成矿前沉积变质期的黄铁矿呈零星浸染状，多呈自形、半自形立方体晶型，变形变质期的黄铁矿多呈细脉浸染状、稠密浸染状沿层理展布，岩浆热液期的黄铁矿则呈不规则团块状交代原岩中“斑点”矿物，或呈稀疏浸染状多分布于石英细脉或网脉内部及脉旁；硅化：表现形式有两种，即充填石英细脉、网脉式和渗透扩散交代式，无论千枚岩，还是脉岩，如果硅化强度大，石英细脉及网脉发育，金的矿化强度就大，因此硅化强度、石英细脉及网脉发育程度也是金矿化强弱的一个判别标志；绢云母化：为区域变质、热力变质作用的产物，在赋矿地层和脉岩中广泛发育，与金矿化关系密切的绢云母仅局限于硅化发育部位，绢云母鳞片细小，排列无定向；碳酸盐化：矿石中仅有少量碳酸盐矿物，另见于成矿晚期阶段的碳酸盐-石英脉中。

六、矿化阶段划分及分布

根据矿石结构构造特征与金矿化有关的脉体形态、产状及穿切关系，划分了 4 个成矿阶段：Ⅰ沉积变质初步富集期、Ⅱ变形变质矿化期、Ⅲ岩浆热液矿化叠加期、Ⅳ表生氧化期；其中岩浆热液矿化期又划分为黄铁矿石英脉(Py-Q)主成矿阶段、碳酸盐石英脉(Cl-Q)成矿尾声阶段。矿床的形成过程主要在变形变质期、岩浆热液期和表生氧化期，各期次阶段生成主要矿物及其顺序见表 3-15。

表 3-15　细晶沟矿床成矿期次及矿物生成顺序表

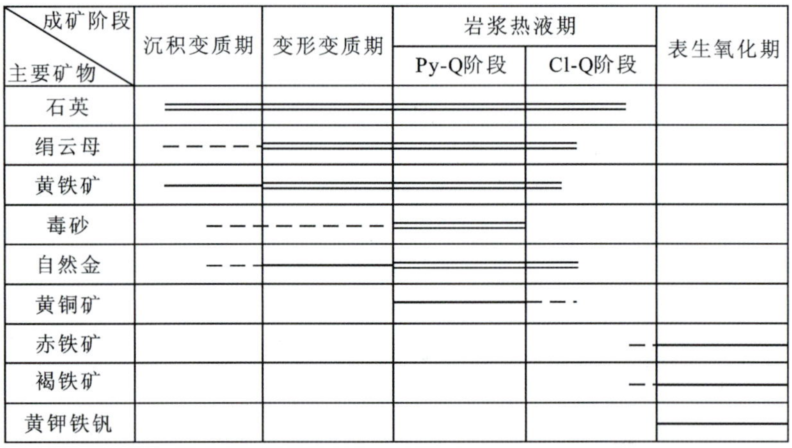

成矿阶段 / 主要矿物	沉积变质期	变形变质期	岩浆热液期		表生氧化期
			Py-Q阶段	Cl-Q阶段	
石英					
绢云母					
黄铁矿					
毒砂					
自然金					
黄铜矿					
赤铁矿					
褐铁矿					
黄钾铁钒					

七、矿床类型

细晶沟矿床矿石类型与金龙沟金矿床较为一致，矿体的形态、产状及分布同样严格受层间断裂破碎带以及韧脆性断裂裂隙带的控制；具有沉积变质、变形变质及岩浆热液成矿作用的先后叠加富集的特点，其成因应属多成因复成矿体，亦可归属于浅成中—低温热液型金矿床大类之中，工业类型则属于构造蚀变岩型。

八、成矿机制和成矿模式

(一)成矿时代

细晶沟矿床和金龙沟矿床相邻，成矿地质背景、成矿机制基本类同，金矿的形成具有多期性，是多次热液-矿化事件叠加的产物。

矿区内与金成矿关系密切的1件斜长花岗斑岩锆石U-Pb加权平均年龄为359.9±1.7Ma(姜芷筠，2020)，与金龙沟矿床内斜长花岗斑岩的年龄在误差范围内一致，岩浆活动为金矿的形成提供了物源和热源。

矿区内发育的霏细斑岩金矿体与金龙沟一致，年龄为127.4±0.6Ma(锆石U-Pb，赵呈祥等，2023)。说明燕山晚期(127.4±0.6Ma～133.8±4.2Ma)也是细晶沟成矿期之一。

(二)控矿因素

细晶沟金矿床就位于滩间山复式背斜南东段金龙沟负向斜南翼次级向斜构造核部，区内主要含矿蚀变带主要为NW向，地层走向、侵入岩带均沿此方向展布。通过对矿区成矿特征，结合区域矿产特征，研究、分析认为，成矿与地层、构造、岩浆岩及热液蚀变作用4种控矿因素均较密切。

1. 高背景值的地层对金成矿的贡献

区内岩金赋矿地层主要为中元古代万洞沟群b岩组。科研成果表明，滩间山地区中元古代万洞沟群b岩组为一套来源于同生热水沉积的黑色沉积岩系，该套地层中大面积的Au、As、S元素的高背景分布区是与同生热水沉积作用而形成的初步富集有关。综上所述可以初步认为，万洞沟群对金矿的形成有以下几个方面：

(1)万洞沟群形成于受基底断裂控制的断陷盆地中，沿同生断裂上升的热液流体使金、砷、硫等成矿元素在沉积阶段就获得初步富集形成金的矿源层。

(2)该套地层中普遍富含有机碳和黄铁矿，由于有机碳的吸附障效应和还原障效应，易使流体中的金沉淀富集，黄铁矿同样是金沉淀的还原障，矿石人工重砂中的碳质岩系含金40×10^{-6}，黄铁矿中含金也都在10×10^{-6}，表明他们是富金的最主要载体。

(3)在构造应力作用的影响下，形成的糜棱岩带和片理化带由于叶理或片理的屏蔽作用及还原障、吸附障的存在，使矿质不易分散而富集成矿。

2. 构造活动为成矿提供了导矿及储矿场所

细晶沟金矿床位于柴北缘裂陷造山带(消减带)内，区内加里东期和海西期的两次裂陷拼合演化，为矿床的形成作出了重大贡献，主要表现在使万洞沟群遭受了热变质和二次叠加变质，形成了以脆性为主的区域性脆韧性剪切带和褶皱构造，其叠加部位更适合于矿液的沉淀富集成矿。区内构造对细晶沟金矿的控制作用主要表现在以下几点：

(1)区域性大型韧性带在地质演化过程中经多次活化，通过变形变质作用，使地层中的金元素活化迁移，初步富集。

(2)区域性剪切带普遍延伸远，涉及深度大，有利于不同圈层中流体的循环，为广泛的矿质和流体来源创造了运移的通道条件。

(3)细晶沟矿床主要受北西向区域性大型韧性剪切带和细晶沟次级向斜构造叠加部位的控制，两组构造的叠加部位更易形成大量的扩容负压空间，为矿化流体的汇聚和沉淀提供场所，是极为有利的成矿部位。

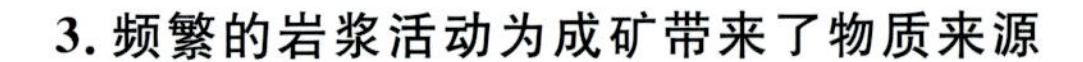

3. 频繁的岩浆活动为成矿带来了物质来源

矿区及其周边海西早期中酸性侵入岩分布广泛，区内侵入岩指示元素的特征值表明，海西早中期侵入岩普遍具较高的金含量。据滩间山地区的稳定同位素和包裹体成分研究等证实，滩间山地区金矿的形成与深源岩浆的矿质和流体关系密切。西安地质学院(1994)通过对滩间山复式杂岩体及闪长玢岩的岩石化学特征及构造环境进行研究后，认为矿区内花岗质岩石均属造山带花岗岩，具火山弧花岗岩特征；同时认为海西期侵入岩不仅为矿床的成矿作用提供了能源，促使碳质岩系中的金元素活化迁移，并直接提供了部分矿质，该期成矿是在韧脆性剪切变形条件下发生的，故是叠加在先期脆韧性成矿阶段之上的，也是细晶沟金矿床的形成过程中比较重要的一次矿化富集成矿活动。

4. 热液蚀变为成矿提供了能源

细晶沟金矿床容矿碳质岩经历了绿片岩相区域变质、热变质和两次叠加变质，对金的迁移富集起到重要的作用。区域变质作用使碳质岩系中成矿元素初步富集，后期剪切变形变质阶段，使地层中的金元素进一步叠加富集。可见变质作用对区内金矿的形成主要起到了提供能源的作用。

（三）成矿机制

细晶沟金矿床中的金矿体多数均赋存于变形变质程度较强的斑点状碳质绢云千枚岩中，矿石中普遍石英-方解石细脉、网脉杂乱穿插，而黄铁矿则呈颗粒细小的稀疏浸染状沿石英-方解石脉及斑点矿物"空晶石"环带展布，该矿化蚀变组合特征的强弱往往决定了岩石中金矿石品位的高低，且黄铁矿沿斑点矿物"空晶石"环带展布的岩石中往往会有高品位金矿体出露，这就说明矿床的形成与后期中-低温热液活动关系极为密切；另外燕山晚期的霏细斑岩脉穿插部位的千枚岩中均有金矿体出露，而霏细斑岩自身中往往也有高品位金矿体出露，说明燕山晚期的岩浆活动使金矿再次叠加富集。故其成矿过程可表示为：万洞沟群地层形成于受基地断裂控制的裂陷盆地中，沿同生断裂上升的热液流体使 Au、As、S 等元素在沉积阶段就初步富集形成金的矿源层，而后的变形变质作用使 Au 元素再次富集，后期的岩浆侵入活动带来了物质，也促使了千枚岩中 Au 元素的活化迁移，而叠加成矿。

（四）成矿模式

综合分析细晶沟矿区域地质背景、成矿环境及控矿条件，提出成矿演化模式(图 3-25)如下：首先是黑色含金岩系沉积期，在滩间山地区受基底断裂控制的凹陷中沉积了富含热水沉积的含金碳质岩系；其次为金初步富集期，为海西早期黑色岩系中金元素在有利部位发生初步富集；再次为金矿化富集期，主要为加里海西中—晚期，陆内造山，使矿源层强烈变形褶曲，形成了滩间山地区区域性的大型脆韧性构造剪切带和金龙沟复式向斜构造等一系列区域性构造，伴随着动力热流的变质作用，成矿物质迁移，再度富集形成浸染状硫化物矿石；最后为金矿化叠加富集期，伴随石炭纪强烈的构造岩浆活动，中酸性岩脉将岩浆期后成矿热液运移到继承性复合的成矿有利部位，发生矿化富集叠加，即形成了初始的细晶沟金矿床，该成矿模式与金龙沟金矿床成矿模式一致，不同的是细晶沟金矿床后期又经历了破坏期，中侏罗世侵入岩体的超动侵入和区域性应力下配套形成的复杂断裂构造，使初始的细晶沟矿床的控矿构造和模式遭受了较大的破坏，最终形成了现在所见到的细晶沟金矿床。

（五）找矿标志

根据矿床地质特征、成矿控制因素和岩石地球化学特征综合分析，区内找矿标志归纳如下。

1. 构造标志

区域性脆-韧性剪切带和叠加于其内及旁侧的张性断裂裂隙构造往往是成矿有利的构造部位。

2. 赋矿层位、岩性标志

岩体与围岩的接触部位，特别是岩体与围岩褪色蚀变规模大、分带明显、多类型蚀变的叠加部位，一

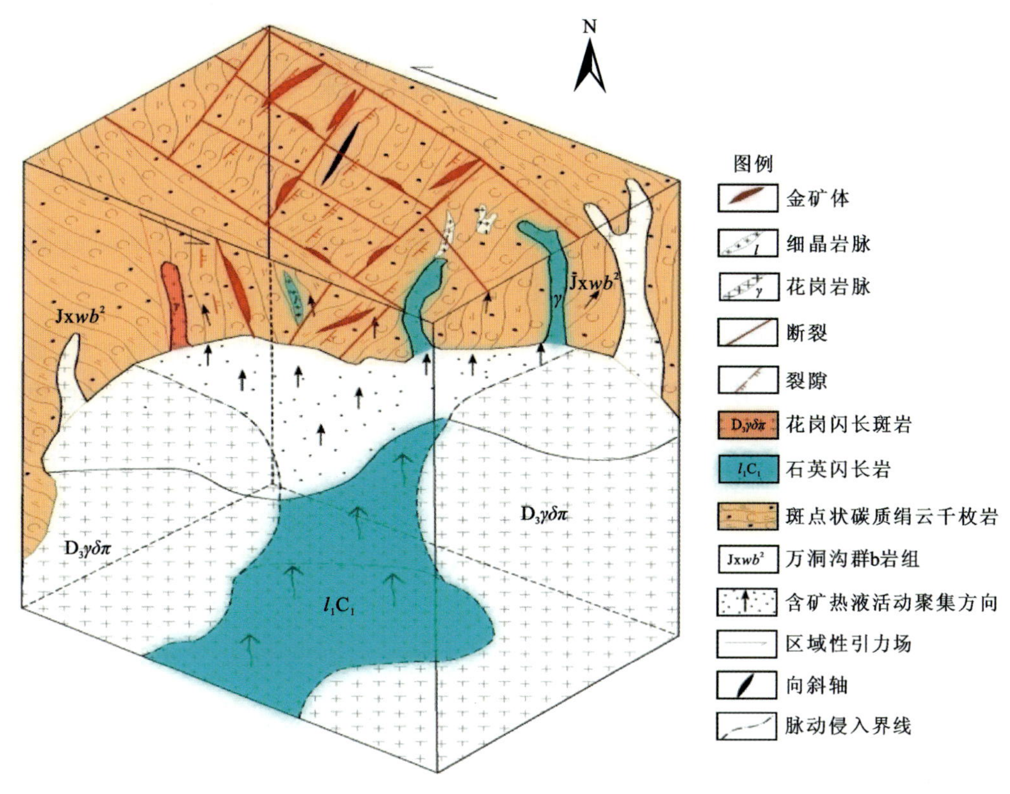

图 3-25　细晶沟成矿模式图

般来说金矿化强度较高；斑点状碳质绢云千枚岩是区内主要的含矿岩性，另外斜长细晶脉岩自身多为高品位的金矿体。

3. 黄铁矿化的特征标志

区内黄铁矿化与金矿化关系极为密切，黄铁矿由多期形成，成矿期形成的黄铁矿呈他形—半自形粒状结构，粒度较为细小，多以集合体形式呈浸染状或脉状分布于岩石中。黄铁矿在地表被氧化后变成黄钾铁矾，呈黄色团块状分布于岩石的裂隙表面，是氧化矿露头良好的找矿标志。

4. 围岩蚀变标志

从围岩至矿体，主要蚀变类型依次为碳酸盐化→绢云母化→硅化、黄铁矿化，当强黄铁矿化、硅化、碳酸盐化同时存在，且其展布形态呈硅化、碳酸盐化为石英-方解石细脉、网脉杂乱穿插，黄铁矿则沿石英-方解石脉呈细粒稀疏浸染状展布时，金矿化则最强。

5. 地球物理特征标志

区内 1∶5 万地磁异常分布较为广泛，局部物化探异常套合较好，地磁异常解释推断多与滩间山群下碎屑岩组地层、断层构造、侵入岩体有关，而这几类与区内成矿有着密切关系。

6. 地球化学特征标志

柴北缘万洞沟群和滩间山群 Au、Ag、Cu、Zn 的背景含量均低于地壳的平均含量；As、Pb 的含量与克拉克值接近，且在部分地层中略有富集。由此可以认为，柴北缘成矿带是 As、Pb 的地球化学异常区，它们的浓度克拉克值(nk)从大到小的顺序为 As—Pb—Ag—Cu—Zn—Au；变异系数由大到小的顺序为 Au—As—Ag—Pb—Zn—Cu。虽然金在地层中的含量偏低，但变异系数最大(1.55～2.36)；As 含量高，变异系数也较大(0.60～3.64)，所以这两种元素形成后生矿化富集的可能性最大。Ag、Cu、Zn 等元素变异系数小于或等于 0.22，没有显著的活化迁移，形成后生矿化富集的可能性较小。

第四节　青山金铅矿床

一、概述

青山金铅矿床位于青海省柴达木盆地北缘，欧龙布鲁克地块和柴北缘造山带的过渡带，属滩间山金矿东段。青山金矿床地理位置毗邻柳格高速，金龙沟金矿床正北约 8km 处，距离大柴旦行委约 80km。矿体主要赋存于北西向矿化蚀变带内，共圈出构造破碎蚀变带 5 条，含矿地层为古元古代达肯大坂群片岩组，含矿岩性以构造蚀变岩、褐铁矿化石英片岩为主，围岩以绿泥片岩、绿泥石英片岩为主。矿区内还分布有金龙沟金矿、青龙沟金矿、细金沟金矿、红柳沟金矿等一系列大中型金矿床，显示出良好的找矿潜力。

二、矿区地质特征

（一）地层

矿区出露的地层包括古元古界达肯大坂群中—低变质岩、中元古界万洞沟群绿片岩相浅变质岩系、下—中三叠统隆务河组碎屑岩（图 3-26）。

达肯大坂群（Pt_1D）岩组可分为两个岩段，片岩段位于北部，出露的岩性以斜长角闪片岩（灰色，柱粒状变晶结构）、石英片岩（图版Ⅱ-24）、绿泥石英片岩（图版Ⅱ-25）为主，夹少量的白云岩、板岩、角闪岩、大理岩。绢英岩段位于该岩组的南部，出露的岩性有方解绢英岩（灰白色，鳞片粒状变晶结构）、绢云绢英岩、黄铁绢英岩夹绿泥石绢云母化岩。岩石受构造作用，裂纹和裂隙发育，被铁质、方解石和石英充填，为矿区的主要含矿地层。基岩出露较好，变质程度较高，局部有达到片麻结构，该地层北部为第四系覆盖，南部为三叠纪，二者断层接触。

万洞沟群地层出露较广，可分为 a、b 两个岩组。a 岩组岩性斜长角闪片岩（灰色，柱粒状变晶结构）、石英绿泥石片岩、灰黑色，粒状变晶结构大理岩夹绢云千枚岩及少量石英砂岩。b 岩组主要岩性上部为绢云千枚岩夹云母片岩、石英岩、二云石英片岩；下部为大理岩（青灰色粒状）夹绢云石英片岩。

下—中三叠统隆务河组主要分布在矿区中部，出露面积较广，厚度在 20～60m 之间，与万洞沟群断层接触，分为 a 碎屑岩组和 b 碳酸岩组。a 岩组分为两个岩性段：砂岩段为含泥质长石石英砂岩（紫红色，含泥质砂屑结构紫红色，含泥质砂屑结构）夹砾岩及煤线；砾岩段为砾岩（灰色，砾状结构）夹薄层长石石英砂岩。第四系分布于北部不整合覆盖于达肯大坂群之上。

（二）岩浆岩

矿区内岩浆活动较强烈，侵入岩以岩株状、岩脉状产出。岩浆岩侵位时代不一，其中矿区东南部的岩株为石英闪长岩，时代为晚泥盆纪，出露面积约 5km^2。二长花岗岩在西部少量出露，面积约 1km^2，呈岩株状、脉状产出。矿化带内发现大量蚀变闪长（玢）岩脉，钻孔中见有少量的闪长岩脉。岩石类型以中酸性为主，多为岩脉形状产出，与金矿化关系密切，具有强蚀变，蚀变以绢英岩化为主。闪长玢岩经气-液蚀变作用，发生强烈的绿泥石化，并有大量的白云石、绿泥石、绢云母等生成。侵入时代以海西期为主。岩脉的分布受地层和断裂构造控制，并引发围岩地层的绿泥石化、硅化、碳酸盐化等。

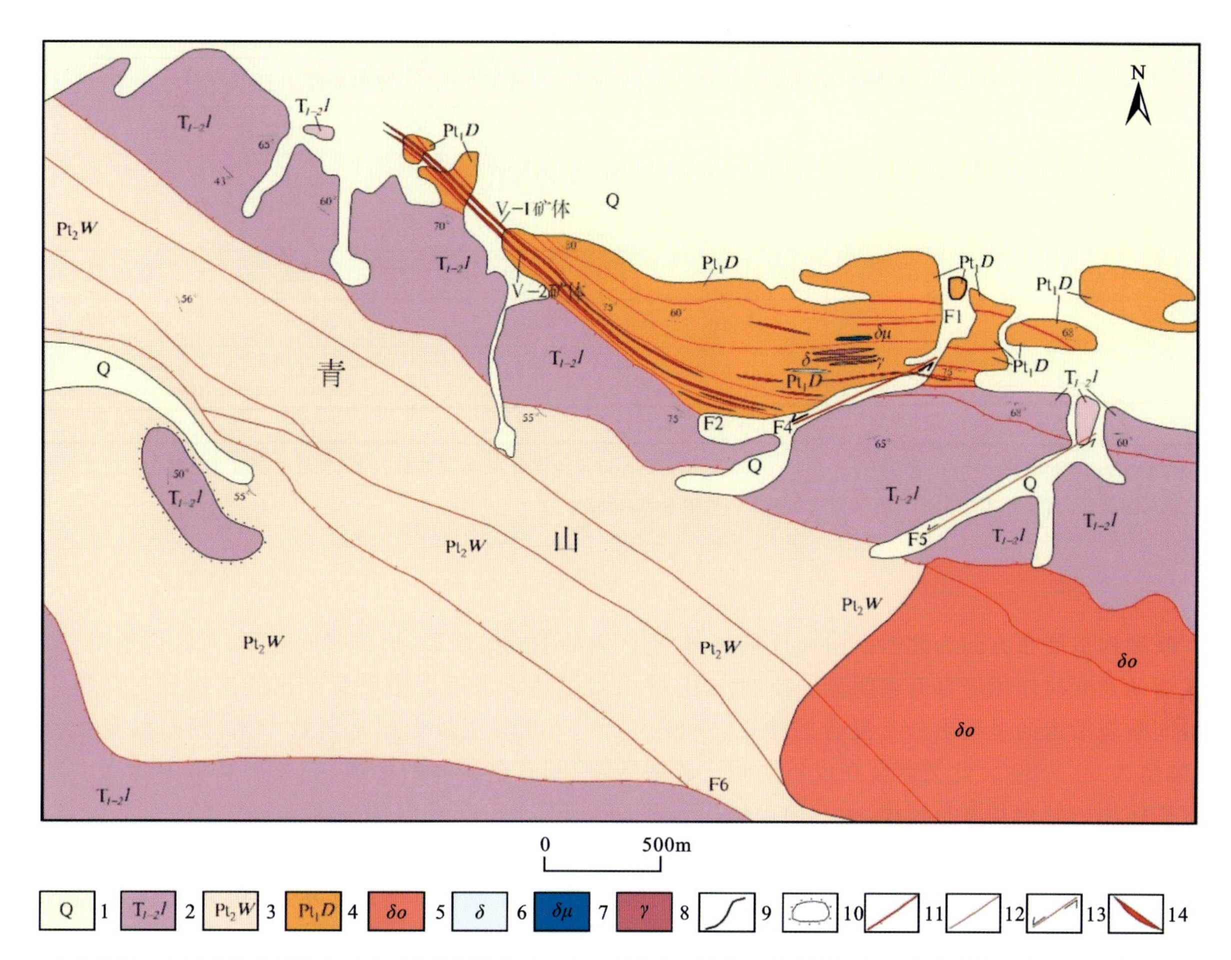

1.第四系；2.三叠系隆务河组；3.中元古界万洞沟群；4.古元古界达肯大坂群；5.石英闪长岩；6.闪长岩脉；7.闪长玢岩脉；8.花岗岩脉；9.地质界线；10.不整合接触界线；11.逆断层；12.性质不明断层；13.平移断层；14.矿体。

图 3-26　青山金矿区地质图

根据滩间山地区侵入岩指示元素的特征值表明，海西期侵入岩与金矿化关系密切（表 3-16）。

表 3-16　滩间山地区侵入岩指示元素特征表

元素及特征值		加里东期侵入岩		海西期侵入岩		
		超基性岩	辉长岩	斜长环斑花岗岩	斜长花岗斑岩	斜长花岗岩
Au	x	0.85	0.77	0.8	2.54	0.57
	nk	0.24	0.22	0.23	0.73	0.16
	v	2.01	2.56	2.35	1.35	2.74
Ag	x	55.94	79.99	63.64	66.5	52.34
	nk	0.75	1.07	0.85	0.89	0.7
	v	0.02	0.02	0.02	0.03	0.02
As	x	1.06	5.15	1.66	9.56	1.15
	nk	0.48	2.34	0.75	4.35	0.52
	v	3.39	0.43	1.27	0.33	1.44

续表 3-16

元素及特征值		加里东期侵入岩		海西期侵入岩		
		超基性岩	辉长岩	斜长环斑花岗岩	斜长花岗斑岩	斜长花岗岩
Cu	x	71.59	80.99	27.38	33.1	29.29
	nk	1.14	1.28	0.43	0.53	0.46
	v	0.04	0.02	0.12	0.05	0.05
Pb	x	5.42	7.48	10.93	6.15	7.72
	nk	0.45	0.62	0.91	0.52	0.64
	v	0.69	0.22	0.17	0.35	0.25

注：Au、Ag 含量单位 10^{-9}，其他含量单位 10^{-6}；x. 平均值；nk. 浓度克拉克值；v. 变异系数；(据《青海柴北缘赛什腾山东段高泉煤矿幅、德宗马海湖幅、嗷唠河幅三幅 1：5 万区调联测报告》，淦卫东等，1992)。

(三)构造

断裂构造展布方向为北西西向和近东西向，是区内的主成矿断裂，形成时间较早，对区内地层分布、岩浆活动及变质作用等都有着明显的控制作用，并引发了达肯大坂群中密集产出的次级层间断裂。此类层间断裂沿走向呈现出分支复合的特点，规模 500～3200m，宽数十厘米至数十米，倾向以南西者居多，倾角为 60°～80°。此类断裂在成矿期间比较活跃，控制着金矿体的形成，在成矿系统中起到了导矿和容矿作用。结合其展布规律，由北向南依次为 F1、F2、F3、F4、F5、F6(图 3-26)。

F1 断裂：为达肯大坂群层间断裂，呈近东西向延伸，两侧尖灭于第四系中，长约 1.6km，倾角为 60°～75°，沿走向有少量北西向次级断裂，断裂带总体南倾，地貌上看多有负地形显示，受应力作用，围岩较为破碎。性质推测为逆断层。

F2 断裂：为达肯大坂群层间断裂，方向为近东西向，长约 1.8km，总体产状 20°∠60°，两侧被第四系覆盖，断裂带附近岩石受应力作用，发生不同程度的变形，较为破碎。构造带内发育闪长玢岩脉、石英脉，金属矿物有黄铁矿、褐铁矿。Ⅲ号矿化蚀变带位于该断裂内，该带内发现金铅矿体 7 条，通过验证，深部蚀变带规模有明显的扩大，在蚀变带发现多条金铅矿体，与地表对应较好。

F3 断裂：由多条断裂组成，方向为近东西向，各断裂近平行分布，间距在 35～80m 之间，长约 2.3km，总体产状 20°∠60°。该组断裂为达肯大坂群层间构造，两侧被第四系覆盖，断裂带附近岩石受应力作用，发生不同程度的变形，较为破碎。构造带内发育石英细脉、碳酸岩脉，金属矿物有黄铁矿、褐铁矿。该组断裂为矿区内主矿构造，包含Ⅳ、Ⅴ号矿化蚀变带。Ⅴ号矿化蚀变带规模较大，圈出 9 条金铅矿体，矿体深部延伸稳定，见矿较好，构造裂隙中可见块状褐铁矿，细脉状的方铅矿以及黄褐色的黄钾铁矾化，岩石蚀变较强，原岩不易区分(图版Ⅱ-26)。

F4 断裂：分布在研究区北部，规模较大，长约 5.3km，倾角为 60°～70°。为研究区的区域性大断裂，初步认为该断层为南倾，上盘为三叠系隆务河组，下盘为达肯大坂群，断层性质推测为张扭性正断层，两端被第四系冲洪积覆盖，为后期构造的产物。断裂两侧岩石较为破碎，且岩性明显不一致，矿化蚀变具有明显的差异。

F5 断裂：分布在研究区中部，属区域性大断裂，西段为达肯大坂群与三叠系的触断层，东段为三叠系与闪长岩分界断层，总体为北西向，长约 9.6km，断裂总体为南倾，倾角为 55°～65°，此断裂控制研究区南部岩体的产出状态和分布规律。性质推测为逆断层。

F6 断裂：分布在研究区西南部，属区域性大断裂，为西南部三叠纪隆务河群与万洞沟群分界断层，呈北西西向分布，长约 2.4km，沿走向有少量北西向次级断裂，断裂带总体南倾，倾角为 60°～70°，带内岩石较为破碎，并发育挤压片理。性质为逆断层。

褶皱构造主要发育在达肯大坂群中，为一组背斜构造，轴向230°，轴面倾向南西。北翼岩性为绿泥石英片岩，南翼为斜长角闪片岩，在背斜核部附近发育宽1～10m规模不等的破碎带，带内发育较强的碎裂岩、角砾岩化，局部糜棱岩化，出现较多的构造透镜体（图版Ⅱ-27）。

（四）地球物理特征

为探索金矿体在深部的延伸情况，针对地表已经控制的金矿体展开了1∶5000激电中梯剖面测量（图3-27）。分别在隆务河组含砾砂岩夹碳质板岩，达肯大坂组硅化、绢云母化、黄铁矿化石英片岩中发现了明显的两条异常带。其中隆务河组中的异常呈北西向条带状展布，长约700m，宽约270m，表现为低阻高极化特征。根据地表和深部钻探验证，异常与三叠纪地层中碳质板岩有关。

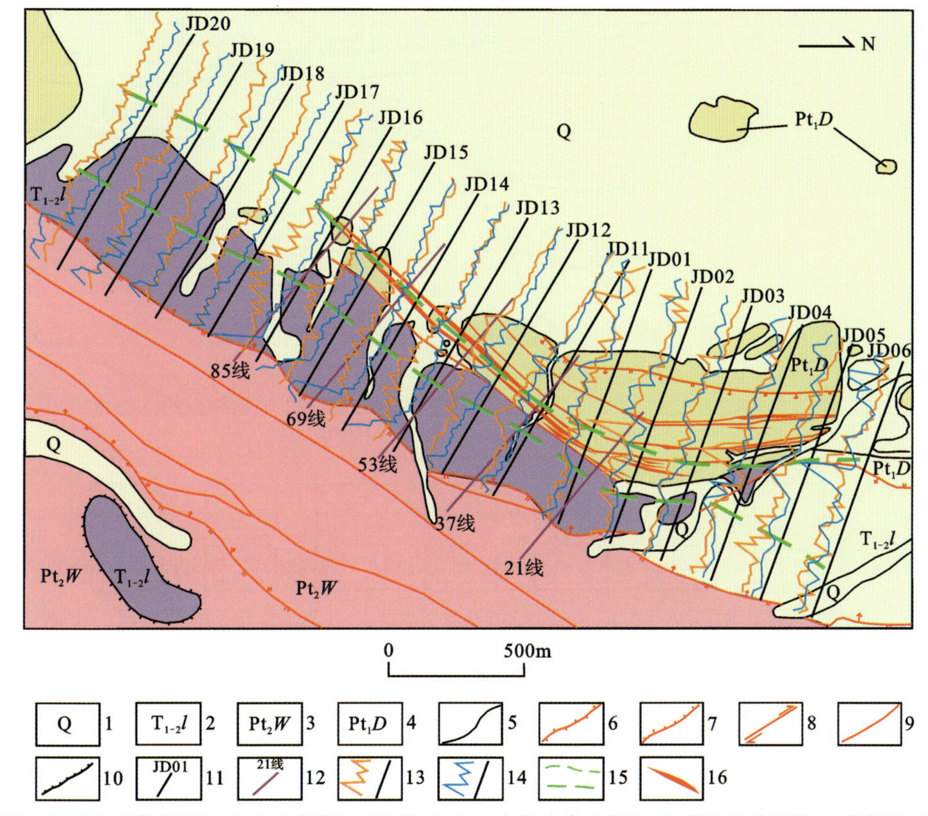

1.第四系；2.三叠系隆务河组；3.中元古界万洞沟群；4.古元古界达肯大坂群；5.实测地质界线；6.逆断层；7.正断层；8.平移断层；9.性质不明断层；10.不整合接触界线；11.金、铅共生矿体；12.金矿体；13.铅矿体；14.激电剖面及编号；15.勘探线及编号；16.视极化率曲线；17.视电阻率曲线；18.激电异常。

图3-27　1∶5000激电中梯剖面平面图

达肯大坂群地层中出现的异常呈条带状展布，走向北西，长约1800m，宽200～400m。视极化率值为2%～3.5%，极大值可达3.8%，视电阻率值为50～300Ω·m，一般为100～200Ω·m，具有“低阻中高极化”的激电异常特征。异常带正好处于含金的硅化、绢云母化、黄铁矿化蚀变带内，南侧为达肯大坂群石英片岩与隆务河组砂砾岩的断层接触部位，北侧为矿化蚀变带的北界。通过地表和深部工程验证，显示激电异常由构造蚀变带中的多金属硫化物引起。

（五）地球化学特征

为了进一步缩小找矿靶区，精准定位矿化在地表的显示，在1∶5万水系沉积物测量成果的基础上开展了针对青山综合异常的1∶1万土壤地球化学剖面测量。

通过1∶1万的土壤地球化学剖面测量，圈出5条异常带（AP1－AP5）（图3-28），异常带均分布于达肯大坂群层间断裂内，异常与构造重合，呈近东西向条带状平行分布，通过槽探工程揭露异常带内圈出金铅矿体 22 条。异常带金、铅、锌元素异常强度高，分带明显，元素套合较好。由南向北随着与主构造带距离增加异常逐渐减弱，直至矿化带的北部边界。

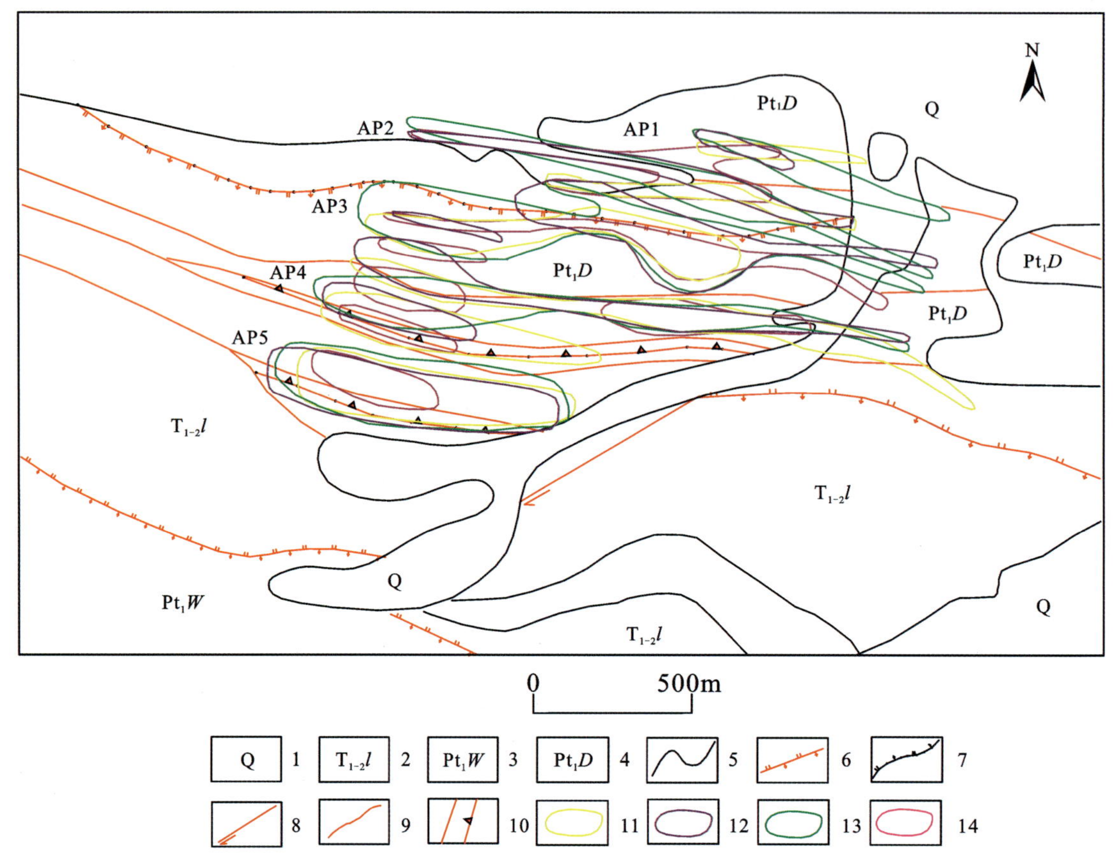

1. 第四系；2. 三叠系隆务河组；3. 中元古界万洞沟群；4. 古元古界达肯大坂群；5. 实测地质界线；6. 逆断层；7. 正断层；8. 平移断层；9. 性质不明断层；10. 构造破碎带；11. Au 异常；12. Pb 异常；13. Zn 异常；14. Ag 异常。

图 3-28　青山金矿土壤剖面异常图

最具代表性的 AP5 异常带，近东西走向，呈长条状展布，长 500m，宽 50～100m，各元素异常套合较好，峰值高，浓度分带明显，其中 Au 最大值 1651×10^{-9}，Pb 最大值 2888×10^{-6}，Zn 最大值 3422×10^{-6}。异常带走向与构造方向一致，岩性以褐铁矿化石英片岩、构造蚀变岩为主，带内细脉状石英脉-方解石脉发育，伴随有硅化、褐铁矿化（原生矿物为黄铁矿）、方铅矿化。通过异常查证确定为矿致异常，具有较好的找矿前景（赖华亮等，2016）。

青山综合异常主要由 Au、Ag、Pb、Zn 异常组成，体现出中—低温成矿特征，主要金属矿物有黄铁矿、方铅矿；而青龙沟、金龙沟、细晶沟异常伴生有 W、Mo、Cu、As 等元素异常，应为中—高温成矿特征，主要金属矿物黄铁矿、毒砂、黄铜矿。滩间山地区的主要构造方向为北西向，由青龙沟、金龙沟、细晶沟组成的北向矿带向青山方向显示出由高温成矿向中低温成矿的渐变（林文山等，2006；魏占浩等，2015；呼格吉勒等，2018）；同时，青山地区地表可能更多地显示出成矿外围的特征，深部勘查可能存在更大的找矿前景。

三、矿体的规模、形态、产状

金铅矿体主要分布于达肯大坂群次级背斜构造的南翼，严格受层间滑脱断层中次级断裂控制（图 3-29）。

矿体呈透镜状、脉状、条带状平行分布。一系列矿体构成一条呈近东西向分布、稳定展布的矿带，整体倾向南。金、铅矿体由东向西厚度变大、品位变富，延伸稳定，东西向延伸。

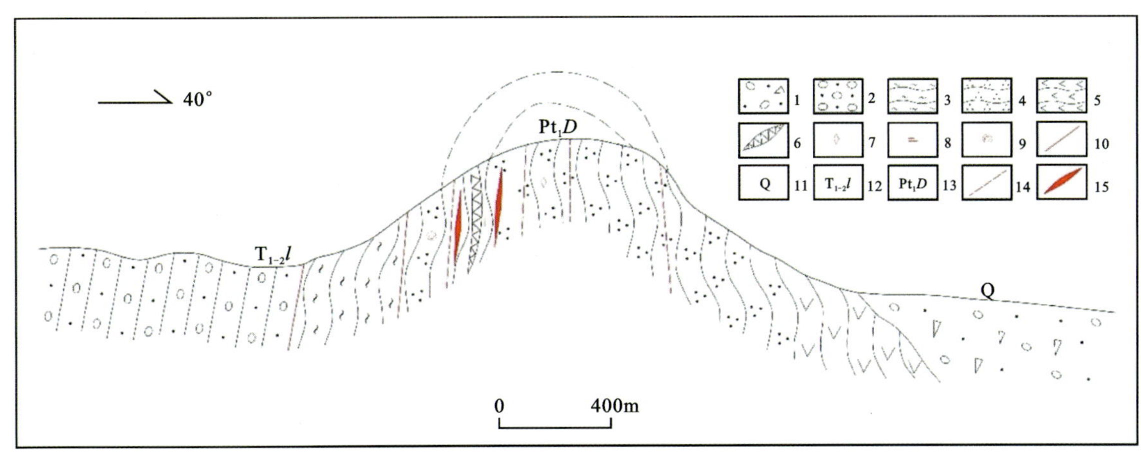

1.残坡积；2.砂砾岩；3.绿泥片岩；4.石英片岩；5.角闪片岩；6.石英脉；7.碳酸盐化；8.绢云母化；9.硅化；10.断层；11.第四系；12.三叠系隆务河组；13.古元古界达肯大坂群；14.层间断裂；15.矿体。

图 3-29 青山金矿区地质构造示意图

目前已经发现金铅矿体 40 条，其中金铅锌矿体 7 条、金铅矿体 7 条、金矿体 1 条、铅锌矿体 12 条、铅矿体 13 条。矿体长 72～1124m，厚 0.86～10.33m，金平均品位 1.00×10^{-6}～8.48×10^{-6}、铅平均品位 0.31×10^{-2}～2.74×10^{-2}。Ⅱ-3、Ⅲ-1、Ⅲ-7、Ⅳ-1、Ⅴ-8、Ⅴ-10、Ⅴ-12 矿体以金铅复合矿体为主，规模较小、品位低，产状北倾，倾角 64°～75°。Ⅳ-2—Ⅳ-6 矿体以铅为主，产状南倾，倾角较陡。Ⅴ-1—Ⅴ-6 矿体以金为主，规模较大，品位变富，产状南倾，倾角 75°左右，其中Ⅴ-1、Ⅴ-2 为矿区的主矿体，矿体具有东贫西富，且东段以铅为主，西段以金为主。现对主要的Ⅴ-1、Ⅴ-2 和Ⅴ-3 矿体特征叙述如下，其他矿体特征见表 3-17。

表 3-17 矿体特征一览表

矿体编号	长度/m	控制斜深/m			真厚度/m			品位/($Pb/10^{-2}$)			品位/($Au/10^{-6}$)		
		最大	最小	平均	最大	最小	平均	最高	最低	平均	最高	最低	平均
Ⅱ-1	275				1.85	1.20	1.53	0.69	0.63	0.67			
Ⅱ-2	136						1.00			0.34			
Ⅱ-3	160			174	2.81	0.85	1.83			0.45			8.48
Ⅲ-1	288	297	127	208	5.04	1.02	2.43	1.88	0.4	1.1			7.35
Ⅲ-2	120						6.13			0.30			
Ⅲ-3	120						1.86			0.99			
Ⅲ-4	160						2.89			0.39			
Ⅲ-5	120			208	1.67	1.26	1.47	1.25	0.44	0.90			
Ⅲ-6	120			445	1.49	1.38	1.44	0.89	0.62	0.76			
Ⅲ-7	140			497	3.34	0.81	2.21	1.94	0.34	0.91	5.29	1.21	2.38
Ⅲ-8	120			224			1.38			0.42			
Ⅳ-1	546	450	0	146	2.92	0.58	1.55	6.04	0.34	0.90	2.41	1.3	1.76
Ⅳ-2	337				1.51	1.05	1.25	0.95	0.31	0.54			

续表 3-17

矿体编号	长度/m	控制斜深/m			真厚度/m			品位/($Pb/10^{-2}$)			品位/($Au/10^{-6}$)		
		最大	最小	平均	最大	最小	平均	最高	最低	平均	最高	最低	平均
Ⅳ-3	110						4.35			0.45			
Ⅳ-4	72						3.59			0.33			
Ⅳ-5	160			437	1.28	1.05	1.17	0.78	0.35	0.55			
Ⅳ-6	270	350	0	175	2.32	0.89	1.37	2.54	0.95	1.37			
Ⅴ-1	1124	442	180	288	12.87	0.91	5.24	6.64	0.40	1.21	16.10	1.16	4.28
Ⅴ-2	1124	410	29	247	15.02	1.02	6.48	2.43	0.36	0.83	10.3	1.14	2.62
Ⅴ-3	920	358	29	158	16.03	0.68	5.04	1.68	0.36	0.71	3.51	1.05	2.61
Ⅴ-4	494	237	27	134	4.72	0.73	2.12	6.75	0.33	2.74	3.59	1.02	2.83
Ⅴ-5	880	375	160	249	8.63	1	3.48	5.86	0.33	0.54	3.93	1.1	1.80
Ⅴ-6	523	160	80	128	15.35	1.51	6.89	3.68	0.46	1.22	4.36	1.15	2.24
Ⅴ-7	319	146	80	102	6.59	0.51	3.25	3.21	0.54	0.89			
Ⅴ-8	160			202	2.72	1.00	1.92	0.62	0.30	0.52			1.00
Ⅴ-9	99						1.19			0.89			
Ⅴ-10	120			52	1.09	0.56	0.86				3.93	1.14	2.08
Ⅴ-11	112						1.04			0.31			
Ⅴ-12	245	150	80	115	5.93	0.88	3.68	0.7	0.53	0.60			5.90
Ⅴ-13	118						2.12			1.47			
Ⅴ-14	160			160			1.06			0.35			
Ⅴ-15	120			160			1.11			0.31			
Ⅴ-16	160			160			1.42			0.39			
Ⅴ-17	160			160			1.91			0.50			1.01
Ⅴ-18	160			120			1.08			0.40			
Ⅴ-19	193				9.25	3.99	6.62	1.54	0.59	1.29			1.84
Ⅴ-20	475	160	80	110	3.60	1.01	1.63	2.22	0.49	0.75			
Ⅴ-21	188							1.56	0.81	0.97			
Ⅴ-22	269	160	150	155	5.16	1.06	2.22	1.63	0.39	0.86			2.86
Ⅴ-23	176						10.33			0.91			

Ⅴ-1金铅锌矿体:位于Ⅴ号蚀变带内(图3-30),由4个槽探工程和13个钻探工程控制,在37～85线之间,出露标高3222～3654m。矿体形态呈脉状,矿体长1124m,真厚度0.91～12.87m,平均厚度5.24m。厚度变化系数79.6%,厚度较稳定;控制斜深180～442m,平均斜深288m,铅平均品位1.21×10^{-2}、锌平均品位1.14×10^{-2},品位变化系数118.8%,金平均品位4.28×10^{-6},品位变化系数90.6%,有用组分分布较均匀。矿体规模中型,产状210°∠75°。含矿岩性为构造角砾岩、碎裂岩、褐铁矿化石英片岩,围岩为绿泥片岩、石英片岩。矿化蚀变以碳酸盐化、硅化、绿泥石化、绢云母化、褐铁矿化为主,局部发育较强的方铅矿化(图版Ⅱ-28、图版Ⅱ-29)、黄铁矿化。

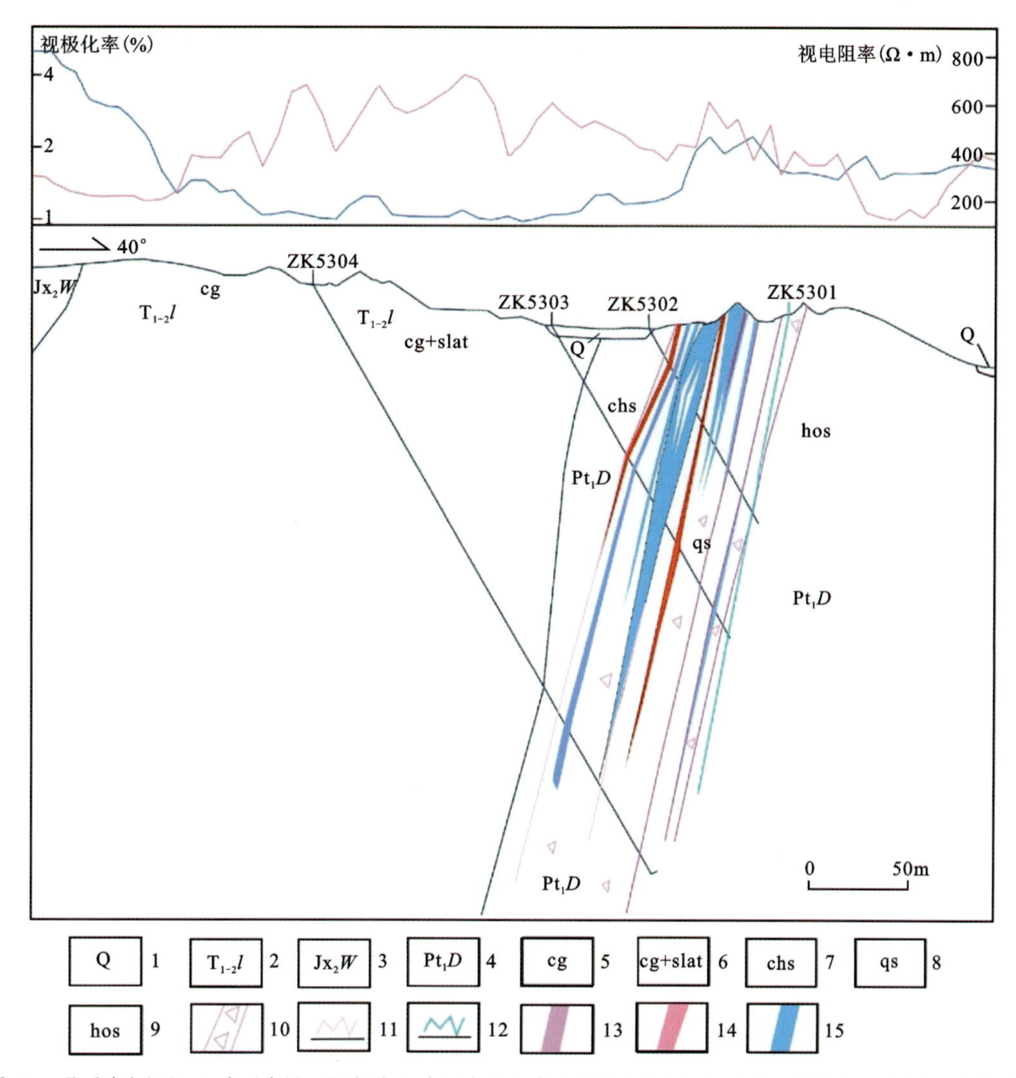

1.第四系；2.三叠系隆务河组；3.古元古界万洞沟群；4.古元古界达肯大坂群；5.砾岩；6.砾岩夹碳质板岩；7.绿泥片岩；8.石英片岩；9.角闪片岩；10.构造蚀变带；11.视极化率曲线；12.视电阻率曲线；13.金铅共生矿体；14.金矿体；15.铅矿体。

图 3-30　青山金矿 53 勘探线剖面图

Ⅴ-2 金铅锌矿体：位于Ⅴ号蚀变带内(图 3-30)，由 5 个槽探工程和 10 个钻探工程控制，出露标高 3252～3662m。矿体形态呈脉状，矿体长 1124m，真厚度 1.02～15.02m，平均厚度 6.48m。厚度变化系数 62%，厚度较稳定；控制斜深 29～410m，平均斜深 247m，铅品位 0.36×10^{-2}～2.43×10^{-2}、平均品位 0.83×10^{-2}，锌平均品位 0.83×10^{-2}，品位变化系数 58.7%，金品位 1.14×10^{-6}～10.3×10^{-6}，平均品位 2.62×10^{-6}，品位变化系数 77.7%，有用组分分布较均匀。矿体规模中型，产状 210°∠74°。含矿岩性为构造角砾岩、碎裂岩、褐铁矿化石英片岩，围岩为绿泥片岩、石英片岩。矿化蚀变以碳酸盐化、硅化、绿泥石化、绢云母化、褐铁矿化为主，局部发育较强的方铅矿化、黄铁矿化。

Ⅴ-3 铅锌矿体：位于Ⅴ号蚀变带内(图 3-30)，由 4 个槽探工程和 5 个钻探工程控制，出露标高 3202～3663m。矿体形态呈脉状，矿体长 920m，真厚度 0.68～16.03m，平均厚度 5.04m，厚度变化系数 97.7%，控制斜深 29～358m，铅品位 0.36×10^{-2}～1.68×10^{-2}、平均品位 0.71×10^{-2}，锌平均品位 0.57×10^{-2}，品位变化系数 49.8%，金品位 1.05×10^{-6}～3.51×10^{-6}、金平均品位 2.61×10^{-6}，品位变化系数5.4%。矿体较为稳定，矿体规模中型，矿体主要以铅为主，局部共生金，金多为伴生，产状 210°∠76°，含矿岩性为构造角砾岩、碎裂岩、褐铁矿化石英片岩，围岩为绿泥片岩、石英片岩。

四、矿石特征

矿石类型按含矿岩性的不同主要可分为褐铁矿化石英片岩型和构造蚀变岩型。

褐铁矿化石英片岩型矿石硅化较为强烈(图版Ⅱ-30a、b),石英呈他形粒状,颗粒大小不均,均分布或呈拉长分布于褐铁矿及绢云母之间,组成集合体呈团块状分布,石英细脉、网脉较为发育,褐铁矿可能是原生黄铁矿氧化产物。

构造蚀变岩型矿石中硫化物极为发育,主要呈隐晶质粉末状集合体,部分褐铁矿可能为后期交代原生黄铁或黄铁矿矿次生氧化的产物,呈稀疏浸染状或细脉状分布于脉石中(图版Ⅱ-30c、d)。

矿石矿物主要有黄铁矿、方铅矿、少量的黄铜矿,其次为针铁矿、褐铁矿、铅钒(氧化物)。脉石矿物以石英、绢云母、方解石为主。其中黄铁矿呈半自形—自形粒状,反射色为浅铜黄色,粒径一般为0.06～0.26mm,最大粒径达0.72mm,呈稀疏浸染状分布,有的分布于细脉状中,沿细脉断续排列分布。少部分针铁矿沿黄铁矿边缘或裂隙分布,有的呈黄铁矿假象分布,大部分针铁矿呈隐晶状,渲染分布于方解石颗粒中。方铅矿呈他形粒状,反射色为白色,可见黑三角孔,粒径一般为0.15～0.8mm,呈稀疏浸染状分布。黄铁矿含量越高,对应的金矿化越强。故金多赋存在黄铁矿中或与黄铁矿有密切关系。

五、围岩蚀变

青山金矿由南向北存在一条明显的矿化围岩蚀变,且分带明显,即绿泥石化带→碳酸盐化带→硅化-绢云母化-黄铁矿化→绿泥石化-碳酸盐化带。与金多金属成矿相对应,硅化、绢云母化和黄铁矿化蚀变构成了这条蚀变带的成矿中心,向两侧矿化依次减弱。这些都说明,普查区岩浆-热液系统,尤其是富含金等成矿元素的流体在向上运移的过程中,对两侧围岩引发了不同程度的蚀变。这些围岩蚀变既是研究区的找矿标志,又是金多金属矿的最佳沉淀位置。

六、矿化阶段划分及分布

滩间山金矿位于柴北缘裂陷造山带(消减带)内,区内断裂构造十分发育,区内加里东期和海西期的两次裂陷拼合演化,为滩间山金矿的形成作出了重大贡献,主要表现在使万洞沟群遭受了热变质和二次叠加变质,形成了以脆性为主的区域性脆韧性剪切带,区域性韧性剪切带的多期演化过程也相应伴随着成矿元素的富集和叠加。

七、成矿物理化学条件

成矿流体作为成矿作用的主导因素,控制着成矿物资的性质、来源、迁移、沉淀(Hu,2002;Deng,2002;陈衍景等,2007;倪培等,2014)。因此,研究成矿流体特征对矿床成因起着重要的作用。为了查明青山地区金矿床的成矿流体特征,采集矿区典型矿石样品进行测试分析(陈晓琳,2019)。室内将样品制成0.3mm的薄片后进行流体包裹体研究,薄片制作和测试分析工作均在吉林大学实验室完成,共计测得14个数据(表3-18)。

表 3-18　青山金矿流体包裹体测试结果(据陈晓琳,2019)

测点号	包体类型	大小/μm	气液比/%	冰点温度/℃	均一温度/℃	盐度/wt%NaCl	密度/(g/cm³)	压力/MPa	深度/km
1	气液两相	3	15	−7.8	239.9	11.48	0.91	26.00	2.60
2	气液两相	2	20	−7.1	191.2	10.62	0.95	20.15	2.02
3	气液两相	2	15	−6.4	196.3	9.73	0.94	20.07	2.01
4	气液两相	3	10	−7.6	199.2	11.23	0.95	21.42	2.14
5	气液两相	4	15	−5.9	168.4	9.08	0.97	16.81	1.68
6	气液两相	5	20	−7.5	168.0	11.11	0.98	18.00	1.80
7	气液两相	3	10	−5.6	159.0	8.67	0.97	15.64	1.56
8	气液两相	4	15	−6.7	212.0	10.11	0.93	21.97	2.20
9	气液两相	6	15	−5.8	203.4	8.94	0.93	20.21	2.02
10	气液两相	5	10	−6.9	240.7	10.37	0.90	25.16	2.52
11	气液两相	6	20	−6.2	160.0	9.47	0.98	16.21	1.62
12	气液两相	3	20	−6.6	212.4	9.99	0.93	21.91	2.19
13	气液两相	5	15	−6.5	213.1	9.86	0.92	21.89	2.19
14	气液两相	7	10	−3.6	204.9	5.85	0.90	17.83	1.78

测试的包裹体样品是石英和方解石,镜下观测到的包裹体主要为气液两相包裹体,是该矿区主要的包裹体类型。常温下由(H_2O+NaCl)液相和 H_2O 气相组成,升温后均一至液相。包裹体形态主要为椭圆状和不规则状,个体大小介于 2~7μm 之间,主要集中在 3~5μm 之间(Bodnar,1983),气液比在10%~20%之间(图版Ⅱ-31)。

本次研究采用冷却-均一法测得包裹体的均一温度,升温过程中,包裹体均一至液相。测试结果显示,青山金矿成矿流体包裹体冰点温度为−7.8~−3.6℃,平均为−6.4℃;均一温度变化范围为 159.0~240.7℃,平均 197.6℃,属中低温流体(图 3-31)。根据 Potter 等(1978)盐度公式计算可以得出青山金矿包裹体的盐度变化范围为 5.85~11.48wt%Na Cl,平均盐度为 9.8%,属中盐度流体(图 3-31)。根据刘斌等(1999)流体密度计算公式计算出青山金矿成矿流体密度变化范围为 0.90~0.98g/cm³,平均密度为 0.94g/cm³,显示青山金矿流体具有低密度的特点(图 3-31),综上所述,青山金矿成矿流体属中低温、中盐度、低密度流体。

根据邵洁涟(1990)成矿压力公式计算得出青山金矿的成矿压力介于 15.64~26.00MPa 之间,成矿压力相对较高(图 3-31)。孙丰月(2000)等认为,在深度小于 5km 或者流体压力小于 40MPa 时,可以用静水压力梯度计算成矿深度,即用压力除以静水压力梯度(10MPa/km);对青山金矿的流体包裹体进行分析计算得出青山金矿成矿深度在 1.56~2.60km 之间。

八、矿床类型

据陈晓琳(2019)研究成果,认为矿体分布于区域性断裂以及其次级断裂构造蚀变带中,严格受北西向断裂控制,后期的构造运动为金矿化富集提供了热源;直接容矿岩石有构造碎裂岩,主容矿围岩为石英片岩和闪长玢岩,后期穿插的中酸性岩脉、石英脉对金矿化进一步富集起到了关键作用。矿石主要为

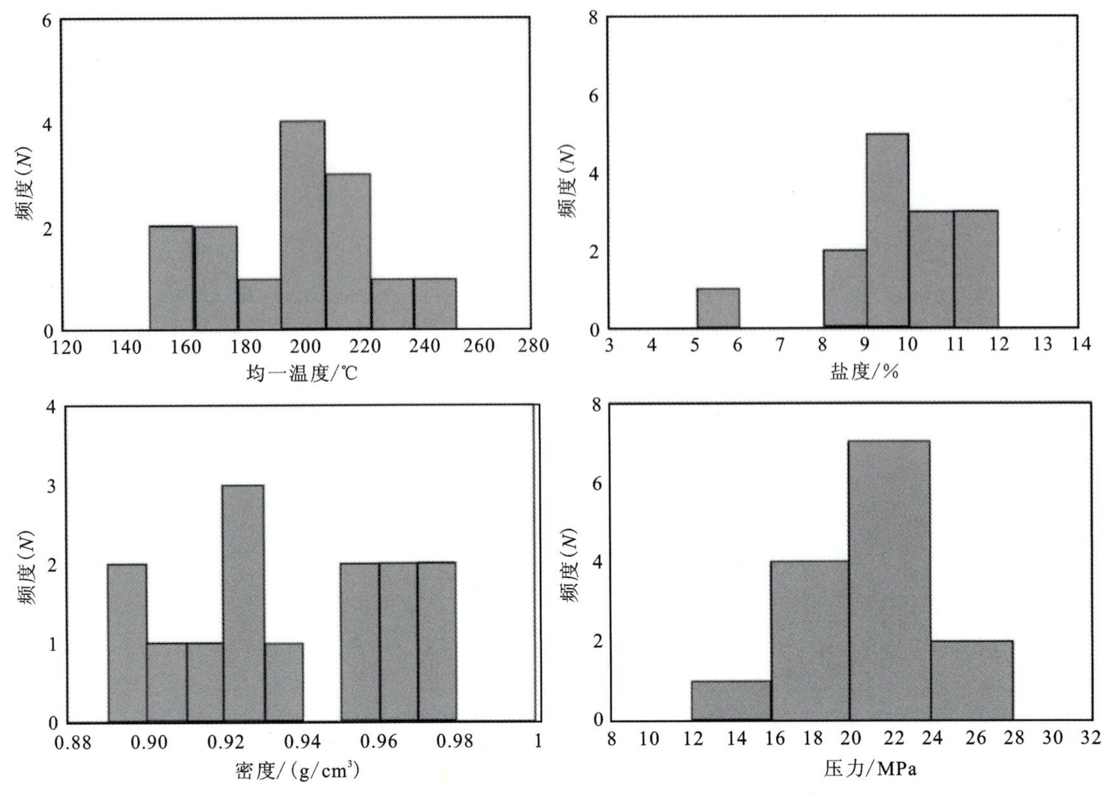

图 3-31 流体均一温度、盐度、密度、压力直方图(据陈晓琳,2019)

粒状结构和碎裂结构,片状构造和块状构造。"帚状"构造复合部位矿化较好,矿体走向和倾向呈北西向。流体包裹体以气液两相为主,包裹体均一温度为 159.0～240.7℃,平均 197.6℃,盐度为 5.85～11.48wt%NaCl,平均盐度为 9.8%,流体密度为 0.90～0.98g/cm³,显示出青山具成矿流体属中低温、中盐度、低密度流体的特征,估算成矿深度为 1.56～2.60km,矿床类型为浅成中温热液脉型金矿床,工业类型为构造蚀变岩型。

铅锌矿体和金矿体为不同期或近同期的成矿作用在同一成矿有利位置所形成的共生矿体,主要产于构造内及其围岩裂隙中,含矿岩石有黄铁绢英岩、蚀变闪长岩等,沿构造裂隙呈脉状产出,属于热液脉型铅锌矿。

九、成矿机制和成矿模式

(一)成矿时代

青山金铅矿床开展的成矿时代研究较少,推测主成矿期是海西晚期—印支早期。矿床形成经历了漫长的、多阶段的富集演化过程,成矿时代经历了加里东晚期—海西期—印支早期的漫长历程,矿床的形成与造山过程紧密联系,经过多期动力变形变质和多次富集叠加。在加里东晚期褶皱造山时,元古宙地层经历了变形变质,地层中金、铅等成矿元素活化、转移并得到初步富集,在此基础上,后又经海西期—印支早期岩浆期后热液的多阶段多次叠加富集而成。

(二)控矿因素

1.控矿的岩浆岩

闪长玢岩脉和石英闪长玢岩脉与金矿脉空间关系密切,近矿脉岩发生了蚀变和矿化,分析应为与成

矿有关的脉岩。脉岩和深部同源岩浆为成矿提供热动力、热液和部分矿质。这些特点与滩间山地区金龙沟金矿、青龙沟金矿及细晶沟金矿的特点一致。

2. 控矿构造

矿区金矿化线索主要集中在青山断裂构造带内。断裂构造是流体迁移和矿质沉淀的场所。青山金矿(化)体主要赋存在青山北坡达肯大坂群层间破碎带内及穿层断裂带内北西西—北西向断裂内，具“帚状”控矿构造样式特征。

主控矿的北西向主断裂成矿期表现为右行剪切特征，次级北西向断裂表现出右旋张扭特征，走向上产状偏北、垂向上产状变陡部位为断裂局部张开部位，矿化较好。由于控矿构造具“帚状”控矿构造样式，亦如“马尾”控矿样式，即在尾部矿体呈现逐渐“尖灭”的趋势，而在帚状构造的“帚把”部位，构造延伸比较稳定，且构造规模有变大的趋势，故主断裂向北西延伸方向仍有较大的找矿潜力。“帚状”控矿构造内的矿体具有明显的横向对应规律和分段富集规律。

3. 地层与金矿化

滩间山地区金矿主容矿围岩特征分析表明，规模型的金矿化如金龙沟金矿、青龙沟金矿、细晶沟金矿和青山金矿等均产于古元古代万洞沟群千枚(片)岩和大理岩为主的地层中，这套地层钙质和碳质含量高，化学性质活泼，是有利的容矿围岩，也是矿源岩之一。古元古代达肯大坂群斜长角闪片岩、石英片岩、绿泥石英片岩不是有利的容矿围岩，板岩、白云大理岩和绢英岩对成矿较有利。

(三)成矿机制

青山金矿明显受到区域北西向构造及矿区次生构造控制，其在金成矿作用过程中起到了矿源层金元素活化运移，并提供了成矿物质运移通道和沉淀场所；岩浆-流体在成矿作用过程中既提供了成矿物质来源，又提供了热源；围岩蚀变作用及其分带充分展示了构造-岩浆热液的叠加作用。

矿床的形成与深源岩浆有关的矿质和流体关系密切。海西期侵入岩不仅为矿床的成矿作用提供了能源，促使碳质岩系中的金元素活化迁移，并直接提供了部分矿质，该期成矿是在韧脆性剪切变形条件下发生的，故是叠加在先期脆韧性成矿阶段之上的。

(四)成矿模式

通过控矿因素及矿床成因分析，青山金矿床具有沉积变质变形，岩浆热液成矿作用的先后富集、叠加的特点，其成因应属岩浆期后热液型和构造蚀变岩型金矿床。其成矿模式可简单表示为(图 3-32)：①早期为柴北缘最老的结晶基底中—深变质岩系。②金元素初步富集期：加里东期区域绿片岩相变质及柴北缘裂陷期强烈岩浆活动、岩体侵入、喷溢活动导致含金变质岩中金元素的初步富集。③金矿化富集期：加里东晚期—海西早期，裂陷谷闭合碰撞造山，使矿源层强烈变形褶曲，发生动力热流变质，成矿物质迁移再度富集。④金矿化叠加富集期：海西晚期再生裂陷谷盆闭合造山，伴随强烈的构造岩浆活动，中酸性杂岩体岩浆期后成矿热液运移到继承性复合的控矿构造部位，再次发生矿化富集叠加，即形成了初始的青山金矿床。

(五)找矿标志

1. 地质标志

地表氧化带标志：矿体中黄铁矿的氧化产物可以作为寻找原生金矿的直接找矿标志。

破碎蚀变带：金矿(化)体、铅锌矿(化)体均受构造蚀变破碎带控制，且 5 条破碎蚀变带呈近东西向平行分布，破碎带中发育的绢英岩化、硅化等与矿化空间关系十分密切，是找矿的直接标志。

垂向上在“帚状”断裂构造产状变陡部位矿化较好，并根据横向对应规律和分段富集规律找新的矿体。

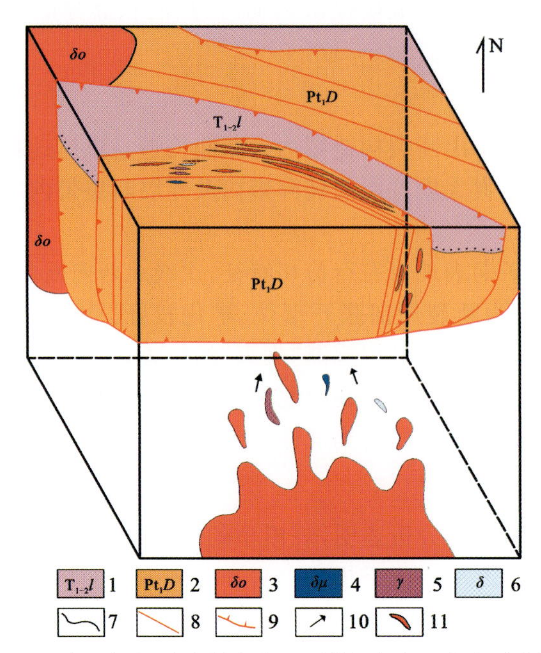

1.三叠系隆务河组;2.古元古界达肯大坂岩群;3.石英闪长岩;4.闪长玢岩脉;5.花岗岩脉;
6.闪长岩脉;7.地质界线;8.断层;9.推覆构造;10.成矿热液运移方向;11.金矿体。

图 3-32 青山金铅矿床成矿模式图

岩浆岩标志:研究区岩浆岩活动强烈,岩浆岩带呈北西向展布。石英片岩和蚀变闪长玢岩为研究区含金矿石,沿断裂及其附近侵入有大量闪长岩脉。因此,岩浆活动既为成矿作用提供了热能,又为金形成提供了重要的热动力条件。

蚀变矿物标志:热液蚀变矿物的出现是找矿的重要线索。围岩蚀变主要有绢英岩化、硅化、碳酸盐化、绿泥石化,其中绢英岩化和硅化与矿化空间关系十分密切。

岩性特征标志:本区含矿岩性蚀变较强,不易区分,褐铁矿化石英片岩和蚀变闪长岩、闪长玢岩是主容矿围岩,构造蚀变岩为主要含矿岩石。同时找矿时应该注意在各构造交切部位的中酸性脉岩是否有蚀变矿化出现,发育矿化蚀变较强的中—酸性岩脉也是一种找矿标志。

2. 地球化学标志

矿区内金、铅、锌 3 种元素套合较好,在工作中发现了大量的铅矿体,所以 Pb 、 Zn 化探异常在本区起到了指示作用,如遇到金、铅、锌土壤异常强度较大,而且规模较大、浓度分带好、梯度明显的异常时可作为本区最直接的找矿标志。另外,Ag 、 As 也可形成强度高、规模大的原生地球化学异常,浓集中心多与矿体有关,为寻找该类型矿床的有效指示元素。

3. 地球物理标志

通过开展的激电中梯剖面可知中高阻高极化及中阻中高极化异常为本区指导找矿的重点异常。

十、找矿模型

根据青山金铅矿床的成因类型、成矿时代、大地构造、赋矿地层、控矿构造、矿体空间特征、矿石组构、成矿物质来源与流体来源、围岩蚀变、野外找矿标志等因素,结合区域地质、物探、化探等相关资料,建立青山金铅矿找矿模型(表 3-19)。

表 3-19　青山金铅矿找矿模型一览表

预测要素		要素特征描述	要素分类
成矿时代	变质地层时代	古元古代	必要
	成矿时代	晚志留世-早泥盆世(425～400Ma)变质变形成矿期、早石炭世(356～350Ma)岩浆热液成矿期、早二叠世(294～268Ma)岩浆期后热液成矿期	
大地构造位置	大地构造分区	秦祁昆造山	重要
	大地构造单元	柴达木盆地北缘碰撞造山带之柴达木盆地北缘后造山岩浆岩带	
成矿区带	成矿区带	柴北缘 Pb-Zn-Mn-Cr-Au-白云母成矿带	重要
变质岩建造/变质作用	地层分区	祁昆地层区柴北缘地层分区-滩间山地层小区(Ⅳ-5-1)和柴北缘地层小区(Ⅳ-5-2)	必要
	岩石地层单位	达肯大坂群($Pt_1 D$)	
	地层时代	古元古代	
	岩石类型	以角闪岩相为主,叠加绿片岩相变质	
	岩石组合	斜长片麻岩、透辉石大理岩、石英片岩、绿泥石英片岩、斜长角闪片岩、绢英岩等	
	蚀变特征	与金矿化关系密切的蚀变主要有褐铁矿化、绢云母化、硅化、黄铁矿化、碳酸盐化、铁白云石化等	
	原岩建造类型	基性火山岩-黏土岩建造	
岩浆建造/岩浆作用	岩石名称	石英闪长岩	必要
	侵入时代	晚泥盆世	
	岩性特征	偏铝-弱过铝质钙碱性系列,属壳幔混合型花岗岩	
	岩石组合	石英闪长岩、花岗闪长岩	
	岩(体)脉形态	岩株状及岩脉状	
成矿构造	北西西向和近东西向断裂构造	矿北西方向的两组层间破碎蚀变带之间矿体变厚、品位变富,构造控矿明显,表现为褶皱-断裂复合控矿	必要
成矿特征	矿体形态	矿体呈条带状、细脉状、透镜状	必要
	蚀变强度带范围	矿床围岩蚀变强烈、普遍、分带明显,即绿泥石化带→碳酸盐化带→硅化-绢云母化-黄铁矿化→绿泥石化-碳酸盐化带。与金多金属成矿相对应,硅化、绢云母化和黄铁矿化蚀变构成了这条蚀变带的成矿中心,向两侧矿化依次减弱	
	矿体规模	各矿体之间平行分布,矿体长 72～1124m,厚 0.86～10.33m,控制最大斜深 497m,金平均品位 1.00×10^{-6}～8.48×10^{-6}、铅平均品位 0.31×10^{-2}～2.74×10^{-2}。	
	矿带形态	受北西向断裂构造及褶皱构造复合控制,总体呈脉状产出	
	矿带规模	矿化带长 330～1124m,宽 2～60m	
	矿石矿物金属元素成分	主要为 Au、Fe、Pb、Zn	

续表 3-19

预测要素		要素特征描述	要素分类
成矿特征	矿床伴生组分	伴生主要组分为铅、锌	必要
	矿石类型	矿床内氧化带深度在地表至5～10m间，多为原生矿；按含矿岩性划分为构造蚀变岩型、褐铁矿化石英片岩型、脉岩型	
	矿石矿物组合	主要为方铅矿、黄铁矿、褐铁矿，其次为赤铁矿、针铁矿、磁铁矿、黄铜矿，偶见铌铁矿、金银矿物等	
	成矿期次划分	划分为3个期次：变质期，形成绢云石英片岩类变质岩；热液期，形成含硫化物石英脉-方铅矿-黄铁矿-黄铜矿-自然金；表生期，形成铅矾、褐铁矿	
	组分赋存状态	自然金主体呈裂隙金，产于石英、绢云母及硫化物裂隙间	
地球物理特征	磁性特征	超基性岩和磁铁矿化矽卡岩磁性较强，闪长岩、辉长岩磁性属中强性，花岗岩、硅质岩、凝灰岩等属中等磁性，大理岩、砂岩、砾岩、泥灰岩、白云岩等属弱磁或基本无磁性	
	电性特征	强蚀变褐铁矿化石英片岩和构造蚀变岩，极化率平均为3.11%～4.16%，最高可达14.29%，中高-高阻高极化及低阻中高极化异常为研究区指导找矿的重点异常	
	磁异常	矿区分布有C38和C39磁异常，梯度较陡，呈多峰值，南正北负，ΔT极大值一般为100～240nT，ΔT极大值为740nT；ΔT极小值为－600～－300nT	
	激电异常	具有“低阻中极化”和“低阻高极化”的激电异常特征	
	干扰异常	碳质板岩可以引起低阻高极化异常，对金属硫化物的识别起到一定干扰作用	
地球化学特征	水系沉积物测量异常及异常特征	矿区内HS31(PbCdZnAuAg)异常呈似长条状分布，北西西向展布。特征组合元素为Cd、Pb、Au、Zn，伴生有Ag、As、Sn，异常面积为3.5km^2，各元素异常在空间上相互套合紧密，异常强度高、规模大，特征组合元素均有三级浓度分带，浓集中心明显。Cd峰值为15.6×10^{-6}，Pb峰值为776×10^{-6}，Zn峰值为979×10^{-6}，Ag峰值为380×10^{-6}，Au峰值为29.4×10^{-9}	重要
	土壤测量异常及异常特征	圈定5处土壤异常带，显示异常强度高，分带明显，主元素均具有三级浓度分带，其中金、铅、锌峰值较高。其中AP5异常带：近东西走向，呈长条状分布，长500m，宽50～100m，各元素异常套合较好，元素组合相对复杂，峰值高，分带明显，Au最大值1651×10^{-9}，Pb最大值2888×10^{-6}，Zn最大值3422×10^{-6}。异常形态以条带状为主，呈近东西向展布，异常主要沿达肯大坂群层间断裂构造分布，受构造控制较为明显，通过后期异常检查发现多条矿化带，具有受构造控矿的特征	

第五节　红柳沟金矿床

一、概述

青海省大柴旦红柳沟金矿床位于滩间山金矿北西约15km红柳沟一带，大地构造位置隶属柴达木盆地北缘构造带。1996年青海省第九地质矿产勘查大队在红柳沟地区进行金异常Ⅱ级查证时发现了红柳沟金矿床，从此开始了本地区的金矿找矿工作。红柳沟金矿床产于区内近南北向的构造破碎蚀变带中，在该破碎蚀变带中共划分出5条糜棱岩带，区内金矿体主要赋存其中。

二、矿区地质特征

（一）地层

矿区出露地层由老至新分别为奥陶系滩间山群下火山岩组（OT*b*），中—上泥盆统牦牛山组（$D_{2\text{-}3}m$）及第四系冲洪积物（Qp_3^{pal}）（图3-33）。其中滩间山群下火山岩组的岩石组合为安山岩、蚀变英安岩、大理岩，由于动力变质作用的叠加，形成绢云母片岩、绿泥片岩、绿泥斜长角闪片岩和糜棱岩，为区内主要赋矿地层。牦牛山组地层岩性为紫灰色复成分砾岩，与下伏奥陶系滩间山群呈断层接触。

绢云母片岩：分布于糜棱岩带及其两侧，为金矿体的主要赋矿岩石（图版Ⅱ-32），岩石呈褐黄色、深灰色，具鳞片变晶结构、片状构造。主要矿物有绢云母（66%）、方解石（15%）、石英（15%）、铁质（3%）、磷灰石（1%）。铁质主要为褐铁矿，沿片理或构造裂隙分布，原岩为安山岩。

绿泥斜长角闪片岩：分布于F8～F9断层之间，也是金矿体的主要赋矿岩石（图版Ⅱ-33），呈暗绿色，具纤维状变晶体结构，片状构造。主要由角闪石（60%）、斜长石（15%）、绿泥石（10%）、石英（5%）、绿帘石（5%）、方解石（3%）、金属矿物（2%）及小量磷灰石等矿物组成。纤维状普通角闪石和鳞片状绿泥石定向排列形成片状构造。斜长石呈他形粒状分布在角闪石和绿泥石之间；铁质和石英常集中呈条纹状或似脉状沿片理分布。

糜棱岩：分布在F6～F11围限的断层破碎蚀变带中，主要为花岗质糜棱岩（图版Ⅱ-34）。花岗质糜棱岩具碎斑糜棱结构，块状构造。岩石由碎斑（25%～30%）、基质（65%～70%）、脉体（2%～3%）、后期物（2%～3%）组成。碎斑成分以斜长石为主，其次为钾长石、石英。斜长石聚片双晶发生弯曲。且有错断现象；钾长石、石英波状消光显著。碎斑粒度一般为0.7～1.0mm，最粗为2.0mm，碎斑在岩石中定向分布。基质为长石碎粒，细粒化石英，变质重结晶绢云母，细粒化石英彼此紧密镶嵌绕过碎斑分布，细小鳞片状绢云母相对集中成线纹状绕过碎斑平行排列，显示流状构造。岩石中的石英脉也发生糜棱岩化，石英被压扁拉长，呈锯齿状镶嵌，整个脉体发生弯曲，后期物为铁质，微晶状碳酸盐，呈星点状不均匀散布于岩石中。

（二）构造

区域上构造线方向总体呈NW→SN向展布，红柳沟金矿床处于区域构造转折部位，区内构造表现为NW→近SN→NE向膝折状转折的反“S”型，由于所处的构造位置较为特殊，出现断裂的继承与派生、分支复合现象。按其展布方向可分为NNW-SSE向、NW-SE向和近SN向3组，其中近SN向断裂构造是红柳沟金矿床的主要控矿和储矿构造，局部NW-SE向将近SN向构造错开。断层破碎蚀变带内

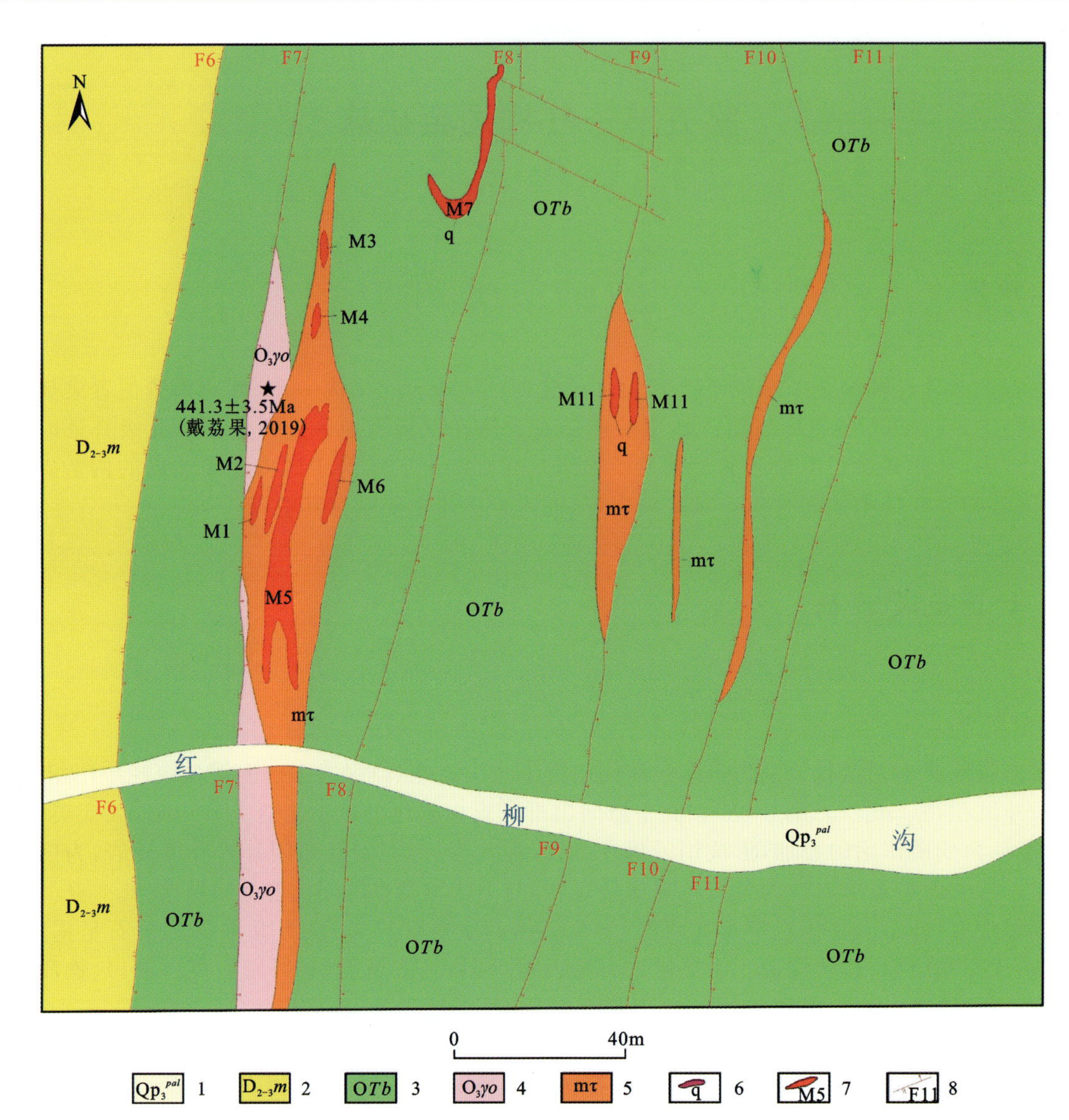

1. 第四系冲洪积；2. 中—晚泥盆系牦牛山组；3. 奥陶系滩间山群下火山岩组；4 晚奥陶系斜长花岗岩；5. 糜棱岩带；6. 石英脉；7. 金矿体及编号；8. 逆断层及编号。

图 3-33　红柳沟金矿地质略图

构造透镜体、挤压片理发育，蚀变强烈，主要有硅化、绢云母化、糜棱岩化、黄铁矿化、褐铁矿化、黄铜矿化、碳酸盐化、绿泥石化等。断层破碎蚀变带中发育有碎裂岩、糜棱岩、千糜岩。

矿床产于反"S"型构造转折部位的次级构造破碎蚀变带中，破碎蚀变带呈近 SN 向，倾向向东，几乎平行排列，地形地貌上表现为呈红褐、紫绿等杂色的一条大规模的构造破碎蚀变带，受挤压应力大小的不同在带内划分出 5 条糜棱岩带（图版Ⅱ-35），其中主矿体 M5 就产于其内。

（三）岩浆岩

区内岩浆活动以晚奥陶世酸性侵入岩为主，侵入时代为海西期，加里东期中性侵入岩次之。侵入岩的分布明显受断裂构造控制，呈 NW 向产出；喷出岩以加里东火山熔岩为主，构成区内滩间山下火山岩组地层的主体。脉岩有花岗斑岩脉、石英脉等。

1. 侵入岩

晚奥陶世斜长花岗岩（$O_3\gamma o$）：呈岩株状、岩脉状侵入于滩间山群下火山岩组，岩株长轴方向为 NW 向，与区域构造线方向基本一致。岩石呈浅肉红色，中粒花岗结构，块状构造，主要由斜长石（65%～

70%)、石英(20%～25%)及少量钾长石、角闪石、黑云母等组成。岩株状斜长花岗岩被后期 NW 向断裂所切割。

海西期花岗斑岩脉($\gamma\pi$):分布于矿区西南角,岩脉呈 NNW 向展布,侵入于石炭世怀头他拉组中。岩石具斑状结构,块状构造,由斑晶(25%±)和基质(75%±)组成,斑晶为石英、钾长石;基质为隐晶质。

石英脉:矿区内主要发育 3 种类型的石英脉,分别为含铜石英脉、白色石英脉和石英-碳酸盐脉。

2. 喷出岩

区内火山岩为安山岩、英安岩、凝灰岩,其中安山岩和凝灰岩构成滩间山群下火山岩组地层的主体。

(四)1∶1 万土壤异常

针对前人圈定 1∶5 万水系沉积物异常的基础上,利用 1∶1 万土壤测量对金异常进行了加密工作,以金异常下限 16×10^{-9} 圈出 11 处金异常(图 3-34,表 3-20)。异常与糜棱岩带重合性好,通过槽探工程揭露共圈定 7 条金矿体。5 条土壤金异常强度高,分带明显。

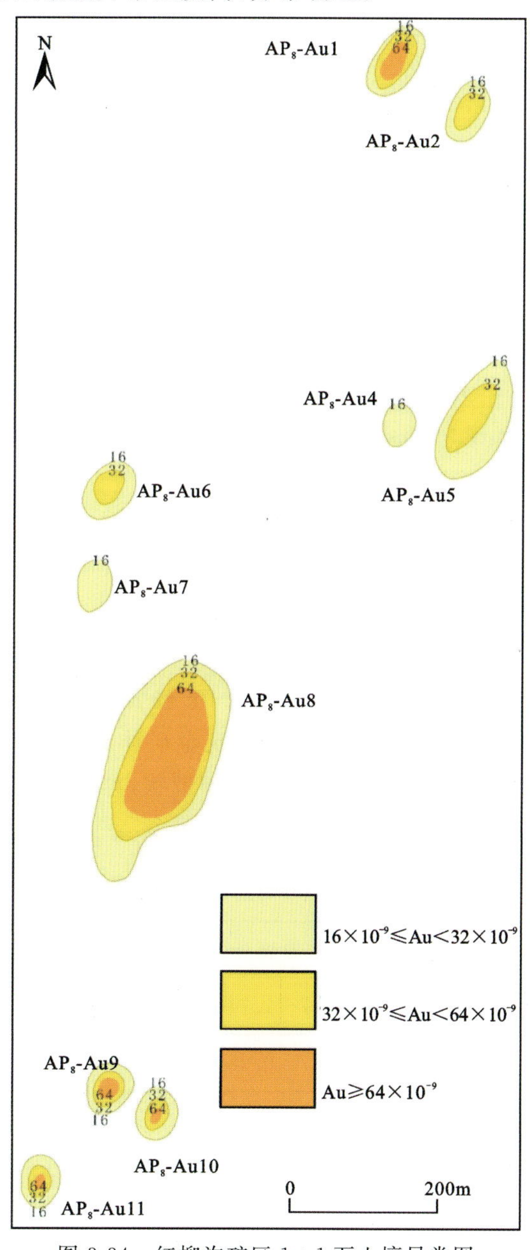

图 3-34　红柳沟矿区 1∶1 万土壤异常图

表 3-20　1∶1 万土壤测量金异常特征表

异常编号	异常特征							
	异常下限/10^{-9}	异常点数	异常面积/km^2	异常平均值/10^{-9}	异常峰值/10^{-9}	衬度	NAP 值	浓度分带
AP8-Au1	16	1	0.004	125	125	78	0.31	外中内
AP8-Au2	16	1	0.004	53.5	53.5	3.34	0.01	外中
AP8-Au3	16	1	0.004	24.5	24.5	1.53	0.01	外
AP8-Au4	16	1	0.004	31.5	31.5	1.97	0.01	外
AP8-Au5	16	3	0.012	31.8	40.5	1.99	0.02	外中
AP8-Au6	16	1	0.004	52	52	3.25	0.01	外中
AP8-Au7	16	1	0.004	27.5	27.5	1.72	0.01	外
AP8-Au8	16	8	0.032	221.8	720	45	14.4	外中内
AP8-Au9	16	1	0.004	90	90	5.63	0.02	外中内
AP8-Au10	16	1	0.004	720	720	45	0.18	外中内
AP8-Au11	16	1	0.004	145	145	9.06	0.04	外中内

最具代表性的 AP8-Au8 异常呈近南北向展布，长轴 320m，短轴最宽 150m，异常面积 $0.032km^2$，展布形态呈不规则椭圆状分布于近 SN 向糜棱岩带中，由 8 个样点组成，平均值 221×10^{-9}，峰值为 720×10^{-9}，异常分带齐全，浓集中心明显，后经槽探工程揭露控制发现 M1～M6 共 6 条金矿体，证实为矿致异常。

三、矿体的规模、形态、产状

红柳沟金矿体主要产于近南北向的构造蚀变带内的糜棱岩带中。糜棱岩带长 130～780m，宽 7～65m，倾向向西，倾角一般在 70°左右。糜棱岩带内共圈定金矿体 29 条(表 3-21)，矿体走向大多数呈近南北向，与糜棱岩带一致，矿体形态呈透镜状、细脉状、条带状，具分支复合、膨大收缩及尖灭再现的特征。其中 M5、M7 矿体为矿区内主要矿体。

表 3-21　红柳沟金矿体特征表

矿体编号	矿体长度/m	矿体厚度/m	矿体形态	平均品位 $\omega(Au)/10^{-6}$
M1	40	0.87～1.74	透镜状	1.78～3.53
M2	88	0.87～0.98	细脉状	2.12～3.29
M3	20	0.83～2.48	透镜状	1.16～5.76
M4	35	1.88	透镜状	1.56
M6	86	1.67～3.31	条带状	3.12～17.85

续表 3-21

矿体编号	矿体长度/m	矿体厚度/m	矿体形态	平均品位 ω(Au)/10^{-6}
M8	26	0.95	透镜状	3.45
M9	40	4.45	透镜状	20.86
M10	24	5.48	透镜状	18.96
M11	24	0.96	透镜状	25.90
M12	40	0.73	透镜状	3.50
M13	110	1.43	条带状	0.74～0.84
M14	40	0.92	透镜状	2.02
M15	158	1.10～2.44	条带状	2.02～5.99
M16	40	0.92	透镜状	1.53
M17	40	0.91	透镜状	1.88
M18	40	1.32	透镜状	2.10
M19	40	0.97	透镜状	1.96
M20	40	0.71	透镜状	1.78
M21	40	2.19	透镜状	1.35
M22	28	0.50	透镜状	8.01
M23	10	1.00	透镜状	1.98
M24	24	1.06～4.44	透镜状	1.70～4.88
M25	50	1.15	细脉状	2.02～4.27
M26	60	1.80	细脉状	2.00
M27	20	2.00	透镜状	3.00
M28	15	3.00	透镜状	2.50
M29	30	2.00	透镜状	2.50

M5 矿体：矿体长 210m，呈近南北向展布，倾角 70°～85°，地表倾向向西，据硐钻探资料向深部由于受构造影响，倾向呈“S”型，深部矿体倾向向西，矿体在走向上具有膨大和缩小的趋势，在膨大处有数条透镜状夹石（图 3-35）。矿体最大厚度 12.69m，最小不足 1m，平均厚度 8.78m，赋矿岩性主要为糜棱岩，其次为绢云母片岩和石英脉。

M7 矿体：分布于 M5 矿体北部，矿体长 160m，走向 5°～10°，倾向向东，倾角 78°。矿体南端厚度较大，最大厚度 15.27m，向北逐渐较薄，最小厚度 0.42m，平均厚度 7.48m。含矿岩性为碎裂状铜矿化石英脉。该矿体品位变化大，最高可达 65×10^{-6}，深部厚度变小、品位变贫。

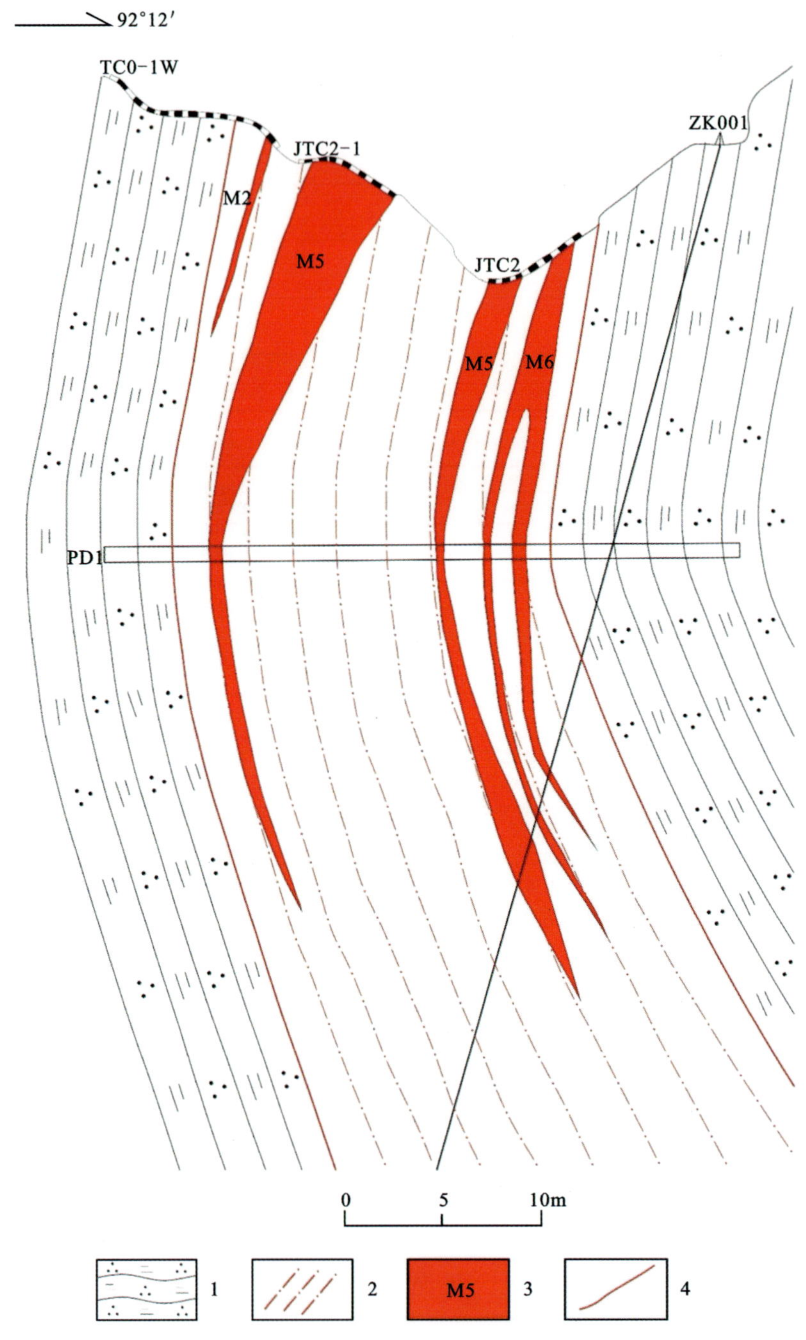

1. 绢云石英片岩；2. 糜棱岩；3. 矿体位置及编号；4. 断层。

图 3-35　红柳沟金矿 0 勘探线剖面示意图

四、矿石特征

（一）矿石类型与矿物组合

1. 矿石类型

测区矿石类型按含矿岩性的不同可分为绢云母片岩型、花岗质糜棱岩型、千糜岩型和石英脉型金矿

石，其中，以花岗质糜棱岩型、千糜岩型为主。按氧化程度可分为氧化矿石和原生矿石两大类型。

氧化矿石：氧化矿石特征是矿石中黄铁矿、黄铜矿多被氧化，生成褐铁矿、孔雀石，部分地段矿石中硫化物淋滤流失形成蜂窝状空洞。

主要分布于3000m标高以上，氧化深度一般在20～40m之间，个别地段因断裂较发育，其氧化深度也较深。氧化矿石占矿区矿石量比例较大。

原生矿石：主要分布于3000m标高以下，占矿区矿石量少部分。

2. 矿物组合

各类型矿石矿物成分见表3-22。

表3-22　矿石矿物成分表

矿物名称 \ 含量%		矿石类型			
		石英脉型	绢云母片岩型	花岗质糜棱岩型	花岗质千糜岩型
贵金属	自然金	10粒	3粒		
金属矿物	黄铁矿	微量	微量	微量	1
	黄铜矿	微量			
	方铅矿	少量			
	褐铁矿	1	1	少量	2
	铜蓝	少量			
	孔雀石	1			
	其他		钛的次生物少量	钛的次生物少量	
非金属矿物	斜长石	1	20	15	5
	石英	96	5	37	42
	绢云母	1	46	25	30
	绿泥石		少		
	绿帘石		少		
	方解石	微量	25	20	20
	雄黄	微量			
	雌黄	微量			
	石墨		1		
	其他		锆石微量	锆石、磷灰石少量	锆石、磷灰石少量

（1）黄铁矿、浅黄色，高反射率，高硬度，他形粒状（0.03～0.2mm），碎裂纹发育，呈稀疏浸染状不均匀分布于岩石中，多被褐铁矿交代，黄铁矿与金有密切关系。

（2）黄铜矿：亮黄色，高反射率，中-低硬度，呈他形粒状，团块状分布于脉石矿物中，常被铜蓝交代。

（3）方铅矿：亮白色，低硬度，呈不规则粒状，团块状分布于脉石矿物中，未发现其与金有接触关系。

（4）褐铁矿：呈胶状，集合体呈半自形粒状交代黄铁矿，部分仍保留黄铁矿晶形自然金呈极细的脉状分布在褐铁矿中。

（5）孔雀石：翠绿色，呈薄膜状分布于岩石裂隙中，矿石中金品位的高低与孔雀石、铜蓝的含量呈正相关。

（6）石英：呈他形粒状，粒径大小悬殊，彼此呈齿状镶嵌分布；具波状消光，有的具变形纹，石英颗粒被压扁拉长，具定向排列。褐铁矿、绢云母沿挤压裂隙分布。

（二）矿石结构构造

1. 石英脉型金矿石

脉石矿物主要为石英，呈他形粒状，因构造挤压，矿物颗粒有压扁拉长的现象。金属矿物有自然金、黄铁矿、黄铜矿、方铅矿、褐铁矿、孔雀石、铜蓝等。金属矿物的形成晚于石英，常沿石英裂隙分布，或在石英颗粒间呈星点分散状分布。矿石构造以块状构造、碎裂状构造为主；结构有碎裂状结构、交代结构。

2. 蚀变岩型金矿石

脉石矿物有石英、绢云母、斜长石、绿泥石、方解石、绿帘石等。强烈的构造挤压使得绢云母等片状矿物定向排列，且围绕粒状矿物（石英、斜长石）分布，石英被压扁、拉伸的定向排列特征明显。金属矿物有黄铁矿、黄铜矿、自然金和褐铁矿。矿石构造有千糜状构造、片状构造；结构有鳞片粒状变晶结构、交代结构、糜棱结构、粒状结构等。

（三）金的赋存状态

金矿物主要为自然金，呈金黄色，形态有粒状、叶片状、树枝状、针状、发丝状，产于黄铁矿与石英裂隙、褐铁矿或石英粒间，少部分包裹于黄铁矿中。裂隙金呈细脉状、发丝状、叶片状分布于黄铁矿和石英裂隙中，约占56.25％；粒间金呈不规则粒状，分布于黄铁矿与石英间隙中，粒度一般在0.001～0.015mm之间，约占37.5％；包裹金呈不规则粒状，包裹于黄铜矿中，粒度一般在0.001～0005mm之间，这种嵌布形式的自然金约占6.25％。

五、围岩蚀变

区内的蚀变作用主要与构造破碎带有关，蚀变呈带状分布，主要蚀变特征有绢云母化、硅化、黄铁矿化、绿泥石化、碳酸盐化，次为黄铜矿化、钾化。其中硅化、绢云母化、黄铁矿化、黄铜矿化、碳酸盐化与金成矿密切相关，其蚀变特征如下。

绢云母化：是区内的主要蚀变现象，在构造破碎带中普遍发育，沿构造破碎带呈带状分布，蚀变的强弱与金矿化的贫富无明显的关系，但无绢云母化则无金矿化。

硅化：其分布也是沿构造带呈带状分布，但在构造破碎带内的蚀变强弱极不均匀，局部蚀变强烈而形成刚性岩石，表现形式有“面性”和“线性”两种。“面性”硅化是石英呈不规则集合体状及网脉状分布于岩石中；“线性”硅化是相对“面性”较晚的一种，一般石英颗粒较大，在岩石中形成脉或透镜。

黄铁矿化：该蚀变在区内常见，可分为两类，一类是自形晶黄铁矿，一般晶体较大，多呈半自形—自形晶，星点状；一类是粒度较细，呈细脉浸染状产出的他形晶黄铁矿，一般与金矿化关系密切。

黄铜矿化：黄铜矿化蚀变常见于含金石英脉中，含量多少与金品位的高低呈正相关关系。

碳酸盐化：主要变现为方解石碳酸岩脉沿构造裂隙呈细脉状充填，在矿体及其周围一般该蚀变较强。该蚀变与硅化、黄铁矿化关系密切。

六、矿化阶段划分及分布

红柳沟金矿石中的主要矿物形成大致分为3期：变质期、热液期及表生期。其中，热液期又可细分为3个阶段。

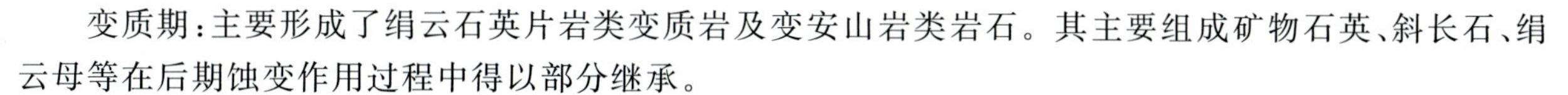

变质期：主要形成了绢云石英片岩类变质岩及变安山岩类岩石。其主要组成矿物石英、斜长石、绢云母等在后期蚀变作用过程中得以部分继承。

热液期：第一阶段形成了以石英为主要成矿物质的乳白色石英脉，伴有少量斜长、绢云母、方解石等微量绿泥石、绿帘石等蚀变矿物；第二阶段形成了含硫化物石英脉，组成矿物有黄铁矿、黄铜矿、自然金等金属矿物以及石英、斜长石、绢云母、方解石、绿帘石等脉石矿物。其中金属矿物形成相对较晚，多沿石英裂隙分布，而黄铜矿、自然金的形成又晚于黄铁矿；第三阶段为热液作用的末期，主要在成矿后期裂隙中贯入了一些石英-碳酸盐细脉。

表生期：由于地表氧化、淋滤作用，矿床中的硫化物发生分解、氧化、淋失，形成了铜蓝、褐铁矿及孔雀石等矿物。

七、成矿物理化学条件

据张德全(1999)测试分析红柳沟金矿床存在3类共生的流体包裹体，图3-36显示了矿区流体包裹体均一温度的范围(120～500℃)，其具有多峰态的特点，表明矿区存在的流体曾经历过多期、多阶段的复杂演化。很高的均一温度(达400℃)说明这类高温流体与局部的岩浆侵入导致的高热流体有关。

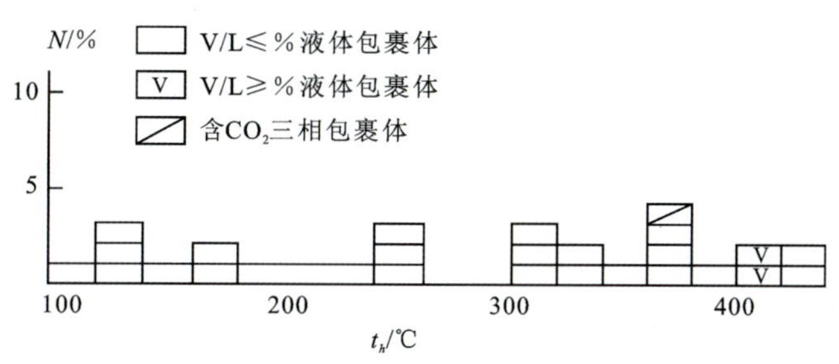

图3-36　红柳沟流体包裹体均一温度直方图

包裹体的盐度[w(NaCl)]变化于1%～10%之间，在均一温度-盐度关系图中盐度和均一温度显示同步下降的趋势(图3-37)。另外从红柳沟矿体流体包裹体均一温度-压力图解中(图3-38)大体可得$P_{max}\approx400\times10^5$Pa，相当于1.3km深度。在$P$-$T$图解上只有1条演化轨迹，很显然，流体包裹体显示的是在浅成环境下张扭性构造中的充填性含金石英脉流体；很高的热梯度(约250℃/km)显然与矿区周围海西期斜长花岗岩的侵位有关。

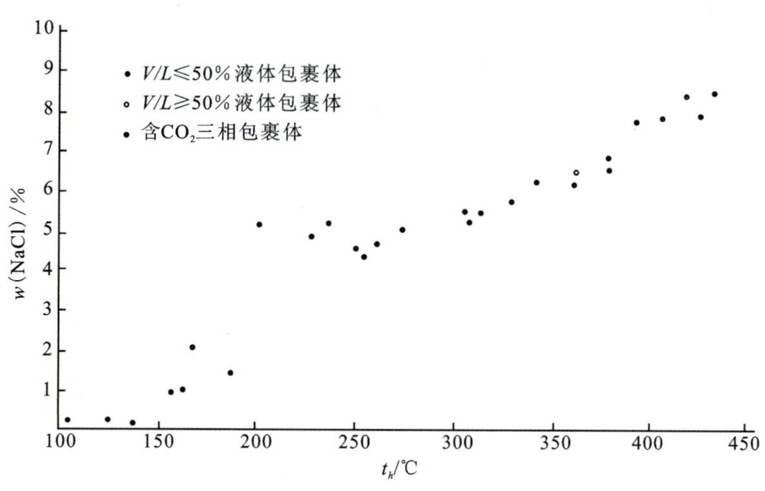

图3-37　红柳沟流体包裹体均一盐度关系图

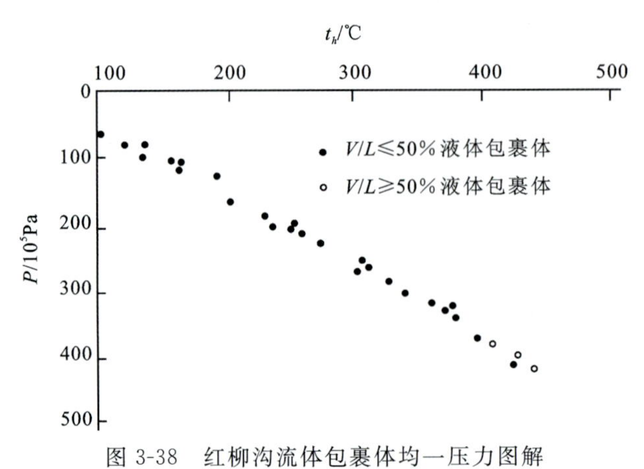

图 3-38　红柳沟流体包裹体均一压力图解

八、矿床类型

红柳沟金矿床矿石类型主要为绢云母片岩型、花岗质糜棱岩型、花岗质千糜岩型和石英脉型；矿体的形态、产状及分布严格受断裂构造控制。故红柳沟金矿床成因类型为中浅成、低温热液型，工业类型为构造破碎蚀变岩型金矿床。

九、成矿机制和成矿模式

(一)成矿时代

红柳沟金矿床的形成与区内斜长花岗岩关系密切，根据研究获得的斜长花岗岩成岩年龄，可将成矿年龄 441.3±3.5Ma(U-Pb 法，戴荔果，2019)作为红柳沟矿床的成矿年龄(图 3-39)参考，推测矿床主要形成于加里东中—晚期。

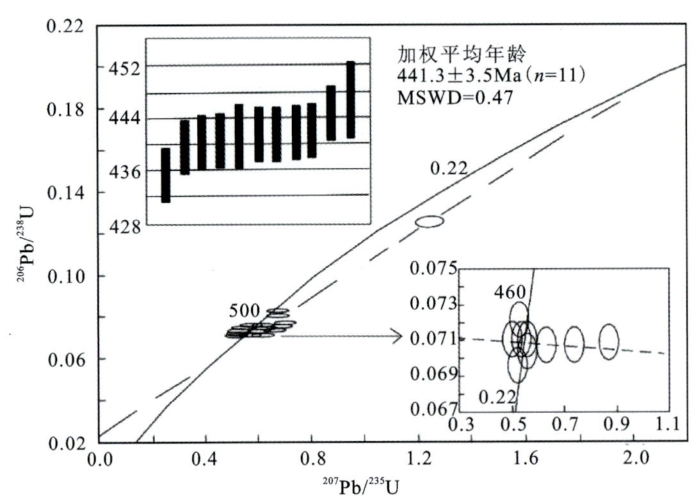

图 3-39　红柳沟金矿床斜长花岗岩锆石 U-Pb 谐和曲线图(据戴荔果，2019)

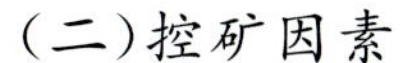

(二)控矿因素

1. 地层——金的矿源层

矿体产于奥陶系滩间山群下火山岩组中,围岩为绢云母片岩、绢云石英片岩、绿泥石片岩等。为一套中基性海相火山岩,是区内岩金成矿的原始矿源层。

2. 岩浆活动——驱使矿质活化、迁移,并提供部分矿质叠加

区内岩浆活动频繁且强烈,形成空间上呈 NW 向展布的构造岩浆带。区内侵入体普遍具有较高的金含量。主矿体形成于斜长花岗岩体(脉)的内、外接触带上。因此区内岩浆活动不仅为成矿作用提供了热能,使岩石中金元素进一步活化、迁移、富集,还为区内岩金成矿提供了一定的物质来源。

3. 断裂构造活动——为金的活化迁移及富集提供通道和储存空间

区域性大断裂是岩浆活动和流体循环的通道,也是本区岩金成矿的基本条件,更控制着区内岩浆活动和后期变质改造。区内金矿体主要产于近 SN 向构造破碎蚀变带中,石英脉型金矿体沿构造带展布,多被压碎或形成挤压透镜体,表明区内断裂活动的多起性和叠加富集性,并决定了区内金矿体的复杂形态。故近 SN 向构造破碎蚀变带是区内的控矿构造,也在金矿床形成过程中起到主导作用。

(三)成矿机制

红柳沟金矿区地处北西向古裂谷带,在加里东期有大量的中酸性火山岩喷出,形成滩间山群火山岩组地层,其从深部带来了金的成矿物质,形成原始的矿源层。随着古裂谷的闭合,其边缘的深断裂仍在活动,岩浆活动频繁,形成区内加里东期、海西期的中酸性侵入岩,这些岩体的侵入受古裂谷边缘断裂的控制。在古裂谷闭合后由于构造挤压应力的改变,在区内形成反“S”型构造,为形成金矿体提供了有利的成矿空间,红柳沟金矿床就位于反“S”型构造的转折部位。在主矿体产生地段沿断裂带有海西期斜长花岗岩脉侵入,该岩脉的侵入为金的活化、迁移提供了部分热源。由于古裂谷边缘断裂的继续活动,形成了规模较大的断裂构造破碎蚀变带,构造活动产生的热量使成矿物质进一步活化、迁移富集,在构造应力集中区形成矿体。

(四)成矿模式

红柳沟矿区地层为一套绿片岩相的滩间山群火山岩组,该套地层形成了原始的矿源层(图 3-40)。北西向古裂谷的闭合运动导致海西期的中酸性岩浆侵入,该期岩脉的侵入为金的活化和迁移提供了部分热源。古裂谷闭合后由于构造挤压应力的改变,在矿区形成一系列反“S”型构造,为形成金矿体提供了有利的成矿空间,红柳沟金矿床就位于反“S”型构造的转折部位。

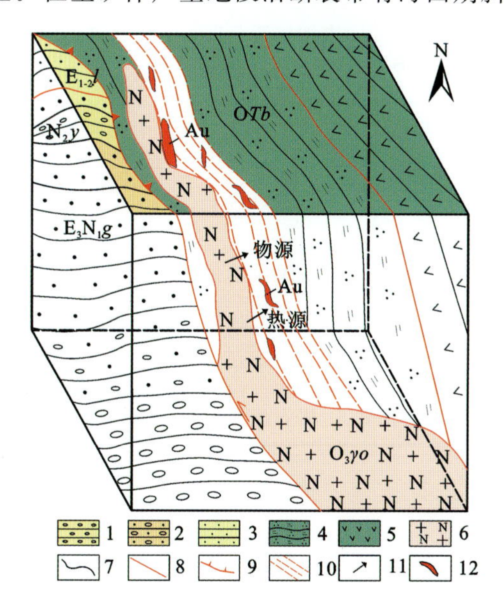

1. 上新世油砂山组中细砾岩;2. 中新世—渐新世干柴沟组砂砾岩;3. 古—始新世路乐河组粉砂岩;4. 奥陶系滩间山群下火山岩组绢云母石英片岩;5. 奥陶系滩间山群下火山岩组安山岩;6. 晚奥陶世斜长花岗岩;7. 地质界线;8. 断层;9. 推覆构造;10. 韧性剪切带;11. 成矿热液运移方向;12. 金矿体。

图 3-40 红柳沟金矿床成矿模式图

(五)找矿标志

1. 围岩蚀变矿化找矿标志

石英脉型和花岗质糜棱岩型氧化矿体露头多具孔雀石化、褐铁矿化,可作为寻找金矿体的直接找矿标志。

2. 断层破碎蚀变带标志

近 SN 向展布的断层破碎蚀变带中发育糜棱岩化带，糜棱岩化带内易发现金矿体，可作为寻找金矿体的直接找矿标志。

3. 石英脉标志

产于近 SN 向展布的断层破碎蚀变带中的铜矿化碎裂石英脉往往可形成高品位的富金矿石，故可作为寻找金矿体的直接找矿标志。

4. 地球化学标志

滩间山群下火山岩组断层破碎蚀变带上发育以金为主的地球化学异常，且异常内各元素套合好、强度高、规模大、梯度陡，异常浓集中心的断层破碎蚀变带可作为寻找金的间接找矿标志。

十、找矿模型

根据红柳沟金矿床的矿床成因、成矿时代、大地构造、赋矿地层、控矿构造、矿体空间特征、矿石组构、成矿物质来源与流体来源、围岩蚀变、野外找矿标志等因素，结合区域地质，及化探等相关资料，建立红柳沟式金矿找矿模型(表 3-23)。

表 3-23　红柳沟式金矿找矿模型一览表

预测要素		要素特征描述	要素分类
成矿时代	变质地层时代	奥陶系	必要
	成矿时代	晚奥陶世(441.3±3.5Ma)岩浆热液成矿期	
大地构造位置	大地构造分区	秦祁昆造山	重要
	大地构造单元	柴达木盆地北缘碰撞造山带之柴达木盆地北缘后造山岩浆岩带	
成矿区带	成矿区带	柴北缘 Pb-Zn-Mn-Cr-Au-白云母成矿带	重要
变质岩建造/变质作用	地层分区	祁昆地层区柴北缘地层分区-滩间山地层小区(Ⅳ-5-1)和柴北缘地层小区(Ⅳ-5-2)	必要
	岩石地层单位	奥陶系滩间山群下火山岩组(∈OT*b*)	
	地层时代	奥陶世系	
	岩石类型	为绿片岩相变质岩系	
	岩石组合	绢云母石英片岩、绿泥石英片岩、变安山岩、大理岩等	
	蚀变特征	与金矿化有关的蚀变有硅化、碳酸盐化、绿泥石化、黄铁矿化、黄铜矿化、孔雀石化、蓝铜矿化	
	原岩建造类型	火山岩建造	
岩浆建造/岩浆作用	岩石名称	斜长花岗岩	必要
	侵入时代	晚奥陶世	
	岩性特征	铝质-钙碱性系列，属火山弧花岗岩	
	岩石组合	斜长花岗岩、花岗斑岩	
	岩(体)脉形态	岩株状及岩脉状	

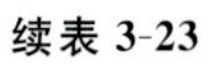

续表 3-23

预测要素		要素特征描述	要素分类
成矿构造	近南北向断裂构造	矿体均赋存于近南北向层间断层破碎带内，赋矿岩石绢云母片岩型、花岗质糜棱岩型、千糜岩型和石英脉型金矿石，矿体受岩性、构造二者控制	必要
成矿特征	矿体形态	矿体呈条带状、细脉状、透镜状	必要
	蚀变强度带范围	矿床围岩蚀变强烈、普遍，在区域变质作用基础上与岩浆热液活动有密切的联系。岩石围岩蚀变主要与区域变质作用有关、呈带状分布分带明显，与金矿化有关的主要为带状分布的硅化、绢云母化、黄铁矿化、黄铜矿化，接近矿体中心其蚀变强	
	矿体规模	金矿体走向长度 35～210m，倾向延伸 40～100m；真厚度 0.44～12.69m，金品位 1.02×10^{-6}～65.25×10^{-6}	
	矿带形态	糜棱岩带平面上呈近南北走向近似平行的条带状，剖面上亦近似平行呈似层状、脉状分布的空间展布特征	
	矿带规模	糜棱岩带长 130～780m，宽 7～65m	
	矿石矿物金属元素成分	主要为 Au、Fe、Cu、Pb	
	矿床伴生组分	伴生主要组分为铜	
	矿石类型	矿床内氧化带深度在地表至 20～40m 之间，主要为氧化矿原生矿、少量原生矿；矿石工业类型划分为石英脉型金矿石和蚀变岩型金矿石	
	矿石矿物组合	主要为自然金、黄铁矿、黄铜矿、方铅矿、褐铁矿、孔雀石、蓝铜矿等	
	成矿期次划分	划分为 3 个期次：变质期，形成绢云石英片岩类变质岩及变安山岩类岩石；热液期，形成含硫化物石英脉-黄铁矿-黄铜矿-自然金；表生期，形成铜蓝、褐铁矿及孔雀石	
	组分赋存状态	自然金主体为裂隙-粒间，金沿黄铁矿、石英、褐铁矿的裂隙或粒间隙充填，占 93.75%；少量的包裹金呈不规则粒状形式被包裹在黄铜矿中，占 6.25%。	
地球化学特征	土壤测量异常及异常特征	前人在矿区圈定 11 处土壤金异常。异常与糜棱岩带重合性好。5 处土壤金异常强度高，分带明显。AP8-Au8 异常：呈近南北向展布，长轴 320m，短轴最宽 150m，异常面积 0.032km^2，展布形态呈不规则椭圆状分布于近 SN 向糜棱岩带中，由 8 个样点组成，平均值 221×10^{-9}，峰值为 720×10^{-9}，异常分带齐全，浓集中心明显，后经槽探工程揭露控制发现 M1～M6 共 6 条金矿体，证实为矿致异常	重要

第六节 胜利沟金矿床

一、概述

1999年青海省地球化学勘查技术研究院对该普查区Ⅳ号异常查证，根据土壤样品拟定量分析结果，分解为14个子异常，峰值≥300×10^{-9}，衬度1.45～9.05。其中Ⅳ5、Ⅳ8、Ⅳ12等3个异常规模较大，强度高，浓集中心明显，浓度分带清晰。2005—2012年由山金西部地质矿产勘查有限公司对Ⅳ8南段和Ⅳ12异常区进行普查，控制矿化带2条，金矿体37条，其中有9条金矿体有铅矿共生，铅矿体10条。2014—2017年由山东黄金西部地质矿产勘查有限公司对工区进行了详查工作。

二、矿区地质特征

（一）地层

矿区出露的地层比较简单，仅出露奥陶系滩间山群下火山岩组地层（O*Tb*）和第四系（Q）（图3-41）。奥陶系滩间山群下火山岩组地层（O*Tb*）主要岩性为灰绿色安山岩（α）、凝灰岩（tf）、晶屑凝灰岩（tf），主要岩性层特征如下。

安山岩：呈灰绿色，一般可见明显的角闪石、斜长石斑晶（8%），基质（92%）为隐晶质或细晶结构，块状构造，局部可见杏仁状构造。基质由绿泥石、微粒斜长石、绿帘石、方解石和金属矿物组成。安山岩多已发生钾化（黑云母化）、绿泥石化、绿帘石化，片理发育地段具绢云母化，是区内重要的成矿母岩。安山岩厚2.90～328.30m，形态不规则，总体呈北西-南东向展布，与火山碎屑岩呈夹层产出，二者为渐变过渡关系。

晶屑凝灰岩：灰色、浅灰—浅灰绿色，凝灰结构，块状构造，岩石主要由火山灰和斜长石晶屑、石英晶屑、黑云母晶屑组成。蚀变主要有碳酸盐化、绿泥石化。晶屑凝灰岩厚1.07～155.64m，呈条带状或透镜状夹层出现，与安山岩为渐变过渡关系。岩层走向均呈北西-南东向，产状50°～60°∠45°～60°，与矿区主体构造格架一致。

凝灰岩：深绿—灰绿色，凝灰结构，块状构造，岩石片理化较强。岩石矿物成分主要为火山灰和少量晶屑，晶屑有石英、钾长石、斜长石、黑云母等。蚀变主要有碳酸盐化、绿泥石化、局部弱硅化、黄铁矿化。火山碎屑岩裂隙发育，普遍见有方解石脉充填。凝灰岩厚4.32～176.00m，呈条带状或透镜状夹层出现，与安山岩为渐变过渡关系。岩层走向均呈北西-南东向，产状50°～60°∠45°～60°。

火山碎屑岩是区内主要赋矿岩石，多数矿（化）体赋存于凝灰岩与安山岩接触面的凝灰岩一侧（层间断层破碎带内），部分赋存于凝灰岩、安山岩内的断层破碎带及密集的劈理带内，均呈北西-南东向。

（二）岩浆岩

区内岩浆活动强烈，主要分布有加里东期和海西期中酸性侵入岩体。

加里东期浅肉红色中粗粒花岗闪长斑岩（$Q_3\gamma\delta\pi$）：分布于胜利沟西侧，由一个侵入体组成，规模大，呈岩基状产出，为加里东晚期的产物。侵入于奥陶系滩间山群下火山岩组（O*Tb*）地层中。岩性为浅肉红色中粗粒花岗闪长斑岩，中粗粒结构、块状构造，粒度2～5mm，可见斑状结构，石英斑晶偶见，岩石中

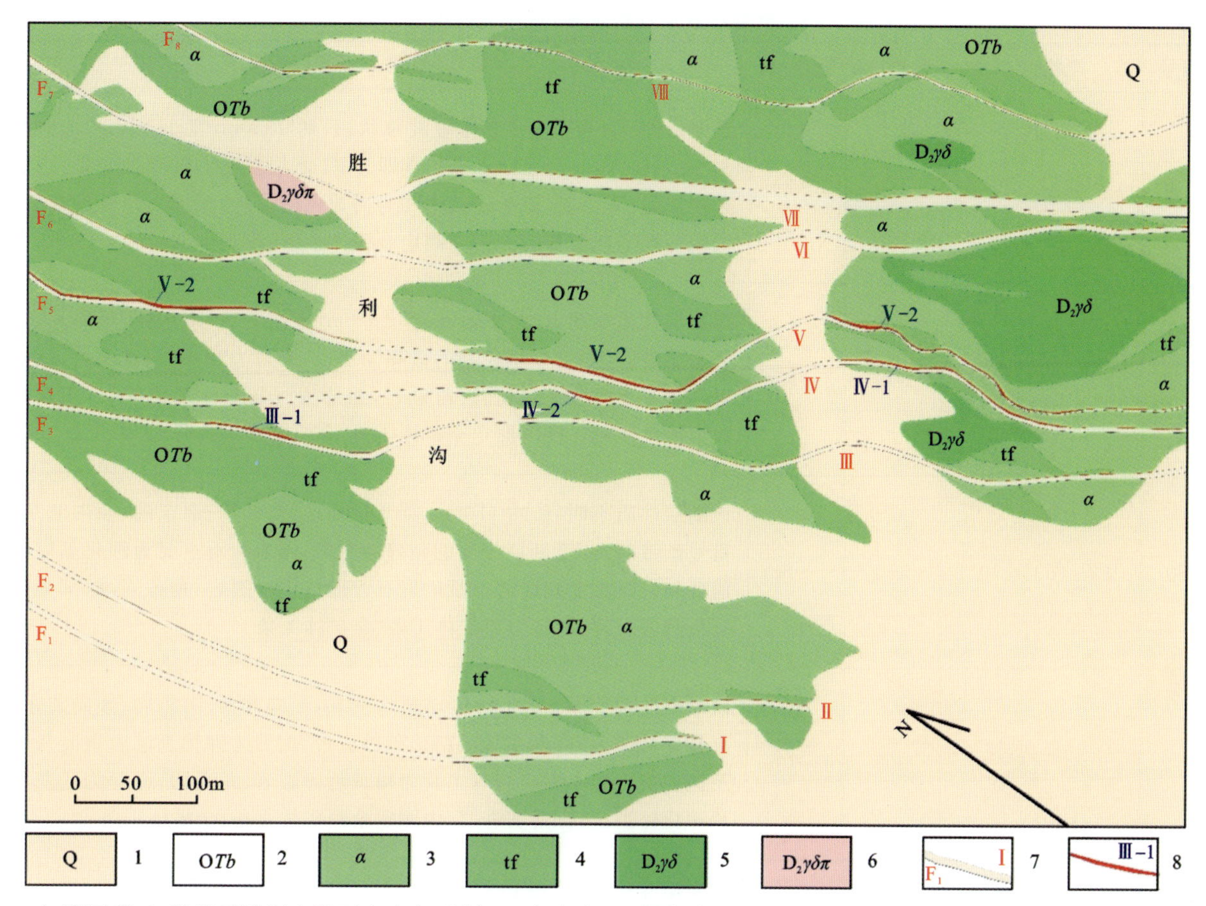

1.第四系;2.奥陶系滩间山群下火山组地层;3.安山岩;4.凝灰岩;5.晚泥盆世花岗闪长岩;6.花岗闪长斑岩;7.断层及含矿构造蚀变带编号;8.矿体编号。

图 3-41　胜利沟金矿床地质简图

绢云母化普遍。组成矿物:斜长石 45%～50%,钾长石 15%～20%,石英 25%～30%,暗色矿物5%～10%(角闪石为主,黑云母次之)。因受后期的热力影响,岩石多具蚀变、混染及碎裂现象。

海西期浅灰—浅肉红色中粗粒花岗闪长岩($D_2\gamma\delta$):是普查区最主要的岩体,分布于胜利沟以东曲径沟上游一带,由 3 个侵入体组成,均呈岩株状产出,为海西早期的产物。侵入于奥陶系滩间山群下火山岩组(OTb)地层中,岩体呈北西向展布,岩性为浅灰—浅肉红色中细粒—中粗粒花岗闪长岩。在麻黄沟口浅灰色中细粒花岗闪长岩体($D_2\gamma\delta$)的构造剪切蚀变带中发现有金矿(化)体。中细粒花岗结构,块状构造,粒度 1～4mm,组成矿物:斜长石 45%～50%,钾长石 10%～15%,石英 20%～30%,黑云母3%～5%,角闪石 5%～10%。外接触带蚀变强烈,见有角岩化、角闪石化、硅化、绿帘石化,局部有星点状的黄铁矿化。光谱分析中 Cr、Ti、Sr 较高。

(三)构造

普查区构造形迹受区域构造格架控制,总体呈北西-南东向。断层十分发育,褶皱构造不发育。断层主要有北西-南东向及少量北东-南西向、近南北向 3 组。北东-南西向、近南北向断层与成矿无关,北西-南东向断层控制金矿体的形成。北西-南东向断层是该区的控矿构造,矿(化)体赋存于北西-南东向断层破碎带中。主要控矿构造有 F1～F8,具体特征见表 3-24。

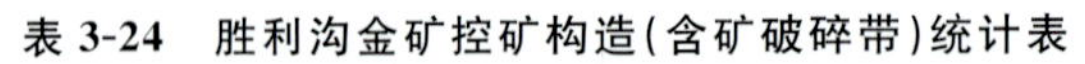

表 3-24 胜利沟金矿控矿构造(含矿破碎带)统计表

编号	产状/(°)	长度/m	宽度/m	断层(破碎带)特征描述
F1	50°～60°∠52°～67°	220	1～3m	该断层性质不明,其形态为缓波浪状,长约 1350m,宽 1～10m,走向北西-南东向,倾向北东。Ⅰ号矿带即为 F1 断层控制的破碎蚀变带,围岩为凝灰岩、安山岩,赋矿岩石主要为褐黄色碎裂岩,深部为角砾凝灰岩,两端均被第四系覆盖。带内圈定金矿体 2 条、铅矿体 11 条
F2	55°∠47°～68°	350	3～12m	该断层性质不明,长约 1280m,宽 1～5m,走向北西-南东向,倾向北东。Ⅱ号矿带即为 F2 断层控制的破碎蚀变带,围岩为凝灰岩、安山岩,赋矿岩石主要为褐黄色碎裂岩、角砾岩,深部为浅灰色片理化碎裂,两端均被第四系覆盖。带内圈定金矿体 1 条,金铅矿体 1 条、铅矿体 5 条
F3	52°∠59°～70°	250	1～8m	该断层性质不明,长约 1700m,宽 3～7m,走向北西-南东向,倾向北东。Ⅲ号矿带即为 F3 断层控制的破碎蚀变带,围岩岩石主要为钾化晶屑岩屑凝灰岩及蚀变安山岩。赋矿岩石为褐黄色碎裂岩、角砾岩,深部为角砾凝灰岩,带内圈定金铅矿体 1 条、金矿体 1 条
F4	52°∠55°	300	1～10m	该断层性质不明,长约 1440m,宽 2～4m,走向北西-南东向,倾向北东。Ⅳ号矿带即为 F4 断层控制的破碎蚀变带,围岩为钾化晶屑岩屑凝灰岩及蚀变安山岩。赋矿岩石主要为褐黄色碎裂岩、角砾岩,深部为浅灰色片理化碎裂、角砾凝灰岩,带内圈定金铅矿体 1 条、金矿体 1 条
F5	50°～55°∠69°	300	1～3m	该断层性质不明,长约 1860m,宽 2～16m。走向北西-南东向,倾向北东。Ⅴ号矿带即为 F5 断层控制的破碎蚀变带,围岩岩石主要为晶屑凝灰岩及蚀变安山岩,局部有花岗闪长岩脉穿插。赋矿岩石主要为褐黄色碎裂岩、角砾岩,深部为浅灰色片理化碎裂、角砾凝灰岩,带内圈定金铅矿体 2 条、金矿体 3 条
F6	57°∠52°	260	1～3m	该断层性质不明,长约 1860m,宽 2～4m,走向北西-南东向,倾向北东。Ⅵ号矿带即为 F6 断层控制的破碎蚀变带,围岩岩石主要为蚀变安山岩,局部有花岗闪长岩脉穿插。南东端矿带受岩体影响与Ⅴ号矿带邻近产出,矿体整体赋存于断层破碎带内,赋矿岩石主要为褐黄色碎裂岩,深部为浅灰色片理化碎裂、角砾凝灰岩,地表无矿(化)体产出,深部圈定金铅矿体 1 条、金矿体 1 条、铅矿体 1 条
F7	50°∠58°	320	1～2m	该断层性质不明,长约 1600m,宽 1～3m,走向北西-南东向,倾向北东。Ⅶ号矿带即为 F7 断层控制的破碎蚀变带,围岩主要为钾化晶屑岩屑凝灰岩及蚀变安山岩。赋矿岩石主要为角砾岩,深部为浅灰色片理化碎裂、角砾凝灰岩,地表无金矿(化)体产出,深部圈定铅矿体 2 条
F8	60°∠57°～74°	700	1～4m	该断层性质不明,长约 1440m,宽 1～3m。矿带走向北西-南东向,倾向北东。Ⅷ号矿带即为 F8 断层控制的破碎蚀变带,围岩主要为钾化晶屑岩屑凝灰岩。赋矿岩石主要为褐黄色碎裂岩,深部为浅灰色片理化碎裂,地表无金矿(化)体产出,深部圈定金铅矿体 1 条

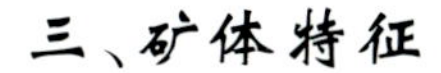

三、矿体特征

胜利沟矿区共圈定矿体55条，其中金矿体11条，金铅矿体10条，铅矿体31条。矿体整体赋存于北西-南东向层间蚀变构造带内（Ⅰ—Ⅷ带），矿体在平面上呈长条状，在剖面上呈层状、似层状、透镜状、脉状，产状50°～60°∠45°～60°。矿体沿走向长80～435m，倾斜延深40～780m，真厚度1.0～10.25m，金品位1.03×10^{-6}～16.38×10^{-6}，铅品位0.31%～10.76%。矿体围岩为凝灰岩、安山岩，赋矿岩石为片理化、碎裂、角砾岩化蚀变凝灰岩，少量蚀变安山岩。主矿体有Ⅲ-1、Ⅳ-1、Ⅴ-1、Ⅴ-2等。

Ⅲ-1矿体：为金铅矿体，北西-南东向展布，呈层状、似层状产出，产状45°～60°∠51°～65°，走向延长240m，倾斜延深700m。矿体平均真厚度2.91m，金平均品位1.61×10^{-6}，铅平均品位1.13%。矿体金品位变化系数31.42%，铅品位变化系数104.05%，矿体厚度变化系数99.65%。

Ⅳ-1号矿体：为金铅矿体，北西-南东向展布，呈透镜状产出，产状45°～70°∠42°～60°，走向延长320m，倾斜延深700m。矿体平均真厚度1.81m，金平均品位2.48×10^{-6}，铅平均品位3.00%。矿体金品位变化系数101.78%，铅品位变化系数116.10%，矿体厚度变化系数106.41%。

Ⅴ-1号矿体：为金铅矿体，位于Ⅴ号矿带下盘，北西-南东向展布，呈似层状产出，产状45°～60°∠50°～56°，走向延长130m，倾斜延深450m。矿体平均真厚度1.35m，金平均品位5.62×10^{-6}，铅平均品位1.26%。矿体金品位变化系数78.19%，铅品位变化系数70.40%，矿体厚度变化系数37.20%。

Ⅴ-2号矿体：为金铅矿体，位于Ⅴ号矿带上盘，北西-南东向展布，呈脉状产出，产状45°～60°∠50°～56°，走向延长400m，倾斜延深500m。平均真厚度1.76m，金平均品位2.48×10^{-6}，铅平均品位1.52%。矿体金品位变化系数100.47%，铅品位变化系数119.02%，矿体厚度变化系数59.99%。

四、矿石特征

（一）矿石类型与矿物组合

1.按自然类型分

胜利沟金矿矿石自然类型主要为原生矿，地表有少量氧化矿（氧化深度10m左右）。原生矿矿石：脉石矿物主要有石英、方解石、绢云母、白云母、绿泥石、铁白云石、绿帘石等。金属矿物主要有黄铁矿、黄铜矿、方铅矿、闪锌矿、毒砂、自然金、银金矿、金银矿、硫金银矿等。次要金属矿物有磁铁矿、钛铁矿。

据金的物相分析可知（据中南大学《青海红灯沟-胜利沟地区成矿地质条件研究及找矿预测研究报告》赖健清等，2009），胜利沟金矿区裸露金（单体及连生体金，即裂隙-粒间金）占86%，硫化物中金占9.40%，氧化物中金只占2.30%，应为原生矿，见表3-25。

表3-25　金的物相分析结果表

物相	金含量/$\times10^{-6}$	金分布/%	备注
单体-连生体金	3.74	86.00	
硫化物中金	0.41	9.40	
氧化物中金	0.10	2.30	
硅酸盐中金	0.10	2.30	
总金	4.35	100.00	

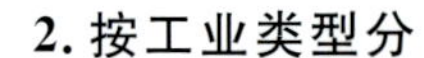

2. 按工业类型分

胜利沟矿石按工业类型(矿化元素)划分为金矿石、金铅共生矿石、铅矿石3种类型。

3. 按矿石矿物组成与结构构造分

(1)方铅矿-闪锌矿-黄铁矿-石英-方解石金矿石(图版Ⅱ-36):要分布在胜利沟矿区破碎蚀变带的局部PbZn富集地段,以出现方铅矿、闪锌矿及团块状、脉状石英、方解石为特征,局部出现浸染状黄铜矿。

(2)条带-浸染状黄铁矿(胶黄铁矿)金矿石(图版Ⅱ-37):以浸染状、稠密浸染状为主,金属矿物主要为黄铁矿、黄铜矿与脉石矿物互为条带状、浸染状,一般发育于热液型石英脉围岩边部位置。

(3)细脉浸染状黄铁矿金矿石(图版Ⅱ-38):主要产于断裂构造带或裂隙劈理密集带中。

(4)黄铁绢英岩化蚀变火山岩矿石(图版Ⅱ-39):该类矿石分布在胜利沟矿区中基性火山岩中,受区内剪切破碎带控制中呈北西向分布。矿石矿物组成简单,以星点浸染状、密集浸染状黄铁矿为主,自形程度高,晶形以五角十二面体为主,粒度0.1~1mm。

(二)矿石结构构造

常见的矿石结构包括以下4种类型。

(1)中细粒自形—半自形粒状结构:表现为黄铁矿呈自形、半自形粒状分布在脉石英、铁白云石中。

(2)他形粒状结构:表现为黄铜矿、方铅矿、闪锌矿呈他形粒状集合体充填分布脉石英间隙。

(3)碎裂结构:表现为黄铜矿、黄铁矿呈破碎粒状集合体,被方铅矿、闪锌矿、自然金交代穿插。

(4)交代溶蚀结构:表现为后期形成的黄铜矿、方铅矿、闪锌矿、自然金交代溶蚀早期形成的黄铁矿。

常见的矿石构造有以下3种。

(1)浸染状构造:表现为金属矿物黄铁矿、黄铜矿、方铅矿、闪锌矿等呈星点状、细脉浸染状分布在脉石英和板岩中。

(2)条带状构造:表现为硅化石英构成的浅色带和绢云母、绿泥石等构成的暗色带相间分布,也可见方铅矿、闪锌矿、黄铜矿、黄铁矿在破碎蚀变带中呈定向条带分布。

(3)网脉状构造:表现为黄铜矿、黄铁矿等网脉穿插脉石英及方解石。

(三)主要矿石矿物嵌布特征

主要矿石矿物的嵌布特征如下。

方铅矿:多脉状、浸染状分布在石英间隙,在光学显微镜下,方铅矿成不规则半自形、他形粒状集合体沿脉石矿物间隙充填,交代黄铁矿与闪锌矿。与黄铜矿等共生,单体粒度0.1~0.5mm。其内部含银矿物(图版Ⅱ-40a、b)。

闪锌矿:多呈半自形及他形粒状与方铅矿共生或被方铅矿交代,可见黄铜矿呈固溶体分析体分布其中,粒度0.05~0.8mm(图版Ⅱ-40c、d)。

黄铁矿:矿石中的黄铁矿多成碎粒状分布在黄铁绢英岩化蚀变火山岩中(图版Ⅱ-41a、b),也可见于含金石英脉及铅-锌-铜-方解石-石英脉矿石中,常被方铅矿、黄铜矿、闪锌矿交代,粒度0.1~0.5mm。

磁铁矿:呈自形粒状分布在蚀变辉长岩中(图版Ⅱ-41c),多数已蚀变成赤铁矿,粒度0.1~0.5mm。

自然铜:主要出现在红灯沟含金黄铜矿-石英矿石中,呈细粒驻状集合体分布残留在黄铜矿的氧化铁质中(图版Ⅱ-41d),粒度数微米,为表生作用产物。

金、银矿物:包括硫自然金、银黝铜矿等。裂隙-粒间金:金沿黄铜矿、石英、铁白云石等矿物的裂隙或颗粒间隙充填。包裹金:金呈细粒包裹体形式被包裹在石英、黄铜矿、铁白云石等矿物中。

五、围岩蚀变

矿区蚀变主要为热液型，次为构造挤压型。凝灰岩受到后期挤压和热液活动的影响，形成了矿化和蚀变。

蚀变广泛发育于含矿断层破碎带及其围岩中。地表破碎带内岩性为浅灰绿色碎裂状凝灰岩，浅褐色、褐黄色碎裂岩、碎粒岩，上下盘处为碎粉岩或断层泥，碎裂结构，条带状构造，局部片理极发育。矿化蚀变较强，主要有碳酸盐化、硅化、绢云母化、绿泥石化、褐铁矿化，偶见有孔雀石化、方铅矿化。深部含矿断层破碎带内岩性为灰、浅灰—浅灰绿色片理化碎裂、碎斑凝灰岩，矿化蚀变主要有碳酸盐化、硅化、绢云母化、绿泥石化、黄铁矿化、方铅矿化，偶见黄铜矿化。矿化多沿石英方解石脉两侧及碎裂岩的裂隙分布。

断层破碎带（矿化体）围岩为浅灰色、深绿色凝灰岩，浅灰绿色安山岩。安山岩蚀变主要有钾化（黑云母化）、绿泥石化、绿帘石化、绢云母化、黄铁矿化；凝灰岩蚀变主要有碳酸盐化、硅化、绢云母化、弱绿泥石化、黄铁矿化、方铅矿化、黄铜矿化、闪锌矿化。

矿化蚀变主要沿断层破碎带分布，具有侧向分带现象，即靠近金矿体为强烈的碳酸盐化、硅化、绢云母化、绿泥石化、黄铁矿化、方铅矿化、黄铜矿化、闪锌矿化，向外逐渐过渡为绿泥石化、弱碳酸盐化、弱硅化、弱绢云母化、弱黄铁矿化、弱方铅矿化、弱黄铜矿化、弱闪锌矿化的蚀变岩石。

六、成矿阶段划分

根据黄亚等2013年《青海省胜利沟金矿地质特征及成矿作用研究》将胜利沟金矿成矿期次划分为两期，即构造热液成矿作用期和表生淋滤期（表3-26）。

表3-26　胜利沟矿区主要矿物的生成次序表

次生阶段 / 矿物	构造热液成矿作用期			表生淋滤期
	早期阶段（Ⅰ）	中期阶段（Ⅱ）	晚期阶段（Ⅲ）	表生阶段
绢云母				
黄铁矿				
石英				
自然金				
绿泥石				
方解石				
闪锌矿				
铁白云石				
方铅矿				
黄铜矿				
褐铁矿				
孔雀石				

构造热液成矿作用期：①第Ⅰ阶段，构造热液早期阶段，本阶段主要表现为可以看到沿韧性剪切带片理分布的微细脉浸染状、细粒状黄铁矿，部分黄铁矿细晶具增生环带，微细粒状石英以及细粒铁白云石开始出现；②第Ⅱ阶段，构造热液中期阶段，沿韧性剪切带片理化带分布的浸染状中细粒黄铁矿、闪锌矿组合为特征及少量的方铅矿开始出现；③第Ⅲ阶段，构造热液晚期阶段，以沿蚀变矿物粒间间隙、构造裂隙充填交代的团块状、细脉状不等粒粗晶黄铁矿、方铅矿、闪锌矿以及黄铜矿组合为特征。

表生淋滤期:表现为金属硫化物的氧化作用,形成孔雀石和褐铁矿,本期有自然金的次生富集。

七、矿床类型

胜利沟金矿床赋矿地层为上奥陶统滩间山群下火山岩组安山岩段第三岩性层(O_3Tb^{3-3}),岩性主要为蚀变安山岩夹凝灰岩、晶屑凝灰岩,北西-南东向断层破碎蚀变带发育,矿(化)体即赋存于该破碎蚀变带内。赋矿岩石主要为片理化、碎裂岩、角砾岩化蚀变凝灰岩。

从金矿(化)体分布特征看,金矿(化)体产出在由构造作用形成的挤压破碎带中或其两侧。受北西-南东向剪切断裂构造控制。控矿因素主要以构造系统为主,其次为岩性控矿。矿床形成于造山后期的伸展构造背景,属于浅成中温造山型金矿床,矿床工业类型为构造破碎蚀变岩型。

八、成矿机制和成矿模式

(一)成矿时代

胜利沟开展的金矿成矿时代研究较少,奥陶系滩间山群下火山岩组地层作为主要含矿层位形成于奥陶纪,构造活动期即造山期为加里东期—海西期,也是岩浆岩主要活动期。因此矿床成矿时代从加里东期—海西期,如果不考虑矿源层的形成时间,则主要成矿期应该是海西期。

(二)控矿因素

1. 地层控矿

矿区地层分为滩间山群盖层和达肯大坂基底,其中,滩间山群总体为一套绿片岩相,达肯大坂以片麻岩为主,其次为角闪岩相,变质程度较高。滩间山群是区域上重要的含矿层位。上部蚀变带以铁白云岩化为特征,是一种强碱性蚀变,向下可望转变为弱碱性—弱酸性。即以绢云母化、绿泥石化和泥化为主的蚀变类型。从强碱性到弱酸性的转变,可能就是金矿成矿的最佳部位。达肯大坂岩群基底变质程度高,是区域上重要的含矿层位,在该层位很有可能形成金的成矿作用,造成金元素的活化与迁移。

矿区地层的主要岩性包括安山岩、火山碎屑岩类。矿区火山碎屑岩、安山岩、蚀变安山岩中 Au、Pb 元素含量均大大高于黎彤值,推测安山岩可能是矿区的成矿母岩,为成矿提供了物质来源。

2. 控矿构造

胜利沟矿区构造行迹受区域构造格架控制,总体呈北西-南东向。矿区内断裂构造早期经历了韧性—韧脆性—脆性的多期次演化过程,为金元素的活化、迁移、沉淀富集成矿提供了良好的环境。早期形成的北西-南东向断裂构造对岩浆岩的分布、地层的产状及矿化作用起到了明显的控制作用。

3. 岩浆岩控矿

岩浆岩大多为加里东期—海西期的产物,根据岩浆岩的含矿性分析(懒健清等,2008),胜利沟矿区岩浆岩中成矿元素含量与黎彤值相比没有富集,含矿性欠佳,推测岩浆活动并不能显著提供矿区 Au 的成矿物质来源。但是,据包裹体测温结果,部分数据具有较高的温度(最高达 385°)及盐度(最高达 13.62%)。另外,矿区存在铅锌矿,且闪锌矿中有明显的黄铜矿固溶体分离现象,推测局部成矿温度较高,矿区成矿流体可能有少量岩浆热液存在。

（三）成矿机制

本区火山岩为洋底玄武岩交代地幔物质的产物，至少存在两个火山喷发旋回，因而海底火山活动的晚期或间歇期的热液，深部岩浆期后含金矿热液和地下热卤水、海水或大气降水对流循环，沿火山通道和断层、裂隙等孔隙上升，在运移过程中渗滤、浸取成矿物质，交代围岩，萃取围岩中的金，当含金矿流体的物理化学条件发生改变时，在合适的构造部位沉淀成矿。

胜利沟矿区金矿体的形成和分布主要受北西-南东向剪切断裂构造的控制。断裂带旁侧片理化发育，多期次构造活动、韧性剪切作用和中低温热液作用，是深部成矿物质导入、迁移、就位成矿的重要机制。矿体的产出部位和金的富集程度与构造的性质和组合形式密切相关，构造控矿形式表现为单一构造控矿和复合构造控矿。地表主要表现为以断裂破碎带构造控矿，常常是一组平行而密集的断层面控制的断层破碎蚀变带。深部为各种变形条带和透镜体的接触带以及碎裂、糜棱岩带，表现为挤压密集的劈理化带（强片理化带）、裂隙控矿。

（四）成矿模式

矿区地层分为滩间山群盖层和达肯大坂群基底，其中滩间山群总体为一套绿片岩相，达肯大坂以片麻岩为主，其次为角闪岩相，标志程度较高。早期剪切作用导致脆性裂隙以及各种充填脉形成，晚期阶段由于脆性变形机制形成大量张性裂隙，矿物质大多充填于早期形成的北西向断裂，后期形成的北东向断裂切断北西向断裂以及矿体。

矿区成矿作用形成于造山带环境，碰撞造山过程带来的成矿热液沿着北西向韧性剪切带以及达肯大坂基底升至地壳浅部次一级的北西向断裂或者两组断裂的交汇处，在迁移过程中不断淋取围岩的成矿元素，由于压力和温度的下降，原本均一的超临界流体发生不混溶，引起 $H_2O+NaCl$ 与 CO_2 相分离，导致金以及金属硫化物在有利的容矿构造内沉淀，成矿模式图见图 3-42。

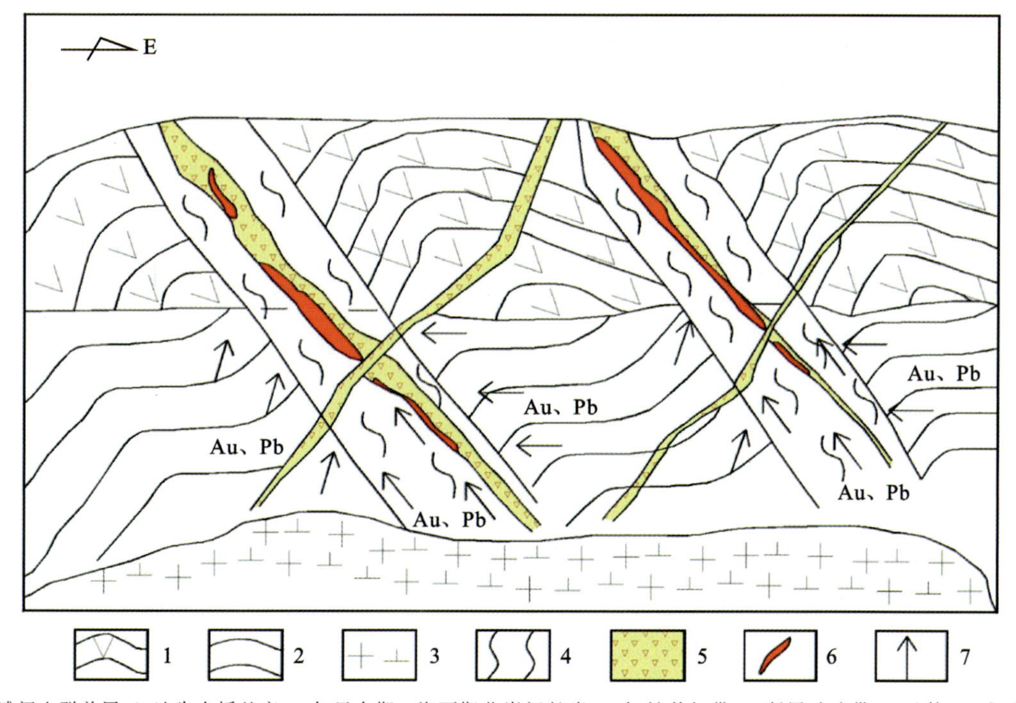

1. 滩间山群盖层；2. 达肯大坂基底；3. 加里东期—海西期花岗闪长岩；4. 韧性剪切带；5. 断层破碎带；6. 矿体；7. 成矿热液运移方向。

图 3-42　胜利沟矿区成矿模式图

（五）找矿标志

1. 构造标志

北西-南东向构造系统即挤压破碎带及裂隙等为矿液上升创造了有利的通道，是主要的导矿构造，同时在有利部位沉淀富集成矿，又是容矿构造。故北西-南东向构造系统（破碎带及裂隙）是寻找铅-金矿的重要标志。

2. 围岩标志

含矿围岩主要为一套中基性的火山岩组，岩性为蚀变安山岩、凝灰岩，岩性脆性大在构造压力作用下容易产生裂隙，成为含矿溶液运动的通道和矿液沉淀的场所。并在热液作用下，使围岩中的有益元素产生富集作用。

3. 围岩蚀变

中基性火山岩较普遍发生围岩蚀变，硅化、黄铁细晶岩化、毒砂化、碳酸盐化、绢云母化是寻找金矿化的主要找矿标志。

4. 地球化学标志

在1∶5000水系沉积物地球化学异常以Au为中心，Cu、Pb、Zn、Ag、As等环绕，构成有利的异常结构。

九、找矿模型

根据胜利沟金矿床的成因类型、成矿时代、大地构造、赋矿地层、控矿构造、矿体空间特征、矿石组构、成矿物质来源与流体来源、围岩蚀变、野外找矿标志等因素，结合区域地质，及化探等相关资料，建立胜利沟式金矿找矿模型（表3-27）。

表3-27　胜利沟式金矿找矿模型一览表

预测要素		要素特征描述	要素分类
成矿时代	变质地层时代	中元古代	必要
	成矿时代	海西期	
大地构造位置	大地构造分区	秦祁昆造山系	重要
	大地构造单元	秦祁昆造山系-柴北缘造山带-滩间山岩浆弧（Ⅰ-5-1）之上	
成矿区带	成矿区带	柴北缘Pb-Zn-Mn-Cr-Au-白云母成矿带，赛什腾山-阿尔茨托山加里东、印支期铅、锌、金、钨、锡（铜、钴、稀土）成矿亚带	重要
变质岩建造/变质作用	地层分区	东昆仑-柴达木地层（I_{3}）之柴北缘地层分区（$\mathrm{I}_{3}^{1}l$）	必要
	岩石地层单位	奥陶统滩间山群（OT）	
	地层时代	晚奥陶世	
	岩石类型	为低绿片岩相变质岩系	
	岩石组合	蚀变片理化安山岩、凝灰岩、绢云石英片岩、大理岩等	
	蚀变特征	与金矿化有关的蚀变有硅化、碳酸盐化、绿泥石化、黄铁矿化、黄铜矿化、方铅矿化	
	原岩建造类型	类复理岩建造	

续表 3-27

预测要素		要素特征描述	要素分类
岩浆建造/岩浆作用	岩石名称	花岗闪长岩	必要
	侵入时代	晚泥盆记	
	岩性特征	偏铝-中钾钙-钙碱性系列，属壳源后碰撞型花岗岩	
	岩石组合	花岗闪长岩、花岗斑岩	
	岩(体)脉形态	岩株状、岩枝状及脉状	
成矿构造	北西向断裂构造	矿体均赋存于北西-南东向层间断层破碎带内，北西-南东向层间断层破碎带为控矿构造，赋矿岩石为片理化、碎裂、角砾岩化蚀变凝灰岩少量蚀变安山岩，矿体主要受构造控制，其次为岩性	必要
成矿特征	矿体形态	矿体呈长条状、条带状	必要
	蚀变强度带范围	矿床围岩蚀变强烈、普遍，在区域变质作用基础上与岩浆热液活动有密切的联系。岩石围岩蚀变主要有与区域变质作用有关的、呈面型分布的绢云母化和黄铁矿化，分带不明显，与金矿化有关的主要为带状分布的黄铁绢云岩化，接近矿体中心其蚀变强	
	矿体规模	金矿体走向长度 80～435m，倾向延伸 40～780m；真厚度1.0～10.25m，金品位 1.03×10^{-6}～16.38×10^{-6}	
	矿带形态	矿带平面上呈北西-南东走向近似平行的条带状，剖面上亦近似平行呈似层状、脉状分布的空间展布特征	
	矿带规模	圈定 8 条(Ⅰ～Ⅷ)含矿蚀变带，为 8 组平行的断裂构造，含矿构造带长 1440～1860m，宽 1～16m，走向北西-南东向，倾向北东	
	矿石矿物金属元素成分	主要为 Fe、Zn、Pb、Au、Ag	
	矿床伴生组分	伴生主要组分为铅、铜、银	
	矿石类型	矿石工业类型划分为金矿石、金铅共生矿石、铅矿石 3 种类型。按矿石矿物组成与结构构造分为条带-浸染状黄铁矿(胶黄铁矿)-方铅矿-闪锌矿金矿石、条带-浸染状黄铁矿(胶黄铁矿)金矿石、星散状、细脉浸染状黄铁矿金矿石	
	矿石矿物组合	主要为黄铁矿、黄铜矿、方铅矿、闪锌矿、毒砂、自然金、银金矿、金银矿、硫金银矿等	
	成矿期次划分	划分为 2 个期次：构造热液成矿作用期和表生淋滤期	
	组分赋存状态	自然金主体为裂隙-粒间，金沿黄铁矿、石英、铁白云山等矿物的裂隙或粒间隙充填，容易解离裸露，占 86%；少量的包裹金呈细粒包体形式被包裹在石英、黄铁矿、铁白云山等矿物中，难以解离，占 14%	

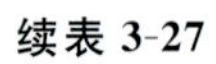

续表 3-27

预测要素		要素特征描述	要素分类
地球化学特征	水系沉积物测量异常及异常特征	1∶5 万水系沉积物测量将胜利沟异常($AS^{35}_{乙2}$)分解成 4 个子异常(AS35-Ⅰ、Ⅱ、Ⅲ、Ⅳ)及 3 个单点异常。其中 AS35-Ⅳ异常为胜利沟金矿区主异常:异常元素组合为 Au、As、Sb,各元素异常套合较紧密。Au 元素异常分为内、中、外 3 个浓集带。峰值为 59×10^{-9}。后期对 1∶1 万土壤测量将 AS35-Ⅳ异常分解为 14 个子异常,面积 0.002～0.06km^2,峰值≥300×10^{-9},衬度 1.45～9.05,异常规模 0.005～0.329。其中 AS35-Ⅳ5、Ⅳ8、Ⅳ12 等 3 个异常规模相对较大,强度高,浓集中心明显,浓度分带清晰。异常呈北西向分布,严格受构造控制	重要

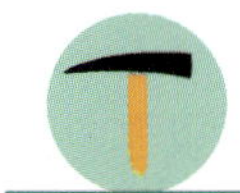

第四章　滩间山金矿成矿机制和成矿模式

第一节　成矿机制

一、成矿物质来源

成矿物质来源是判定矿床成因类型的重要依据之一，是建立成矿模型的关键因素，成矿物质来源的研究对指导下步找矿方向有着重要的指导意义。硫、铅同位素组成对金矿床成矿物质来源的示踪和成矿环境的判别有着重要的指导作用。

（一）硫同位素

滩间山金矿田部分矿床硫同位素组成数据统计结果（表 4-1）显示：金龙沟矿床硫化物的 $\delta^{34}S$ 值分布范围在 −2.17‰～10.0‰之间，均值 7.97‰，青龙沟矿床硫化物的 $\delta^{34}S$ 值分布范围在 5.0‰～17.8‰之间，均值 10.4‰，红柳沟矿床硫化物的 $\delta^{34}S$ 值分布范围在 3.9‰～4.4‰之间，均值为 4.2‰，金矿田内各矿床 $\delta^{34}S$ 值分布范围均较窄，塔式分布规律较为明显。

表 4-1　滩间山金矿部分矿床硫同位素组成表

矿床名称	矿物	数量	$\delta^{34}S$/‰		资料来源
			变化范围	均值	
金龙沟金矿	黄铁矿	6	3.3～9.5	7.02	国家辉等(1998)
	黄铁矿	13	−2.17～9.3	8.11	于凤池等(1999)
	黄铁矿	5	7.1～10.0	8.82	张延军等(2017)
	黄铁矿	4	6.38～8.66		杨佰慧等(2019)
	黄铁矿	3	7.2～9.2	8.23	戴荔果等(2019)
青龙沟金矿	黄铁矿	4	5.0～11.0	8.39	张延军等(2017)
	黄铁矿	2	11.4～17.8	14.6	戴荔果等(2019)
红柳沟金矿	黄铁矿	4	3.9～4.4	4.2	张延军等(2017)

对比天然物的 S 同位素变化特征（图 4-1），红柳沟矿床 $\delta^{34}S$ 值显示有地幔的特征，硫同位素组成值的分布范围显示矿石中的应来自于深部热源；金龙沟矿床、青龙沟矿床的 $\delta^{34}S$ 值具有正向且偏离陨石硫的特点，显示其为壳源岩浆硫的特征，硫同位素组成值的分布范围显示矿石中的硫主要来自于花岗质

岩浆；通过对不同矿石及围岩中的硫同位素组成值的分析对比也可以看出，金龙沟矿床、青龙沟矿床中千枚岩型和大理岩型矿石的硫同位素组成与围岩的硫同位素组成十分接近，说明其硫源主要来自于围岩，而主成矿期（黄铁矿-石英脉阶段）形成的黄铁矿硫同位素组成高于一般岩浆成因的黄铁矿硫同位素，而低于围岩硫同位素组成，说明主成矿期成矿流体的硫源主要来源于岩浆热液和围岩，岩浆硫和地层硫不均一混合。另外，于凤池等（1998）在金龙沟近矿围岩中采集的1个样品$\delta^{34}S$值出现了负值（$-2.17‰$），这可能与局部氧逸度增高有关。

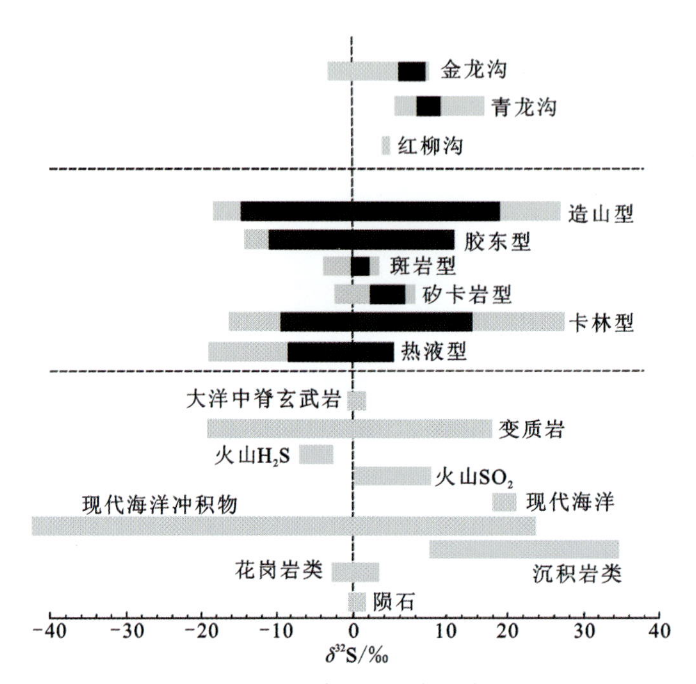

图4-1　滩间山金矿部分金矿床硫同位素与其他天然含硫物质及其他类型S同位素对比图（据Deng and Wang，2016修改）

（二）铅同位素

滩间山金矿部分矿床铅同位素样品分析统计结果（表4-2）显示：滩间山金矿中黄铁矿铅的$^{206}Pb/^{204}Pb$为18.154～19.728，$^{207}Pb/^{204}Pb$为15.509～15.661，$^{208}Pb/^{204}Pb$为37.783～38.308，全岩铅的$^{206}Pb/^{204}Pb$为16.632～21.193，$^{207}Pb/^{204}Pb$为15.449～15.805，$^{208}Pb/^{204}Pb$为36.131～38.958，黄铁矿铅同位素显示了较为均一的分布范围，而全岩铅同位素则分布范围较广，显示了更加复杂的铅来源，但黄铁矿作为金矿区主要的矿石矿物和载金矿物，黄铁矿铅对矿石中铅的来源指示意义更大。

根据滩间山金矿的铅构造模式图（图4-2）可以看出：①碳质绢云千枚岩石及矿石中$^{206}Pb/^{204}Pb$显著高于上地壳，而$^{207}Pb/^{204}Pb$-$^{206}Pb/^{204}Pb$、$^{208}Pb/^{204}Pb$-$^{206}Pb/^{204}Pb$的散点均落在远离正常铅同位素的曲线范围，为异常铅的特征，显示了富含放射性成因铅、富铀贫钍的上地壳铅同位素组成特征，说明铅来源主要为上地壳；②矿区范围之外的岩浆岩铅同位素的散点均落在了正常铅的演化曲线范围内，位于造山带铅和地幔铅之间，表明了岩浆岩是壳、幔物质不同程度混合的产物，具有同源演化的特征；③闪长玢岩岩石和矿石中的铅同位素落在了靠近正常铅演化曲线的异常铅区，表明其在侵位时混染了地层铅；④矿石铅的同位素投点分布在了碳质片岩异常铅和矿区外围岩浆岩正常铅之间，多数更靠近外围岩浆岩的投影区，表明矿石中的铅既有地层中的异常铅，也有与岩浆岩同源的正常铅；⑤胜利沟矿床矿石中的$^{207}Pb/^{204}Pb$-$^{206}Pb/^{204}Pb$散点落在了造山带与上地壳的演化线之间，$^{208}Pb/^{204}Pb$-$^{206}Pb/^{204}Pb$散点基本重叠在了造山带演化线上，说明矿石铅的主要来源为造山带铅，为上地壳和下地壳铅的充分混合，形成了均一的造山带铅。

表 4-2　潍间山金矿部分矿床铅同位素特征表

矿床名称	矿物	样品类型		$^{206}Pb/^{204}Pb$	$^{207}Pb/^{204}Pb$	$^{208}Pb/^{204}Pb$	资料来源
		岩性	岩/矿石				
金龙沟矿床	黄铁矿	碳质千枚岩	矿石	19.296	15.612	38.159	于凤池等(1998) 国家辉等(1998)
				18.476	15.562	37.918	
				19.215	15.594	38.144	
				18.884	15.568	37.965	
				18.651	15.593	38.089	戴荔果等(2019)
			岩石	19.728	15.612	38.181	于凤池等(1998) 国家辉等(1998)
				19.053	15.580	38.260	
				19.497	15.661	38.308	
		闪长玢岩	矿石	18.154	15.509	37.783	
				18.608	15.596	38.074	戴荔果等(2019)
				19.248	15.635	38.251	
			岩石	19.120	15.581	38.032	于凤池等(1998) 国家辉等(1998)
				18.627	15.547	38.012	
				18.713	15.641	38.211	
	全岩铅	碳质千枚岩	矿石	20.114	15.670	38.517	
				20.067	15.699	38.750	
				19.124	15.627	38.366	
				20.384	15.738	38.736	
				21.193	15.805	38.858	
			岩石	20.383	15.716	38.882	
				20.600	15.712	38.796	
				20.569	15.716	38.714	
	全岩铅	闪长玢岩	矿石	18.683	15.588	38.234	
				19.467	15.662	38.651	
				17.825	15.527	37.466	戴荔果等(2019)
				17.223	15.534	36.977	
				19.097	15.588	38.958	
				17.559	15.553	36.131	
			岩石	18.583	15.523	38.276	于凤池等(1998) 国家辉等(1998)
				18.712	15.539	38.724	
青龙沟矿床	黄铁矿	大理岩	矿石	17.492	15.449	37.547	戴荔果等(2019)
				18.308	15.577	38.272	
	全岩铅			19.220	15.668	38.163	于凤池等(1998) 国家辉等(1998)
				18.732	15.561	38.095	
		石英闪长岩	矿石	16.632	15.489	38.403	戴荔果等(2019)
				18.628	15.585	38.311	

续表 4-2

矿床名称	矿物	样品类型		$^{206}Pb/^{204}Pb$	$^{207}Pb/^{204}Pb$	$^{208}Pb/^{204}Pb$	资料来源
		岩性	岩/矿石				
外围岩浆岩	全岩铅	闪长玢岩	岩石	18.194	15.506	38.314	于凤池等(1998) 国家辉等(1998)
				18.184	15.539	38.486	
		斜长花岗斑岩		18.100	15.495	37.915	
		辉长岩		17.914	15.534	38.185	
				18.872	15.506	38.176	
胜利沟矿床	全岩铅		矿石	18.337	15.637	18.169	黄亚等(2015)
				18.310	15.603	38.054	
				18.353	15.658	38.236	
				18.335	15.634	38.156	
				18.354	15.657	38.237	
				18.323	15.624	38.125	
				18.328	15.629	38.151	
				18.300	15.602	38.058	
				18.319	15.624	38.127	
				18.374	15.688	38.346	

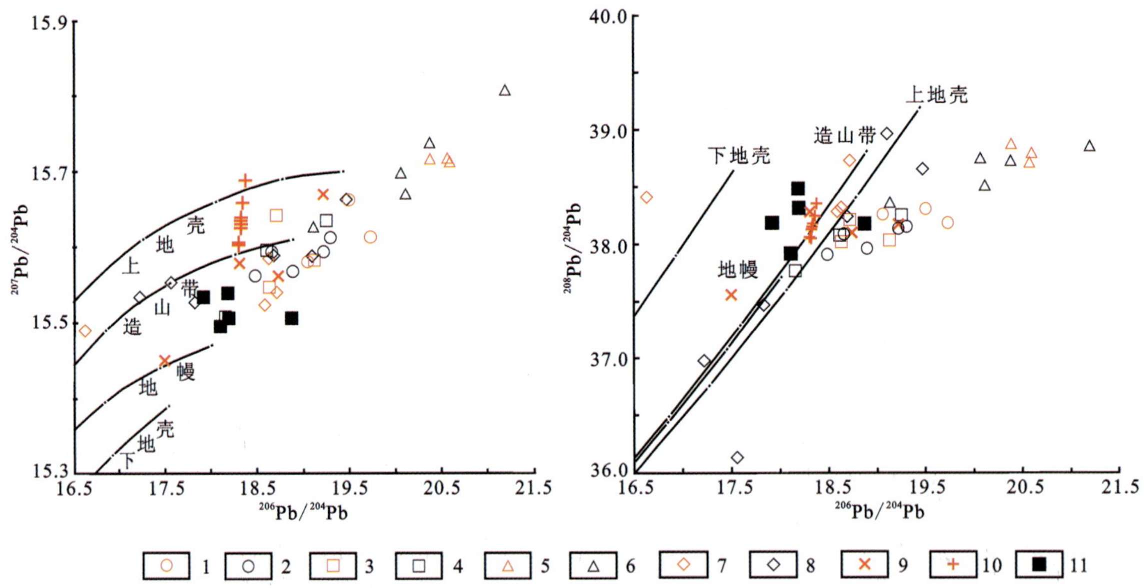

1.碳质千枚岩 Py(矿石);2.碳质千枚岩 Py(岩石);3.闪长玢岩 Py(矿石);4.闪长玢岩 Py(岩石);5.碳质千枚岩 Py(矿石);6.碳质千枚岩 Py(岩石);7.闪长玢岩 Py(矿石);8.闪长玢岩 Py(岩石);9.大理岩(矿石);10.胜利沟(矿石);11.矿区外围岩浆。

图 4-2 潍间山金矿铅同位素构造模式图(据 Zartman,1981)

综上所述,金矿区内的黄铁矿铅同位素组成比其母体矿石中的铅同位素组成更接近岩浆源铅,考虑到黄铁矿与矿床中金的密切伴生关系,表明金矿区内的成矿物质主要是来自于岩浆热液,少部分则萃取于围岩。

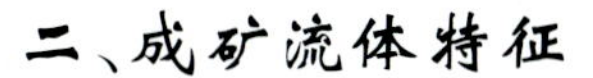

二、成矿流体特征

成矿流体作为热液矿床形成的关键，获取其温度、压力、化学组成、流体来源等物理化学参数对解释矿床成矿过程及条件有着重要的意义。

（一）成矿流体来源

1. 氢-氧同位素

一般认为成矿流体水可划分为大气降水、海水、原生水（或建造水）、变质水和岩浆水5种类型。成矿期产物的氢氧同位素组成特征对于判别、追溯成矿流体水的来源和演化特征具有很好的指示作用。根据前人针对金龙沟和青龙沟矿床不同成矿期次石英样品的氢-氧同位素研究测试结果（表4-3）来看（刘嘉等，2021）：少硫化物-石英脉阶段成矿流体的$\delta^{18}O_{V\text{-}SMOW}$值介于14.1‰～20.9‰之间，$\delta^{18}D_{V\text{-}SMOW}$值介于－84.6‰～－48.6‰之间，$\delta^{18}O_{H_2O}$值介于3.0‰～15.83‰之间；黄铁矿-石英脉多金属硫化物阶段成矿流体的$\delta^{18}O_{V\text{-}SMOW}$值介于14.1‰～20.1‰之间，$\delta^{18}D_{V\text{-}SMOW}$值介于－95.1‰～－38.3‰之间，$\delta^{18}O_{H_2O}$值介于3.0‰～11.27‰之间；石英-碳酸岩脉阶段成矿流体的$\delta^{18}O_{V\text{-}SMOW}$值介于14.1‰～20.1‰之间，$\delta^{18}D_{V\text{-}SMOW}$值介于－95.1‰～－38.3‰之间，$\delta^{18}O_{H_2O}$值介于－1.7‰～8.99‰之间。

表4-3 滩间山金矿部分矿床氢-氧同位素特征表

矿床名称	成矿阶段	样品数量	$\delta^{18}O_{V\text{-}SMOW}$/‰	$\delta^{18}D_{V\text{-}SMOW}$/‰	$\delta^{18}O_{H_2O}$/‰	T/℃	参考文献
金龙沟矿区	少量硫化物-石英脉阶段	3	15.74～18.08	－72.8～－48.6	11.83～15.74	300～335	于凤池等（1999）国家辉等（1998）
	黄铁矿-石英脉多金属硫化物阶段	2	18.4～18.8	－60～－50	10.17～10.31	260～266	
	石英-碳酸岩脉阶段	3	16.86～19.5	－69.9～－53.9	5.21～8.99	217～220	
	黄铁矿-石英脉多金属硫化物阶段	4	14.1～17.9	－61.3～－38.3	3.0～5.6	210～235	张延军等（2017）
	少量硫化物-石英脉阶段	1	20.90	－82.70	15.83	324	戴荔果（2019）
	黄铁矿-石英脉多金属硫化物阶段	1	17.90	－81.50	3.48	162	
青龙沟矿区	少量硫化物-石英脉阶段	2	14.1～15.8	－84.6～－82.9	3.0～5.6	210～225	张延军等（2017）
	黄铁矿-石英脉多金属硫化物阶段	3	16.4～18	－95.1～－89.8	3.7～5.5	170～190	
	石英-碳酸岩脉阶段	2	16.8～19.2	－85～－71.4	－1.7～3.3	120－145	
	黄铁矿-石英脉多金属硫化物阶段	3	18.4～18.7	－89～－80.7	6.7～7	200	杨佰慧（2019）
	黄铁矿-石英脉多金属硫化物阶段	3	17.9～20.1	－87～－84.6	7.64～11.27	217～249	戴荔果（2019）

根据滩间山金矿部分矿床成矿流体 $\delta^{18}D_{V\text{-}SMOW}$-$\delta^{18}O_{H_2O}$ 同位素图解（图 4-3）可以看出：①成矿早期（少硫化物-石英脉阶段）的投点于较为典型的区域变质水范围，表明流体水为变质水，结合矿区资料认为其应该源于围岩万洞沟群变质岩系，此阶段石英脉形成的温度较高（210～335℃，均值 288.17℃）；②主成矿期（黄铁矿-石英脉多金属硫化物阶段）的投点原生岩浆水和变质水范围内及其附近，应兼有两者特征，表明成矿流体的水主要来自岩浆热液，并不同程度混合了变质水，此阶段的投点有总体向雨水线漂移的趋势，表明晚期混入了大气降水，并导致此阶段石英脉形成的温度较前一阶段有所降低（162～266℃，均值 216.38℃）；③成矿晚期（石英-碳酸岩脉阶段）的投点多分布于原生岩浆水和变质水的重叠范围内，整体上向雨水线方向漂移，表明成矿流体的水主要来自岩浆热液，并不同程度地混合了变质水和大气水，此阶段石英脉的形成温度是最低的（120～220℃，均值 184℃）。

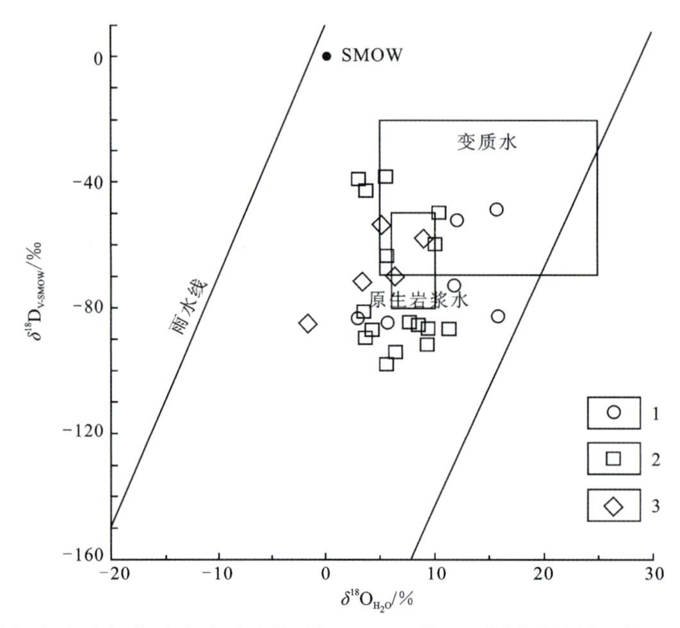

图 4-3　滩间山金矿部分矿床成矿流体 $\delta^{18}D_{V\text{-}SMOW}$-$\delta^{18}O_{H_2O}$ 同位素图解（据 Taylor，1974）

2. 碳及碳-氧同位素

根据滩间山金矿以往 5 件碳同位素全岩样品和 7 件方解石碳-氧同位素样品中 $\delta^{13}C_{V\text{-}PDB}$ 的测试成果数据（表 4-4）来看，金矿区内碳质千枚岩矿石和岩石中的 $\delta^{13}C_{V\text{-}PDB}$ 值变化于－12.94‰～－8.96‰之间，方解石中的 $\delta^{13}C_{V\text{-}PDB}$ 值变化于－2.23～3.2 之间，同自然界中其他物质中 $\delta^{13}C_{V\text{-}PDB}$ 值对比（图 4-4），碳质千枚岩矿石和岩石中的 $\delta^{13}C_{V\text{-}PDB}$ 变化范围略低于海相碳酸盐的变化范围，但未超出岩浆岩氧化碳的变化范围，说明了碳质千枚岩是海相碳质页岩受变质作用使碳还原、氧化减少的产物，碳质千枚岩型矿石基本继承了原岩碳同位素的特征，但也受到岩浆热液成因碳酸盐矿物的混染；方解石中的 $\delta^{13}C_{V\text{-}PDB}$ 变化范围同时落在了岩浆岩氧化碳和海相碳酸盐的变化范围内，说明其中的碳主要来源于岩浆热液，但其在运移过程中混入了部分万洞沟群地层的碳源；因此认为，成矿早期的成矿物质主要源自围岩地层中，部分则来自于岩浆热液，成矿晚期的成矿物质主要源自岩浆热液，部分则来自围岩地层中。

表 4-4　滩间山金矿部分矿床氢-氧同位素特征表

样品类型	样品数量	$\delta^{13}C_{V\text{-}PDB}$/‰	$\delta^{18}O_{V\text{-}PDB}$/‰	$\delta^{18}O_{V\text{-}SMOW}$/‰	资料来源
方解石	3	－1.5～3.2	－14.40～－0.3	16.01～30.55	国家辉等(1998)
大理岩	1	－1.82	－7.38	23.25	
碳质千枚岩	5	－12.94～－8.96			
方解石	3	－2.23～－0.51	－16.91～－15.92	13.43～14.45	杨佰慧等(2019)

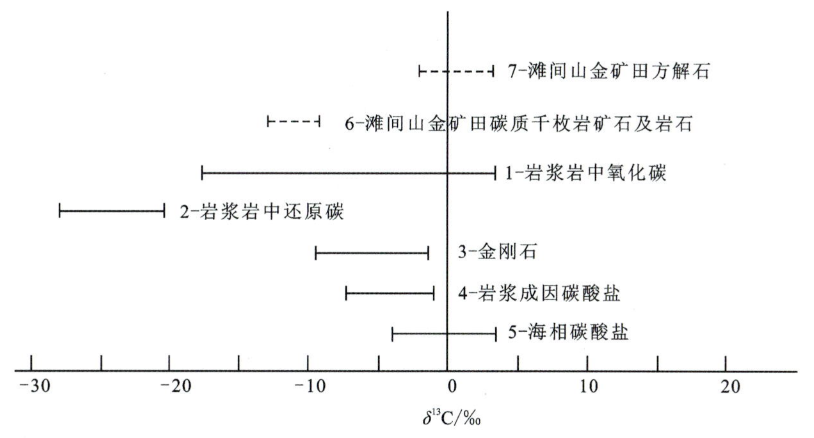

图 4-4　滩间山金矿 $\delta^{13}C$ 特征与自然界其他物质 $\delta^{13}C$ 的分布对比图

(二)成矿流体特征

流体包裹体特征研究作为分析成矿流体最直接手段在滩间山金矿已被广泛使用;以往研究工作针对不同矿床、同一矿床不同成矿期次开展过大量的流体包裹体测试工作,获得较为系统的流体包裹体成果数据。

1. 流体包裹体特征

滩间山金矿内流体包裹体多数均采自各矿床内金矿石中的石英和方解石中(表 4-5),但只有少数产于石英中的包裹体可以用于显微测温;各矿床及同一矿床不同成矿阶段石英中的包裹体主要以气液二相包裹体(L+V 型)为主,含少量纯气相包裹体(V 型)和纯液相包裹体(L 型);其中气液二相包裹体(L+V 型)根据气液比值 V/(L+V)又分为富气二相包裹体 V/(L+V)>50%和富液二相包裹体 V/(L+V)<50%,以富液二相居多,包裹体主要呈负晶形、椭球状、柱状或不规则形,粒径在 1~13μm 之间,多呈孤立状或群状产出,气液二相以水为主,气相中含少量 CO_2、N_2、CH_4;纯气相包裹体和纯液相包裹体均多呈椭球状-近似圆状或不规则形,常呈孤立状产出,粒径较小,多在 1~6μm 之间,纯气相包裹体主要包括纯 CO_2 气相和含 N_2、CH_4 气相包裹体,纯液相包裹体主要为水溶液相和 CO_2 液相包裹体。

表 4-5　滩间山金矿部分矿床流体包裹体特征表

矿床名称	对象	成矿期次	包裹体类型	大小/μm	气液比/%	资料来源
金龙沟金矿	石英	少量硫化物-石英	H_2O-CO_2-CH_4-NaCl	2~5	10~80	张德全等(2007)
		黄铁矿-石英	H_2O-CO_2-NaCl	3~10		
			H_2O-NaCl			
	石英	石英-黄铁矿	不同阶段主要为气液二相和少量纯液相包裹体属 NaCl-H_2O 体系	4~10	40~60	张延军等(2017)
		石英-黄铁矿多金属硫化物		6~10	10~40	
		石英-盐酸盐		6~12	10~20	
	石英	少量硫化物-石英	不同阶段气液二相、纯液相、纯气相包裹体共存属 H_2O-NaCl-CO_2-CH_4(N_2)体系	1~8		戴荔果等(2019)
		黄铁矿-石英				
		石英-盐酸盐				
	石英	石英-黄铁矿多金属硫化物	气液二相属 NaCl-H_2O 体系	2~10	10~25	杨佰慧等(2019)

续表 4-5

矿床名称	对象	成矿期次	包裹体类型	大小/μm	气液比/%	资料来源
青龙沟金矿	石英	黄铁矿-石英	CO_2-H_2O	3～10	10～80	张德全等(2007)
			H_2O-NaCl			
	石英	无矿石英脉	不同阶段主要为气液二相和少量纯液相包裹体属 NaCl-H_2O 体系	8～14	20～50	张延军等(2017)
		石英-黄铁矿多金属硫化物		4～12	10～30	
		石英-盐酸盐		4～10	10～20	
	石英	少量硫化物-石英	不同阶段气液二相、纯液相、纯气相包裹体共存属 H_2O-NaCl-CO_2-CH_4(N_2)体系	1～8		戴荔果等(2019)
		石英-黄铁矿多金属硫化物				
		石英-盐酸盐				
	石英	石英-盐酸盐	气液二相包裹体属 H_2O-NaCl 体系	4～10	5～30	张博文等(2010)
青山金矿床	石英方解石	岩浆热液晚期	气液二相包裹体属 H_2O-NaCl 体系	2～7	10～20	陈晓琳等(2019)
红柳沟金矿	石英	石英脉	气液二相包裹体属 H_2O-NaCl 体系	2～4	10～15	张延军等(2017)
胜利沟金矿	石英方解石	石英脉	气液二相包裹体属 H_2O-NaCl 体系	2～13	10～30	黄亚等(2013)

2. 流体包裹体测温

潍间山金矿部分流体包裹体测温结果(表 4-6)显示:金龙沟矿床的包裹体在冷冻升温过程中,测得冰点温度在－13.6～－2.2℃之间,均一温度在 121.0～449.0℃之间,盐度在 1.4～17.74wt%NaCl eqv 之间,流体密度在 0.543～1.05g/cm^3 之间;青龙沟矿床的包裹体在冷冻升温过程中,测得冰点温度在－13.2～－0.7℃之间,均一温度在 113.5～418.0℃之间,盐度在 1.4～17.74wt%NaCl eqv 之间,流体密度在0.543～1.05g/cm^3 之间;青山金铅矿床的包裹体在冷冻升温过程中,测得冰点温度在－7.8～－3.6℃之间,均一温度在 159～240.7℃之间,盐度在 5.85～11.48wt%NaCl eqv 之间,流体密度在 0.90～0.98g/cm^3;红柳沟矿床的包裹体在冷冻升温过程中,测得冰点温度在－8.9～－5.2℃之间,均一温度在 250～310℃之间,盐度在 8.13～12.76wt%NaCl eqv 之间,流体密度在 0.797～0.896g/cm^3 之间;胜利沟矿床的包裹体在冷冻升温过程中,测得冰点温度在－9.7～－1.8℃之间,均一温度在 120～385℃之间,盐度在3.06～13.62wt%NaCl eqv 之间,流体密度在 0.67～1.03g/cm^3 之间。根据青龙沟和金龙沟两个主要矿床的 3 个成矿阶段的均一温度、盐度和流体密度的变化范围可知,潍间山金矿内成矿期前流体的均一温度最高,盐度和密度中等,主成矿期流体的均一温度最低,盐度和密度升至最高,成矿期后流体的均一温度中等,盐度和密度则最低。

同时也不难看出,潍间山金矿内各矿床之间均一温度存在一定的差异,但这种差异应该是与成矿作用时的压力-温度不同有关,也与围岩的组成有关,但这些矿床的主成矿阶段(石英-硫化物阶段)均一温度还是在 200～400℃之间,仅有几十度的差别,均在造山型金矿的成矿温度(卢焕章等,2018)之内。

表 4-6 滩间山金矿部分矿床流体包裹体特征表

矿床名称	对象	成矿期次	包裹体类型	冰点温度/℃	均一温度/℃	盐度/wt%NaCl	流体密度/(g/cm³)	参考文献
金龙沟金矿	石英	少量硫化物-石英	H_2O-CO_2-CH_4-NaCl		186～250	1.4～7.9	0.864～0.895	张德全等(2007)
		黄铁矿-石英	H_2O-CO_2-NaCl		274～289	1.8～7.9	0.769～0.809	
			H_2O-NaCl		381～449	1.6～10.8	0.543～0.58	
	石英	石英-黄铁矿	NaCl-H_2O	－11.7～－5.2	314.2～457.3	8.67～15.75	0.586～0.788	张延军等(2017)
		石英-黄铁矿多金属硫化物		－12.4～－3.0	150.2～209.3	4.94～14.31	0.914～1.027	
		石英-盐酸盐		－5.0～－2.2	126.5～149.8	2.23～7.86	0.950～0.990	
	石英	少量硫化物-石英	H_2O-NaCl-CO_2-CH_4(N_2)		210～407	6.01～12.39	0.66～0.99	戴荔果等(2019)
		黄铁矿-石英			121～230	9.21～18.38	0.92～1.04	
		石英-盐酸盐			167～298	3.87～11.46	0.78～0.98	
	石英	石英-黄铁矿多金属硫化物	NaCl-H_2O	－13.6～－3.6	138.9～295.9	5.85～17.74	0.88～1.05	杨佰慧等(2019)
青龙沟金矿	石英		CO_2-H_2O		200～245	1.8～8.3	0.874～0.88	张德全等(2007)
					293～299		0.735～0.799	
			H_2O-NaCl	－6.0～－0.7	129～418	1.2～9.2	0.608～0.951	
	石英	无矿石英脉	NaCl-H_2O	－13.2～－5.6	200.6～245.3	8.67～17.19	0.898～0.996	张延军等(2017)
		石英-黄铁矿多金属硫化物		－8.3～－0.8	165.3～219.4	1.39～12.07	0.872～0.953	
		石英-盐酸盐		－4.6～－0.8	113.5～159.9	1.56～7.30	0.948～0.986	
	石英	少量硫化物-石英	H_2O-NaCl-CO_2-CH_4(N_2)		290～350	11～13	0.72～0.95	戴荔果等(2019)
		石英-黄铁矿多金属硫化物			240～270	9～10		
		石英-盐酸盐			180～220	4～6		
	石英	石英-盐酸盐	H_2O-NaCl	－5.1～－1.6	123.6～204.5	2.73～7.99	0.86～0.95	张博文等(2010)
青山金矿床	石英、方解石	岩浆热液晚期	H_2O-NaCl	－3.6～－7.8	159～240.7	5.85～11.48	0.90～0.98	陈晓琳等(2019)
红柳沟金矿	石英	石英脉	H_2O-NaCl	－8.9～－5.2	250～310	8.13～12.76	0.797～0.896	张延军等(2017)
胜利沟金矿	石英、方解石	石英脉	H_2O-NaCl	－9.7～－1.8	120～385	3.06～13.62	0.67～1.03	黄亚等(2013)

3. 成矿压力和深度

滩间山金矿部分矿床成矿流体压力和深度计算结果(表 4-7)显示:滩间山金矿各矿床成矿压力在 8.39～54.92MPa 之间,成矿深度在 0.9～5.93km 之间;各矿床成矿压力和深度差异不大,但不同成矿阶段压力和深度均有一定差异,总体来看成矿流体由早阶段到晚阶段成矿压力和深度同时呈递减态势,暗示了滩间山金矿的形成处于抬升剥蚀的环境下,同时还可以看出金矿区内的成矿-热液矿化事件发生在浅成(＜6km)环境,这也与研究区晚海西期的隆升造山过程是一致的。

表 4-7　滩间山金矿部分矿床成矿流体特征表

矿床名称	对象	成矿期次	包裹体类型	成矿压力/MPa	深度估算/km	参考文献
金龙沟金矿	石英	少量硫化物-石英	H_2O-CO_2-CH_4-NaCl	12.29～23.84	1.23～2.38	张德全等(2007)
		黄铁矿-石英	H_2O-CO_2-NaCl	18.67～27.56	1.87～2.76	
			H_2O-NaCl	25.57～47.61	2.56～5.49	
	石英	石英-黄铁矿	NaCl-H_2O	28.93～54.92	2.89～5.93	张延军等(2017)
		石英-黄铁矿多金属硫化物		12.35～25.17	1.24～2.52	
		石英-盐酸盐		11.22～16.06	1.12～1.60	
	石英	少量硫化物-石英	H_2O-NaCl-CO_2-CH_4(N_2)	13.967～43.237	1.19～4.12	戴荔果等(2019)
		黄铁矿-石英		12.766～23.914	1.28～2.4	
		石英-盐酸盐		18.087～28.781	1.12～1.33	
	石英	石英-黄铁矿多金属硫化物	NaCl-H_2O	15.42～35.50	1.54～3.55	杨佰慧等(2019)
金龙沟金矿	石英		CO_2-H_2O	13.63～23.74	1.36～2.37	张德全等(2007)
				19.97～28.98	2.0～2.9	
			H_2O-NaCl	8.39～41.93	0.84～5.13	
	石英	无矿石英脉	NaCl-H_2O	15.87～27.62	1.59～2.76	张延军等(2017)
		石英-黄铁矿多金属硫化物		11.89～21.68	1.19～2.17	
		石英-盐酸盐		8.74～14.68	0.87～1.47	
	石英	少量硫化物-石英	H_2O-NaCl-CO_2-CH_4(N_2)	15.45～36.01	1.5～3.6	戴荔果等(2019)
		石英-黄铁矿多金属硫化物		14.33～23.69	1.4～2.4	
		石英-盐酸盐		11.96～17.61	1.2～1.7	
	石英	石英-盐酸盐	H_2O-NaCl	8.99～19.13	0.9～1.91	张博文等(2010)
红柳沟金矿	石英	石英脉	H_2O-NaCl	27.09～32.23	2.71～3.22	张延军等(2017)
青山金矿	石英方解石	岩浆热液晚期	H_2O-NaCl	15.64～26.00	1.56～2.6	陈晓琳等(2019)

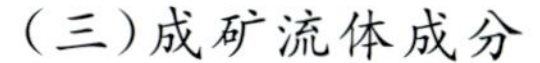

(三)成矿流体成分

1. 单个包裹体成分

戴荔果等(2019)对金龙沟金矿床单个包裹体成分测试分析结果(表 4-8)显示:少量硫化物-石英脉阶段,气液二相包裹体(L+V 型)中发现了大量的 CO_2 成分,显示 CO_2 拉曼峰值(1387cm^{-1},1284cm^{-1});黄铁矿-石英脉多金属硫化物阶段,气液二相包裹体(L+V 型)中测试出了 H_2O 和 CO_2 成分,纯气相包裹体(V 型)中见有大量 CO_2 和 N_2 成分;石英-碳酸岩脉阶段,气液二相包裹体(L+V 型)、纯气相包裹体(V 型)和纯液相包裹体(L 型)中,分别有 H_2O、CO_2 及 N_2 成分。

表 4-8　金龙沟金矿床流体包裹体拉曼光谱测试结果

成矿阶段	样号	相态	拉曼成分				
			液相		气相		
			成分	峰位移/cm^{-1}	成分	峰位移/cm^{-1}	相对含量/%
少量硫化物-石英脉	JL-10	L+V			CO_2	1387,1284	
黄铁矿-石英脉多金属硫化物	JL-03	L+V			CO_2	1386,1286	
		V			CO_2	1387,1284	50
					N_2	2927	50
		L+V	H_2O	3445			
					CO_2	1387,1282	
石英-碳酸岩脉	JL-22-1	L	H_2O	3464			
	JL-22-2	V			CO_2	1384,1281	51
					N_2	2926	49
	JL-22-4	L+V			CO_2	1385,1282	

戴荔果等(2019)对青龙沟金矿床单个包裹体成分测试分析结果(表 4-9)显示:大理岩型金矿石和蚀变闪长玢岩型金矿石中石英的流体包裹均有相同的气液二相成分,其中,气液二相包裹体(L+V 型)和纯液相包裹体(L 型)中,显示 H_2O 拉曼峰值(3443~3447cm^{-1}),表明 H_2O 主要为液相成分;纯气相包裹体(V 型)和气液二相包裹体(L+V 型)中,显示 CO_2 拉曼峰值(1385~1387cm^{-1},1279~1284cm^{-1});部分纯气相包裹体(V 型)和气液二相包裹体(L+V 型)中的气相,则表现出显著的 N_2 拉曼峰值(2926cm^{-1}),且 N_2 的成分含量为 36%~58%。

表 4-9　青龙沟金矿床流体包裹体拉曼光谱测试结果

样号	主矿物	相态	拉曼成分				
			液相		气相		
			成分	峰位移/cm^{-1}	成分	峰位移/cm^{-1}	相对含量/%
QL-08-1	石英	V			CO_2	1384,1281	64
QL-08-2					N_2	2926	36
QL-08-3	石英	L+V	H_2O	3447			
QL-08-4					CO_2	1385,1284	
QL-08-5	石英	L+V			CO_2	1386,1284	

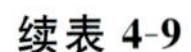

续表 4-9

样号	主矿物	相态	拉曼成分				
			液相		气相		
			成分	峰位移/cm^{-1}	成分	峰位移/cm^{-1}	相对含量/%
QL-10	石英	L+V			CO_2	1383,1279	
QL-17-1	石英	L+V			CO_2	1386,1284	
QL-17-2	石英	L+V	H_2O	3446			
QL-17-3					N_2	2926	58
QL-17-4					CO_2	1387,1284	42
QL-17-5	石英	L	H_2O	3443			

2. 群包裹体成分

戴荔果等(2019)对金龙沟金矿床的群体包裹体成分测试分析结果(表 4-10、表 4-11)显示：群包裹体的气相成分主要为 H_2O 和 CO_2，以及少量的 CO、N_2、CH_4 和 H_2，与单一包裹体激光拉曼光谱测试成分基本吻合；群包裹体液相成分主要为 H_2O，还包括较高含量的 SO_4^{2-}、Cl^-、Ca^{2+}、Na^+、Mg^{2+}，以及少量的 K^+、F^-、NO_3^- 等。

表 4-10　金龙沟金矿床流体包裹体液相成分表

样品	测试矿物	F^-	Cl^-	NO_3^-	SO_4^{2-}	Na^+	K^+	Mg^{2+}	Ca^{2+}
JL-16	石英	0.109 8	26.19	0.185 9	142.2	12.28	1.493	6.350	62.09
JL-13	石英	0.092 5	38.40	/	29.94	27.07	1.340	5.179	36.46

注：单位为 μg/g；包裹体爆裂条件为 550℃，10min；“/”表示达不到检测限或未检出。

表 4-11　金龙沟金矿床流体包裹体气相成分表

样品	测试矿物	H_2	N_2	CO	CH_4	CO_2	H_2O(气相)
JL-16	石英	0.061 4	0.236 3	1.817	0.020 9	52.45	1.478×10^{-5}
JL-13	石英	0.631 9	0.179 0	1.183	0.035 0	38.01	2.050×10^{-5}

注：单位为 μg/g；包裹体爆裂条件为 550℃，5min。

戴荔果等(2019)对青龙沟金矿床的群体包裹体成分测试分析结果(表 4-12、表 4-13)显示：群包裹体的气相成分主要为 H_2O、CO_2 和 N_2，以及少量的 CO、CH_4 和 H_2，与单一包裹体激光拉曼光谱测试成分基本吻合；群包裹体液相成分主要为 H_2O、SO_4^{2-}、Cl^-、Ca^{2+}、Na^+、Mg^{2+}，以及少量的 K^+、F^- 成分。

表 4-12　青龙沟金矿床流体包裹体液相成分表

样品	测试矿物	F^-	Cl^-	NO_3^-	SO_4^{2-}	Na^+	K^+	Mg^{2+}	Ca^{2+}
QL-10	石英	0.088 1	6.054	/	24.32	3.362	0.782 8	4.826	13.77
QL-08	石英	0.099 9	23.69	/	18.06	16.65	0.797 9	2.241	13.83
QL-03a	石英	0.041 6	18.78	/	17.77	11.96	0.705 8	10.47	22.31

注：单位为 μg/g；包裹体爆裂条件为 550℃，10min；“/”表示达不到检测限或未检出。

表 4-13　青龙沟金矿床流体包裹体气相成分

样品	测试矿物	H_2	N_2	CO	CH_4	CO_2	H_2O(气相)
QL-10	石英	0.215 7	0.201 8	0.255 6	0.048 5	17.48	1.427×10^{-5}
QL-08	石英	0.260 8	0.151 7	0.094 7	0.037 9	4.807	2.039×10^{-5}
QL-03a	石英	0.151 6	0.372 6	0.274 0	0.042 2	30.74	1.886×10^{-5}

注：单位为 μL/g；包裹体爆裂条件为 550℃，5min。

综上，滩间山金矿内金龙沟、青龙沟金矿床内的单个包裹体成分及各成分的拉曼峰值差异不大，气液二相包裹体（L+V 型）中检测出了 H_2O 和 CO_2 拉曼峰值，纯气相包裹体（V）体中 CO_2 和 N_2 拉曼峰值；群包裹体的气相和液相成分及浓度也呈现相似的特征，成矿流体中均含有较高的 SO_4^{2-} 和 Cl^- 离子浓度，其可能与金属成分的萃取作用密切相关。数据表明，滩间山金矿的成矿流体属 H_2O-NaCl-CO_2-CH_4(N_2)体系，流体体系均较富含 CO_2，表明其具深源特征，应与矿区岩浆岩密切相关。

三、成矿元素地球化学特征

（一）成矿元素特征

张延军等（2017）对滩间山金矿典型矿床内的主要岩、矿石类型开展了成矿元素地球化学特征研究工作，测试分析结果见表 4-14，并对相关测试元素的结果运用 SPSS 进行了相关性分析及因子分析（表 4-15）。

表 4-14　滩间山金矿部分金矿床样品主要金属元素含量表

矿床名称		金龙沟金矿	青龙沟金矿	红柳沟金矿	青龙滩硫铁矿
样品数量		19	22	17	11
元素含量(平均值)	Au	1.90	0.06	0.41	0.08
	Ag	0.95	0.09	0.20	1.80
	As	1 742.27	38.00	10.98	0.00
	Sb	5.84	29.00	0.32	0.02
	Hg	0.04	0.25	0.01	0.60
	Cu	62.18	42.13	75.48	29.09
	Pb	26.84	0.97	13.62	11.82
	Zn	126.09	0.04	39.48	1 260.91
	Bi	0.44	96.35	0.14	10.41
	Co	21.11	72.42	34.08	8.01
	Ni	60.57	87.22	104.75	0.01
	S				6.69

注：数据来源于张延军等（2017）；S 元素单位为 10^{-2}，其余元素单位均为 10^{-6}。

表 4-15 滩间山金矿内金矿成矿元素相关矩阵

	Au	Ag	As	Sb	Hg	Cu	Pb	Zn	Bi	Co	Ni
Au	1										
Ag	0.484	1									
As	0.989	0.488	1								
Sb	0.116	0	0.125	1							
Hg	−0.023	−0.178	−0.016	0.596	1						
Cu	0.012	0.221	−0.031	0.003	−0.041	1					
Pb	0.043	0.464	0.022	−0.175	−0.36	0.235	1				
Zn	−0.023	0.501	0.005	−0.241	−0.422	0.026	0.564	1			
Bi	−0.057	−0.171	−0.05	0.259	0.364	−0.143	−0.281	−0.315	1		
Co	−0.028	−0.055	−0.024	0.167	0.13	−0.04	−0.105	−0.099	0.89	1	
Ni	−0.067	−0.082	−0.059	0.074	0.036	−0.01	−0.115	−0.043	0.831	0.975	1

对测试结果运用 SPSS 软件进行相关性分析，结果表明：滩间山金矿田内 Au 与 Ag、As 相关性较好，与 Sb 有弱的相关性；但就单个矿床来看，金龙沟、青龙沟矿床内 Au 与 Co、Ni 也有显著的正相关，而红柳沟矿床内的 Au 与 Co、Ni 却显示负相关，暗示了附近的基性岩脉与金龙沟、青龙沟矿床金成矿有成因上的联系。

滩间山金矿田内金矿成矿元素因子分析结果（表 4-16）显示：金矿床中 F1 主成分因子为 Co、Ni、Bi 元素组合，F2 中为 Au、As、Ag 元素组合，F3 中为 Pb、Ag、Zn、Cu 元素组合，F4 中为 Hg、Sb 元素组合，总体显示 Au 主要与 As、Ag 元素关系较为密切。

表 4-16 滩间山金矿内金矿成矿元素 R 型因子分析旋转成分矩阵

元素	成分			
	F1	F2	F3	F4
Co	0.991	−0.003	−0.011	0.065
Ni	0.979	−0.045	−0.006	−0.032
Bi	0.902	−0.03	−0.215	0.25
As	−0.026	0.986	−0.007	0.039
Au	−0.034	0.98	0.009	0.049
Pb	−0.084	0.027	0.782	−0.28
Ag	−0.026	0.566	0.667	−0.075
Zn	−0.047	0.036	0.654	−0.475
Cu	−0.066	−0.103	0.607	0.278
Hg	0.085	−0.041	−0.207	0.846
Sb	0.11	0.117	0.034	0.831
特征值	3.317	2.349	2.012	1.202
方差贡献率/%	30.157	21.352	18.287	10.931
累计方差贡献率/%	30.157	51.509	69.796	80.727

从金矿成矿元素R型聚类分析谱系图(图4-5)可以看出,以距离系数20为界时,可以分为三类元素组合:第一类组合为Au、As、Ag、Zn、Pb,第二类组合为Co、Ni、Bi、Sb、Hg,第三类仅为一个Cu。从相关性分析、因子分析和R型聚类分析谱系图可以看出,R型聚类分析谱系图中的第一组群代表了与金成矿作用最为密切的元素组合,应为矿石特征元素组合,Cu形成了独立元素,反映其与金矿形成关系不大。

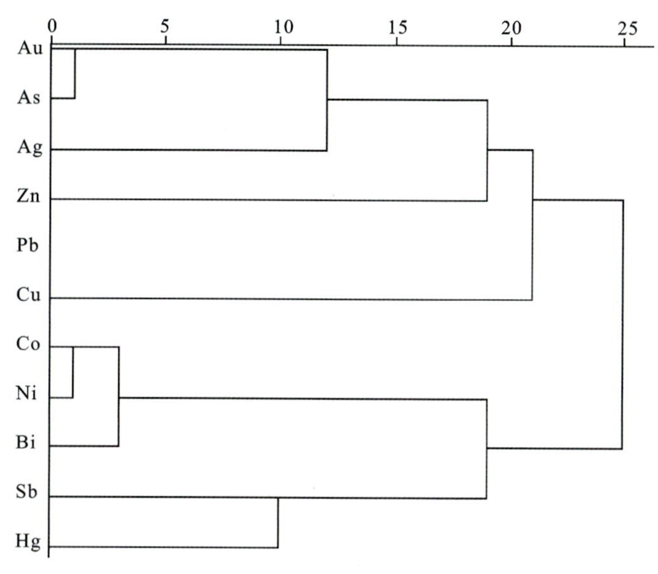

图4-5 滩间山金矿成矿元素R型聚类分析谱系图

(二)主量元素特征

根据滩间山金矿田内岩浆岩主量元素测试结果(表4-17)、岩浆岩TAS图解和AR-SiO_2图解(图4-6)与岩浆岩A/CNK-A/NK图解和SiO_2-K_2O图解(图4-7),可以看出:

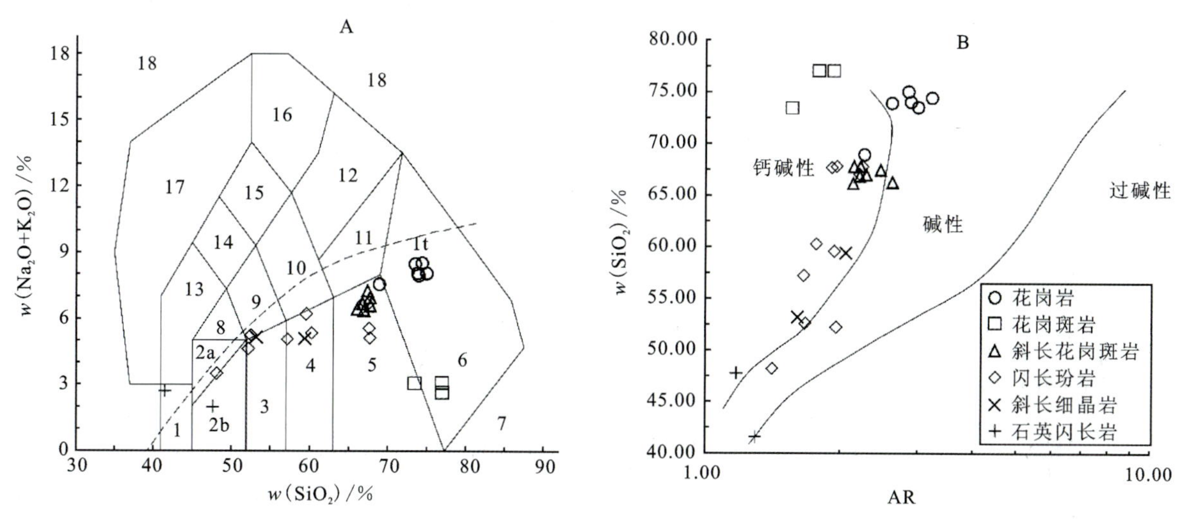

1.橄榄辉长岩;2a.碱性辉长岩;2b.亚碱性辉长岩;3.辉长闪长岩;4.闪长岩;5.花岗闪长岩;6.花岗岩;7.硅英岩;8.二长辉长岩;9.二长闪长岩;10.二长岩;11.石英二长岩;12.正长岩;13.副长石辉长岩;14.副长石二长闪长岩;15.副长石二长正长岩;16.副长正长岩;17.副长深成岩;18.霓方钠岩/磷霞岩/粗白榴岩。

图4-6 滩间山金矿岩浆岩TAS图解(A)和AR-SiO_2图解(B)

表 4-17　滩间山金矿岩浆岩主量元素分析结果及特征参数

岩浆岩类型	SiO_2	TiO_2	Al_2O_3	Fe_2O_3	FeO	MnO	MgO	CaO	Na_2O	K_2O	P_2O_5	LOI	Total	δ_{43}	A/CNK	A/NK	AR
花岗岩	68.92	0.23	16.54	1.06	0.65	0.04	0.79	2.86	5.79	1.76	0.07	0.87	99.58	2.18	1.00	1.45	2.27
	73.88	0.05	14.09	0.34	0.45	0.02	0.26	1.21	3.42	4.63	0.06	1.27	99.68	2.09	1.11	1.32	2.62
	73.97	0.08	14.28	0.21	0.70	0.02	0.29	1.14	3.75	4.22	0.06	0.91	99.63	2.04	1.13	1.33	2.89
	74.38	0.07	14.28	0.11	0.50	0.01	0.26	0.95	4.01	4.50	0.05	0.52	99.64	2.30	1.09	1.25	3.22
	74.97	0.05	13.95	0.21	0.35	0.02	0.21	0.92	3.57	4.47	0.05	0.87	99.64	2.01	1.14	1.30	2.85
	73.50	0.08	14.50	0.20	0.83	0.03	0.28	1.29	3.95	4.52	0.06	0.88	100.12	2.35	1.07	1.27	3.00
花岗斑岩	76.98	0.55	9.00	3.11	1.04	0.01	0.56	0.65	0.31	2.75	0.74	3.63	99.33	0.27	2.58	2.58	1.93
	77.01	0.36	8.02	4.31	0.70	0.05	0.40	1.33	0.20	2.44	0.07	5.03	99.92	0.20	1.54	2.70	1.79
	73.45	0.37	12.92	1.90	0.21	0.01	0.50	1.12	0.31	2.76	0.09	5.99	99.63	0.30	2.43	3.69	1.56
斜长花岗斑岩	67.78	0.41	14.71	0.94	2.22	0.04	1.67	3.31	4.36	2.21	0.12	1.97	99.74	1.72	0.96	1.54	2.15
	66.26	0.25	14.18	0.94	1.72	0.01	1.28	2.54	6.08	1.42	0.02	3.79	98.49	2.33	0.88	1.23	2.63
	66.96	0.24	13.43	0.96	1.61	0.02	1.89	2.86	4.50	1.88	0.08	4.74	99.17	1.64	0.93	1.42	2.29
	67.73	0.24	15.60	1.54	0.80	0.08	1.09	2.70	4.88	2.07	0.10	2.81	99.63	1.91	1.04	1.52	2.22
	66.13	0.31	14.16	1.79	0.92	0.04	1.28	3.59	4.31	2.13	0.11	4.97	99.74	1.72	0.90	1.51	2.14
	67.41	0.33	14.59	1.80	0.64	0.04	1.19	2.44	5.08	2.13	0.10	4.00	99.75	2.07	0.98	1.37	2.47
	66.84	0.33	14.61	1.37	0.94	0.03	1.12	3.04	4.31	2.36	0.09	4.71	99.75	1.80	0.98	1.51	2.21

续表 4-17

岩浆岩类型	SiO_2	TiO_2	Al_2O_3	Fe_2O_3	FeO	MnO	MgO	CaO	Na_2O	K_2O	P_2O_5	LOI	Total	δ_{43}	A/CNK	A/NK	AR
闪长玢岩	66.99	0.39	14.62	2.62	0.32	0.04	1.12	3.33	4.82	1.94	0.11	3.04	99.34	1.85	0.92	1.46	2.21
	60.24	1.03	18.34	6.94	0.45	0.01	0.56	0.78	0.41	4.92	0.31	6.70	100.69	1.52	2.75	3.06	1.77
	59.58	1.23	18.01	5.16	0.59	0.02	0.89	1.33	0.43	5.75	0.34	6.48	99.81	2.10	2.11	2.60	1.94
	67.72	0.34	15.29	0.97	0.75	0.62	0.62	2.19	4.34	2.38	0.06	4.59	99.87	1.77	1.13	1.57	2.25
	67.63	0.91	17.38	3.08	0.16	0.53	0.53	0.19	0.35	5.20	0.11	4.00	100.08	1.22	2.77	2.80	1.92
	67.76	0.95	14.94	3.06	0.20	0.55	0.55	0.69	0.34	4.74	0.11	5.48	99.37	1.00	2.24	2.63	1.96
	57.16	0.79	15.69	2.52	2.13	0.06	2.46	4.61	0.22	4.81	0.26	8.98	99.69	1.53	1.18	2.82	1.66
	52.59	0.99	12.92	0.93	4.23	0.12	2.75	7.93	2.71	2.51	0.69	10.88	99.25	2.11	0.65	1.80	1.67
	48.18	1.02	11.36	1.37	5.65	0.11	4.75	9.03	0.27	3.22	0.79	13.53	99.28	1.26	0.62	2.89	1.41
	52.21	0.80	14.08	16.33	0.52	0.00	0.75	0.17	0.27	4.34	0.05	10.32	99.84	1.69	2.64	2.74	1.96
斜长细晶岩	59.40	0.77	13.46	9.18	1.07	0.02	0.59	1.16	1.02	4.04	0.31	8.92	99.94	1.38	1.81	2.22	2.06
	53.20	0.78	16.22	1.62	3.37	0.09	2.22	5.74	0.24	4.89	0.03	10.70	99.10	1.96	1.01	2.85	1.61
石英闪长岩	47.73	1.37	15.32	2.48	8.82	0.18	6.17	9.46	1.95	0.02	0.10	5.23	98.83	0.55	0.76	4.74	1.17
	41.55	1.51	12.03	0.56	10.12	0.19	5.93	9.06	1.74	0.95	0.14	14.92	98.70	1.56	0.60	3.09	1.29

注:元素含量单位为%;数据来源于国家辉等(1998)、白开寅等(2007)、贾群子等(2013)、戴荔果等(2019)、张金明等(2020)。

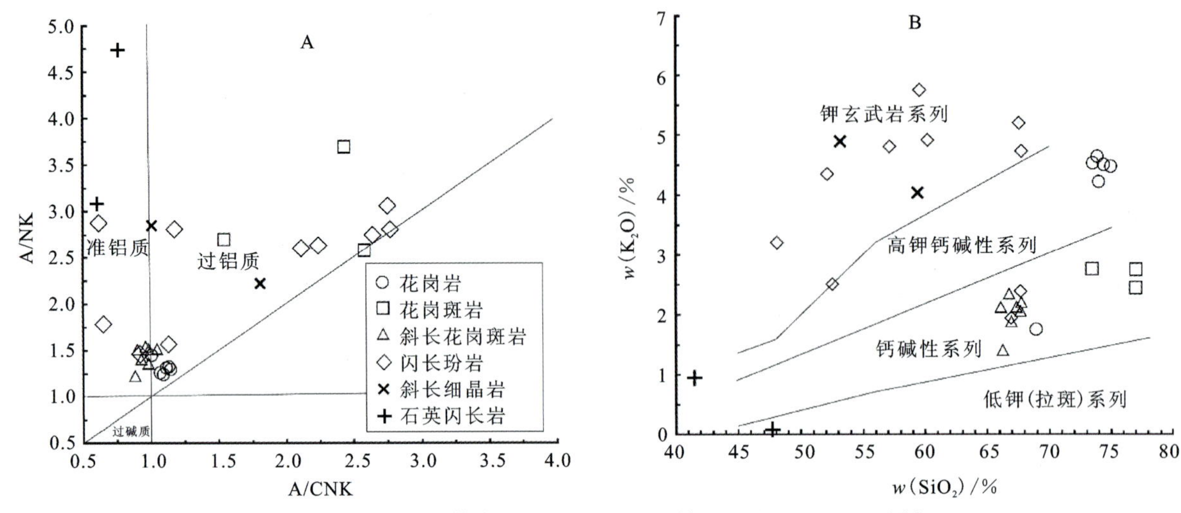

图 4-7 潍间山金矿岩浆岩 A/CNK-A/NK 图解(A)和 SiO_2-K_2O 图解(B)

(1)金矿区内侵入岩 SiO_2 含量 41.55%～77.01%,均值 64.60%,K_2O 含量 0.02%～5.75%,均值 3.2%,Na_2O 含量 0.20%～6.08%,均值 2.6%,K_2O+Na_2O 含量 1.97%～8.51%,均值 5.8%;其中 SiO_2 含量在花岗(斑)岩→斜长花岗斑岩→闪长玢岩→斜长细晶岩→石英闪长岩中呈逐渐递减,不同岩体、岩脉的岩石地球化学特征差异不大,具有成因上的密切联系,为同源岩浆不同演化阶段的产物。在 TAS 图解中,花岗岩和花岗斑岩样品落在了花岗岩区域内,斜长花岗斑岩样品则全部落在了花岗闪长岩区域内,闪长玢岩样品集中落在了闪长岩和花岗闪长岩区域内,2 件样品落在了辉长闪长岩区域内,1 件样品碱性辉长岩区域内,显微镜下定名仍为闪长玢岩,斜长细晶岩样品 1 件落在了闪长岩区域内,1 件落在了辉长闪长岩区域内,但其显微镜下定名仍为斜长细晶岩,石英闪长岩样品 1 件落在了亚碱性辉长岩区域内,1 件落在了橄榄辉长岩区域内,但其显微镜下定名仍为石英闪长岩,样品落在异常区域内的主要原因是这些样品中蚀变较发育。

(2)金矿区内侵入岩 δ_{43} 值 0.22～2.35,为钙碱性,AR 值 1.17～3.22,在 AR-SiO_2 图解中,样品多投于钙碱性区域内,5 个花岗岩样品、1 个斜长花岗斑岩样品、2 个闪长玢岩样品和 1 个石英闪长岩样品落在了碱性区域内;侵入岩 Al_2O_3 含量 8.02%～18.34%,均值 14.28%,A/CNK 值 0.6～2.77,A/NK 值 1.23～4.74,在 A/CNK-A/NK 图解中,样品都落在了准铝质和过铝质区域;SiO_2-K_2O 图解中,花岗岩样品多落在了高钾钙碱性系列区域,花岗斑岩和斜长花岗斑岩样品都落在了钙碱性系列区域内,闪长玢岩和斜长细晶岩多落在了钾玄岩系列区域内,三者皆属广义钙碱性系列,仅有 1 个石英闪长岩样品落在了低钾(拉斑)系列区域内,蚀变可能导致了贫钾。

综上所述,金矿区内侵入岩主量元素特征表明,花岗岩属高钾碱性过铝质花岗岩,花岗斑岩中钾钙碱性强过铝质花岗岩,斜长花岗斑岩属中钾钙碱性准铝质花岗岩,闪长玢岩属广义钙碱性系列花岗岩,斜长细晶岩属钙碱性过铝质花岗岩,石英闪长岩属钙碱性准铝质岩石。

(三)稀土元素特征

稀土元素特征作为地质作用和成矿作用的有效指示元素,在研究岩浆活动演化和成矿物质来源方面得到了广泛的应用,早期(国家辉等,1998)在潍间山金矿田内开展了较为系统的稀土元素特征研究工作,分别对矿田内及周边的地层、岩浆岩、矿石及热液脉体采集了稀土分析样品,后来由白开寅等(2007)、贾群子等(2013)、黄亚等(2013)、戴荔果等(2019)主要针对金矿田内的岩浆岩又开展了稀土特征的研究;金矿田内地层、岩浆岩、矿石及热液脉体稀土元素分析结果及特征参数统计见表 4-18,同时用球粒陨石稀土元素含量推荐值(Sun and McDonough,1989)进行球粒陨石标准化后作了稀土元素标准化配分图(图 4-8),从表和图中可以看出:

表 4-18 滩间山金矿内稀土元素分析结果统计及特征参数表

类型	岩性	样品数量	La	Ce	Pr	Nd	Sm	Eu	Gd	Tb	Dy	Ho	Er	Tm
地层样品	达肯大坂群斜长片麻岩	1	23.66	39.91	4.60	16.60	3.15	0.71	2.73	0.42	2.48	0.45	1.24	0.19
	万洞群碳质千枚岩	4	40.37	66.04	7.93	28.81	5.57	0.79	4.92	0.77	4.55	0.84	2.34	0.36
	滩间山群变安山岩	1	22.20	41.12	5.01	19.24	4.05	0.87	3.79	0.60	3.59	0.66	1.82	0.27
	滩间山群安山岩	4	108.73	259.50	21.53	78.05	13.13	3.02	9.82	1.53	5.76	0.95	2.24	0.38
	滩间山群凝灰岩	5	82.10	184.20	16.62	60.92	10.16	2.29	8.15	1.21	4.97	0.85	2.14	0.35
矿区外围侵入岩样品	超基性岩	1	1.67	3.18	0.50	2.11	0.51	0.07	0.50	0.08	0.46	0.07	0.19	0.02
	辉长岩	1	2.21	3.30	0.62	2.61	0.64	0.36	0.66	0.11	0.67	0.13	0.34	0.05
	鹰峰环斑花岗岩	1	109.60	278.00	22.27	80.31	14.60	0.26	11.46	1.64	8.88	1.30	3.15	0.41
	嗷唠河石英闪长岩	1	6.43	10.91	1.74	7.19	1.69	0.50	1.68	0.27	1.62	0.29	0.77	0.11
	金山石英脉	2	3.75	10.98	1.46	5.77	1.78	0.45	1.76	0.31	1.98	0.33	0.84	0.11
矿区侵入岩样品	花岗斑岩	5	13.21	29.53	3.13	11.73	2.37	0.55	2.06	0.30	1.63	0.30	0.82	0.11
	花岗岩	3	15.73	27.52	3.17	11.54	2.21	0.46	1.85	0.28	1.53	0.26	0.68	0.10
	细晶岩	1	27.73	39.65	5.76	18.21	3.33	0.74	2.79	0.42	2.46	0.44	1.19	0.18
	闪长玢岩	6	70.40	146.35	16.14	58.35	9.57	1.83	6.89	0.86	4.26	0.71	1.84	0.27
	花岗闪长岩	7	87.07	219.53	17.85	66.47	11.58	2.58	9.05	1.41	5.98	1.02	2.49	0.40
	闪长岩	4	85.98	184.00	17.70	65.65	11.28	2.61	8.88	1.37	5.58	0.95	2.32	0.39
矿石样品	千枚岩型矿石	2	36.01	46.33	7.62	28.55	5.80	0.85	5.45	0.84	5.04	0.95	2.65	0.40
	闪长玢岩型矿石	4	29.29	57.01	21.71	26.29	4.38	0.82	3.15	0.51	3.07	0.62	1.76	0.27
	细晶岩型矿石	3	48.37	84.50	9.01	31.84	5.83	0.67	4.90	0.75	4.33	0.77	2.12	0.32
	石英脉型矿石	4	9.94	18.44	2.03	8.33	1.81	0.44	1.90	0.31	1.88	0.54	1.07	0.16

续表 4-18

类型	岩性	Yb	Lu	Y	LREE	HREE	∑REE	LREE/HREE	δCe	δEu	$(La/Yb)_N$	$(La/Sm)_N$	$(Gd/Yb)_N$
地层样品	达肯大坂群斜长片麻岩	1.19	0.19	13.45	88.63	8.89	97.52	9.97	0.88	0.72	14.26	4.85	1.90
	万洞群碳质千枚岩	2.29	0.38	24.90	149.49	16.43	165.92	9.10	0.85	0.45	12.67	4.68	1.78
	滩间山群变安山岩	1.70	0.27	19.70	92.49	12.70	105.19	7.28	0.92	0.67	9.37	3.54	1.84
	滩间山群安山岩	2.39	0.32	27.80	483.94	23.38	507.33	20.70	1.24	0.78	32.60	5.35	3.40
	滩间山群凝灰岩	2.20	0.30	25.72	356.29	20.18	376.47	17.66	1.15	0.74	26.72	5.22	3.06
矿区外围侵入岩样品	超基性岩	0.13	0.02	2.39	8.04	1.47	9.51	5.47	0.84	0.42	9.21	2.11	3.18
	辉长岩	0.30	0.05	3.72	9.74	2.31	12.05	4.22	0.68	1.68	5.28	2.23	1.82
	鹰峰环斑花岗岩	2.24	0.31	45.52	505.04	29.39	534.43	17.18	1.30	0.06	35.10	4.85	4.23
	嗷唠河石英闪长岩	0.65	0.10	8.83	28.46	5.49	33.95	5.18	0.78	0.90	7.10	2.46	2.14
	金山石英脉	0.63	0.09	10.13	24.18	6.03	30.21	4.01	1.15	0.77	4.27	1.36	2.31
矿区侵入岩样品	花岗斑岩	0.67	0.10	8.75	60.52	5.99	66.52	10.10	1.09	0.74	14.10	3.61	2.54
	花岗岩	0.60	0.09	8.10	60.63	5.39	66.02	11.26	0.90	0.68	18.81	4.59	2.56
	细晶岩	1.12	0.18	13.18	95.42	8.78	104.20	10.87	0.73	0.72	17.76	5.38	2.06
	闪长玢岩	1.73	0.24	23.68	302.63	16.79	319.41	18.03	1.02	0.66	29.19	4.75	3.29
	花岗闪长岩	2.55	0.35	29.93	405.08	23.26	428.33	17.42	1.29	0.74	24.48	4.85	2.93
	闪长岩	2.40	0.35	27.48	367.21	22.22	389.43	16.53	1.10	0.77	25.75	4.92	3.07
矿石样品	千枚岩型矿石	2.59	0.43	27.83	125.15	18.33	143.48	6.83	0.65	0.46	9.99	4.01	1.74
	闪长玢岩型矿石	1.61	0.23	18.12	139.50	11.21	150.70	12.45	0.53	0.65	13.03	4.31	1.61
	细晶岩型矿石	2.03	0.33	23.25	180.22	15.54	195.76	11.59	0.92	0.37	17.12	5.36	2.00
	石英脉型矿石	1.04	0.17	10.95	40.98	7.07	48.05	5.80	0.95	0.72	6.86	3.55	1.51

注：元素含量单位为10^{-6}；数据来源于国家辉等(1998)、白开寅等(2007)、贾群子等(2013)、黄亚等(2013)、戴荔果等(2019)。

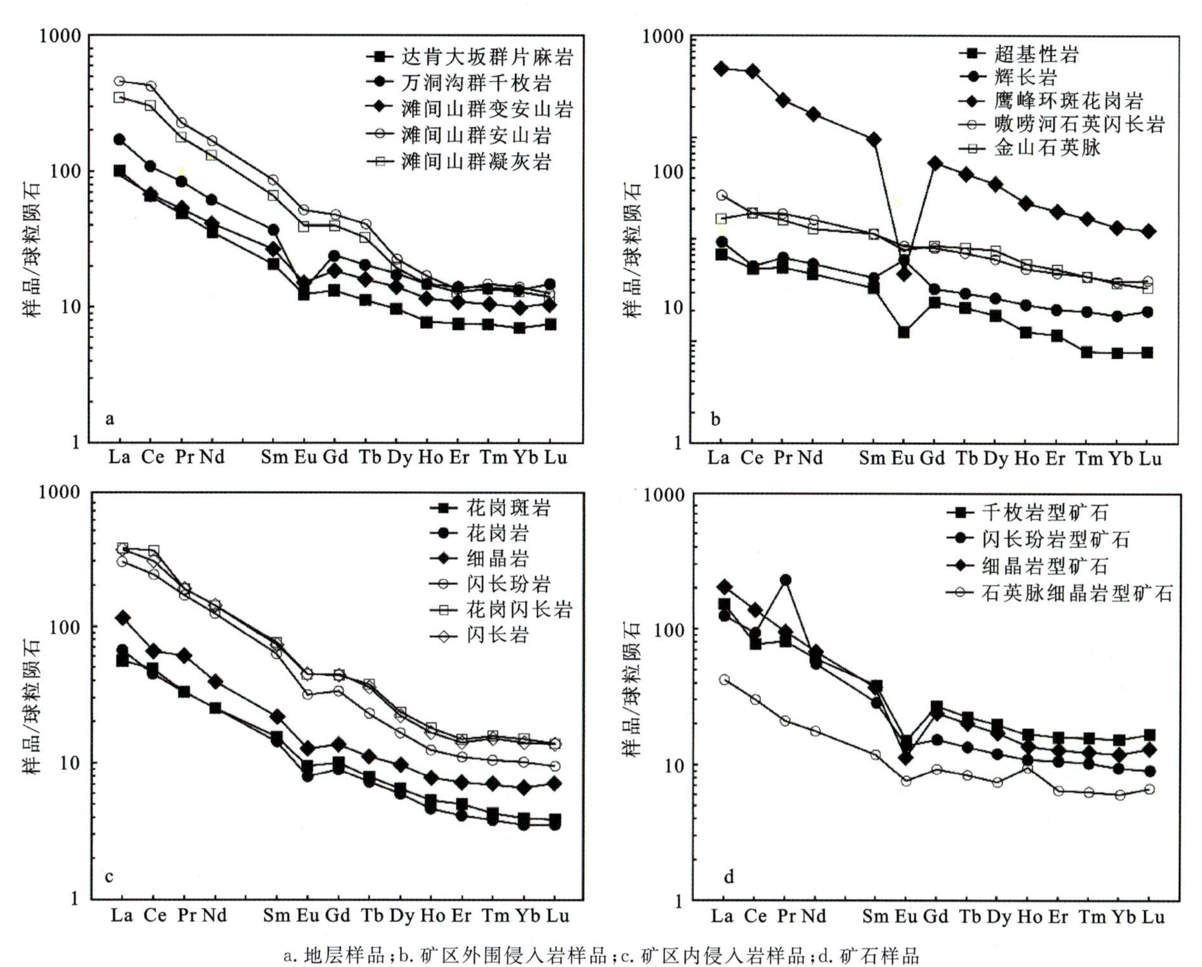

a. 地层样品；b. 矿区外围侵入岩样品；c. 矿区内侵入岩样品；d. 矿石样品

图 4-8 滩间山金矿各类岩石稀土元素标准化配分图

(1)滩金矿区内出露的地层中$\sum$REE 含量在 97.52×10^{-6}～507.33×10^{-6}之间，LREE 含量在 88.63×10^{-6}～483.94×10^{-6}之间，HREE 含量在 8.89×10^{-6}～23.38×10^{-6}之间，LREE/HREE 比值为 7.28～20.70，δEu 值为 0.45～0.78，负异常明显，δCe 值为 0.85～1.24，基本无异常，$(La/Yb)_N$ 值为 9.37～32.6，$(La/Sm)_N$ 值为 3.54～5.35，$(Gd/Yb)_N$ 值为 1.78～3.39；总体来看内达肯大坂群、万洞沟群及滩间山群地层稀土元素特征比较相似，其配分曲线较接近，呈右倾、左陡右缓式，显示富集轻稀土且分馏明显，而重稀土分馏不明显的特点；滩间山群地层中稀土总量较高，而且轻、重稀土均匀增量，但负铕异常明显，说明火山岩经过了强烈的分异作用。

(2)矿区外围倾入岩中$\sum$REE 含量整体偏低，配分曲线呈整体右倾平缓式，显示富集轻稀土，分馏不明显的特点；但超基性—基性—中酸性岩体中的稀土元素特征及配分曲线有着明显的差异，辉长岩中超基性岩和辉长岩的稀土元素特征及配分曲线较为相似，但出现了正铕异常，说明其分离结晶程度较高；嗽唠山石英闪长岩与金山等地的石英脉的稀土特征十分接近，配分曲线也几乎重叠在了一起，说明是由同源岩浆先后不同演化阶段形成；鹰峰环斑花岗岩与上述侵入岩相比，$\sum$REE 含量明显增高，LREE/HREE 比值为 17.18，同时还出现了明显的负铕异常，说明分离结晶程度极高，系多阶段演化的产物；总体来看，矿区外围侵入岩稀土元素特征反映的岩浆演化特征，与金矿区内的地质特征、岩石学特征和同位素年龄数值是基本吻合的。

(3)金矿田内出露的倾入岩体中$\sum$REE 含量在 66.02×10^{-6}～428.33×10^{-6}之间，LREE 含量在

$60.52\times10^{-6}\sim405.08\times10^{-6}$之间，HREE 含量在 $5.39\times10^{-6}\sim23.26\times10^{-6}$之间，LREE/HREE 比值为 10.10～18.03，δEu 值为 0.66～0.77，负异常明显，δCe 值为 0.73～1.29，基本无异常，$(La/Yb)_N$值为 14.11～29.19，$(La/Sm)_N$值为 3.61～5.38，$(Gd/Yb)_N$值为 2.06～3.29；总体来看，金矿田内的不同类型侵入岩的稀土元素特征比较相似，其配分曲线较接近，呈右倾、左陡右缓式，显示富集轻稀土且分馏明显，而重稀土分馏不明显的特点，同时还可以看出，闪长质较花岗质侵入岩，∑REE 含量和 LREE/HREE 比值明显增高，δEu 值基本相同呈负异常特征，δCe 值有显微增高呈无异常特征，$(La/Yb)_N$ 值也有明显增高，$(La/Sm)_N$和$(Gd/Yb)_N$值基本相当，这些特征说明了闪长玢岩、石英闪长岩和闪长岩较花岗质倾入岩相比，其分离结晶程度高，形成于更低氧化条件下，也说明二者为同源岩浆先后不同演化阶段形成的浅色二分岩体。

(4)金矿田矿石中∑REE 含量在 $48.05\times10^{-6}\sim195.76\times10^{-6}$之间，LREE 含量在 $40.98\times10^{-6}\sim180.22\times10^{-6}$之间，HREE 含量在 $7.07\times10^{-6}\sim18.33\times10^{-6}$之间，LREE/HREE 比值为 5.80～12.45，δEu 值为 0.37～0.72，负异常明显，δCe 值为 0.53～0.95，中等负异常，$(La/Yb)_N$值为 6.86～17.12，$(La/Sm)_N$值为 3.55～5.36，$(Gd/Yb)_N$值为 1.51～2.0，配分曲线均呈右倾、左陡右缓特征，显示富集轻稀土且分馏明显，而重稀土分馏不明显的特点；整体来看，千枚岩型矿石与闪长玢岩、细晶岩等脉岩型矿石的稀土元素特征十分相似，尤其是轻稀土特征，参数也相近，都具有中等强度的负铕异常，说明在还原环境下经历了相似的成矿作用；而石英脉型金矿石与上述类型金矿石的稀土元素特征差异较大，其∑REE 含量明显较低，LREE 含量明显低，HREE 含量则稍低，无铕异常，且具重稀土分馏显微特征，说明石英脉型金矿化与变质热液有成因联系。

(5)金矿田内千枚岩矿石、闪长玢岩矿石、细晶岩矿石与地层(围岩千枚岩)的稀土元素特征十分相似，特征参数也相近，其配分曲线依次在千枚岩曲线下方，呈近乎平行的折线状；矿田内花岗斑岩、花岗岩、细晶岩、闪长玢岩的稀土元素特征和配分曲线也十分相似，但由于稀土总量低于千枚岩和矿石，配分曲线在其下方也呈平行的折线状，这就说明了：千枚岩型矿石基本继承了围岩地层的稀土元素特征，但也显示了岩浆热液改造的特点(稀土总量偏低，有稀土总量低的岩浆热液期产物的加入引起)，脉岩型矿石基本继承了侵入岩的稀土元素特征，但也体现了围岩混染的特点(稀土总量增高)。

综上所述，通过稀土元素特征对比研究，认为滩间山金矿田内的侵入岩具有同源岩浆演化的特点，脉岩型矿石中的成矿物质主要来自岩浆热液期的成矿流体，而千枚岩型矿石则继承了围岩地层的特征，成矿物质主要来自于围岩，但也有岩浆热液期矿化叠加，部分物质来自岩浆热液，这个认识与稳定同位素和包裹体成分揭示的规律是基本吻合的。

(四)微量元素特征

据白开寅等(2007)、贾群子等(2013)、黄亚等(2013)、张延军等(2016)、戴荔果等(2019)、李治华等(2020)、张金明等(2020)在滩间山金矿田内针对矿区内出露的岩浆岩微量元素特征研究表明：金龙沟、青龙沟和细晶沟矿区内出露的花岗斑岩、闪长玢岩、石英闪长岩中富集 Rb、Ba、K 等大离子亲石元素和 Th、U 等活泼的不相容元素，亏损 Nb、Ta、P、Ti 等高场强元素，其微量元素蛛网图与典型的火山弧花岗岩或碰撞花岗岩的曲线形态相似，其 Nb/Ta 比值普遍高于大陆地壳，Zr/Hf 比值大于地幔，表明有一定的幔源成分；红柳沟和胜利沟矿区内出露的花岗岩、花岗闪长岩和闪长岩中富集 K、Rb、Ba 等大离子亲石元素，亏损 Nb、Ta、Sr 等高场强元素，微量元素蛛网图与典型的火山弧花岗岩或碰撞花岗岩的曲线形态相似，Nb/Ta 比值低于地幔，接近大陆地壳，Zr/Hf 比值稍低于地幔，表明主要为壳源，但也受到了地幔作用的混染。

第二节　成矿时代

一、岩浆岩锆石 U-Pb 年代学特征

中酸性岩脉大量发育是滩间山金矿的一个显著特征，前人对成岩成矿年龄（国家辉，1998；崔艳合等，2000；张德全等，2005；李世金，2011；贾群子等，2013；张延军等，2016；姜芷筠等，2020；李治华等，2020；刘嘉等，2021）等方面开展了深入研究，取得了丰硕成果，研究表明同属碰撞后陆内造山阶段的侵入岩与金矿化有着密切联系，如柴北缘东段赛坝沟金矿花岗斑岩脉（372.4±4.1Ma），邻近矿体产出，发育团块状、浸染状黄铁矿化（朱德全等，2022）；细晶沟金矿花岗斑岩（359.9±1.7Ma），与金矿体产状一致，具有成矿期特征（姜芷筠等，2020）；金龙沟金矿西南部花岗斑岩（356.0±2.8Ma）、东南部斜长花岗斑岩岩体（350.4±3.2Ma）均与成矿密切（贾群子等，2013；张延军等，2016），以及金龙沟矿区内矿化蚀变花岗斑岩脉年龄为 344.9±2.2Ma（李世金，2011）等。但其研究多局限于单一矿床（点）尺度，获得结果差异也较大（表 4-19）（国家辉，1998；李世金，2011；贾群子，2013；张延军等，2016；李治华等，2020；姜芷筠等，2020）。

本次研究通过对金矿区不同矿床岩脉的野外调查和显微观测，新识别出了青龙沟闪长玢岩（QL-1）、青龙滩细晶闪长岩（QLT-1）和金龙沟霏细斑岩（JL-2），并利用激光剥蚀电感耦合等离子体质谱（LA-ICP-MS）锆石 U-Pb 法进行定年，取得成果如下。

QL-1 闪长玢岩：采自青龙沟金矿Ⅱ号矿带北西侧，走向与矿带大致平行，后期构造改造明显；表色为浅黄褐色，新鲜面为浅灰色，似斑状结构，块状构造。样品中的锆石颗粒表面较为干净，部分存在细小的包裹体和裂纹，无色或浅黄色，透明。大多数为破碎的锆石，颗粒形态多为不规则状，部分呈长柱状，长 47～118μm，宽 29～53μm，长宽比值介于 1～2.5 之间。CL 图像显示（图 4-9a）大多数锆石具有明显的岩浆振荡环带，个别锆石颗粒（8 号）发育扇形分带结构，同时，部分锆石颗粒边缘存在细小再生边，表明它们发生了后期热液改造。本次研究共挑选出 12 个点位进行 LA-ICP-MS 测试，结果显示 Th 和 U 的含量分别为 25×10^{-6}～836×10^{-6} 和 65×10^{-6}～1101×10^{-6}，Th/U 比值为 0.32～0.81，大多数 Th/U 比值大于 0.4（岩浆锆石 Th/U＞0.4），但都大于 0.1（变质锆石 Th/U＜0.1）（吴元保等，2004），结合锆石颗粒的形态及结构特征，表明此组锆石应为典型的岩浆成因锆石。实验获得的 12 个测试点的 $^{206}Pb/^{238}U$ 年龄值集中分布在 470～477Ma 之间，并且整体谐和度高，加权平均年龄为 474.6±1.3Ma，MSWD＝0.18（图 4-10a），属早奥陶世，应代表闪长玢岩的形成年龄，该期岩浆活动未见有任何矿化特征，推测与成矿作用关系不大。

QLT-1 细晶闪长岩：采自青龙滩 ZK1803 钻孔，分布在已知矿体上部，相对于围岩具有明显的金富集特征；颜色呈青灰色，粒度较细（0.1～0.2mm），半自形粒状结构，块状构造。品中锆石颗粒表面干净，无色或浅黄色，透明。大部分锆石颗粒晶型发育较好，呈自形—半自形柱状，但多数为破碎锆石，不具备完整形态，长 43～93μm，宽 35～59μm，长宽比值介于 1～2.5 之间，CL 图像显示（图 4-9b）锆石颗粒均具有岩浆振荡环带。本次研究共挑选出 28 个点位进行 LA-ICP-MS 测试，结果显示 Th 和 U 的含量分别为 76×10^{-6}～510×10^{-6} 和 196×10^{-6}～900×10^{-6}，Th/U 比值为 0.27～0.70，大多数 Th/U 比值大于 0.4（岩浆锆石 Th/U＞0.4），但都大于 0.1（变质锆石 Th/U＜0.1）（吴元保等，2004），结合锆石颗粒的形态及结构特征，表明此组锆石应为典型的岩浆成因锆石。实验获得的 28 个测试点的 $^{206}Pb/^{238}U$ 年龄值集中分布在 381～389Ma 之间，并且整体谐和度高，加权平均年龄为 383.9±0.8Ma，MSWD＝0.25（图 4-10b），属中泥盆世，应代表细晶闪长岩的形成年龄。

表 4-19 柴北缘地区部分地质体成岩年龄统计与分期表

样品位置	测试对象	测试方法	成岩/成矿年龄/Ma	区域演化阶段	参考文献
嗷崂山	花岗岩	SHRIMP 锆石 U-Pb	473.0±15.0	柴北缘洋俯冲阶段	吴才来等,2004a
赛坝沟金矿	英云闪长岩	LA-ICP-MS 锆石 U-Pb	470.4±5.2		吴洪斌等,2022
团鱼山	肉红色花岗岩	SHRIMP 锆石 U-Pb	469.7±4.6		吴才来等,2008
赛什腾山	花岗岩	SHRIMP 锆石 U-Pb	465.4±3.5		
柴北缘东段	野马滩岩体（主体为花岗岩）	SHRIMP 锆石 U-Pb	397.0±4.2	柴北缘造山带碰撞后陆内造山阶段	吴才来等,2004a
滩间山瀑布沟	斜长花岗斑岩	LA-ICP-MS 锆石 U-Pb	394.6±6.0		李世金等,2011
赛坝沟金矿	花岗斑岩	LA-ICP-MS 锆石 U-Pb	372.4±4.1		朱德全等,2022
滩间山细晶沟金矿	花岗斑岩	LA-ICP-MS 锆石 U-Pb	359.9±1.7		姜芷筠等,2020
滩间山独树沟金矿	花岗斑岩	LA-ICP-MS 锆石 U-Pb	350.8±1.7		李治华等,2020
红柳沟金矿	斜长花岗斑岩	LA-ICP-MS 锆石 U-Pb	441.3±3.5Ma		戴荔果等,2019
滩间山金龙沟金矿	韧性剪切带中黑云母	Ar-Ar	401		张德全等,2001
	斜长花岗斑岩	LA-ICP-MS 锆石 U-Pb	394±6		林文山等,2011
	碳质片岩	K-Ar	385.8		崔艳合等,2000
	花岗斑岩	LA-ICP-MS 锆石 U-Pb	356.0±2.8		张延军等,2016
	斜长花岗斑岩	LA-ICP-MS 锆石 U-Pb	350.4±3.2		贾群子等,2013
	矿化蚀变花岗斑岩	LA-ICP-MS 锆石 U-Pb	344.9±2		李世金等,2011
	矿化蚀变花岗斑岩脉	LA-ICP-MS 锆石 U-Pb	344±2.2		张博文等,2010
	斜长花岗斑岩	Rb-Sr	330.0±24.3		张德全等,2001
	闪长玢岩,部分金矿体围岩	K-Ar	308.8±5.4		崔艳合等,2000
	闪长玢岩	K-Ar	289.6±6.0		国家辉等,1998
	云煌岩(岩脉)	K-Ar	288.9±7.3		崔艳合等,2000
	破碎带绢云母	Ar-Ar	284		张德全等,2005
	金矿石热液蚀变矿物	Rb-Sr	288.0±9.0		Zhang et al.,2009
	金矿石热液蚀变矿物	K-Ar	268.9±4.0		
	花岗岩斑岩(岩脉)	K-Ar	275.9±7.2		崔艳合等,2000
	蚀变花岗岩斑岩(岩脉)	K-Ar	268.94±4.31		
	金矿石的绢云母	K-Ar	268.9±4.3		张德全等,2001
	斜长花岗斑岩	K-Ar	209.4±6.1		国家辉等,1998
	石英闪长玢岩	Rb-Sr	133.8±4.2		崔艳合等,2000
	霏细斑岩	LA-ICP-MS 锆石 U-Pb	127.4±0.6		赵呈祥等,2023
滩间山青龙沟金矿	闪长玢岩	LA-ICP-MS 锆石 U-Pb	474.6±1.3		
	剪切带内黑云母	Ar-Ar	410.3±5.8		张德全等,2005
	金矿石的绢云母	K-Ar	409.4±2.3		张德全等,2001
	闪长玢岩	LA-ICP-MS 金红石 U-Pb	394±21		本次工作
	细晶闪长岩	LA-ICP-MS 锆石 U-Pb	383.9±0.8		赵呈祥等,2023
	闪长玢岩	LA-ICP-MS 金红石 U-Pb	306±45		本次工作

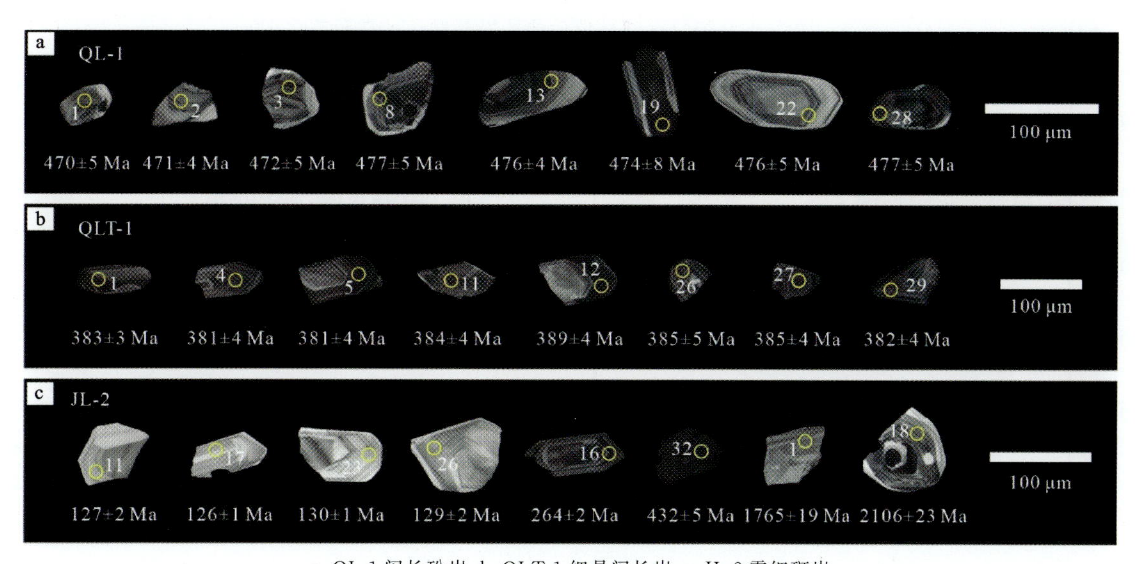

a. QL-1 闪长玢岩；b. QLT-1 细晶闪长岩；c. JL-2 霏细斑岩

图 4-9　滩间山金矿测年样品中代表性锆石颗粒阴极发光(CL)图像

JL-2 霏细斑岩：采自金龙沟采坑，发育浸染状黄铁矿化；表色为黄褐色，新鲜面为浅灰色、灰白色，霏细结构，块状构造。样品中锆石根据晶体形态和测年结果可分为 3 组：第一组(1726～2526Ma)锆石颗粒多数表面存在细小包裹体和裂纹，无色或浅黄褐色，透明至半透明，晶形以半自形—他形为主，椭圆状、长柱状或不规则状，长 55～140μm，宽 35～80μm，长宽比值介于 1～2.5 之间；CL 图像显示锆石颗粒具有不同程度的亮度，部分具有振荡环带结构(图 4-9c-18)，部分则无分带或弱分带(图 4-9c-1)，同时有较多锆石颗粒存在狭窄明亮的增生边以及继承核(图 4-9c-18)；LA-ICP-MS 测试结果显示，该组锆石颗粒 Th 和 U 含量变化范围均较大，分别为 $27\times10^{-6}\sim468\times10^{-6}$ 和 $34\times10^{-6}\sim613\times10^{-6}$，Th/U 比值为 0.34～1.36。第二组(264～432Ma)锆石颗粒表面干净，无色或浅黄色，透明；自形—半自形晶，长柱状或碎裂短柱状，长 60～100μm，宽 30～40μm，长宽比值介于 1.5～3 之间；CL 图像显示锆石颗粒颜色较暗，且发育明显的岩浆震荡环带(图 4-9c-16、32)；LA-ICP-MS 测试结果显示，该组锆石颗粒 Th 和 U 含量分别为 $454\times10^{-6}\sim634\times10^{-6}$ 和 $704\times10^{-6}\sim954\times10^{-6}$，Th/U 比值为 0.56～0.7。第三组(126～130Ma)锆石颗粒表面较为干净，存在少许包裹体和裂纹，无色或浅黄色，透明；颗粒晶形较好，主要呈破碎长柱状，均为不完整的锆石颗粒，长 74～84μm，宽 36～84μm，长宽比值介于 1～2 之间；CL 图像显示该组锆石相比于前两组锆石明显颜色偏亮，并且发育明显的岩浆振荡环带(图 4-9c-11、17、23、26)；LA-ICP-MS 测试结果显示，第三组锆石颗粒 Th 和 U 的含量分别为 $122\times10^{-6}\sim301\times10^{-6}$ 和 $170\times10^{-6}\sim361\times10^{-6}$，Th/U 比值为 0.61～0.83，同时，实验获得该组锆石颗粒的 4 个测试点的 $^{206}Pb/^{238}U$ 年龄值集中分布在 126～130Ma 之间，整体谐和度高，加权平均年龄为 127.4±0.6Ma，MSWD＝1.2(图 4-10d)。

JL-2 霏细斑岩共获得 3 组年龄：1726～2526Ma、264～432Ma 和 127.4±0.6Ma。其中，第一组年龄与柴北缘地区古元古代大肯达坂群中侵入岩锆石 U-Pb 年龄 2348Ma(郝国杰等，2004)相近，结合其 CL 图像所显示的结构特征，认为此组锆石颗粒应为该区古元古代地层的继承锆石；第二组锆石颗粒根据 CL 图像，以及较高的 Th/U 比值可以表明为典型的岩浆锆石，测得 $^{206}Pb/^{238}U$ 年龄值分布在 264～432Ma 之间，认为此组锆石颗粒为柴达木地块和欧龙布鲁克地块陆陆碰撞和深俯冲阶段以及碰撞后内造山阶段所产生的岩浆活动的继承锆石；第三组锆石颗粒 CL 图像下明亮且发育岩浆振荡环带，以及较高 Th/U 比值同样表明为典型的岩浆锆石，测得的 $^{206}Pb/^{238}U$ 年龄值集中分布在 126～130Ma 之间，整体谐和度较高，加权平均年龄为 127.4±0.6Ma，MSWD＝1.98，认为该组锆石颗粒代表了 JL-2 霏细斑岩的成岩年龄，即早白垩世。

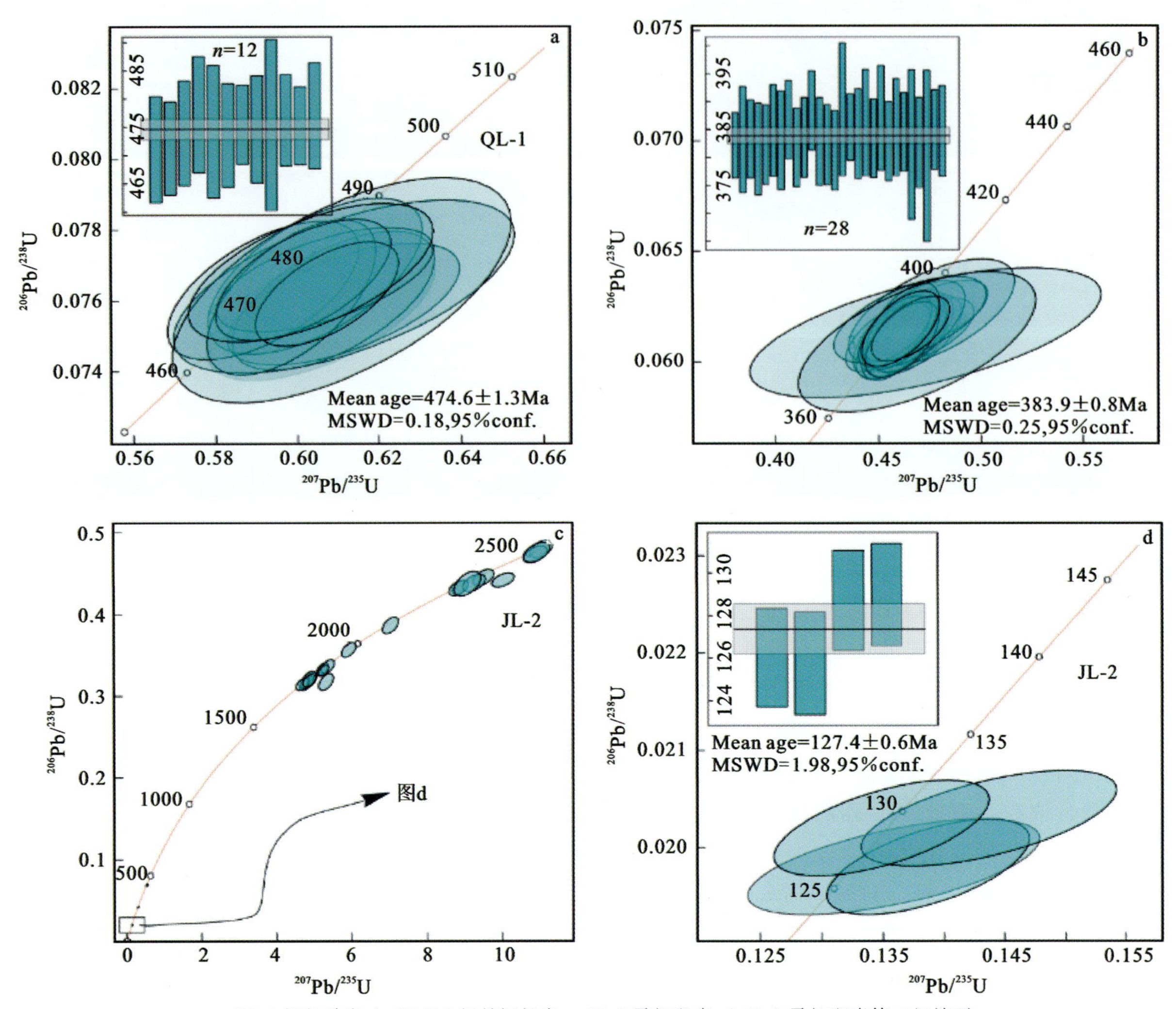

a. QL-1 闪长玢岩；b. QLT-1 细晶闪长岩；c. JL-2 霏细斑岩；d. JL-2 霏细斑岩第二组锆石

图 4-10　滩间山金矿锆石 U-Pb 年龄谐和图和加权平均年龄图

柴北缘造山带复杂的区域演化历史与滩间山金矿内多期多阶段中酸性岩脉的大量发育有着密切联系；早寒武世至中奥陶世柴北缘洋向欧龙布鲁克微陆块之下俯冲阶段（520～460Ma），伴随着大量的弧形火山岩发育，并与同期的火山碎屑岩构成了滩间山群火山沉积建造的主体（朱小辉等，2015；Sun et al.，2019；Yu et al.，2021）。不仅如此，洋壳的俯冲还在柴北缘造山带造成了较大规模具有岛弧或活动大陆边缘属性的岩浆侵入活动。

本次研究测得的青龙沟闪长玢岩脉的锆石 U-Pb 年龄为 474.6±1.3Ma，与前人在嗷唠山、团鱼山和赛什腾山花岗岩以及赛坝沟金矿英云闪长岩测得的成岩年龄相近，主体为柴北缘洋 475～460Ma 俯冲形成的弧岩浆岩；早泥盆世之后，柴北缘造山带进入碰撞后伸展垮塌阶段（400～250Ma），由于岩石圈伸展及软流圈地幔上涌，大量具有碰撞后属性的岩浆岩在柴北缘造山带广泛发育，如东段野马滩、中段锡铁山以及西段滩间山等。吴洪彬等（2022）测得柴北缘东段赛坝沟金矿英云闪长岩年龄为 470.4±5.2Ma，结合地质资料认为与赛坝沟金矿的形成并无成因联系。

本次研究测得的青龙滩细晶闪长岩的锆石 U-Pb 年龄为 383.9±0.8Ma，与前人在上述地区已测得的岩脉（体）年龄相近，主体为柴北缘造山带进入碰撞后造山阶段形成的碰撞后岩浆岩。中生代柴北缘造山带整体转入陆内造山阶段，并随着柴达木地块一起与华北克拉通拼接，进入统一的中国大陆发展阶段，本次研究测得的金龙沟霏细斑岩脉（127.4±0.6Ma）为此阶段的产物。

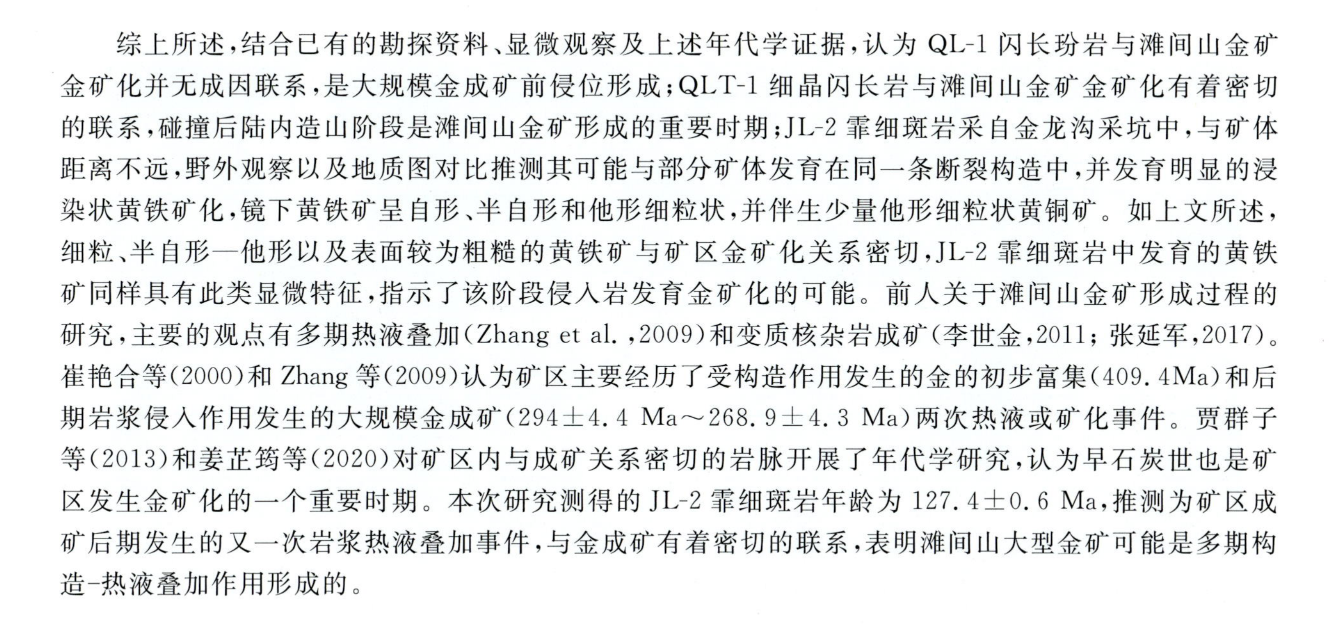

综上所述，结合已有的勘探资料、显微观察及上述年代学证据，认为 QL-1 闪长玢岩与滩间山金矿金矿化并无成因联系，是大规模金成矿前侵位形成；QLT-1 细晶闪长岩与滩间山金矿金矿化有着密切的联系，碰撞后陆内造山阶段是滩间山金矿形成的重要时期；JL-2 霏细斑岩采自金龙沟采坑中，与矿体距离不远，野外观察以及地质图对比推测其可能与部分矿体发育在同一条断裂构造中，并发育明显的浸染状黄铁矿化，镜下黄铁矿呈自形、半自形和他形细粒状，并伴生少量他形细粒状黄铜矿。如上文所述，细粒、半自形—他形以及表面较为粗糙的黄铁矿与矿区金矿化关系密切，JL-2 霏细斑岩中发育的黄铁矿同样具有此类显微特征，指示了该阶段侵入岩发育金矿化的可能。前人关于滩间山金矿形成过程的研究，主要的观点有多期热液叠加（Zhang et al.，2009）和变质核杂岩成矿（李世金，2011；张延军，2017）。崔艳合等（2000）和 Zhang 等（2009）认为矿区主要经历了受构造作用发生的金的初步富集（409.4Ma）和后期岩浆侵入作用发生的大规模金成矿（294±4.4 Ma～268.9±4.3 Ma）两次热液或矿化事件。贾群子等（2013）和姜芷筠等（2020）对矿区内与成矿关系密切的岩脉开展了年代学研究，认为早石炭世也是矿区发生金矿化的一个重要时期。本次研究测得的 JL-2 霏细斑岩年龄为 127.4±0.6 Ma，推测为矿区成矿后期发生的又一次岩浆热液叠加事件，与金成矿有着密切的联系，表明滩间山大型金矿可能是多期构造-热液叠加作用形成的。

二、热液金红石 U-Pb 年代学特征

热液金红石是许多类型的金矿床中广泛发育的一种副矿物，其矿物成分（TiO_2）单一，结构简单稳定，且具有一定抵御后期热液改造的能力。同时，金红石具有一定的 U 含量，进而可以对其进行 U-Pb 定年。随着分析测试技术的发展，现阶段已经可以做到金红石原位 U-Pb 的分析。已有研究表明，通过对与主成矿期密切相关的热液金红石进行 LA-ICP-MS U-Pb 同位素测年，可以准确限定成矿年龄（Zheng et al.，2022）。

滩间山金矿中发育大量的金红石，其中，青龙沟矿区中发育的金红石现象最为特殊。本次研究通过对青龙沟矿区中的矿物组合、矿物产状以及穿切关系的分析，可将矿床中的金红石划分为 3 个世代。

第一世代金红石（Ru1）：常以半自形—他形粒状晶型产出，粒度细小（5～30μm），多为椭圆状、柱状和不规则状（图 4-11a），有时会以集合体的形式产出（图 4-11b），偶尔发育少量孔隙和解理，BSE 图像显示其表面均一（图 4-11c）；同时，其主要发育在早期节理中，并有时会随着节理发生变形弯曲（图 4-11b），与矿床中主要的载金矿物黄铁矿和毒砂等关系不密切，与自然金/银金矿颗粒未发现明显的共/伴生关系。

第二世代金红石（Ru2）：该世代金红石常常发育在细粒浸染状黄铁矿化的矿石中，其晶型也常常以半自形—他形为主，多为椭圆状、不规则粒状，粒度小（5～50μm），表面干净，麻点发育较少，部分发育较多孔隙（图 4-11d），BSE 图像显示表面均一，无明暗变化（图 4-11e），但其与第一世代的金红石具有明显不同的矿物共生关系。Ru2 金红石常常与微细粒半自形—他形黄铁矿以及毒砂紧密共生（图 4-11e），有时会与自然金或银金矿颗粒共生，其中，微细粒毒砂、黄铁矿常常与自然金或银金矿颗粒紧密共生在一起（图 4-11f）。这一世代的金红石与矿区早期金矿化具有密切的时空关系，是早期发生金矿化的热液活动所形成的，其年龄可以代表早期金矿化的年龄。

第三世代金红石（Ru3）：这一世代的金红石常常与矿区脉状/网脉状黄铁矿化密切相关，晚于早期金矿化阶段发育的微细粒黄铁矿。Ru3 金红石多以他形不规则集合体状发育在脉状/网脉状黄铁矿的周围，具有交代结构的特征（图 4-11g、h）。整体粒度较大（10～200μm），但表面存在大量的麻点、孔隙以及裂隙。这些孔隙中多是未能完全结晶形成金红石而形成的，成分多是硅质，为长英质矿物（图 4-11g、h）。此类金红石与金矿化关系密切，较多的自然金或银金矿常常以包裹体的形式被包裹在其内部（图 4-11h）。同时，与 Ru3 关系密切的脉状黄铁矿中也发育大量的自然金或银金矿颗粒，它们的产出形

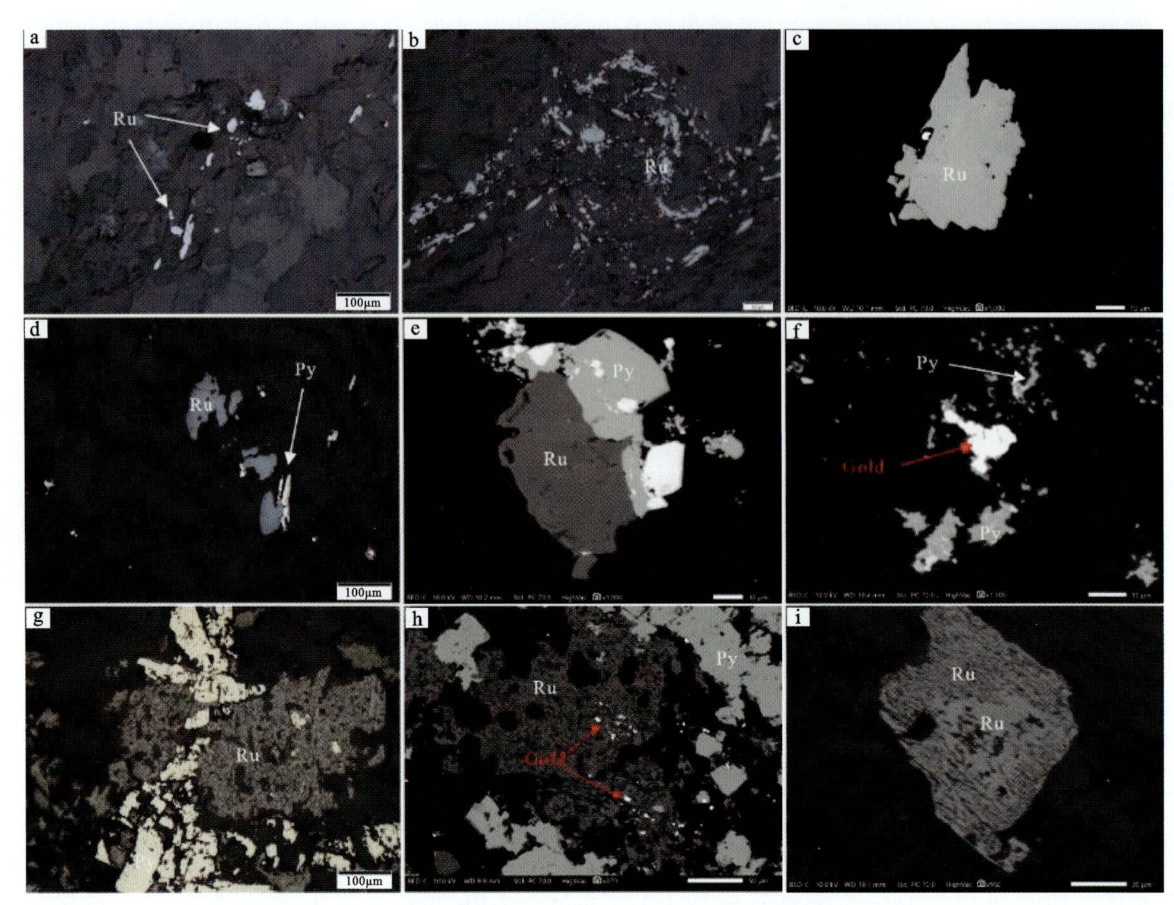

a、b、d 和 g 为反射光下图像，c、e、f、h 和 i 是 BSE 图像

图 4-11　青龙沟矿床金红石发育特征显微照片

式不仅有包裹体金，而且还有大量的裂隙金在黄铁矿内部裂隙或黄铁矿颗粒之间的裂隙中发育。整体而言，这一期金矿化所形成的自然金相对于早期金矿化具有明显的粒度变大的特征；另外值得注意的是，在部分 Ru3 金红石颗粒内部，发育一些表面干净无麻点的 Ru2 金红石（图 4-11i），这一特征也说明了它们形成的早晚关系。

本次研究通过对青龙沟矿床金红石激光拉曼光谱分析，结果显示：Ru1 和 Ru2 类型的金红石的峰值主要为 $143cm^{-1}$、$252cm^{-1}$、$443cm^{-1}$ 和 $608cm^{-1}$，Ru3 类型金红石的峰值主要为 $141cm^{-1}$、$238cm^{-1}$、$445cm^{-1}$ 和 $608cm^{-1}$。Ru1、Ru2 和 Ru3 的拉曼光谱均明显地区别于板钛矿和锐钛矿的波峰，但与典型的金红石的波峰相一致，说明了它们均为金红石颗粒（图 4-12）。值得注意的是，尽管 Ru1、Ru2 和 Ru3 3 种类型的金红石具有相似的波峰值，但它们的波峰对应的拉曼光谱强度却不一样，可能指示了它们元素含量不相同的特征。

本次研究通过对青龙沟矿床金红石 LA-ICP-MS U-Pb 法测年分析，结果显示：Ru1 金红石的 U 含量低且不均匀（$1.01\times10^{-6}\sim10.8\times10^{-6}$），获得的反谐和年龄为 530±50Ma（MSWD＝1.8），截距较高，误差大（图 4-13a）。Ru2 金红石的 U 含量介于 $0.237\times10^{-6}\sim5.35\times10^{-6}$ 之间，含量较低且分布不均匀，具有相对较低截距年龄 394±21Ma（MSWD＝1.17；图 4-13b）；Ru3 金红石颗粒由于孔隙极多，孔隙中多为长英质矿物，因此具有较高的 SiO_2 含量（4.56%～13.4%），U 含量较为高且比较均一（$5.35\times10^{-6}\sim26.2\times10^{-6}$），获得了较高的截距年龄 306±45Ma（MSWD＝2.8），误差较大（图 4-13c）。

矿物共生关系和显微观察表明，Ru1 金红石主要发育在节理中，形成于早期变形阶段；Ru2 和 Ru3 金红石与矿床中金矿化关系密切，是金矿化发生时所形成的。其中：Ru1 金红石所获得 U-Pb 年龄为 525±50Ma，是矿区发育的最古老的金红石，与其发育在早期节理中这一特征相符合，推测其形成于早期

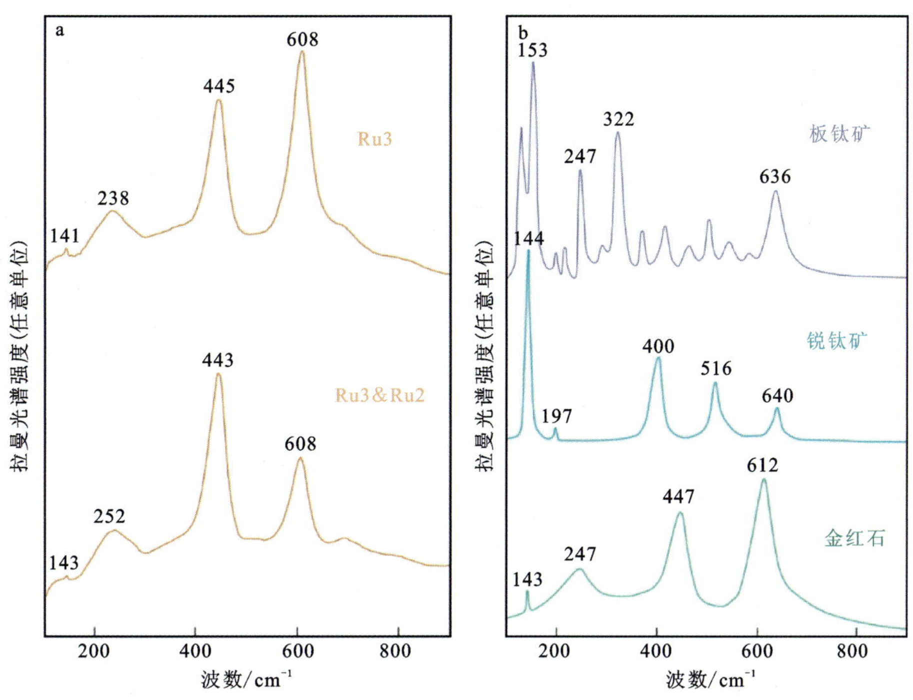

a. 青龙沟金矿中 Ru2 和 Ru3 拉曼光谱图；b. 标准板钛矿、锐钛矿和金红石拉曼光谱图

图 4-12 金红石激光拉曼光谱图

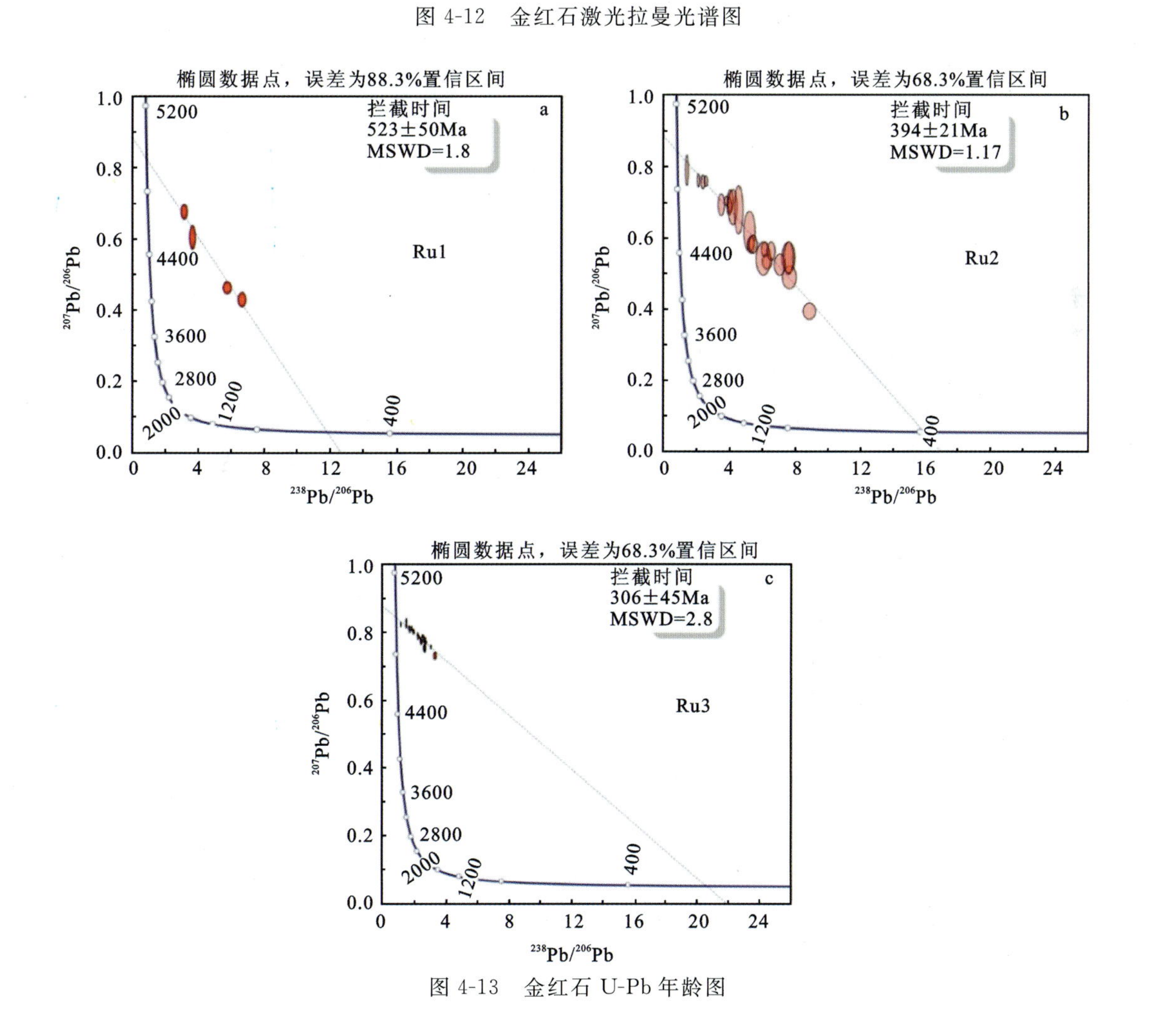

图 4-13 金红石 U-Pb 年龄图

区域变形阶段;其晶型主要为粒状且粒度较小,所获得年龄误差范围较大。Ru2 金红石与早期细粒金矿化共生,且与该期形成的含金黄铁矿和毒砂共生,认为其 U-Pb 年龄可以代表该期金矿化的年龄(394±21Ma)。该期金矿化表现为粒度细小(<20μm),主要与微细粒—细粒的黄铁矿和毒砂共生,部分和硫化一起展现出一定的变形特征,指示遭受了一定的后期变形构造。根据已有的研究,此类金红石和金矿化的发生可能与柴北缘造山带碰撞后伸展崩塌过程中形成的热液流体密切相关,构造运动所伴随的岩浆热液活动可能也起到了一定的作用。Ru3 金红石与晚期脉状/网脉装含金黄铁矿关系密切,具有一定的共生关系,而网脉装黄铁矿往往含有大量的粗粒自然金或银金矿(2~50μm),同时,此类金红石中也常常包裹着大量的自然金颗粒,因此 Ru3 的 U-Pb 的形成时间(306±45Ma)可以代表晚期粗粒金矿化的年龄。此类金红石以及同时发生的金矿化可能主要与区域活动所导致的大规模岩浆活动密切相关。

综上所述,结合前人已有的研究和本次研究工作,表明滩间山金矿的形成至少经历了 4 期成矿:第 1 次成矿时间为海西早期(383.9±0.8Ma~410.3±5.8Ma),第 2 次成矿时间为海西中期(344±2.2Ma~359.9±1.7Ma),第 3 次成矿时间为海西晚期(268.9±4.0Ma~289.6±6.0Ma),第 4 次成矿时间为燕山晚期(127.4±0.6Ma~133.8±4.2Ma)。它们的发生与区域上柴北缘造山带碰撞后陆内造山运动及其所导致的大规模岩浆活动密切相关。

第三节 成矿模式

滩间山金矿位于柴达木盆地北缘 Au-Pb-Zn-Ti-Mn-Fe-Cr-Cu-W-稀有-煤-石棉-滑石-硫铁矿-石灰岩-大理岩成矿带(Ⅲ-24),简称柴北缘成矿带(图 4-14)。该成矿带位于青藏高原北部,主体在青海省境内,茫崖市以西和阿尔金山索尔库里至拉配泉地段延入新疆,丁字口至花海子延入甘肃。

一、成矿地质条件

柴北缘大地构造位于华北、塔里木和扬子等陆块之间,处于祁连地块与柴达木地块的拼合部位。大地构造单元属秦祁昆造山系,包含两个二级构造单元,即全吉地块和柴北缘造山带。横跨欧龙布鲁克被动陆缘、滩间山岩浆弧和柴北缘蛇绿混杂岩带 3 个三级构造单元。滩间山金矿主要位于滩间山岩浆弧,矿区内优势矿种为金、铜、铅、锌是所属成矿带上的优势矿种。

(一)区域构造演化与地质成矿事件

柴北缘成矿带地质演化过程复杂。潘彤等(2019)基于中国大地构造划分方案,描述了柴达木盆地南北缘前南华纪、南华纪—早志留世、志留纪—泥盆纪、晚古生代—早中生代 4 个阶段地质过程。尤其是加里东期活动大陆边缘所有的古构造地貌单元均有不同程度的保留(万天丰,2006),如岛弧、弧后盆地和增生杂岩楔等(潘桂棠等,2004),另外,也分布着表征大洋俯冲(赖绍聪等,1996)的有关弧火成岩与蛇绿混杂岩带相伴呈现,以及志留纪碰撞阶段形成的世界著名柴北缘超高压变质带也横贯该区(许志琴等,2006)。

柴北缘成矿带经历了前南华纪基底演化与成矿、南华纪—泥盆纪原特提斯洋演化与成矿、石炭纪—三叠纪古特提斯洋演化与成矿、侏罗纪—白垩纪陆内演化与成矿、古近纪—第四纪青藏高原碰撞-隆升与成矿 5 个阶段,形成了结构十分复杂的造山带,并发育了多样化的成矿作用(王进寿等,2022)。

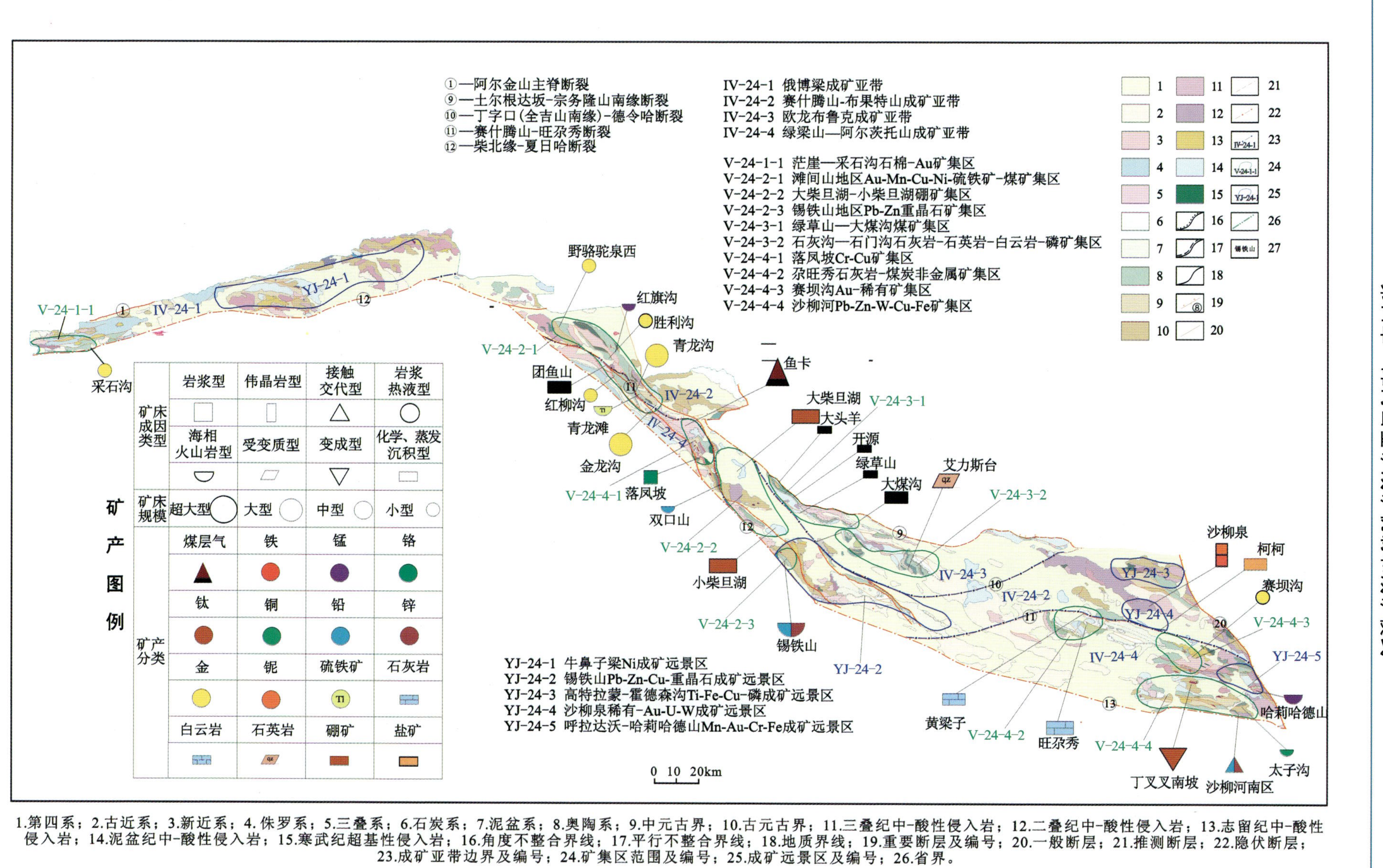

1.第四系；2.古近系；3.新近系；4.侏罗系；5.三叠系；6.石炭系；7.泥盆系；8.奥陶系；9.中元古界；10.古元古界；11.三叠纪中-酸性侵入岩；12.二叠纪中-酸性侵入岩；13.志留纪中-酸性侵入岩；14.泥盆纪中-酸性侵入岩；15.寒武纪超基性侵入岩；16.角度不整合界线；17.平行不整合界线；18.地质界线；19.重要断层及编号；20.一般断层；21.推测断层；22.隐伏断层；23.成矿亚带边界及编号；24.矿集区范围及编号；25.成矿远景区及编号；26.省界。

图4-14 柴北缘成矿带

1. 前南华纪基地演化与成矿

柴北缘成矿带前南华纪构造演化响应了罗迪尼亚超大陆汇聚、裂解事件。古元古代，原始中国古陆被一系列强大的北东向左行韧性剪切带所改造，并沿着这些韧性剪切带发生大规模的左行拆离，这一分裂活动形成大陆裂谷并逐步演化为被动陆缘，接受以达肯大坂岩群为代表的陆缘海或陆间海相火山-沉积组合，在造山阶段深俯冲过程中增压变质变形，形成变质程度为角闪岩相、变形以顺层掩卧褶皱和褶叠层为代表的固态塑性流变构造群落的中高级变质岩系，为变成型矿产的形成提供了依据。

中元古代早期随着古中国大陆岩石圈的初步固结及进一步硬化，原始中国古陆的范围进一步扩大，并逐渐稳定变得更加刚性。中元代中期，刚性的克拉通沿结晶基底中先存的北西西向（区域上还有北东向）弱化带裂解离散，在华北、扬子之间及其各自内部并由于放热效应发生了有限裂离，柴北缘滩间山鹰峰环斑花岗岩组合（肖庆辉，2007）为这一时期的产物。

此构造演化阶段在区域上形成的矿种主要有铁、石墨、透闪石、蓝晶石和白云岩，但矿产地较少。在俄博梁一带达肯大坂岩群中赋存石墨矿产，代表性矿床为茫崖市大通沟南山石墨矿床；万洞沟群中的碳酸盐岩为白云岩矿产形成提供了条件，如茫崖市临海套白云岩矿点、冷湖行委黄矿山白云岩矿点等即形成于万洞沟群碳酸盐岩中。

2. 南华纪—泥盆纪原特提斯洋演化与成矿

南华纪—泥盆纪，柴北缘的地史是一个大陆边缘的发展历史，实际上是一个完整的威尔逊旋回，裂解—成洋—俯冲—碰撞造山。

在该成矿阶段矿产空间上产于以元古代变质岩系为主体的柴北缘陆块稳定区或残存于造山带的变质基底中，成矿作用与地史演化阶段的沉积、变质、岩浆活动有关，区域构造、断裂对变质矿产的形成与分布亦起到一定控制作用。但就目前已知地质勘查程度所获成矿事实判断，该阶段成矿条件较差、成矿强度弱，仅发现零星产出的沉积变质型铁矿点。

540(?)～450Ma 柴北缘为一增生型造山带，整体为一规模巨大、结构复杂的弧盆区，成矿作用均与其相关，主要有 SSZ 型蛇绿岩中的铬铁矿（落凤坡铬铁矿床、绿梁山铬铁矿床）；俯冲早期（∈）滩间山蛇绿混杂岩（前弧盆地）形成了海相火山岩型矿床，如青龙滩含铜硫铁矿床，俯冲末期（O_3）弧后（内）盆地中形成了海相火山岩型铅锌矿床，如锡铁山铅锌矿床。

志留纪—泥盆纪处于碰撞造山过程，带内赋存与埃达克质岩浆相关的铜矿床（点），例如冷湖行委小赛什腾山铜矿床、大柴旦行委绝壁沟铜铅锌矿点，赋存与榴辉岩相关的钛矿床和金红石矿床，代表性矿床为大柴旦行委鱼卡金红石矿点；顶志留世—晚泥盆世为碰撞后转换阶段（S_4—D_3），标志着前造山活动结束进入新演化阶段，是一个持续性的伸展过程，出露一定规模的基性-超基性岩浆岩，局部有铜镍成矿事实，代表性矿产地有茫崖市牛鼻子梁铜镍矿点、赛坝沟金矿床，滩间山金矿矿源层初始富集。

泥盆纪末期开始，柴北缘地区开始形成稳定的沉积建造。该类地层都是处于稳定的大背景环境下以正常岩类沉积为主，间有火山喷发沉积参与的沉积活动，所形成的地层有陆相和海相（含海陆交互相）之分，地层中形成由沉积作用主导的成矿事实和相关的成矿作用。

秦祁昆造山系造山期后的第一个沉积盖层是上泥盆统，主体为山麓河湖相磨拉石建造，由沉积作用产生的成矿事实贫乏，似不具备有沉积矿产形成的有利条件。晚泥盆世晚期在柴北缘发生陆内火山喷发活动，沉积了一套以中酸性岩类为主的火山岩组合，至今未发现有价值的成矿事实；但怀头他拉西南的阿木尼克山、乌兰以西的牦牛山等火山岩发育地段有较好的化探异常，并有重晶石矿化点产出。

3. 石炭纪—三叠纪古特提斯洋演化与成矿

柴北缘地区分布的石炭系—下二叠统活动型地层发育，已知沉积作用成矿事实不甚显著。总体来看，包括柴北缘地区在内的青海省石炭系地层中产出的煤层多、变化大、难以成大型聚煤盆地。该地层中其他沉积矿产有铁和石膏，前者局部可形成小型矿床，但普遍构不成工业矿体，后者只在特定的疏勒南山南坡下石炭统中产出，为海相石膏层，厚度可达百米以上。另外，疏勒南山的石炭系常超覆在元古

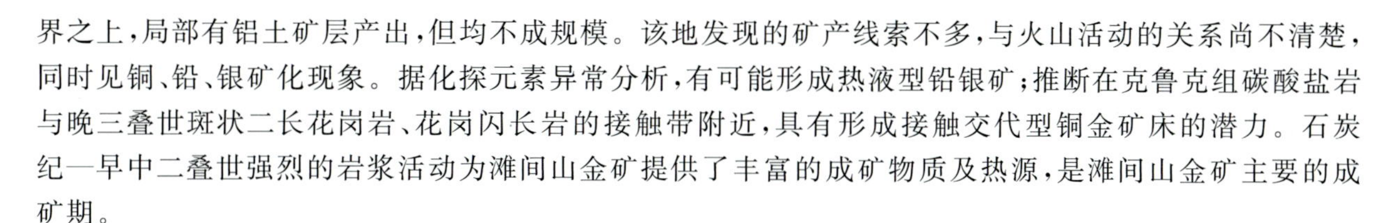

界之上，局部有铝土矿层产出，但均不成规模。该地发现的矿产线索不多，与火山活动的关系尚不清楚，同时见铜、铅、银矿化现象。据化探元素异常分析，有可能形成热液型铅银矿；推断在克鲁克组碳酸盐岩与晚三叠世斑状二长花岗岩、花岗闪长岩的接触带附近，具有形成接触交代型铜金矿床的潜力。石炭纪—早中二叠世强烈的岩浆活动为滩间山金矿提供了丰富的成矿物质及热源，是滩间山金矿主要的成矿期。

4. 侏罗纪—白垩纪陆内演化与成矿

陆相侏罗纪河湖-湖沼型沉积盆地广泛分布，其中的早中侏罗世是湖沼发育时期，普遍沉积了含煤碎屑岩地层和可采煤层，该期煤田主要广布于柴达木盆地北缘，有丰厚的储量潜力（杨平等，2007）。20世纪末，青海石油局在冷湖地区探到潜埋的侏罗纪生储油层，拓展了柴达木盆地生储油的目标层，但潜埋的侏罗系分布状况或沉积盆地范围却需查明。早白垩世微弱的岩浆活动，再次为金龙沟、细晶沟金矿提供了少量成矿物质。

5. 古近纪—第四纪青藏高原碰撞-隆升与成矿

该阶段区内岩浆构造活动极为微弱，地质作用以风化剥蚀为主，该阶段主要以化学沉积矿产为主，金属成矿作用不甚明显。

（二）含矿建造及赋矿地层

滩间山金矿地层属于秦祁昆地层大区，主体隶属柴北缘地层分区滩间山地层小区和柴北缘地层小区，北部涉及祁连-北秦岭地层分区南祁连山地层小区，南部为柴达木地块。金矿内与成矿有关的地层主要有古元古界达肯大坂岩群、中元古界万洞沟群、奥陶系滩间山群。

1. 古元古界达肯大坂岩群

达肯大坂岩群主要由一套片麻岩、片岩及大理岩等中-高级变质岩系组成。根据变质岩岩性组合不同，达肯大坂岩群分为片麻岩岩组、大理岩岩组，时代置于古元古代，据夹挟其中的镁铁质变质岩类研究，将其原岩恢复为中基性火山岩类，构造环境为岛弧-洋岛环境。

区内片麻岩岩组中矿产不甚发育，仅在青山地区片岩岩组内发现有青山金铅矿床一处。

2. 中元古界万洞沟群

中元古界万洞沟群在赛什腾山万洞沟—滩间山一带较发育，分下部碎屑岩组和上部碳酸盐岩组。在赛什腾山东部的滩间山地区，中部碳酸盐岩组合中的含碳泥质岩石赋含金或含金矿物，如青龙沟金矿、金龙沟金矿、细晶沟金矿等。

3. 奥陶系滩间山群

滩间山群仅限于滩间山地层小区，包括下碎屑岩组、下火山岩组、砾岩组、玄武安山岩组和砂岩组，时代为奥陶纪。5个岩组以下碎屑岩组、下火山岩组最发育，上部砾岩组、玄武安山岩组和砂岩组分布局限。在区内滩间山群下火山岩组安山岩中已发现青龙滩 VHMS 型硫铁矿，此外红柳沟、胜利沟等金矿赋矿围岩均为滩间山群下火山岩组。

（三）岩浆作用与成矿

柴北缘作为一条重要的造山带，岩浆作用发生在从大洋俯冲、大陆碰撞到造山带垮塌的每一个阶段（宋述光等，2015）。柴北缘构造带内基性、超基性岩及中、酸性岩浆侵入活动和火山活动均发育，前者比较强烈。火山岩赋存于南华纪—奥陶纪和泥盆纪中，其中南华纪—奥陶纪火山岩变质程度较深，多以角闪岩类出现。

1. 岩浆侵入活动与成矿

柴北缘构造带是一个经历了多旋回构造运动，内部结构极其复杂的，以活动区为主的造山带环境，

成矿环境复杂，岩浆成矿作用也十分发育。

1)基性—超基性岩与成矿

滩间山地区侵入于大陆基底岩块中的基性—超基性杂岩与成矿有关的类型，主要分布于黑山一带，有少量奥陶纪基性、超基性岩出露，属于洋壳俯冲环境。主要侵位于奥陶系的滩间山群中，该期岩体赋存铜、镍、钴元素(两沟口镍矿点)。

2)中酸性岩与成矿

滩间山岩浆弧中、酸性岩浆侵入活动具多旋回特点，从前南华纪至二叠纪均有不同程度分布，但滩间山地区以奥陶纪-泥盆纪为主。出露晚奥陶世与洋俯冲有关的TTG组合(青海省地质调查院，2019)，岩石以花岗闪长岩、英云闪长岩和斜长花岗岩为主；泥盆纪岩石组合为闪长岩、花岗闪长岩、英云闪长岩、二长花岗岩、正长花岗岩等强过铝高钾钙碱性岩。

滩间山地区与花岗岩有关的成矿作用类型主要为岩浆热液型等。有关的矿产主要有金，成矿时代跨度较大。金龙沟金矿床、青龙沟金矿床、细晶沟金矿床及青山金铅矿床等后期热液叠加成矿的特征均较为明显。

2. 火山岩与成矿

成矿带内火山岩主要为奥陶纪火山岩，包括柴北缘蛇绿混杂岩中的基性、中酸性火山岩组合和奥陶纪滩间山群火山岩，其中以奥陶纪滩间山群海相火山活动最为强烈，也与成矿关系较为密切。

奥陶纪滩间山群海相火山岩主要集中分布在滩间山金矿胜利沟—海合沟一带。该套火山岩分为下碎屑岩组、下火山岩组、砾岩组、玄武安山岩组和砂岩组，其中下火山岩组和玄武安山岩组是火山岩主要层位。火山岩沉积处于岛弧环境，属正常火山沉积岩系。

与该套火山岩成矿有关的矿产主要为铅锌，其次有铜、锰、硫铁矿等。滩间山地区代表性矿产地有大柴旦行委红旗沟锰矿床、大柴旦行委青龙滩硫铁矿矿床等。

(四)变质作用与成矿

柴北缘变质区的变质岩发育，其变质类型有区域动力热流变质作用、区域低温动力变质作用、动力变质作用和热接触变质作用。区域动力热流变质作用形成有达肯大坂岩群高绿片岩相-高角闪岩相变质岩石构造组合；区域低温动力变质作用分为中元古代晚期的区域低温动力变质作用形成低绿片岩相变质岩、加里东期区域低温动力变质作用形成的低绿片岩相变质岩系和海西期—印支期区域低温动力变质作用形成的低绿片岩相浅变质岩系；动力变质作用以加里东期韧性动力变质作用和海西期—印支期脆性动力变质作用为主；热接触变质作用形成的变质岩一般。滩间山金矿各典型矿产与变质作用成矿密切相关的主要以加里东期韧性动力变质作用为主。

1. 区域动力热流变质作用

滩间山金矿内柴北缘变质区中的区域动力热流变质作用形成有达肯大坂岩群高绿片岩相-高角闪岩相变质岩石组合，隶属滩间山古元古代变质地带。

2. 区域低温动力变质作用

滩间山古元古代变质地带中的区域低温动力变质作用发育广泛，所形成的变质岩类型众多且复杂，不同的地质体中变质不均匀现象明显，变质相以低绿片岩相为主。按变质作用特点及变质期可分为四堡期、加里东期区域低温动力作用形成的低绿片岩相变质岩系和海西期、印支期区域低温动力作用形成的低绿片岩相浅变质岩系。

1)四堡期区域低温动力作用

四堡期区域低温动力作用主要受变质地层为蓟县纪万洞沟群，所形成的变质岩中等变质程度，构造变质变形中等，片状构造、条带状较发育，具板状结构、千枚理构造，相互叠加改造明显。变质程度为低绿片岩相，低压相系，为中元古代晚期的区域低温动力变质作用形成，属陆缘裂谷相的局限台地亚相、远

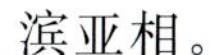

滨亚相。

2)加里东期区域低温动力作用

加里东期区域低温动力变质作用主要受变质地层为奥陶纪滩间山群,所形成的变质岩中变质程度较轻,但构造变质变形较为强烈,相互叠加改造较为明显。属加里东期区域低温动力变质作用的产物,大地构造相为岩浆弧相的火山弧亚相。

3)海西期区域低温动力作用

海西期区域低温动力变质作用涉及地层有中—上泥盆世牦牛山组、早石炭世怀头他拉组。为低绿片岩相、低压相系变质程度,属海西期区域低温动力变质作用的产物,大地构造相为陆表海盆地相的碎屑岩-碳酸盐岩陆表海亚相和断陷盆地相。

4)印支期区域低温动力作用

印支期区域低温动力变质作用涉及主要为下—中三叠世隆务河组。为低绿片岩相,低压相系变质程度,属印支期区域低温动力变质作用的产物,大地构造相为陆表海盆地相的碎屑岩陆表海辫状河相和弧后前陆盆地相。

3. 动力变质作用

滩间山古元古代变质地带中的动力变质作用及变质岩极其发育,变质期次以加里东期为主,形成的韧性动力变质岩类型丰富而复杂,且叠加改造明显,对矿产的形成、富集控制作用明显为特点。海西期—印支期形成陆内冲断作用下发生动力变质作用,该期变形以表部构造层次脆性形变为特征。

1)加里东期韧性动力变质作用

加里东期在柴北缘地区主期变形以发育逆冲型韧性剪切带为特征(许志琴等,1997),该期韧性动力变质作用发育在柴北缘逆冲-走滑构造带中的古元古代达肯大坂岩群、蓟县纪万洞沟群、奥陶纪滩间山群、早奥陶世蛇绿混杂岩和中晚奥陶世中酸性侵入岩中,所形成的动力变质岩以超糜棱岩、糜棱岩、千糜岩、初糜棱岩等为主。

古元古代达肯大坂岩群形成深部构造层次的韧性剪切带,岩石大多经受了不同程度的糜棱岩化作用,石榴子石变斑晶的不对称压力影,长石等矿物的“σ”型旋转碎斑系、不对称的剪切褶皱、“A”型褶皱、S-C 组构、长石和石英的错列、石英 C 轴组构、透入型流劈理等发育,蓝晶石、矽线石、石榴石、黑云母、钠长石等变质矿物在超糜棱岩石、糜棱岩石中发育。显微构造中拉伸线理由拉长的石英颗粒及石榴子石压力影组成,由蓝晶石构成的拉伸线尤为显著,并具有明显的旋转应变;细小的石榴子石定向排列成分异层,并且发生褶皱;角闪石围绕斜长石排列,并具 S-C 构造;生长有细小的石榴子石变斑晶的褶皱霹雳发育;石英矿物均发生了塑性变。所有这些组构都是在逆冲型韧性剪切作用下形成的,也就是说变形作用与变质作用基本上是同时进行的,变质矿物共生组合有 Ky±Sta±Sil±Grt±Mus±Bit±Pl±Q、Grt±Bit(褐棕色)±Cord±Mus±Q、Bit(棕红色)Grt±Amp±Pl±Epi、Amp±Grt±An±Q、Mus±Bit±Chl±Ab±Q。变质环境具有高绿片岩相特征。

奥陶纪滩间山群中表现为岩石均透入性糜棱岩化,宏观上变形不均匀现象明显,具有强、弱变形带平行相间产出特点,强变形带中早期面理被新生糜棱面理广泛而强烈置换,岩石中条纹条带状构造、片状构造、片麻状构造、眼球状构造发育,反映韧性形变的不协调剪切脉褶、长英质透镜状、香肠状变质分异脉体、矿物拉伸线理、“σ”碎斑、S-C 组构等构造群组合常见。显微构造中矿物变形组构发育,其中斜长石以碎裂作用为主,变形多呈眼球状,并具部分塑性应变;石英双峰式构造较明显,在动态重结晶的基础上发生静态重结晶,形成多晶条带,波状、块状、带状消光明显,“云母鱼”构造、“σ”碎斑等显微构造常见,新生变质矿物有斜长石、黑云母、石英、阳起石、白云母、绿泥石、绿帘石、绢云母等,变质矿物共生组合有 Pl±Mu±Bit±Chl±Qz±Cal、Bit±Mu±Qz、Ep±Chl±Qz、Ep±Ab±Qz、Ser±Chl±Cal、Ser±Qz。变质作用程度为低绿片岩相,浅部构造层次特征明显。

该剪切带为构造蚀变岩型金矿及多金属矿的控矿、容矿构造,沿剪切带产有滩间山金矿金龙沟矿

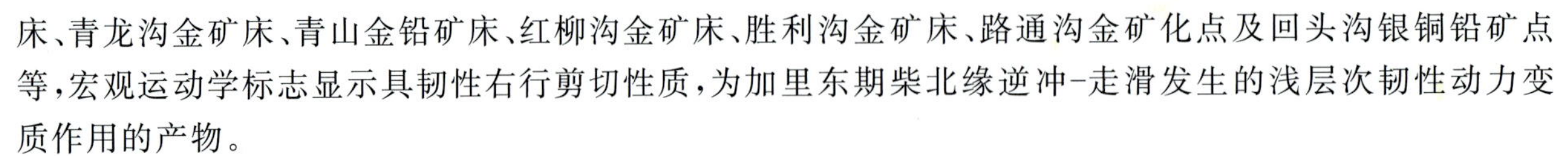

床、青龙沟金矿床、青山金铅矿床、红柳沟金矿床、胜利沟金矿床、路通沟金矿化点及回头沟银铜铅矿点等，宏观运动学标志显示具韧性右行剪切性质，为加里东期柴北缘逆冲-走滑发生的浅层次韧性动力变质作用的产物。

2)海西期—印支期脆性动力变质作用

海西期—印支期形成陆内冲断作用下发生动力变质作用，该期变形以表部构造层次脆性形变为特征。

4.热接触变质作用

滩间山古元古代变质地带中的侵入岩浆活动以加里东期最为强烈，形成的超基性—基性、中酸性侵入岩发育，海西期、印支期侵入岩浆活动相对较弱，形成的中酸性侵入岩分布一般。出露的接触变质岩局限分布在泥盆纪、三叠纪中酸性侵入岩外接触带，岩石类型主要有角岩、角岩化岩石、矽卡岩、硅化岩石等。青龙滩硫铁矿由于海西期斜长花岗斑岩岩浆侵入后，被矽卡岩矿化改造和叠加。

二、成矿规律

(一)矿床时间分布规律

针对矿区主要矿床成矿时代，前人已做过较为详尽的研究，史仁灯(2004)通过对滩间山群火山岩组地层进行研究，获得安山岩锆石 U-Pb 年龄为 514.2±8.5Ma，表明滩间山群火山岩形成于加里东期，而矿区内铜(硫铁)矿以热水喷流沉积型为主，成矿与火山喷发关系密切，赋存于滩间山群 b 岩组的火山岩内，受层位的控制作用较为明显，因此，可判断加里东期是矿区热水喷流沉积型铜(硫铁)矿形成的重要时代。

张延军(2017)通过对万洞沟铁矿矿区内斜长花岗斑岩的研究，获得单颗粒锆石 U-Pb 年代学研究结果为 467±3Ma，万洞沟铁矿为矽卡岩型，成矿与斜长花岗斑岩关系密切，表明该矿床成矿期为加里东期。

研究区与金矿成矿关系密切的中酸性岩脉的年代学研究工作取得了丰富的年代学资料，研究数据表明，海西期是矿区金矿的重要成矿期，形成了一系列与构造背景相对应的矿床，它们代表了同一岩浆在造山的不同阶段演化和成矿的年龄。

综合分析地质构造演化、构造-岩浆活动与成矿作用，结合前人资料，可知矿区自前寒武纪以来经历了多次构造事件、岩浆事件和沉积事件的叠加和演化，各主要构造演化阶段除前寒武外都不同程度伴有成矿事件：

加里东早—中期是区内构造-岩浆活动高峰期，形成了与岩浆关系密切的矿床点，早期拉张环境下主要形成热水喷流沉积型块状硫化物青龙滩硫铁矿矿床；中期在俯冲和碰撞造山环境下则主要形成矽卡岩型万洞沟铁矿床。

海西期是区内造山型金矿的重要成矿期，代表性矿床为滩间山金龙沟金矿床和细晶沟金矿床。

(二)金矿床空间分布规律

矿区内主要矿种为金，以构造蚀变岩型为主，其次为热液石英脉型。构造蚀变岩型金矿床在空间分布上整体呈带、带内有区、区内相对集中且规模大为特点；热液石英脉型金，在区内分布较为分散，但总体看来其矿化体主要受区域性断裂构造的派生次级断裂构造所控制。

通过成矿时代研究发现，矿区内的金矿化主要形成于碰撞挤压和隆升伸展构造体制阶段，该阶段不同级次的断裂构造既为成矿热液运移提供了通道，同时也为成矿物质的富集、沉淀提供了空间。断裂构造控矿的一个重要特征是两组或多组断裂交汇处往往是矿床产出部位；岩石的裂隙发育程度对矿床的矿化范围和程度有很大的影响;某些皱褶构造的虚脱空间也是矿质沉淀的有利部位,如青龙沟金矿就受皱褶和断裂的双重控制。碰撞挤压阶段和隆升伸展构造阶段金矿类型有一定区别:早期表现为造山挤压环境下形成大量的造山型金矿,晚期则转换为伸展构造形成的变质核杂岩控制的金矿床。前人获得柴北缘滩间山金矿区代表早期碰撞型斜长花岗斑岩的成岩年龄为394.4Ma(李世金,2011),而代表晚期伸展阶段对金矿起控制作用的变质核杂岩中的中酸性脉岩的年龄为344.9Ma(李世金,2011)和356Ma(孙丰月等,2016),它们代表了同一岩浆在造山的不同阶段演化和成矿的年龄。故同阶段形成的脆韧性剪切带和滑脱剪切断裂、裂隙构造就对其含矿体流体的就位具有绝对的控制作用。从区内金矿床的实际分布情况来看,其在空间上分布也是如此。区内金矿床突出特点是受脆韧性剪切带构造和滑脱剪切断裂控制明显。另外,矿体的围岩虽呈现多样性,但不同的地层对矿体形成的规模有一定影响,如在万洞沟群内易形成具规模金矿床,而在其他层位中以小型矿床规模和矿(化)点产出,之所以产生这种现象,笔者认为:万洞沟群该地层富含有机碳和同生黄铁矿,由于有机碳和黄铁矿具有较好的吸附障效应和还原障效应,能使含矿流体中的金元素更容易发生沉淀富集作用。另外,千枚岩中片状矿物云母等其物理性质柔软,在剪切变形中极易形成扩容空间,为含矿流体中金的沉淀创造了极佳的储集空间。因此,区内万洞沟群地层对金成矿具有形成有利空间和矿源层的作用,对其矿床位置的分布也具有一定的控制作用。

石英脉型金矿化具有规模小、分布杂乱的特点,主要形成金矿(化)点,但在金龙沟、青龙沟、红柳沟等6个构造蚀变岩型金矿床内亦有发育,形成弱的石英脉型金矿化,且严格分布于区域性脆韧性剪切构造带内。具体来讲,该类矿化总体上受控于区域性脆-韧性剪切带和剪切带旁侧的次级断裂构造的规律,石英脉型金矿化的承载构造多是蚀变岩型金矿床承载构造的次级构造。

综述,不论区内蚀变岩型金矿化还是石英脉型金矿化,是大型金矿床还是小型及金矿化点,其在空间上的分布几乎均是受控于区域性的野骆驼泉、宽沟口、二旦沟、滩间山等脆-韧性剪切带及其叠加于内和旁侧派生的断裂裂隙构造。亦即金矿产的空间分布规律就是前述构造体系的空间分布位置。

(三)金矿床的变化规律

滩间山金矿金矿床除具有上述时空规律外,还具有一个明显的变化规律,即由北西-南东成矿类型上有石英脉型向蚀变岩型转变的特征,之所以造成这种变化规律,主要是因剥蚀保存程度的不同而造成的。以下就主要矿床(点)特征并结合地球化学异常特征进行简述:

滩间山金矿以西的野骆驼泉、千枚岭、红柳泉北、红灯沟、红旗沟等金矿点均为明显的石英脉型金矿化,含金石英脉主要分布于构造破碎带中,化探异常显示组合简单,多个矿床(点)处均为Au,As、Sb、Hg等前晕极不发育,仅在个别处见有仅为外带的单点As、Sb异常,Au异常浓集中心和三级分带明显,异常外带面积较大,中带和内带面积急剧缩小,此种异常特征是典型的尾晕异常特征,认为该区段剥蚀程度较大,已至矿下部,通过上述矿床点内钻探工程的深部验证后也确实证实了这种认识,深部无富集无延伸;延伸至滩间山金矿的红柳沟、胜利沟金矿处,矿化类型上既有石英脉型又有蚀变岩型,化探异常组合相比有所复杂,除了Au异常外也相应出现了As、Sb、Cu、Pb、Zn等元素的异常,可以认为区内中部相比北西部具有剥蚀程度较小,保存一般,通过前述矿床内的钻探深部验证发现矿化体向深部存在较稳定延伸,沿倾向延深在100~500m之间;再延伸至滩间山金矿南东段青龙沟-金龙沟段,矿床内矿化类型以蚀变岩型占绝对优势,化探异常组合也最为复杂,除中段所出现的Au、As、Sb、Cu、Pb、Zn等元素异常外,还出现了W、Sn、Mo等高温元素异常,Au、As、Sb异常规模大,套合好,浓集中心和三带明显,分带匀称。而W、Sn、Mo、Cu、Pb、Zn等元素异常多具外、中两带,但面积较大,于其他元素异常套合相对也较好,可见南东段异常前晕发育,说明其剥蚀较浅,矿床保存较好。区内青龙沟金矿现控制斜深已达410m,但矿体向深部仍有稳定延深,不见规模减小和贫化的趋势。

据此,可以认为上述两类型金矿化在空间上应存在上部蚀变岩型和下部石英脉型的分布特征。

三、矿床成因类型

根据前述有关滩间山金矿成矿地质构造背景、成矿环境以及不同类型矿床的对比研究结果，滩间山所处的板块运动可概括为拉张→多陆洋→俯冲→碰撞→陆内造山等旋回，在此旋回中金矿形成了与陆-陆碰撞有关的造山矿床组合。该组合主要形成于上述旋回之中的晚期阶段，即碰撞和陆内造山阶段。该组合在区域上主要包括斑岩型矿床、石英脉型矿床、蚀变岩型矿床等3个矿床类型，但在滩间山金矿目前只发现有石英脉型矿床、蚀变岩型矿床两个类型。

（一）蚀变岩型矿床

此类型矿产是目前发现的最主要的成矿类型，如金龙沟、青龙沟、细晶沟等金矿床均属此类型，成矿元素为Au，伴生Cu、Pb、Zn、Ag、Co等。其含矿岩系主要为万洞沟群，其次为滩间山群绿片岩和火山岩，成矿流体主要为中晚泥盆世花岗闪长斑岩、石英闪长岩、石英闪长玢岩、英云闪长岩等的岩浆期后热液。矿化体对岩性没有明显的选择性，但受脆-韧性剪切带、断裂裂隙等构造的控制作用极为明显。成矿时代主要为中晚泥盆世。该期成矿环境为造山时期的隆升伸展背景，该期成矿均与滩间山金矿内的韧性剪切带及韧性滑脱断裂、裂隙等导容矿构造体系关系密切。

（二）石英脉型矿床

此类型矿产是滩间山金矿内具有点多规模小的特点，成矿元素为Au、Cu、Pb、Zn、Ag等。其含矿岩系无明显规律性，在万洞沟群、滩间山群及牦牛山组各地层内均有分布，矿化体对岩性没有明显的选择性，受发育于区域性脆-韧性剪切带和大型断裂构造旁侧次级断裂裂隙带的控制作用较为明显。成矿时代主要为晚志留世和中晚泥盆世。晚志留世成矿环境主要陆壳深俯冲期的挤压背景；中晚泥盆世成矿环境为碰撞造山期的隆升伸展背景。

四、滩间山金矿成矿模式

根据滩间山地区成矿构造背景、矿床分带性及组合（区域上的）等特征，认为研究区在海西期碰撞伸展背景下的蚀变岩型金矿（金龙沟、青龙沟）及石英脉型金多金属矿则形成了一个与浅成花岗岩有关的斑岩型、热液型金多金属成矿系列，成矿主要元素为金等。

研究区与金成矿关系密切岩体主要为中晚泥盆世的花岗闪长斑岩、英云闪长岩、花岗闪长岩、石英闪长岩、闪长玢岩脉、细晶岩脉等，金矿化主要产于区域性韧性剪切带内的滑脱断裂、裂隙构造及旁侧的次级构造带中。

研究区金矿成矿矿质来源与地层关系较为密切，其主要来源于万洞沟群、中晚泥盆世岩浆热液体系，地层对成矿富集具有一定的控制作用，表现为万洞沟群千枚岩吸附障和还原障效应及云母类等片状矿物对含矿流体的屏蔽作用；而滩间山群地层与金成矿物质来源无明显关系，由于该套地层内岩石性脆，不易形成扩容空间，金成矿条件相对较差。因此，可以认为区内滩间山群地层内不具备形成大型金矿的成矿条件，相比具有较好的与海相火山岩有关的铜多金属矿的成矿条件。

基于以上认识，滩间山金矿田综合成矿理想模式如图4-15所示。

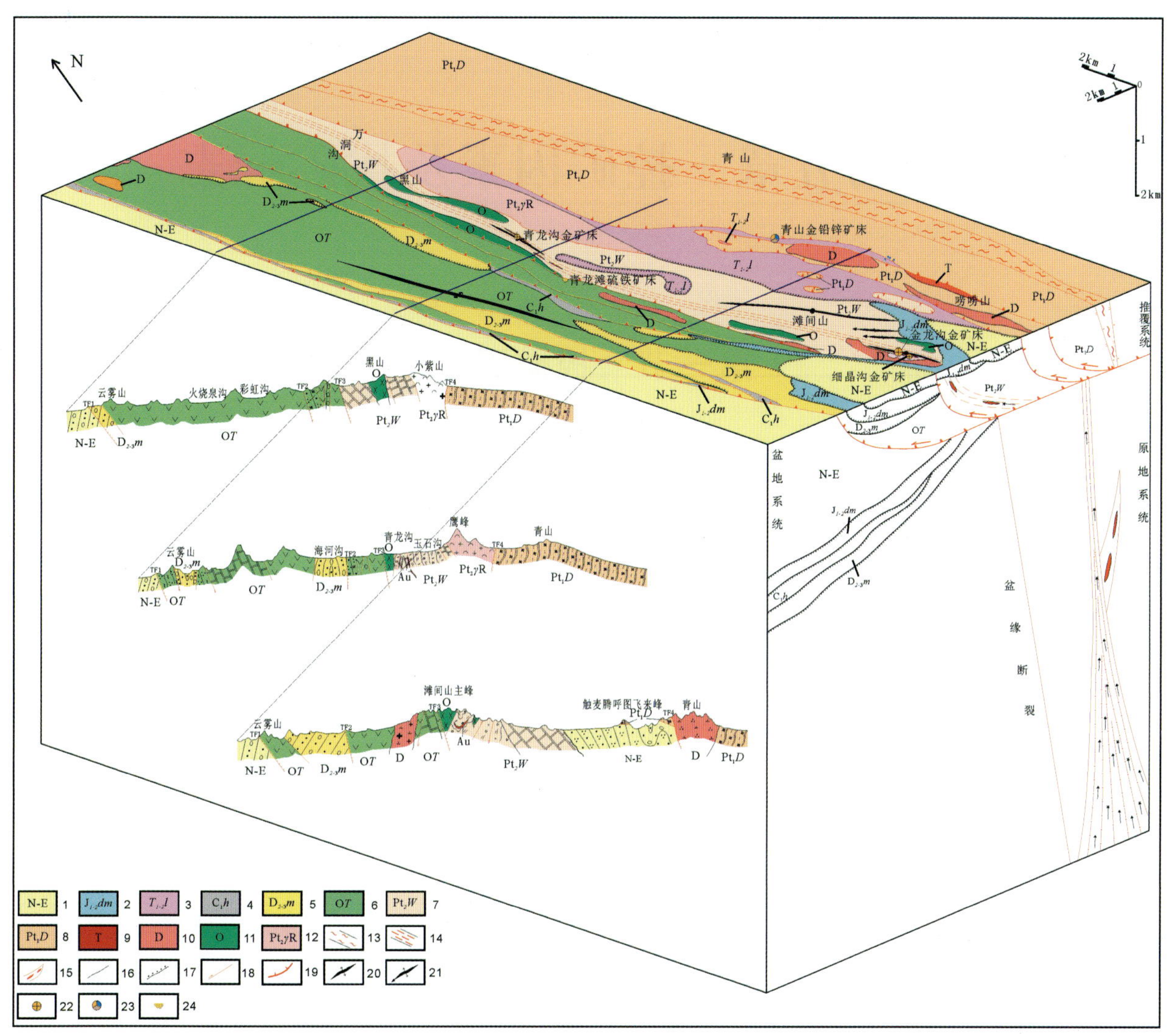

1.新近系—古近系;2.下—中侏罗统大煤沟组;3.下—中三叠统隆务河组;4.下石炭统怀头塔拉组;5.中—上泥盆统牦牛山组;6.奥陶系滩间山群;7.中元古界万洞沟群;8.古元古界达肯大坂岩群;9.晚三叠世正长花岗岩;10.泥盆纪中酸性侵入岩;11.奥陶纪基性岩;12.中元古代环斑花岗岩 13.糜棱岩化带;14.韧性剪切带;15.金矿体;16.地质界线;17.角度不整合界线;18.实测逆断层;19.推覆构造;20.背斜构造;21.向斜构造;22.金矿点;23.金铅锌矿点;24.硫铁矿点。

图 4-15 滩间山金矿成矿模式图

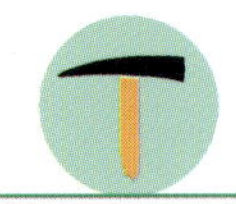

第五章　控矿因素及找矿标志

第一节　控矿因素

一、构造与成矿的关系

柴达木南北缘金成矿系统主要形成于原/古特提斯洋碰撞造山/造山后伸展的构造背景下，大规模金成矿事件受控于从区域尺度到矿床尺度的不同级次构造变形带（张德全等，2007a）。区域性构造边界及相关深大断裂带是该地区众多金矿床的空间展布与产出的一级构造控制，这些区域性大规模断裂带附近或其旁侧的脆性至韧性变形带成为矿集区的二级构造控制。而在矿床尺度与矿体尺度上，这些次级脆性至韧性变形带所派生的断裂-裂隙系统则是主要的三级控矿构造（王斌等，2023）。构造对成矿的控制作用十分显著，主要表现在以下几个方面。

（一）大地构造背景对成矿的控制

初步认为在拉张环境下，易形成与海相块状硫化物有关的多金属矿床，如青龙滩硫铁矿床；在挤压和后期伸展构造背景下，常形成变形变质及构造-岩浆活动有关的各类热液矿床，如金龙沟金矿床等。

（二）次级构造对成矿的控制

区内断裂构造发育，整体以北西向、北北西向断裂为主，存在少数近南北向及北东向断裂。其中北西向和北北西向断裂与区域主构造方向一致，是区内的大型断裂，并控制着区内大部分矿床与矿化点的分布，如细晶沟矿床中北西向断裂为金成矿起到了控制、定位的作用，青龙滩硫铁矿床与成矿有关的构造为一组北北西向的压扭性断层。不同级次的断裂构造既为成矿热液运移提供了通道，同时也为成矿物质的富集、沉淀提供了空间。断裂构造控矿的一个重要特征是两组或多组断裂交汇处往往是矿床产出部位；岩石的裂隙发育程度对热液脉型等矿床的矿化范围和程度有很大的影响；某些褶皱构造的虚脱空间也是矿质沉淀的有利部位，如金龙沟、青龙沟金矿就受褶皱和断裂的双重控制。

因此，脆性至韧性变形、晚/后碰撞岩浆作用以及古老变质基底应是柴达木南北缘金成矿系统的关键控矿要素。在区域原/古特提斯洋分别由碰撞造山晚期向造山后伸展的转变过程中，发生了不同层次、不同等级的变形事件，深层次韧性剪切作用产生了大量变质变形面理，为金的预富集提供了重要的容矿场所与动力来源；浅地壳脆性变形产生了沿这些先存应力薄弱带发育的大量开放的构造空间，成为含金热液流体上升与运移的重要通道以及矿体就位与矿石沉淀的重要场所。大规模幔源岩浆底侵、壳幔混合与岩浆侵入活动为成矿提供了重要的物质来源与热动力条件，与变形过程共同促进了壳源-幔源岩浆及古老变质基底中金以及硫、铅等成矿元素的多次活化、被萃取与富集，并驱使成矿流体沿深部韧性-脆性变形带向地壳浅部运移，进而因物理化学条件的改变而在有利的构造部位发生矿石沉淀与成

矿。因此，脆性/脆-韧性变形带及相关次级破碎带、同/后碰撞侵入岩以及古老变质岩系是柴达木南北缘金成矿系统的重要地质找矿标志组合。

二、地层与成矿的关系

地层对区内金及金多属矿产的成矿控制作用表现在3个方面：一是不同时代的地层对不同成因类型和不同的矿种有着不同的控制作用；二是地层作为矿源层为热液成矿作用提供了一定的成矿物质；三是地层的物理化学性质对成矿作用方式（交代、充填）和矿化的运移、富集有很大影响。

对区域地质资料及已有的矿产资料进行分析，区内金矿与成矿有关的地层主要有古元古界达肯大坂岩群、中元古界万洞沟群、奥陶系滩间山群。

(1)古元古界达肯大坂岩群片岩岩组为青山金铅矿床的赋矿地层。

(2)中元古界万洞沟群为金龙沟、细晶沟、青龙沟金矿床的赋矿地层。该套地层是区内的金高含量地质体，与金的成矿作用主要体现在矿源层和物理化学性质作用上。

(3)奥陶系滩间山群为红柳沟、胜利沟金矿、青龙滩含铜硫铁矿的赋矿地层，该套地层内的火山岩组是区内的铜高含量地质体，该套地层与金成矿无明显关系，但与铜矿化和矽卡岩型铁矿化关系密切，与铜的成矿作用主要体现在矿源层作用上。

三、岩浆与成矿的关系

岩浆活动不仅为成矿提供了丰富的物质来源，也是成矿作用最主要的热动力，是矿床形成的重要条件之一。

中酸性侵入体是热液矿床的热源和物源，是热液矿床形成的必备条件，中酸性侵入体按其侵位的部位和围岩条件形成不同的矿床类型。一些中深成—中浅成的侵入体在碳酸盐岩和钙质较高的围岩中常形成矽卡岩型矿床，在硅铝质围岩中则形成中高温热液矿床，如与成矿有关的万洞沟矽卡岩型铁矿床。由中酸性侵入岩组成的滩间山变质核杂岩对金龙沟金矿床和细晶沟金矿床的成矿起着重要作用，变质核主体由花岗闪长斑岩、石英闪长玢岩和万洞沟群碳酸盐岩组的厚层状白云质大理岩、条带状白云质大理岩及侵入于其中的中酸性脉岩组成，主要以岩体为主，变质地层分布较少，岩体中多有变质岩捕虏体，脉岩多呈岩墙状侵入于早期岩体和地层中。

第二节 找矿标志

本区区域找矿模式的研究工作尚不深入，仅仅根据区域成矿地质条件及找矿标志的初步研究，总结出以下几点找矿标志。

(1)地层：由于万洞沟群碳质绢云千枚岩特有的还原吸附效应和封闭效应，易在其内形成中大型金矿床。另外，不同岩性特别是软硬岩层接触带部位是产生韧性滑脱断裂裂隙构造带的有利位置，如金龙沟和青龙沟金矿均赋存于万洞沟群碎屑岩组内的糜棱岩化千枚岩内和大理岩组与碎屑岩组接触部位的薄层状大理岩及白云石大理岩内；而在滩间山群a、b岩组内的绿片岩、千枚岩、火山岩内则以小型金矿床为特点，如红柳沟等金矿。因此，上述层位、岩性是区内金矿的重要成矿要素。

(2)构造：本区的蚀变岩型金矿化和大部分石英脉型金矿化受控于区域性韧性剪切带和叠加于其内

的及旁侧的次级韧性剪切滑脱断裂、裂隙构造内。上述构造系统是晚泥盆世与成矿有关的岩浆侵位和应力释放的场所，是成矿的岩浆流体分凝的必要条件。如滩间山韧性剪切带控制了金龙沟、细晶沟金矿。区域性断裂构造控制了青龙沟、红柳沟、胜利沟金矿床，大型韧性剪切带和区域性断裂构造控制了整个矿床或矿带的空间分布，而叠加于其内的晚期构造和旁侧次级构造则控制了矿床和矿体的就位。因此区域性韧性剪切带及叠加于其内和旁侧的韧性滑脱断裂裂隙构造可作为本区与岩浆热液有关的蚀变岩型、石英脉型金矿的重要成矿要素。

(3)矿化蚀变：含矿层以黄铁矿化、毒砂矿化、黄钾铁矾化、褐铁矿化、绢云母化、硅化为主，其次为赤铁矿化、绿帘石化、碳酸盐化、绿泥石化、石膏化及铁白云石化等。矿化蚀变由围岩至矿体中心具逐渐变强的趋势。黄铁矿化、毒砂矿化、硅化、绢云母化与金成矿呈正相关关系(如青龙沟矿床、细晶沟矿床等)(Reich et al.,2005)。

(4)围岩蚀变：区内金矿床围岩蚀变强烈，以黄铁矿化、毒砂矿化、黄钾铁矾化、褐铁矿化、绢云母化、硅化为主，其次为赤铁矿化、绿帘石化、碳酸盐化、绿泥石化、石膏化及铁白云石化等。蚀变具一定的分带性，其面积不大，但可作为近矿的找矿标志。如青龙沟矿床从围岩至矿体，蚀变分带表现出：绿泥石化、绿帘石化→碳酸盐化→绢云母化→白云母化、硅化、黄铁矿化等逐渐变化的蚀变特征。青山金矿床由南向北存在一条明显的矿化围岩蚀变，且分带明显，即绿泥石化带→碳酸盐化带→硅化-绢云母化-黄铁矿化→绿泥石化-碳酸盐化带。

(5)化探：区内石英脉型金矿化以组合元素简单，主要为 Au，浓集中心和三带齐全为特征；而蚀变岩型金矿则以 Au、As、Sb、Cu、Pb、Zn 为组合，并以 Au、As、Sb 套合较好、浓集中心明显和三带齐全为特征；因此 Au、As、Sb 地球化学异常是此类矿床的重要成矿要素。

(6)物探：激电异常在金矿床中显示出了低电阻率、中视极化率特征，在块状多金属矿床中也显示了低阻高极化特征。如青龙滩硫铁矿处视极化率(η_s)在 6.0%～9.5%之间，视电阻率 50～122Ω·M，青龙沟金矿处视极化率(η_s)在 4.0%～6.0%之间，视电阻率 300～600Ω·M，上述矿床矿化体与围岩间存在明显的电物性差。因此上述激电异常可作为此两类矿床的重要成矿要素。青龙沟矿床开展深部成矿地质体定位研究预测等工作时运用“1∶5000 广域电磁法和 1∶2000 重力测量”物探技术方法组合，显示出围岩碳质绢云千枚岩呈明显的超低阻特征，含矿层位白云石大理岩呈明显的高阻特征，二者接触带部位与广域电磁法反演的高低阻变换部位相吻合，也是重力高异常区，是寻找含矿地质体的有利地段，可作为间接找矿。

(7)遥感：滩间山金矿矿化蚀变信息分为铁化、泥化及碳酸盐化和硅化。在已知的铜铅锌等多金属矿床、矿化蚀变带上及其附近都出现有强度不等的铁化信息，如青山金铅锌矿床。在已知矿床(点)多有泥化及碳酸盐化信息出现，如青龙沟金矿、细金沟金矿床。硅化大部分的异常出现在 Pt_1D、Pt_2W、OT 地层中，分布与区域地层和断裂构造走向基本一致。在已知矿区、矿点及矿化蚀变带上一般都有硅化信息晕出现。综上所述，铁化、泥化及碳酸盐化、硅化信息晕主要是由地表蚀变矿物、矿化带露头、水系沉积物和岩石成分引起的，在某些具有特定成矿地质背景的地段反映了地表矿体露头及埋深较浅的矿体的存在，且大部分铁化、泥化及碳酸盐化晕内或边缘存在已知矿床(点)，因此对找矿有一定的指导意义。

(8)岩体和脉岩：本区晚泥盆世岩浆活动为区内金矿的形成提供了主要的矿质来源，为金多金属矿床的形成提供了必要的条件，矿床的分布与其的产出位置有密切的关系，是矿床的主要控制因素。本区与金成矿有关的侵入体主要为中泥盆世花岗岩类组合(①滩间山处的花岗闪长斑岩体和细晶岩脉，②青山处正长花岗岩体，③青龙沟处石英闪长岩脉和闪长玢岩脉，④红柳沟、胜利沟、千枚岭处英云闪长岩体)。

第三节　典型矿床深边部找矿前景分析

一、金龙沟金矿深边部找矿前景

区域性北西向脆韧性剪切带构造是金龙沟金矿的一级控矿构造，该构造在走向和倾向上均具有稳定延伸；叠加于一级控矿构造内金龙沟复式向斜和大理岩与千枚岩接触带的韧性滑脱断裂构造是金龙沟金矿的二级控矿构造，该构造轴面沿走向长约860m，沿倾向斜深约410m，褶皱平面最大宽度约660m，故也可认为金龙沟金矿化域基本分布在一个860m×660m×410m的长方体内；叠加在层间韧性滑脱断裂上盘的复式向斜构造内的断裂裂隙构造是金龙沟金矿内的三级控矿构造，也即为具体的容矿构造，该三级构造为二级构造所派生的构造，三级构造的成生展布受控于二级构造。据此，就该矿床的控矿构造特征而言，其在走向上无延伸，而沿倾向向深部于复式向斜构造转折端不远处已出现了隐伏的花岗闪长斑岩体，截切了矿床向深部的延深，故理论分析认为金龙沟金矿向深部和沿走向方向不具备成矿条件，找矿前景较小；而在其边部金龙沟北侧存在规模较小的叠加于北西向韧性剪切带内的近北东向断裂构造，由其成矿要素判断认为：此处应具有一定的成矿条件和找矿潜力。

二、青龙沟金矿深边部找矿前景

青龙沟金矿床形成背景为中泥盆世陆陆碰撞隆升造山环境，总结该矿床已有的特征认识可知，该矿床中主矿体的形成是受岩性和构造双重控制的，矿床就位于青龙沟复式向斜构造核部，矿体均分布于断裂构造上盘附近，主矿体CK-M2的矿化岩性为a岩组白云石大理岩和b岩组碳质千枚岩接触带部位的薄层状大理岩，2011年青海大柴旦矿业有限公司对含矿岩性薄片样镜下鉴定为钙质砂岩，由于千枚岩和大理岩能干性影响，在两者接触带部位容易形成滑动和虚脱空间而成滑脱断裂，加之绢云千枚岩对成矿热液会起到屏蔽作用，故不论是钙质砂岩还是薄层大理岩，其化学性质均较为活泼，孔隙发育，故其易使含矿热液中矿质析出而富集成矿，可以认为一定程度上该矿床具有一定的层控性。

青龙沟金矿主矿体CK-M2的控矿断裂构造具正断右旋剪切性质，属追踪张性断裂，而表现在矿化体上则形成了走向在近南北向段的矿体富大，在北西向段的矿体狭窄。另外，结合近年来的钻探验证得知，分布于青龙沟处的a岩组和b岩组接触带部位的金矿化在同一高程面的走向上矿化具有间距性，如CK-M2矿体在青龙沟采坑处地表出露长于500m左右，而沿含矿带走向北西向在地表目前尚未发现矿化踪迹，而南东向则在约1km和2km处分别发现了矿化体，由此可以初步认为该接触带内的金矿化具有分段性和侧伏特征，Ⅱ、Ⅲ矿带南东向延伸段仍有一定的找矿前景。

区内矿体在垂向上已形成了两层赋矿空间，且深部第二层在2800～3200m高程形成了深部第二富集段，深部已圈定的矿体均分布于Ⅱ、Ⅲ矿带及其上下盘附近，但受施工条件限制未能完全圈闭，矿体沿倾向的延伸情况有待进一步追索验证，深部具有较好的找矿潜力。

三、细晶沟金矿深边部找矿前景

细晶沟矿区金矿化的形成与岩浆活动和构造具有密切关系，因此区内成矿前的断裂、裂隙等导矿容矿构造是本区金矿找矿的有利部位，但由于受中奥陶世中酸性侵入岩体的侵位和逆冲推覆构造的破坏，其原始控矿构造形态已不明显，赋矿岩性和矿体均具尖灭再现、侧现特征，目前工作来看虽然矿体沿走向两侧已圈闭，但仍有尖灭再现的可能，尤其是矿床沿南东走向，受地形条件限制所施工的圈边工程未能完全控制到目标层位，矿体是否圈闭有待进一步验证，其南东向延伸段仍有一定的找矿空间；另外，矿床北西延伸段与金龙沟矿床链接部位，也是较好的找矿有利空间。

四、青山金铅矿床深边部找矿前景

通过总结青山地区矿床成因和找矿标志，确定了矿床预测要素，明确了青山矿区找矿的方向（陈晓琳，2019）。

根据物探资料，矿带与异常比较吻合，与破碎蚀变带中的多金属硫化物有关。但有部分异常带位于三叠纪砂砾岩中，而在地表检查未发现矿化线索，砂砾岩不足以引起如此强的激电异常，综合研究分析认为异常可能为三叠纪下伏地层破碎蚀变带中的多金属硫化物所致，具有深部找矿的潜力。

根据“帚状”构造矿化富集规律（构造复合部位、横向对应）和垂向上局部产状变陡部位进行找矿，具有较好的深部找矿潜力。控矿构造具“帚状”控矿构造样式，亦如“马尾”控矿样式，即在马尾末端矿体呈尖灭趋势，但在马尾根部构造具规模变大、延伸稳定的特点，矿体亦具有分段富集、向北西向延伸稳定、规模变大的趋势，由此推断在Ⅴ号蚀变带北西延伸方向仍有较大的找矿潜力。Ⅲ、Ⅳ号破碎蚀变带在Ⅴ号破碎带北面形成多组平行于该蚀变的构造，破碎蚀变带向西走向变化为北西向。通过对Ⅴ号矿带西段槽探揭露，发现矿体向西规模变大、品位变富。同时根据“帚状”构造横向对应规律，进而可在与Ⅴ号带平行的Ⅲ、Ⅳ号矿带寻找金矿。

矿带向西地表矿体规模变大，品位较高，向深部延伸稳定，蚀变带较为发育。矿体位于两组张扭正断层之间，可推测本地区在区域上三叠系和万洞沟群由南西向北东逆冲挤压到达肯大坂群上，形成连续的背、向斜褶皱构造，Ⅰ～Ⅴ号矿带位于达肯大坂群中背斜构造内，背斜核部形成一系列的层间滑脱断层。区内金矿体位于背斜核部的层间滑脱断层之间，该断层对金的活化迁移富集起了重要作用，在该断层内寻找金的前景较好。

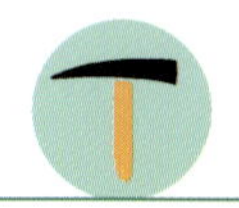

第六章　矿山绿色勘查方法技术组合

滩间山金矿区位于柴达木盆地北缘，具典型的内陆干旱气候特征，年均降水量75mm，年蒸发量2116mm，导致评价区呈荒漠戈壁景观。除东侧嗷唠河一带地表有常年细小水流，地下孔隙潜水较丰富外，山区沟谷均干枯无水，地下水贫乏，水位埋深大于200m。

矿区在区域上呈中低山与山间盆地相间的地貌，中低山区沟谷发育，其中东部滩间山中低山区沟谷狭窄。砾石戈壁面积较大，大部分为砾石、砂子，基本没有土壤。戈壁滩周围石山环绕，境内山高沟深，坡面极陡，大部分为35°以上，石山呈不同颜色。自然条件恶劣，生态环境脆弱，人烟稀少。矿区位于大柴旦滩间山岩金矿区重点管控单元，不涉及环保区。

第一节　高原地区找矿有效方法组合与应用

研究区前人开展的1∶20万、1∶5万区域地质调查，对区内地层、构造、岩浆活动、变质作用及矿产分布特征等进行了系统的研究和划分，为区内后续工作的开展提供了基础地质资料；1∶20万区化扫面、1∶5万水系沉积物测量为区内选定找矿靶区提供了地球化学依据，圈出的面积大、强度高的Au、As、Sb组合异常，是研究区金矿勘查的直接靶区；通过异常的进一步检查，并辅以探槽、浅井进行揭露验证，最后再利用钻探工程进行深部验证，是研究区内基岩裸露地区实现地表找矿突破最直接，也是最有效的找矿方法组合。同时，以往研究工作对研究区成矿作用、成因类型、成矿规律等进行了较系统的论述。总体来说，前人在金矿内开展不同范围的预查、普查及详查工作的同时，研究方面也做了大量的工作，积累了丰富的研究资料。

近年来，随着研究区地表勘查程度、矿床的勘查程度和研究程度的不断提高，加之部分矿床外围第四系覆盖严重，传统“常规化探＋地表揭露工程＋深部钻探验证”的找矿方法组合，已很难达到实现地表找矿突破、覆盖区找矿突破和寻找隐伏矿体的目的；同时，随着勘查深度的不断加深，面对深部资源“难识别、难发现”的难点，采用“理论指导＋钻孔验证”的找矿方法组合进行深部找矿时，存在“风险大、投入高”的问题；因此，有效的找矿方法组合是制约研究区覆盖区找矿和深部找矿突破的主要问题。

一、浅覆盖区找矿有效方法组合与应用

2016年青海大柴旦矿业有限公司为了查明青龙沟沟口第四系松散覆盖层下岩石的含金性，为堆放废石场地建设提供依据，利用空气反循环钻（RC钻）对该区段进行了系统验证，施工RC钻孔41个，合计4080m，通过对RC钻孔采集到的岩石样品进行Au元素分析后，以0.20×10^{-6}为异常下限，共圈定Au异常4处，分别为16Au1-4（图6-1）；2017年青海省第一地质勘查院对所圈定的Au异常利用地表小角度钻孔进行了初步验证后，发现了规模较好的金矿体；受到该启发，总结提出了“专题研究引领确定靶区＋空气反循环钻探探索＋小角度机械钻探验证＋孔内岩心定向设备恢复厚覆盖区深部岩性原始产状”的找矿方法组合，并广泛应用到了研究区后续找矿实践中。

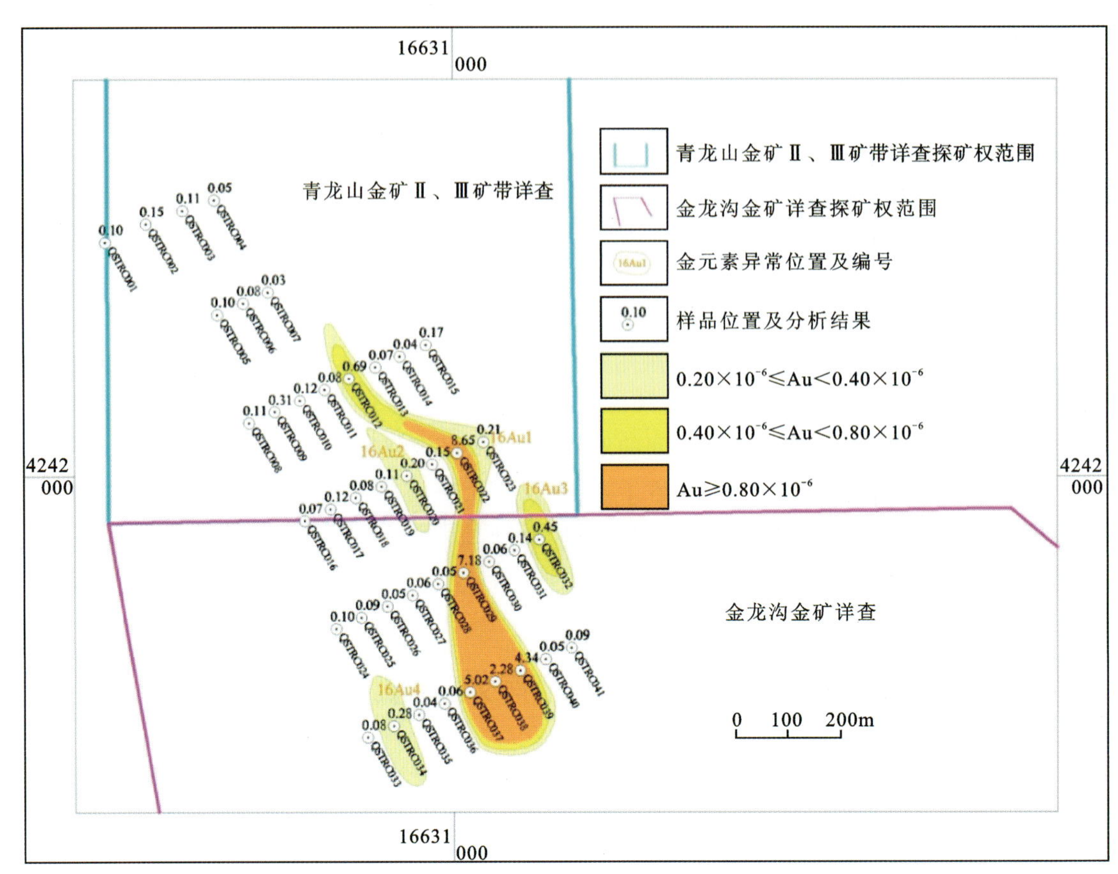

图 6-1 青龙沟 RC 钻 Au1-4 异常图

通过该方法组合，2017—2019 年度青海省第一地质勘查院与青海大柴旦矿业有限公司对“细晶沟、青龙滩”找矿靶区进行了勘查找矿，在青龙滩第四系覆盖层下实现了找矿重大突破，使青龙沟矿床Ⅱ矿带沿走向南东延长 1.7km，控制总长达 3.1km，使青龙沟矿床Ⅲ矿带沿走向两侧延长了 1.9km，控制总长达到了 4.0km，并在短暂 2 年时间就完成了详查评价工作和资源储量评审备案工作，目前青海大柴旦矿业有限公司已将该找矿成果转入开发利用阶段，使找矿成果快速转化为了经济效益和社会效益。

综上所述，通过深部勘查方法技术手段有效性研究，提出的“专题研究引领确定靶区＋空气反循环钻探探索＋小角度机械钻探＋孔内岩心定向设备恢复厚覆盖区深部岩性原始产状”的找矿方法组合在研究区取得了较好的找矿成果，其找矿方法组合已较为成熟，此种研究、勘查模式除了在滩间山地区具有较好的应用前景外，也可在省内东昆仑、祁漫塔格等重要成矿带推广应用，具有较好的应用空间和前景。

二、深部找矿有效方法组合与应用

2020 年，青海省第一地质勘查院与青海省第三地质勘查院针对青龙滩厚覆盖区深部，首次运用“1∶5000 广域电磁法和 1∶2000 重力测量”物探技术方法组合开展深部成矿地质体定位研究预测工作。通过该项工作发现青龙沟矿床围岩碳质绢云千枚岩呈明显的超低阻特征，含矿层位白云质大理岩呈明显的高阻特征，二者接触带部位与广域电磁法反演的高低阻变换部位相吻合，也是重力高异常区，是寻找含矿地质体的有利地段。该项成果有效解决了深部含矿地质体及矿体位置难定位的难题，为“青龙沟金矿床”深部勘查提供了技术支撑。

2021—2022 年度青海省第一地质勘查院通过实施千米深孔验证，首次在“青龙沟金矿床”深部

500m 以下 3300～2700m 标高间探获“第二空间”富矿体，实现了深部资源找矿重大突破。

综上所述，通过“成矿模式＋三维模型＋物探组合方法＋机械岩心钻（ML）”的找矿方法组合，可以有效解决滩间山地区第四系覆盖区深部找矿预测及定位，实现找矿突破，目前青龙滩Ⅱ矿带南段-中心山-独树沟尚未进行深部追索验证，可以利用该技术方法进行进一步的追索验证，找矿空间巨大，有望取得重大成果突破。该技术方法在柴北缘寻找深部盲矿体具有很好的指导作用，有望解决成熟矿区实现深部找矿突破的技术瓶颈。

第二节　矿山绿色勘查经验与启示

绿色勘查与传统勘查手段相比较，传统勘查手段没有生态环境恢复相关工作的投入，但绿色勘查对于生态环境恢复工作量的投入较大，特别是对槽探回填、样坑的掩埋、生活垃圾的处理、车辆道路的开辟等方面都制定了相关的措施；传统勘查手段对生态环境的破坏范围及程度较大，而绿色勘查制定了相应的措施，对生态环境的破坏范围及程度降到了最低；传统勘查手段没有生态环境恢复经费预算的投入，而绿色勘查有了经费预算的投入，并在逐步加大其投入。取得的主要经验与启示有以下几个方面：

(1)做好绿色勘查新理念的学习和宣传。在勘查工作开展前做好单位级、部门级及项目级“三级”的相关绿色勘查规范的学习，使绿色勘查的理念深入人心。

(2)改变方式方法，更换工作手段，选择对环境影响小的勘查方法和手段。尽量用浅钻代替槽探、剥土工程，最大限度地减少地质勘查开发对环境造成的破坏。滩间山地区建立的“空气反循环钻探＋小角度机械钻探＋孔内岩心定向技术”的技术方法组合在相对平坦的植被发育和第四系厚覆盖区做到了对环境的扰动最小化(可一机多孔、结合地形灵活布置实施、非勘探线法查明产状)，实现了较好的绿色勘查效果，具有在区域上广泛推广应用的示范意义。

(3)在勘查设计编制时增加绿色勘查相关预算，确保有足够的生态环境恢复治理费用。在确定勘查评价矿产资源预算费用时，重视对矿床的水文地质条件、工程地质条件和环境地质条件的研究，特别是要初步研究崩塌、滑坡等自然灾害的分布、活动特征等，有利于减少或避免矿区各种地质灾害的发生。同时，考虑施工后的环境恢复治理费用。

(4)勘查工作开展前要编制相应的绿色勘查实施方案，制定具体的勘查工作环境保护细则，明确责任和义务。充分运用经济、行政等多种手段，制定有利于促进绿色勘查、环境保护等方面的政策措施，以制度推动绿色地质勘查的开展。

(5)要加强监督管理，提高勘查水平。勘查过程中，做好对外来施工单位的监督管理。本着“谁施工，谁恢复，谁治理”的原则，明确要求施工单位在完工后对所破坏的环境进行恢复治理，同时将绿色勘查及环境恢复治理情况纳入工程检查验收当中。

(6)勘查工作开展前首先到当地人民政府、自然资源局、镇(乡)政府备案，勘查工作结束后向当地政府部门总结汇报。青海省第一地质勘查院对项目组检查验收时，均将绿色勘查作为对项目组检查验收的条件，将绿色勘查纳入对项目组的考核中。

(7)勘查工作要严格按批准文件和勘查许可证规定的范围开展勘查工作，不越界勘查，不以采代探，做到绿色施工、文明施工，构建和谐的野外工作环境。在野外实施时尽量降低草原破坏，尽量恢复原貌，减少植被破坏，达到绿色勘查的目的。

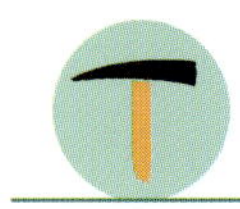

主要参考文献

安生婷,李培庚,杜生鹏,等,2020.青海柴北缘滩间山地区金龙沟金矿成矿模式总结与找矿前景分析[J].西北地质,53(4):99-107.

白开寅,2007.滩间山花岗质岩石化学特征和脉岩型金矿成矿作用的关系[J].地球科学与环境学报,29(3):252-255,279.

蔡朝阳,韩秀梅,吴国学,等,2010.统计分析软件SPSS在化探数据处理中的应用[J].矿床地质,29(增刊):635-636.

蔡鹏捷,郑有业,鲁立辉,等,2019.柴北缘滩间山金矿黄铁矿微量元素特征:指示多阶段金矿化事件[J].中国有色金属学报,29(10):2381-2393.

陈树旺,1996.青海大柴旦金龙沟金矿控矿构造分析[J].贵金属地质,5(3):207-212.

陈晓琳,2019.青海省大柴旦镇青山金矿矿床成因及找矿方向[D].长春:吉林大学.

陈衍景,PIRAJNO F,赖勇,等,2004.胶东矿集区大规模成矿时间和构造环境[J].岩石学报,20(4):907-922.

陈衍景,倪培,范宏瑞,等,2007.不同类型热液金矿系统的流体包裹体特征[J].岩石学报,23(9):2085-2108.

陈衍景,翟明国,蒋少涌,2009.华北大陆边缘造山过程与成矿研究的重要进展和问题[J].岩石学报,25(11):2695-2726.

池国祥,赖健清,2009.流体包裹体在矿床研究中的作用[J].矿床地质,28(6):850-855.

崔艳合,张德全,李大新,等,2000.青海滩间山金矿床地质地球化学及成因机制[J].矿床地质(3):211-221.

戴荔果,2019.青海省滩间山-锡铁山地区金铅锌成矿系统[D].武汉:中国地质大学(武汉).

邓军,杨立强,王长明,2011.三江特提斯复合造山与成矿作用研究进展[J].岩石学报,27(9):2501-2509.

段建华,赵小芳,耿阿乔,2011.野骆驼泉金矿床地质特征及找矿前景分析[J].青海大学学报(自然科学版),29(3):47-51.

范宏瑞,蓝廷广,李兴辉,等,2021.胶东金成矿系统的末端效应[J].中国科学(D辑:地球科学),51(9):1504-1523.

丰成友,张德全,贾群子,等,2012.柴达木周缘金属矿床成因类型、成矿规律与成矿系列[J].西北地质,45(1):1-8.

丰成友,张德全,佘宏全,等,2002.韧性剪切构造演化及其对金成矿的制约:以青海野骆驼泉金矿为例[J].矿床地质,21(S1):582-585.

国家辉,1998.滩间山金矿成矿作用演化及成因类型[J].青海地质(1):37-42.

国家辉,1998.滩间山金矿岩浆岩特征及其与金矿化关系[J].贵金属地质(2):17-24.

国家辉,1998.滩间山金龙沟金矿区找矿矿物学填图应用效果[J].贵金属地质(4):19-23.

韩生福,李熙鑫,曾广文,等,2012.青海省矿产资源勘查开发接替选区研究[M].北京:地震出版社.

韩英善,彭琛,2000.托莫尔日特蛇绿混杂岩带地质特征及其构造意义[J].青海地质(1):18-25.

贺领兄,范照雄,2006.青海省大柴旦红柳沟金矿床的地质特征及其成因探讨[J].矿产与地质,20

(113):36-42.

呼格吉勒，马国栋，邓元良，等，2018. 滩间山地区青龙沟金矿床成矿条件及模式[J]. 西安：西北地质，51(3):155-160.

黄亚，赖健清，樊俊昌，2015. 青海胜利沟金矿床铅同位素特征与矿床成因分析[J]. 四川地质学报(1):134-137.

黄亚，2013. 青海省胜利沟金矿床地质特征及成矿作用研究[D]. 长沙：中南大学.

黄银宝，丁春梅，2003. 柴北缘宽沟口-红旗沟韧性剪切带及其金成矿动力机制探讨[J]. 西北地质，36(4):48-55.

贾群子，2013. 柴达木盆地北缘滩间山金矿区斜长花岗斑岩锆石 LA-MC-ICPMS 测年及其岩石地球化学特征[J]. 地质科技情报(1):87-93.

贾建业，刘建朝，兰斌明. 滩间山黑色岩系金矿床金的赋存状态研究[J]. 西安工程学院学报，1996(3):15-20.

姜芷筠，赵呈祥，李碧乐，等，2020. 柴北缘滩间山金矿细晶沟花岗斑岩锆石 U-Pb 年龄与 Hf 同位素特征及其与金矿化的关系[J]. 黄金(5):3-10.

鞠崎，刘振宏，王永，2009. 柴达木盆地北缘滩间山金矿遥感综合找矿模式[J]. 西北地质，42(4):22-29.

康高峰，2009. 柴达木盆地北缘成矿带遥感信息提取及有利成矿区预测研究[D]. 西安：西北大学.

赖华亮，李顺庭，王建，等，2019. 青海柴北缘青山金矿的发现及地质特征[J]. 矿产勘查，10(10):2493-2500.

赖华亮，李顺庭，王建，等，2020. 青海柴北缘青山金矿综合找矿方法研究[J]. 矿产勘查，11(2):311-320.

赖绍聪，邓晋福，杨建军，等，1993. 柴达木北缘大型韧性剪切带构造特征[J]. 河北地质学院学报(6):578-586.

赖绍聪，邓晋福，赵海玲，1996. 柴达木北缘古生代蛇绿岩及其构造意义[J]. 现代地质，10(1):18-27.

赖绍聪，邓晋福，赵海玲，等，1993. 柴达木北缘发现大型韧性剪切带[J]. 现代地质(1):125.

李怀坤，陆松年，赵风清，等，1999. 柴达木北缘新元古代重大地质事件年代格架[J]. 现代地质(2):104-105.

李欢，奚小双，2010. 青海省大柴旦红灯沟金矿区剪切带构造分布特征与构造形式分析[J]. 矿产与地质，24(1):9-15.

李景春，李兰英，2001. 对中国金矿床成因分类的评述[J]. 地质与资源(1):42-45.

李世金，2011. 祁连造山带地球动力学演化与内生金属矿产成矿作用研究[D]. 长春：吉林大学.

李文渊，董福辰，张照伟，等，2012. 西北地区矿产资源成矿远景与找矿部署研究[M]. 北京：地质出版社.

李治华，李碧乐，李鹏，2020. 柴北缘滩间山地区独树沟金矿花岗斑岩锆石 U-Pb 年代学、地球化学和 Hf 同位素[J]. 地质学报，94(12):3625-3642.

林文山，范照雄，贺领兄，2006. 青海省大柴旦青龙沟金矿床地质特征、找矿标志和找矿方向[J]. 矿产与地质，20(2):122-127.

刘斌，沈昆，1999. 流体包裹体热力学[M]. 北京：地质出版社.

刘嘉，蔡鹏捷，曾小华，等，2021. 柴达木盆地北缘造山型金矿地质、成矿流体及成矿时代特征[J]. 中国地质，48(2):374-387.

刘增铁，任家琪，邬介人，等，2008. 青海铜矿[M]. 北京：地质出版社.

刘增铁，任家琪，杨永征，等，2005. 青海金矿[M]. 北京：地质出版社.

卢焕章，池国祥，朱笑青，等，2018. 造山型金矿的地质特征和成矿流体[J]. 大地构造与成矿学，42(2)：244-265.

马盈，蒋少涌，2022. 造山型金矿是如何形成的？[J]. 地球科学，47(10)：3894-3896.

毛德宝，1993. 金矿床同位素测年和示踪研究的新进展[J]. 黄金地质科技，36(2)：6-13.

毛景文，谢桂青，张作衡，等，2005. 中国北方中生代大规模成矿作用的期次及其地球动力学背景[J]. 岩石学报，21(1)：169-188.

潘桂棠，王立全，尹福光，等，2004. 从多岛弧盆系研究实践看板块构造登陆的魅力[J]. 地质通报(Z2)：933-939.

潘彤，2017. 青海成矿单元划分[J]. 地球科学与环境学报，39(1)：16-33.

潘彤，2019. 青海矿床成矿系列探讨[J]. 地球科学与环境学报，41(3)：297-315.

潘彤，等，2019. 柴达木盆地南北缘成矿系列及找矿预测[M]. 武汉：中国地质大学出版社.

祁生胜，李五福，等，2024. 中国区域地质志・青海志[M]. 北京：地质出版社.

史仁灯，杨经绥，吴才来，等，2004. 柴达木北缘超高压变质带中的岛弧火山岩[J]. 地质学报(1)：52-64.

宋生春，2006. 青海省大柴旦红柳沟金矿成矿特征及成因分析[J]. 西部探矿工程，(4)：138-140.

宋述光，王梦珏，王潮，等，2015. 大陆造山带碰撞-俯冲-折返-垮塌过程的岩浆作用及大陆地壳净生长[J]. 中国科学(D辑：地球科学)，45(7)：916-940.

宋述光，张贵宾，张聪，等，2013. 大洋俯冲和大陆碰撞的动力学过程：北祁连-柴北缘高压-超高压变质带的岩石学制约[J]. 科学通报，58(23)：2240-2245.

宋述光，张立飞，NIU Y，等，2004. 青藏高原北缘早古生代板块构造演化和大陆深俯冲[J]. 地质通报，23(9-10)：918-925.

童海奎，龙灵利，马永胜，等，2021. 青海大柴旦镇尕日力根砾岩型金矿成矿特征研究[J]. 矿产勘查，12(3)：534-541.

万天丰，2006. 中国大陆早古生代构造演化[J]. 地学前缘(6)：30-42.

王秉璋，付长垒，潘彤，等，2022. 柴北缘赛什腾地区早古生代岩浆活动与构造演化[J]. 岩石学报，38(9)：2723-2742.

王春涛，刘建栋，张新远，等，2015. 冷湖镇三角顶地区金矿地质特征及找矿前景分析[J]. 甘肃冶金，37(3)：94-97.

王福德，李云平，贾妍慧，2018. 青海金矿成矿规律及找矿方向[J]. 地球科学与环境学报，40(2)：162-175.

王惠初，陆松年，莫宣学，等，2005. 柴达木盆地北缘早古生代碰撞造山系统[J]. 地质通报，24(7)：603-612.

王进寿，潘彤，李鹏，等，2022. 青海省柴北缘成矿带矿床成矿系列[J]. 地球科学与环境学报，44(3)：391-412.

王庆飞，邓军，翁伟俊，等，2020. 青藏高原新生代造山型金成矿系统[J]. 岩石学报，36(5)：1315-1353.

王庆飞，邓军，赵鹤森，等，2019. 造山型金矿研究进展：兼论中国造山型金成矿作用[J]. 地球科学，44(6)：2155-2186.

王伟，刘文毅，何美香，2014. 青海胜利沟地区滩间山群变质火山岩地球化学特征及其与成矿关系研究[J]. 黄金科学技术，22(4)：39-44.

王显真，李健，赵俊芳，2022. 青龙沟矿区矿床地质特征与矿床成因研究[J]. 能源与环保，44(4)：114-120.

王旭阳，王宏阳，王方里，2015. 青海滩间山金矿成矿构造机制研究[J]. 地质学刊，39(2)：225-230.

王学明，邵世才，汪东波，等，2000. 西秦岭金矿床包裹体、氢氧同位素特征及其地质意义[J]. 贵金属地质，9(1)：44-48.

魏刚锋，1996. 滩间山金矿韧性剪切带和金矿[J]. 黄金科学技术，4(1)：12-16.

魏刚锋，于凤池，1999. 青海滩间山金矿床构造演化及成因探讨[J]. 西安工程学院学报，21(4)：62-66，75.

魏占浩，杜生鹏，王键，等，2015. 青海青龙沟金矿成矿流体演化特征及矿床成因研究[J]. 世界地质，(4)：951-960.

魏占浩，刘志华，祁金凤，2013. 青龙沟金矿床特征及成因、成矿模式探讨[J]. 地球(8)：56-58.

吴正寿，邓元良，苏生顺，2001. 青海省大柴旦镇红柳沟金矿床地质特征及其成因[J]. 青海地质(1)：36-39.

肖庆辉，卢欣祥，王菲，等，2003. 柴达木北缘鹰峰环斑花岗岩的时代及地质意义[J]. 中国科学(D辑：地球科学)(12)：1193-1200.

许志琴，杨经绥，李海兵，等，2006. 中央造山带早古生代地体构架与高压/超高压变质带的形成[J]. 地质学报(12)：1793-1806.

许志琴，杨经绥，张建新，等，1999. 阿尔金断裂两侧构造单元的对比及岩石圈剪切机制[J]. 地质学报(3)：193-205.

阳明，王栢，2013. 青海省海西州胜利沟-红灯沟金矿床地质特征及其成因[J]. 矿物学报，33(S2)：359.

杨经绥，史仁灯，吴才来，等，2004. 柴达木盆地北缘新元古代蛇绿岩的厘定-罗迪尼亚大陆裂解的证据？[J]. 地质通报，23(9-10)：892-898.

杨经绥，徐志琴，宋述光，等，1998. 我国西北部柴北缘地区发现榴辉岩[J]. 科学通报(43)：1544-1548.

杨林，王庆飞，赵世宇，等，2023. 造山型金矿构造控矿作用[J]. 岩石学报，39(2)：0277-0292.

杨平，2007. 柴达木盆地西部七个泉—红柳泉地区第三系层序生物地层学研究[D]. 北京：中国地质大学(北京).

于凤池，马国良，魏刚锋，等，1998. 青海滩间山金矿床地质特征和控矿因素分析[J]. 矿床地质(1)：48-57.

于凤池，魏刚锋，孙继东，等，1998. 青海滩间山金矿床成矿模式[J]. 西安工程学院学报(1)：31-34.

余吉远，李向民，计波，等，2021. 鹰峰岩体时代对柴北缘滩间山地区万洞沟群时代的制约[J]. 西北地质，54(3)：1-9.

张博文，孙丰月，薛昊日，等，2010. 青海青龙沟金矿床地质特征及流体包裹体研究[J]. 黄金，31(2)：14-18.

张德全，党兴彦，李大新，等，2005. 柴北缘地区的两类块状硫化物矿床：Ⅱ. 青龙滩式 VHMS 型 Cu-S 矿床[J]. 矿床地质(6)：575-583.

张德全，党兴彦，佘宏全，等，2005. 柴北缘—东昆仑地区造山型金矿床的 Ar-Ar 测年及其地质意义[J]. 矿床地质(2)：87-98.

张德全，丰成友，李大新，等，2001. 柴北缘—东昆仑地区的造山型金矿床[J]. 矿床地质(2)：137-146.

张德全，王富春，佘宏全，等，2007. 柴北缘—东昆仑地区造山型金矿床的三级控矿构造系统[J]. 中国地质，34(1)：92-100.

张德全，张慧，丰成友，等，2007. 青海滩间山金矿的复合金成矿作用：来自流体包裹体方面的证据[J]. 矿床地质(5)：519-526.

张贵宾,张立飞,宋述光,2012.柴北缘超高压变质带:从大洋到大陆的深俯冲过程[J].高校地质学报,18(1):28-40.

张建新,杨经绥,许志琴,等,2000.柴北缘榴辉岩的峰期和退变质年龄:来自U-Pb及Ar-Ar同位素测定的证据[J].地球化学(3):217-222.

张雪亭,杨生德,杨站君,等,2007.1∶1 000 000青海省大地构造图及其说明书[M].北京:地质出版社.

张延军,2017.青海省滩间山地区内生金属矿产成矿作用研究[D].长春:吉林大学.

赵呈祥,薛春纪,赵晓波,等,2023.柴北缘造山带滩间山金矿多期侵入岩年代学及其地质意义[J].地质与勘探(3):591-607.

朱小辉,陈丹玲,刘良,等,2010.柴达木盆地北缘都兰地区旺尕秀辉长杂岩的锆石LA-ICP-MSU-Pb年龄及地质意义[J].地质通报,29(Z1):227-236.

Belousov I,Large R,Meffre S,et al.,2016. Pyrite compositions from VHMS and orogenic Au deposits in the Yilgarn Craton,Western Australia:Implications for gold and copper exploration[J]. Ore Geology Reviews,79,474-499.

Chen H M,Zhou Z G,Gong Y J,et al.,2014. Geochemical characteristics of Tanjianshan Gold Deposit in Qinghai Province[J]. Acta Geologica Sinica(English Edition),88(supp. 2):1554-1555.

Chen Y J,Pirajno F,Qi J P,2005. Origin of gold metallogeny and sources of ore forming fluids, Jiaodong Province, eastern China[J]. International Geology Review,47(5):530-549.

Cline J S,2001. Timing of gold and arsenic sulfide mineral deposition at the getchell carlin-type gold deposit,north-central nevada.[J]. Economic Geology,96, 75-89.

Deditius A P,Reich M,Kesler S E,et al.,2014. The coupled geochemistry of Au and As in pyrite from hydrothermal ore deposits[J]. Geochimica et Cosmochimica Acta,140,644-670.

Deng J,Qiu K F,Wang Q F,et al.,2020a. In situ dating of hydrothermal monazite and implications for the geodynamic controls on ore formation in the Jiaodong gold province,eastern China[J]. Economic Geology,115(3):671-685.

Deng J,Wang Q F,2016. Gold mineralization in China:Metallogenic provinces,deposit types and tectonic framework[J]. Gondwana Research,36:219-274.

Deng J,Wang Q F,Liu X F,et al.,2022a. The formation of the Jiaodong gold province[J]. Acta Geologica Sinica,96(6):1801-1820.

Deng J,Wang Q F,Santosh M,et al.,2020b. Remobilization of metasomatized mantle lithosphere: A new model for the Jiaodong gold province,eastern China[J]. Mineralium Deposita,55(2):257-274.

Deng J,Wang Q F,Sun X,et al.,2022b. Tibetan ore deposits:A conjunction of accretionary orogeny and continental collision[J]. Earth-Science Reviews,235:104245.

Deng J,Yang L Q,Groves D I,et al.,2020c. An integrated mineral system model for the gold deposits of the giant Jiaodong province,eastern China[J]. Earth-Science Reviews,208:103274.

Dong Y,Sun S,Santosh M,et al.,2021. Central China Orogenic Belt and amalgamation of East Asian continents[J]. Gondwana Research,100:131-194.

Goldfarb R J,Groves D I ,Gardoll S,2001. Orogenic gold and geologic time:A global synthesis [J]. Ore Geology Reviews,18(1):1-75.

Goldfarb R J,Groves D I, 2015. Orogenic gold:Common or evolving fluid and metal sources through time[J]. Lithos,233:2-26.

Goldfarb R J,Qiu K F,Deng J,et al.,2019. Orogenic gold deposits of China[J]. Society of Economic Geologists,Special Publication,22:263-324.

Groves D I,Condie K C,Goldfarb R J,et al. ,2005. 100th anniversary special paper:Secular changes in global tectonic processes and their influence on the temporal distribution of gold-bearing mineral deposits[J]. Economic Geology,100(2):203-224.

Groves D I, Goldfarb R J, Gebre-Mariam M, et al. , 1998. Orogenic gold deposits: A proposed classification in the context of their crustal distribution and relationship to other gold deposit types [J]. Ore Geology Reviews,13(1-5):7-27.

Groves D I,Santosh M,2015. The giant Jiaodong gold province:The key to a unified model for orogenic gold deposits[J]. Leading Edge of Geosciences:English version,7(3):409-417.

Kerrich R, Goldfarb R, Groves D, et al. , 2000. The characteristics, origins, and geodynamic settings of supergiant gold metallogenic provinces[J]. Science in China (Series D),43(Suppl. 1):1-68.

Li Y J,Zhu G,Su N,et al. ,2020. The Xiaoqinling metamorphic core complex:A record of Early Cretaceous backarc extension along the southern part of the North China Craton. GSA Bulletin[J],132 (3-4):617-637.

Mclennan B,1985. The continental crust:Its composition and evolution[M]. NEW YORK:Blackwell Scientific Publication.

Ohmoto H,1972. Systematics of sulfur and carbon isotopes in hydrothermal ore deposits[J]. Economic Geology,67,551-578.

Qiu Y M,Groves I D,McNaughton G N,et al. ,2002. Nature,age and tectonic setting of granitoid-hosted,orogenic gold deposits of the Jiaodong Peninsula,eastern north China Craton,China[J]. Mineralium Deposita,37:283-305.

Reich M,Kesler S E,Utsunomiya S,et al. ,2005. Solubility of gold in arsenian pyrite[J]. Geochimica et Cosmochimica Acta,69,2781-2796.

Roedder E,Bodnar R J,1980. Geologic pressure determinations from fluid inclusion studies[J]. Annual Review of Earth and Planetary Sciences,8(1):263-301.

Song S G,Niu Y L,Su Li,et al. ,2014. Continental orogenesis from ocean subduction,continent collision/subduction,to orogen collapse,and orogen recycling:The example of the North Qaidam UHPM belt,NW China[J]. Earth-Science Reviews,129:59-84.

Song S G,Zhang L F,Niu Y L,et al. ,2006. Evolution from oceanic subduction to continental collision: A case study from the Northern Tibetan Plateau based on geochemical and geochronological data[J]. Journal of Petrology,47(3):435-455.

Song S,Niu Y,Su L,et al. , 2013. Tectonics of the North Qilian Orogen,NW China[J]. Gondwana Research,23(4): 1378-1401.

Sun H S,Li H,Algeo T J,et al. ,2017. Geochronology and geochemistry of volcanic rocks from the Tanjianshan Group, NW China: Implications for the early Palaeozoic tectonic evolution of the North Qaidam Orogen[J]. Geological Journal,54(3):1769-1796.

Taylor S R,Mclennan S M,1995. The geochemical evolution of the continental crust[J]. Reviews of Geophysics,33(2):241-265.

Vervoort J D, Patchett P J, 1996. Behavior of hafnium and neodymium isotopes in the crust: Constraints from Precambrian crustally derived granites[J]. Geochimica Et Cosmochimica Acta, 60(19):3717-3733.

Wang Q F,Groves D I,Deng J,et al. ,2020. Evolution of the Miocene Ailaoshan orogenic gold deposits,southeastern Tibet,during a complex tectonic history of lithospherecrust interaction[J]. Mineralium Deposita,55(6):1085-1110.

Wang Q F, Yang L, Zhao H S, et al., 2022. Towards a universal model for orogenic gold systems: A perspective based on Chinese examples with geodynamic, temporal, and deposit-scale structural and geochemical diversity[J]. Earth-Science Reviews, 224: 103861.

Weatherley D K, Henley R W, 2013. Flash vaporization during earthquakes evidenced by gold deposits[J]. Nature Geoscience, 6(4): 294-298.

Whalen J, Currie K, Chappell B, 1987. A-type granites: Geochemical characteristics, discrimination and petrogenesis[J]. Contributions to Mineralogy and Petrology, 9(4): 407-419.

Xiao W J, Zheng Y F, Hou Z Q, et al., 2019. Tectonic framework and Phanerozoic geologic evolution of China[J]. SEG Special Publications, 22: 21-102.

Xiao W, Windley B F, Yong Y, et al., 2009. Early Paleozoic to Devonian multiple-accretionary model for the Qilian Shan, NW China[J]. Journal of Asian Earth Sciences, 35(3): 323-333.

Xu C H, Sun F Y, Fan X Z, et al., 2022. Composition, age, and origin of Ordovician-Devonian Tanjianshan granitoids in the North Qaidam Orogenic Belt of northern Tibet: Implications for tectonic evolution[J]. International Geology Review, 65(1): 61-88.

Yang J S, Xu Z Q, Zhang J X, et al., 2002. Early Palaeozoic North Qaidam UHP metamorphic belt on the north - eastern Tibetan plateau and a paired subduction model[J]. Terra Nova, 14(5): 397-404.

Yu S Y, Peng Y B, Zhang J X, et al., 2021. Tectono-thermal evolution of the Qilian orogenic system: Tracing the subduction, accretion and closure of the Proto-Tethys Ocean[J]. Earth-Science Reviews, 215: 103547.

Zartman R E, Doe B R, 1981. Plumbotectonics—the model [J]. Tectonophysics, 75: 135-162.

Zhai W, Sun X M, Yi J Z, et al., 2014. Geology, geochemistry, and genesis of orogenic gold-antimony mineralization in the Himalayan Orogen, South Tibet, China[J]. Ore Geology Reviews, 58: 68-90.

Zhang L C, Shen Y C, Ji J S, 2003. Characteristics and genesis of Kanggur Gold Deposit in the Eastern Tian-shan Mountains, NW China: Evidence from geology, iso tope distribution and chronology [J]. Ore Geology Reviews, 23(1-2): 71-90.

Zhang D Q, Shen H Q, Feng C Y, et al., 2009. Geology, age, and fluid inclusions of the Tanjianshan gold deposit, western China: Two orogenies and two gold mineralizing events[J]. Ore Geology Reviews, 36(1-3): 250-263.

Zhang G B, Song S G, Zhang L F, et al., 2008. The subducted oceanic crust within continental-type UHP metamorphic belt in the North Qaidam, NW China: Evidence from petrology, geochemistry and geochronology[J]. Lithos, 104(1-4): 99-118.

Zhang L, Chen H Y, Chen Y J, et al., 2012. Geology and fluid evolution of the Wangfeng orogenic-type gold deposit, Western Tian Shan[J]. Ore Geology Reviews, 49: 85-95.

Zhang Z, Li G M, Zhang L K, et al., 2020. Genesis of the Mingsai Au deposit, southern Tibet: Constraints from geology, fluid inclusions, $^{40}Ar/^{39}Ar$ geochronology, H-O isotopes, and in situ sulfur isotope compositions of pyrite[J]. Ore Geology Reviews, 122: 103488.

Zhou T H, Lu G X, 2000. Tectonics, granitoids and Mesozoic gold deposits in East Shandong, China[J]. Ore Geology Reviews, 16(1/2): 71-90.

Zhu Y N, Peng J T, 2015. Infrared microthermometric and noble gas isotope study of fluid inclusions in ore minerals at the Woxi Orogenic Au-Sb-W Deposit, western Hunan, South China[J]. Ore Geology Reviews, 65: 55-69.

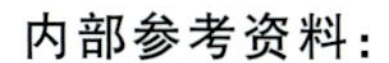

内部参考资料:

崔艳飞,李文革,李临位,等,2014.青海省大柴旦青龙山金矿青龙沟矿段16600N-13800N线详查报告[R].海东:青海省第一地质勘查院.

邓元良,等,1999.青海省大柴旦镇红柳沟矿区金矿普查报告[R].海东:青海省第一地质矿产勘查大队.

杜生鹏,李健,等,2013.青海省大柴旦镇青龙山金矿普查报告[R].海东:青海省第一地质勘查院.

杜生鹏,魏占浩,等,2017.青海省滩间山地区金矿整装勘查区找矿部署研究报告[R].海东:青海省第一地质勘查院.

赖健清,等,2009.青海红灯沟-胜利沟地区成矿地质条件研究及找矿预测[R].长沙:中南大学.

李健,魏占浩,等,2023.青海省大柴旦镇滩间山金矿资源储量核实报告[R].海东:青海省第一地质勘查院.

李健,谢海林,等,2020.青海省大柴旦镇细晶沟金矿详查报告[R].海东:青海省第一地质勘查院.

李鹏,等,2019.青海青龙沟-绿梁山锡铁山铅锌矿整装勘查区矿产调查与找矿预测子项目成果报告[R].海东:青海省第一地质勘查院.

李文革,戴毅,周志华,等,2014.青海省海西州大柴旦青龙沟矿区金矿资源储量核实报告[R].海东:青海省第一地质勘查院.

刘延和,赵呈祥,等,2019.青海省大柴旦镇金龙沟金矿详查报告[R].海东:青海省第一地质勘查院.

孙丰月,李碧乐,张延军,等,2016.青海省滩间山金矿成矿物质来源、构造控矿规律研究及靶区预测[R].海东:青海省第一地质勘查院.

王斌,等,2023.青海省柴达木南北缘大型超大型金矿深部资源预测研究科技报告[R].海东:青海省第一地质勘查院.

王显真,解统鹏,等,2020.青海省大柴旦镇青龙沟金矿资源储量核实报告[R].海东:青海省第一地质勘查院.

王显真,魏占浩,等,2022.青海省大柴旦镇青龙沟金矿深部(3300米以下)普查报告[R].海东:青海省第一地质勘查院.

杨克成,等,2013.青海省大柴旦行委胜利沟金矿普查报告[R].西宁:山金西部地质矿产勘查有限公司.

易平乾,陈文林,马生龙,等,2013.青海省重要矿种区域成矿规律研究成果报告[R].西宁:青海省地质矿产开发局.

于凤池,梅安静,魏刚锋,等,1994.青海柴达木盆地北缘滩间山岩金矿成矿特征与控矿因素研究[R].海东:青海省第一地质矿产勘查大队.

张德全,等,2000.柴达木盆地北缘成矿地质环境及金多金属矿产预测[R].北京:中国地质科学院矿产资源研究所.

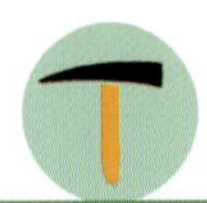

图 版

图版Ⅰ-1 细晶沟 18XJZK2302A 孔揭露的 TF1 推覆面及下伏原位大煤沟组灰色复成分砾岩
（据青海省第一地质勘查院，2018）

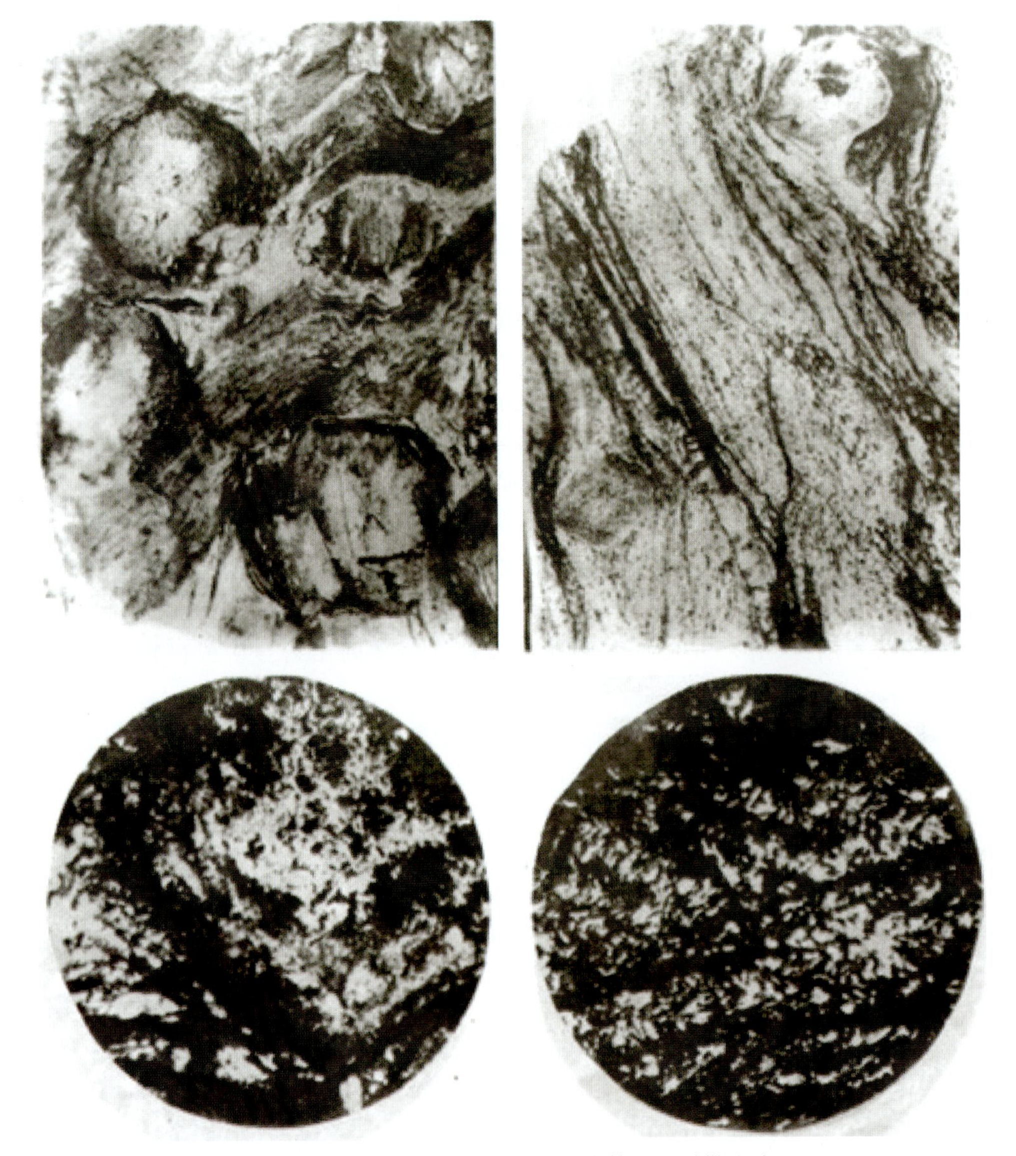

图版Ⅱ-1 斑点状碳绢云千枚岩（据青海省第一地质勘查院，2019）

图版Ⅱ-2 霏细斑岩野外、手标本及镜下照片(据青海省第一地质勘查院,2023)

图版Ⅱ-3 强烈蚀变闪长玢岩岩心照片(Au10.7×10^{-6})(据青海省第一地质勘查院,2020)

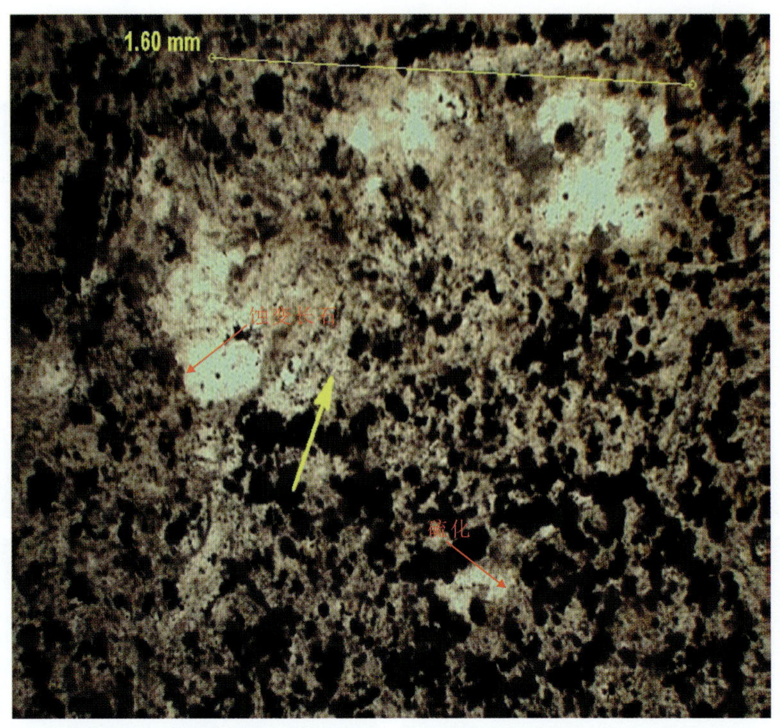

图版Ⅱ-4　矿化蚀变闪长玢岩(据澳大利亚 Roger Townend and Associates Consulting Mineralogists,2003 年 12 月岩矿鉴定报告)

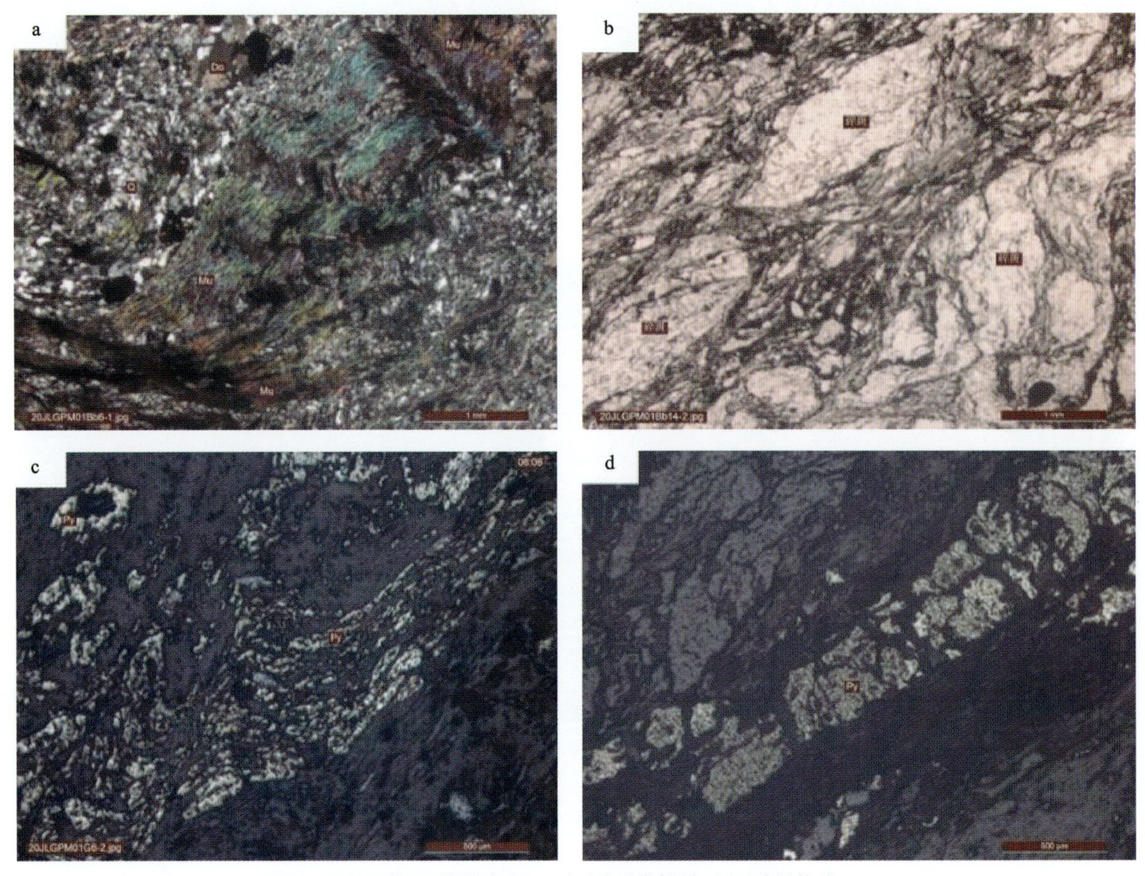

a. S-C 组构;b. 旋转碎斑;c. 不对称显微褶皱;d. 石香肠构造

图版Ⅱ-5　岩石镜下变形特征(据青海省第一地质勘查院,2020)

a. 蚀变碳质千枚岩型金矿石；b. 蚀变脉岩型金矿石

图版Ⅱ-6　矿石类型野外照片(据青海省第一地质勘查院，2020)

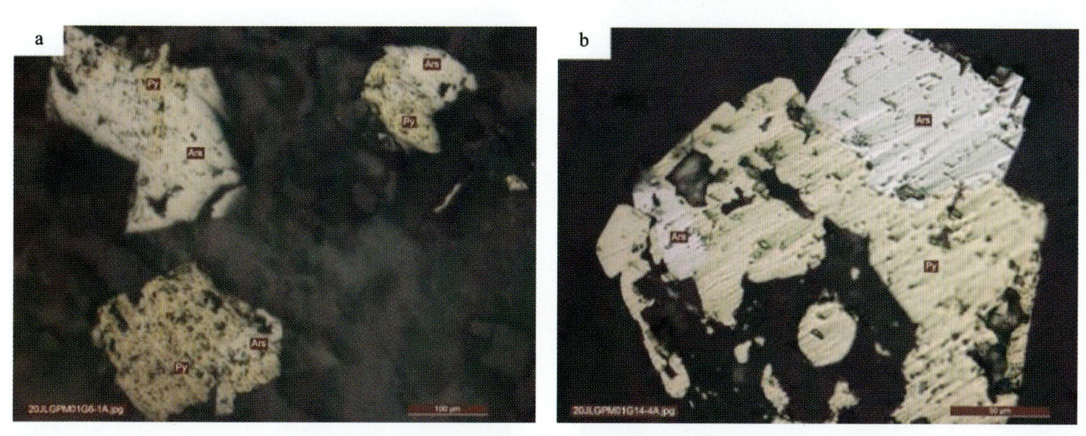

a. 自形—半自形黄铁矿、毒砂；b. 黄铁矿的填隙结构

图版Ⅱ-7　矿石结构

a. 片理化绢云母、硅化白云石大理岩(9814ZK901B2，正交偏光×33)；b. 白云石集合体 50×(+)(21QLTZK4301)；c. 青灰色硅化白云石大理岩(21QLTZK4301)；d. 硅化白云石大理岩(21QLTZK4301)

图版Ⅱ-8　白云石化大理岩

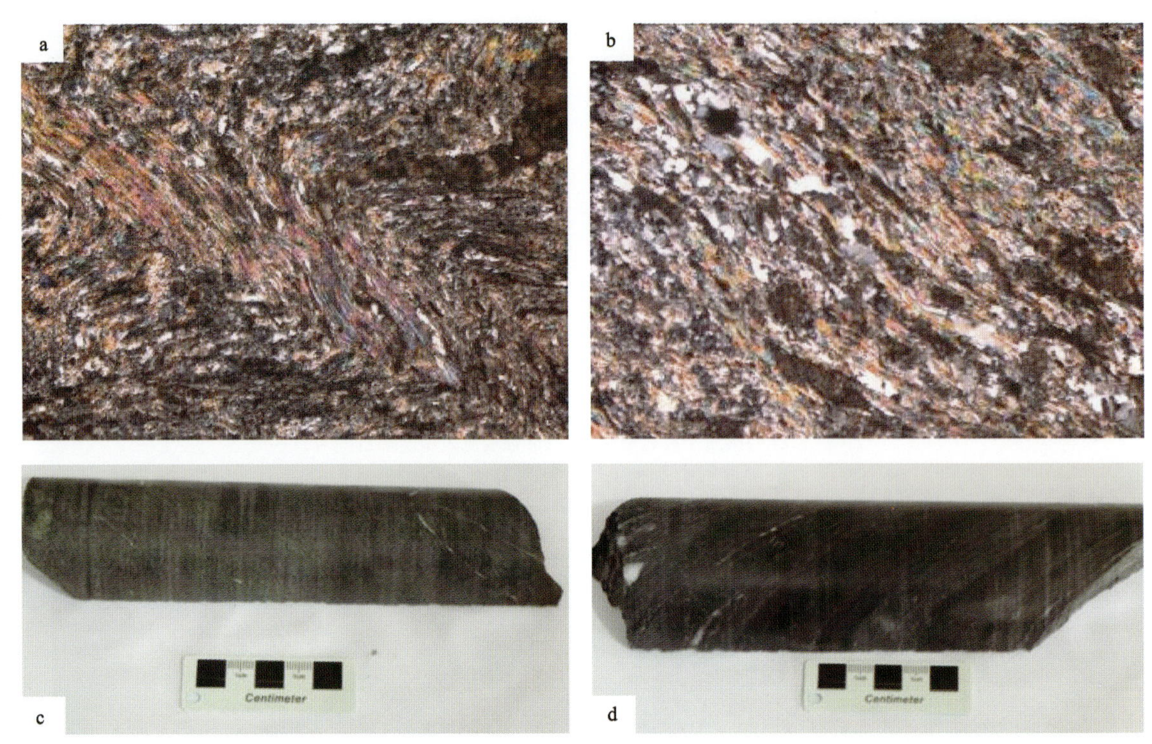

a. 千枚状构造(波纹条带状)50×(+)(21QLTZK5103);b. 千枚状构造 100×(+)(21QLTZK4301);c. 绢云千枚岩(21QLTZK1901);d. 钙质千枚岩(21QLTZK4301)

图版Ⅱ-9　千枚岩

图版Ⅱ-10　闪长岩 25×(+)

图版Ⅱ-11　闪长玢岩中斜长石斑晶蚀变为绢云母

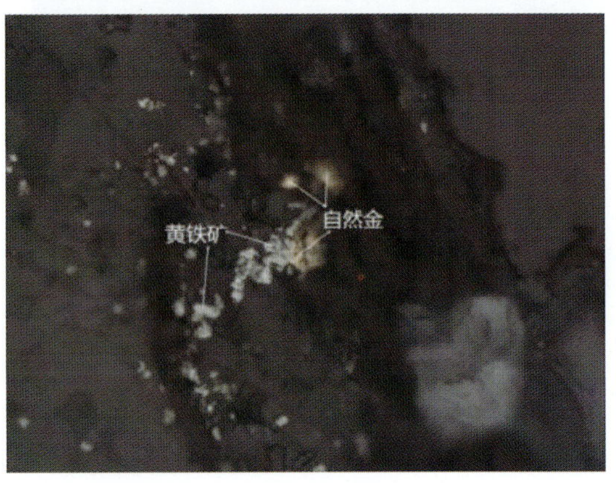

图版Ⅱ-12　黄铁矿,自然金 400×(一)

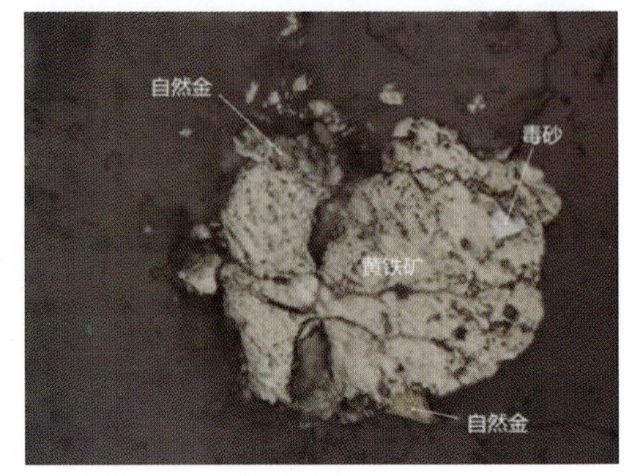

图版Ⅱ-13　毒砂,黄铁矿,自然金 400×(一)

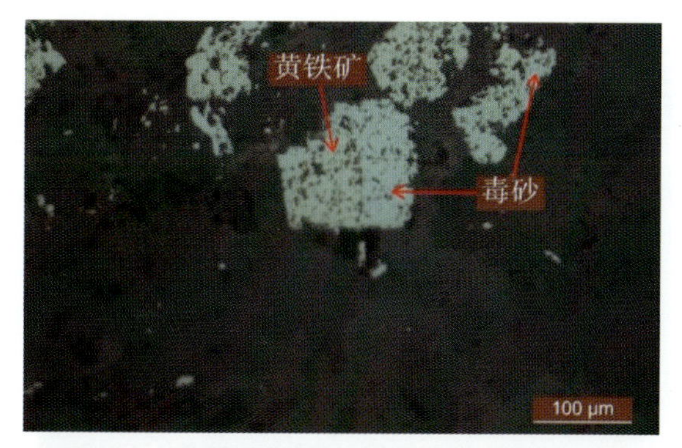

图版Ⅱ-14　黄铁矿被毒砂交代，呈连晶结构 200X(－)

图版Ⅱ-15　毒砂呈他形不规则粒状分布 100X(－)

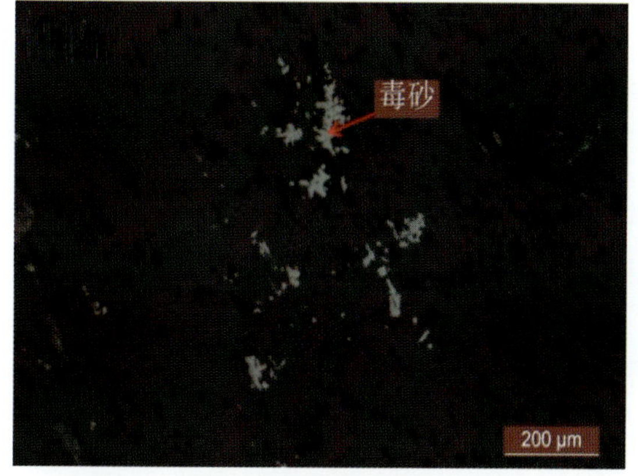

图版Ⅱ-16　毒砂呈稀疏浸染状 100X(－)

图版Ⅱ-17　黄铁矿呈细脉状分布 100X(－)

图版Ⅱ-18　硅化白云石大理岩岩镜下特征(50X)

图版Ⅱ-19　斑点状碳质绢云千枚岩镜下特征(50X)

a. 千枚岩中两期近乎垂直的变形片理；b. 千枚岩中“眼球体”构造

图版Ⅱ-20　岩石镜下变形特征

图版Ⅱ-21　斑点状碳质绢云千枚岩型金矿石

图版Ⅱ-22　蚀变斜长细晶岩型金矿石

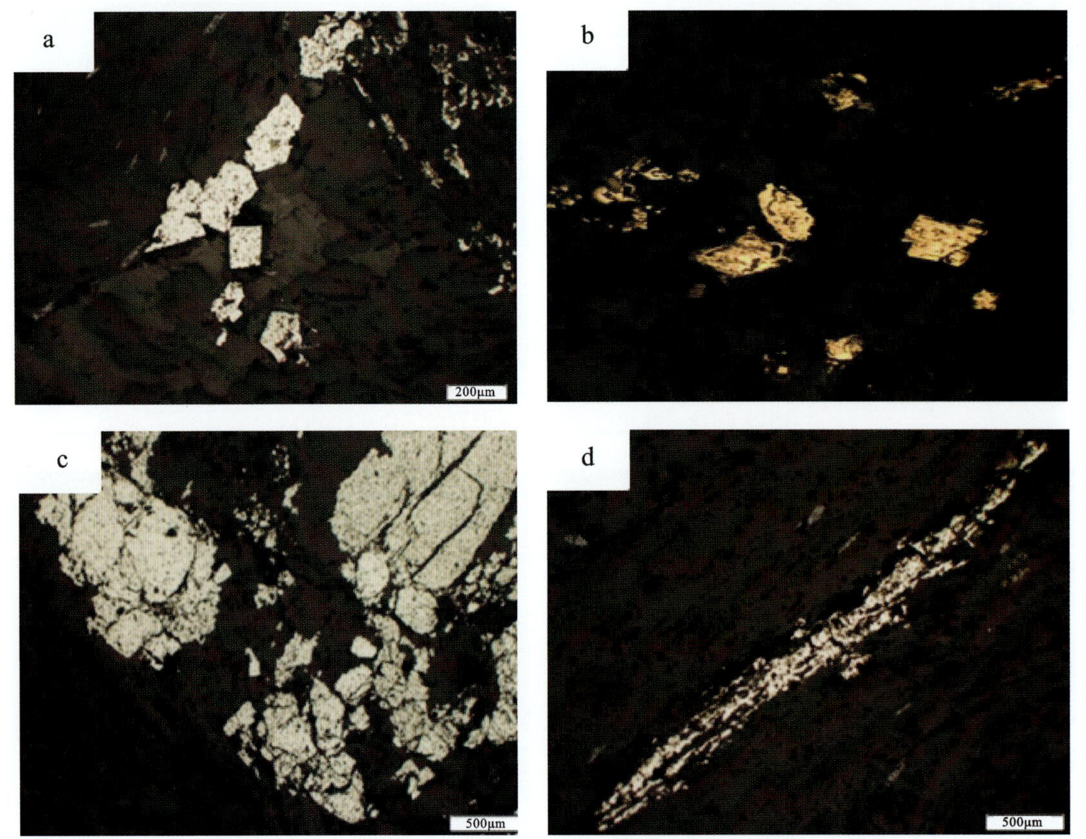

a. 自形—半自形黄铁矿；b. 环带状黄铁矿；c. 浸染状黄铁矿；d. 细脉状黄铁矿

图版Ⅱ-23　矿石结构、构造

图版Ⅱ-24　褐铁矿化石英片岩

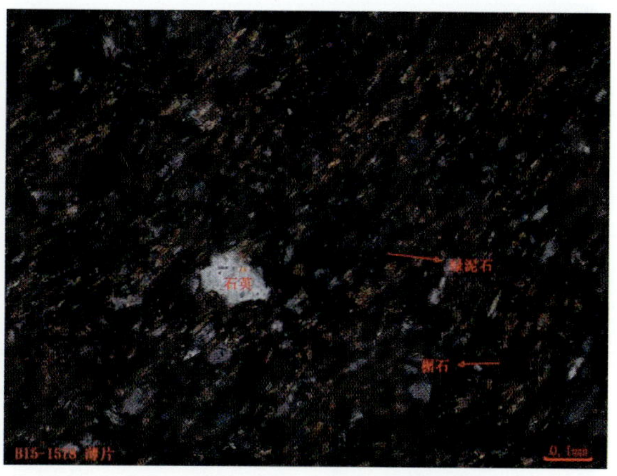

图版Ⅱ-25　绿泥石英片岩

图版Ⅱ-26　含矿蚀变带

图版Ⅱ-27　构造透镜体

图版Ⅱ-28　含金铅矿石

图版Ⅱ-29　方铅矿脉

a. 褐铁矿化石英片岩型矿石野外照片；b. 褐铁矿化石英片岩型矿石反射光照片；c. 构造蚀变岩型矿石野外照片；d. 构造蚀变岩型矿石反射光照片

图版Ⅱ-30　青山金矿矿石野外和镜下照片

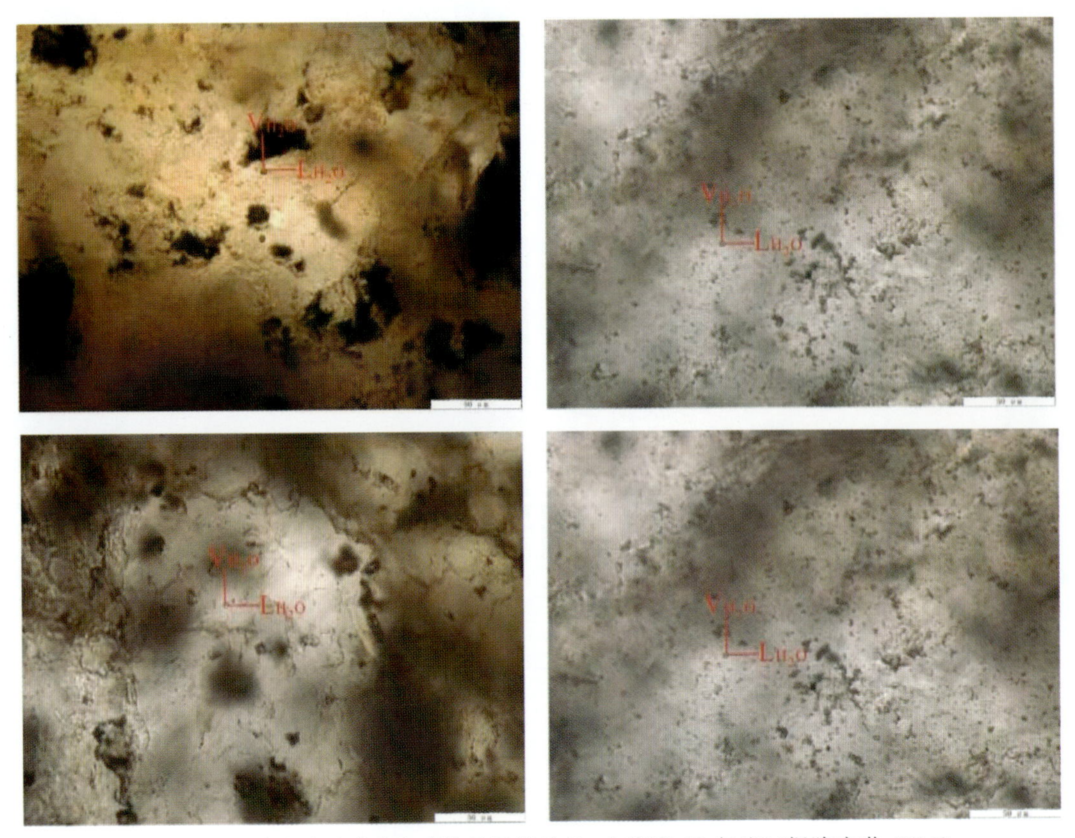

图版Ⅱ-31　青山金矿流体包裹体显微照片（L. 水溶液；V. 气泡）（据陈晓琳，2019）

图版Ⅱ-32 绢云母片岩

图版Ⅱ-33 绿泥斜长角闪片岩

图版Ⅱ-34 花岗质糜棱岩

图版Ⅱ-35 红柳沟糜棱岩带

图版Ⅱ-36 方铅矿-闪锌矿-黄铁矿-石英-方解石矿石金矿石(SL01)

图版Ⅱ-37 条带-浸染状黄铁矿(胶黄铁矿)金矿

图版Ⅱ-38　细脉浸染状黄铁矿金矿石

图版Ⅱ-39　含浸染状黄铁矿的黄铁绢英岩化火山岩矿石(SL02)

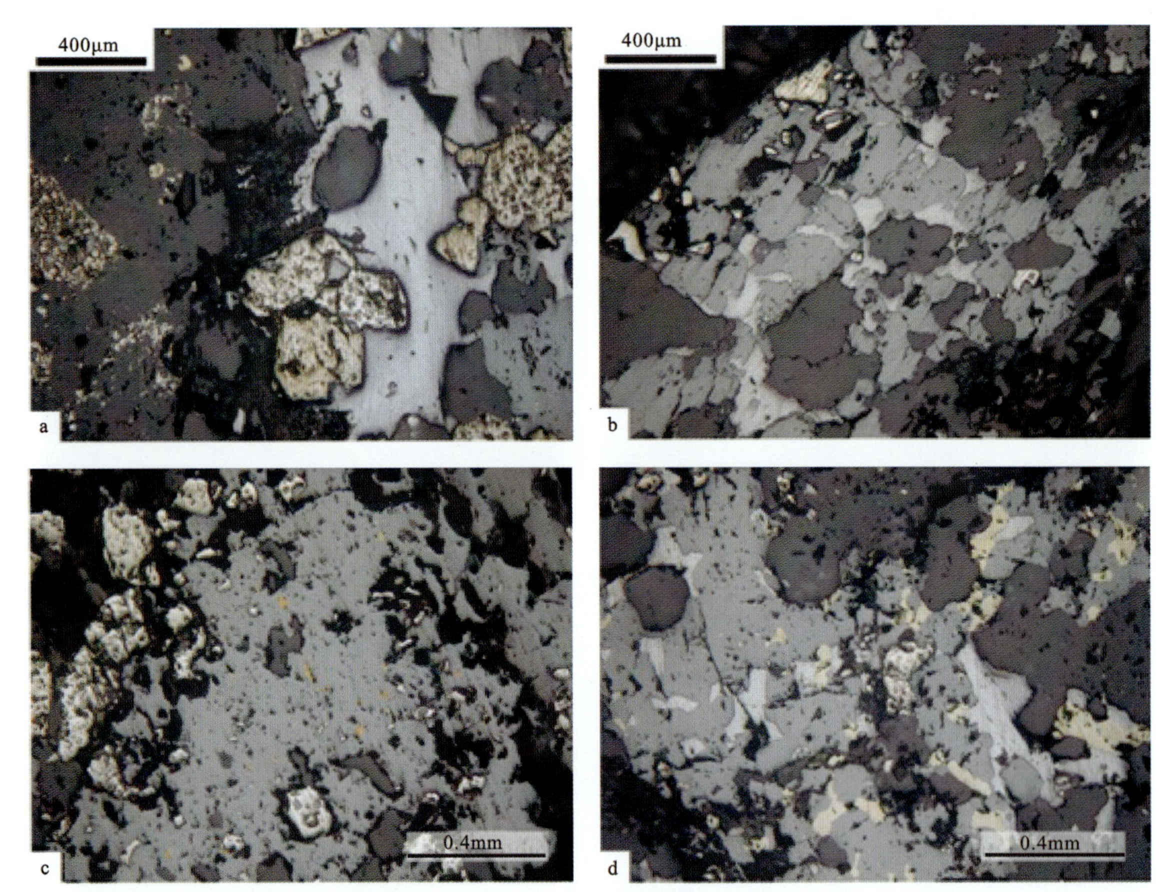

a.方铅矿充填石英-方解石,交代黄铁矿(SL-01);b.方铅矿充交代填石英、闪锌矿(SL-01);c.闪锌矿内乳滴状黄铜矿,交代黄铁矿(SL-01);d.黄铜矿、方铅矿沿闪锌矿间隙充填,交代黄铁矿(SL-01)

图版Ⅱ-40　矿石矿物嵌布特征(一)

a.黄铁绢英岩化蚀变岩中的浸染状黄铁矿颗粒；b.黄铁绢英岩化蚀变岩中黄铜矿交代黄铁矿(SL02)；c.蚀变辉长岩中的自形粒状磁铁矿颗粒；d.分布在黄铜矿氧化残余铁质中的自然铜

图版Ⅱ-41 矿石矿物嵌布特征(二)